Introduction to Statistics

기초 통계학

신양우 지음

KM 경문사

머리말

현대는 불확실성의 시대라고 한다. 그러나 유사 이래 어느 한순간도 불확실하지 않은 시대는 없었으며 일상의 생활은 불확실성의 연속이다.

내 키는 정확하게 얼마인가? 화학실험의 결과는 정확하게 무엇이 나올까? 같은 부모에게서 태어난 자녀의 성별, 키, 몸무게, 성격 등은 모두 같은가? 같은 학교, 같은 학과 졸업생들은 모두 같은 직장을 가질까? 한 여론조사 기관에서 특정 사안에 대하여 동일한 질문으로 임의 추출방식으로 표본을 추출하여 여론조사를 두 번 실시할 때 같은 결과가 나올까?

위 질문에 대한 공통의 답은 모두 '아니다' 이다. 이와 같이 원인을 정확하게 알 수 없는 이유(이것을 보통 '우연' 또는 '하늘의 뜻'이라고 한다)에 의한 측정이나 관찰 결과의 불확실성은 피할 수 없다. 통계학은 우연으로 덮여진 불확실한 현상을 대상으로 한다.

통계학의 역사는 바로 그처럼 검은 베일에 싸인 영역을 탐색해서 결국에는 그 미지의 영역을 인간의 이성으로 지배해보려는 야심 찬 시도를 추적한다. (조재근, 2005, 통계학의 역사(스티글러, 1986) 번역본 서문에서)

확률론과 통계학은 불확실한 현상을 대상으로 한다는 점에서 서로 공통점을 가지고 있으나 그 접근방법에는 차이가 존재한다. 확률론은 '이러저러한 전제(공리)'로부터 출발하여 논리적 전개를 통하여 결론에 도달하는 연역적 방법을 따르는 반면 통계학은 '내가 옛날에 해봐서 아는데'로 표현되는 경험(데이터)을 바탕으로 원인을 파악하고 결론에 도달하는 귀납적 방법을 사용한다. 불확실성의 바다에서 데이터와 논리의 환상적인 만남으로 꽃을 피우게 된 것이 현대 통계학이다. '통계학이란 무엇인가?'라는 질문에 대한 여러 학자의 답의 공통점은 아래의 예와 같이 통계학은 경험(데이터)을 바탕으로 불확실성에서 규칙을 찾는 방법론으로 요약된다.

통계학은 관찰이나 실험에서 얻은 데이터의 수집, 분석 및 해석과 관련된 과학 분야이다. 그것은 확률 이론에 기반한 일관된 구조를 가지며 과학 및 기술 전체에 걸쳐 연구 및 개발에 기여하는 다양한 절차를 포함한다. (E. 피어슨, 1936)

통계학은 불확정성을 측정하기 위한 논리와 방법론이며 또한 실험이나 관찰을 계획하고 그 결과를 해석하는 과정에서 불확정성 때문에 생기는 결과들을 살펴보기 위한 논리와 방법론이기도 하다. (스티글러, 1986 (조재근 역, 2005))

사회 및 자연 현상에 대한 이해와 미래에 대한 예측을 보다 정확하게 하기 위해서는 그에 대한 자료를 수집하고 수집된 자료를 바탕으로 한 정확한 판단이 요구된다. 통계적 방법은 경기변동이나 특정사안에 대한 의견을 조사하고 분석하는 사회과학이나 관찰과 실험에 의하여 자료를 얻는 자연과학이나 공학 등 거의 모든 분야에서 필수적인 요소가 되었다. 이에 더하여 현대생활에서는 각종 사회현상이나 경제현상, 자연현상 등에 대한 기술이나 예측에서 통계용어를 사용하는 경우를 자주 접하게 된다. 이런 이유로 통계학은 현대를 살아가는 사람에게는 반드시 갖추어야 할 교양과목이 되고 있다.

현대에는 각종 통계처리 패키지의 개발로 인하여 통계학 이론에 대한 심오한 지식을 갖추지 않더라도 매우 많은 양의 자료를 쉽게 처리할 수 있게 되었다. 그러나 그 의미를 제대로 이해하지 못한다면 컴퓨터가 쏟아내는 통계처리 결과는 한낱 숫자에 불과할 것이며 오히려 잘못된 결론에 도달할 수도 있다. 따라서 교양으로서 통계학의 목적은 수리통계학과 같은 수학적 이론의 전개보다는 각종 현상을 기술하는 통계용어에 대한 개념과 통계적 방법에 대한 충분한 이해를 바탕으로 숫자로 표현되는 통계분석 결과를 이해할 수 있도록 하는 것이다.

이 책은 교양으로서의 통계학을 목적으로 집필된 것이다. 즉, 고등학교 과정의 수학적 지식을 가진 독자로 하여금 통계학의 기본적인 개념과 통계적 방법의 원리를 충분히 이해할 수 있도록 하는 것이 이 책의 목적이다. 따라서 직관과 상황적 설명으로 통계적 개념이나 원리를 설명하고자 하였다. 다만 개념에 대한 명확한 설명을 위해서 필요한 경우 이론적 전개나 결과를 소개하였다.

개념의 이해와 방법의 적용, 결과의 정확한 해석을 위한 가장 좋은 방법 중 하나는 구체적인 자료를 가지고 연습해보는 것이다. 통계분석을 위한 자료가 많은 경우 컴퓨터의 도움이 필수적이다. 요즈음은 편리하게 사용할 수 있는 다양한 통계분석용 프로그램이 개발되었다. 이 책에서는 개인용 컴퓨터의 보급과 더불어 가장 쉽게 접근이 가능하며 코딩 기술이 거의 필요하지 않은 MS Excel을 사용하여 통계적 방법을 적용 할 수 있도록 하였다.

이 책에서 사용한 자료는 인위적으로 만든 것도 있으나 각종 사회, 자연, 환경, 경제 등에 대한 자료는 인터넷이나 우리나라 국가통계포털(KOSIS)의 자료를 사용하였다.

이 책의 구성은 다음과 같다. 제1장은 통계학에 대한 소개를 하고 제2장과 제 3장은 자료를 정리하고 표현하는 방법을 다룬다. 제4장부터 제7장까지는 통계학을 공부하는 데 필요한 확률과 확률분포의 개념과 이론을 소개한다. 제8장과 제9장에서는 통계적 추론의 기본 개념과 방법을 소개한다. 제10장은 제8장과 제9장의 내용을 두 모집단을 비교하는데 적용하는 방법을 다룬다. 제11장부터 제 13장까지는 통계학에서 가장 흔하게 사용되는 통계적 방법에 대한 내용을 다룬다.

2023년 7월
저자 씀

목차

제12장 회귀분석

제13장 범주형자료의 분석

부록

제 1 장 개요

이 장에서는 일상생활에서 나타나는 통계와 통계학의 응용사례 등을 통하여 통계학의 대상 및 통계적 방법에 대하여 소개한다. 또한 통계분석 절차와 방법 및 통계분석프로그램 대하여 개괄적으로 설명한다.

1.1 통계와 통계학

개체와 전체

비가 올 때 우리는 빗방울 하나하나 보다는 그 빗방울 전체의 양(강우량)이나 빗물의 경로(물길)에 관심을 가진다. 또한 태풍이 불 때, 공기 분자 하나하나의 움직임 보다는 태풍을 구성하는 전체 공기의 흐름(속도, 경로)이 관심의 대상이다. 국가운영이나 기업경영뿐만 아니라 개인의 활동에서 지역이나 국가 또는 세계적인 사회, 경제, 자연현상 등에 대한 정보를 필요로 한다. 많은 경우 특정 개체에 대한 것 보다는 집단 전체의 현상이나 특성에 관심을 갖는다. 이와 같이 집단의 현상을 잘 이해하고 객관적으로 기술하기 위해서는 관련 현상에 대한 자료(데이터)의 수집과 이를 이해하기 쉽게 정리 및 요약할 필요가 있다. 더 나아가 각종 현상에 대응하기 위해서는 합리적인 의사결정과 예측이 필요하다. 통계학은 일반적으로 각 개체 하나하나 보다는 전체의 특성을 파악하는 것을 목적으로 한다.

현상의 기술

우리는 일상생활에서 사회현상이나 경제현상, 자연현상 등과 관련한 정보를 이해하기 쉽게 요약한 숫자나 그림들과 자주 접하게 된다.

2019년 말 코로나19라는 신종 바이러스에 감염된 환자가 발견되었다는 보도가 있었다. 연이어 바이러스 감염과 관련된 사망자 수와 중증 환자 수, 감염속도 등에 대한 보건당국의 발표가 각종 언론매체나 인터넷을 통하여 보도되었다. 개인은 일차적으로는 본인과 가족의 감염여부에 관심을 가지지만 예방을 위해서는 동료, 이웃 등 주변의 감염현황과 더 나아가서는 지역, 국가, 세계의 감염현황에 대한 정보를 필요로 한다. 보건당국은 감염 예방과 치료를 위한 방안을 찾기 위하여 특정 개인의 감염여부보다는 지역, 국가 세계의 현황에 대한 정보를 필요로 한다. [그림 1.1] 제약회사들은 새로운 바이러스에 대한 백신과 치료제를 개발하고 백신의 효과를 설명하기 위하여 특정 개인에 효과가 있는지 여부보다는 전체 감염자에 대한 효과를 알고 싶어 한다. [그림 1.2]

해마다 치러지는 수학능력시험에서 시험에 응시한 학생들은 자신의 성적뿐만 아니라 전체 학생들의 성적분포에 대한 정보를 필요로 하며 교육당국이나 학생을 모집하는 대학은 특정 학생이 시험에 응시하는지 여부보다는 수험에 응시하는 학생 수에 관심을 갖는다. [그림 1.3, 그림 1.4] 식량 수급을 관리하는 정부부처에서는 전체 쌀 생산량과 재배면적에 대한 정보를 필요로 한다. [그림 1.5]

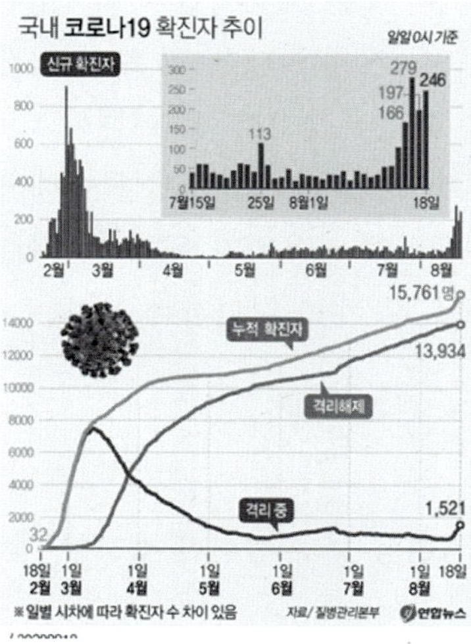

[그림 1.1] 2020년 국내코로나 19확진자 추이 [출처: 연합뉴스]

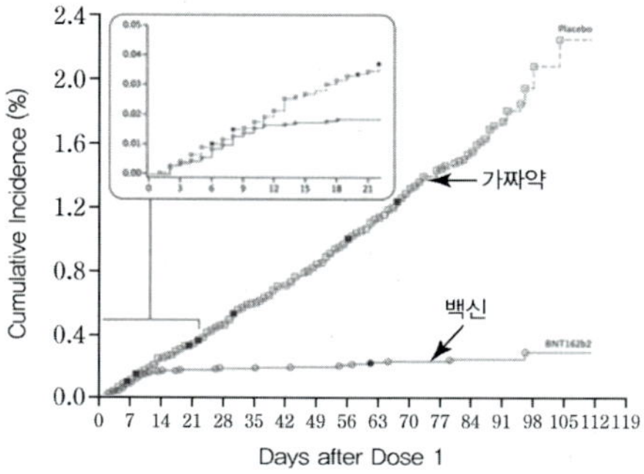

[그림 1.2] 1회 백신 접종 후 코로나19 감염자 발생추이 [출처: 한겨레]

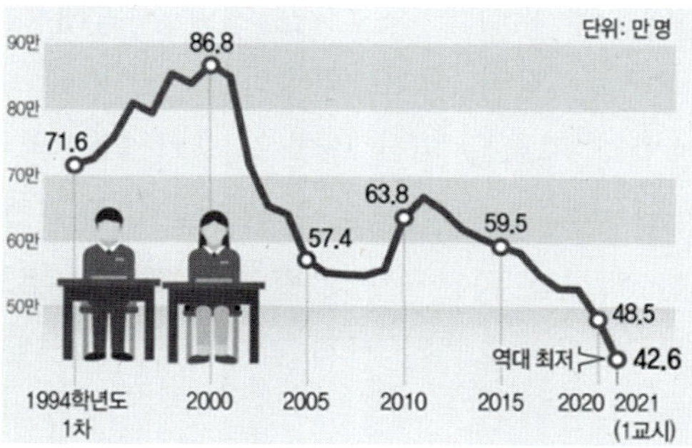

[그림 1.3] 전국 수능 응시생 추이 [출처: 연합뉴스]

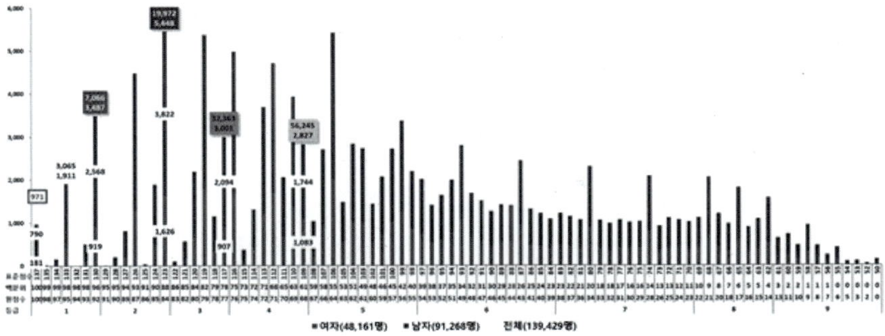

[그림 1.4] 2021년도 수학능력시험 수학(가형) 점수분포표 [출처 : 대학선택]

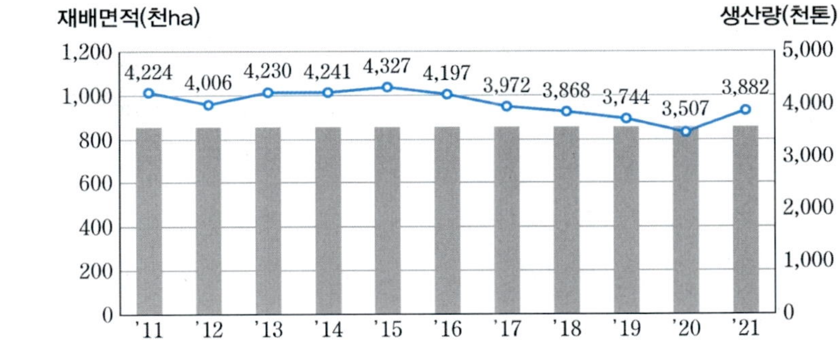

	'11	'12	'13	'14	'15	'16	'17	'18	'19	'20	'21
재배면적	854	849	833	816	799	779	755	738	730	726	732
생산량	4,224	4,006	4,230	4,241	4,327	4,197	3,972	3,868	3,744	3,507	3,882

[그림 1.5] 연도별 쌀 생산량과 재배면적 추이 [출처: 통계청]

이 외에도 각종 제품의 선호도, 정당의 지지도, 가계 평균 소득, 실업율, 경제성장율 등과 같은 사회 및 경제 현상뿐만 아니라 희귀 동식물의 개체수, 식료품의 영양 성분, 새로 개발한 신약의 치유율 등과 같은 실험결과, 프로야구선수의 타율 등 다양한 분야의 특성에 대한 정보를 필요로 하며 이 정보들은 숫자 또는 그림들로 표현한다.

이와 같이 어떤 특정한 집단이나 현상으로부터 수집된 자료를 요약, 정리한 결과를 **통계**라 한다. 경제현상을 나타낸 통계를 경제통계, 의약관련 통계를 의학통계, 교육관련 통계를 교육통계 등과 같이 특정분야의 현상을 기록한 통계는 분야를 표기하여 나타내기도 한다.

의사결정과 예측

개인이나 기업, 국가는 당면한 문제에 대하여 어떤 결정을 내리고 그에 따른 행동을 해야 할 경우 현상에 대한 기술만으로는 부족한 경우가 많다.

어느 제약회사에서 신종 바이러스 감염병에 대한 치료제를 개발하였다. 이 치료제는 어떤 사람에게는 치료효과가 있을 수 있지만 다른 사람에게는 효과가 없을 수도 있고 심지어 부작용이 있을 수도 있다. 보건 당국에서는 이 치료제의 판매를 승인할지 여부를 결정해야 한다.

국가기술표준원에서 실시한 제8차 한국인 인체치수 조사사업(2020－2021년도, 5092명 조사) 보고서에 따르면 이전 제7차 조사 사업보다 여성의 허리둘레가 50대는 1.9cm, 60대는 3.0cm 감소하였으며 이는 통계적으로 의미가 있는 감소라고 한다. 표본에 따라 감소할 수도 있고 증가할 수도 있는 데 어떻게 이러한 결론을 내릴 수 있었을까?

현재 상황에 대한 결론을 이끌어 내는 것과 더불어 의사결정을 위해서는 미래에 대한 전망도 매우 중요한 문제이다. 내년도 경제운용 계획을 세워야 하는 정부부처나 기업들은 내년도 경제상황에 대한 전망이 필요하다. [그림 1.6] 또한 장래 연기금의 고갈에 대비하여 현재의 연금제도를 바꿔야 한다는 의견이 많다. 적절한 제도 개선을 위해서는 연기금의 고갈시점에 대한 예측이 필요하다. [그림 1.7] 이 외에도 태풍의 진로, 내년 쌀 생산량, 장래 희귀 동식물의 개체수 변화 등 사회, 경제, 기후, 자연 등의 여러 분야에서 미래를 대비하기 위해서는 합리적인 방법에 의한 정확한 예측을 필요로 한다.

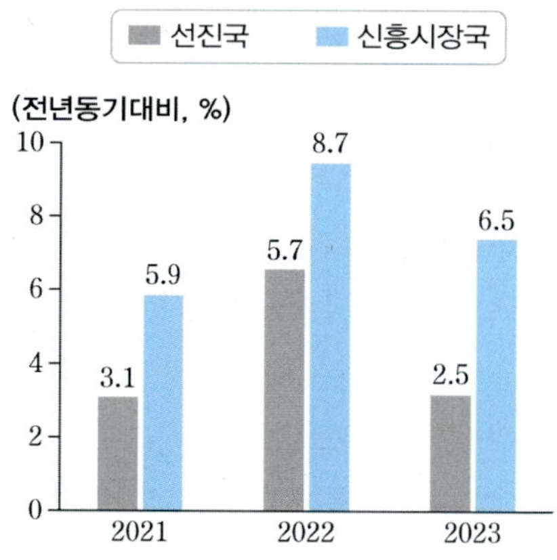

[그림 1.6] 소비자물가 상승률 전망
[출처: 2022년 국회 예산정책처, IMF 자료]

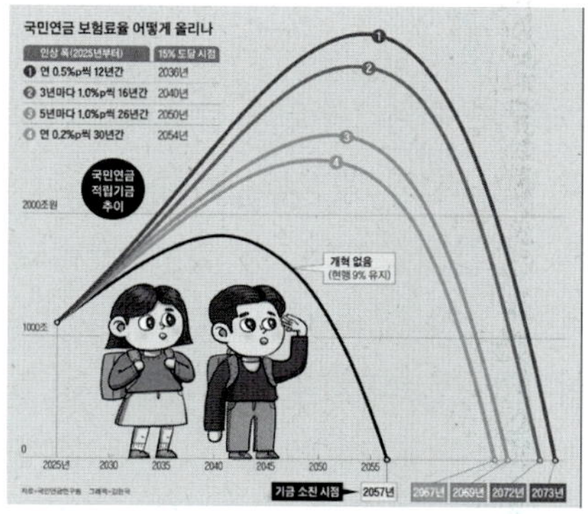

[그림 7] 예상 연기금 소진 시점 예측
[출처: 조선일보]

이와 같은 다양한 현상의 기술이나 결론, 장래에 대한 예측을 합리적 방법으로 하기 위해서는 과학적 방법에 기초한 자료의 수집과 분석이 요구된다.

통계학은 이와 같은 문제에 효과적인 답을 제시하는 이론과 방법을 다루는 학문이다. 즉, **통계학**은 자연 현상이나 사회 현상, 경제 현상 등 다양한 현상이나 대상으로부터 자료를 수집하고 정리하는 방법뿐만 아니라 결론이나 일반성 등을 이끌어 내는데 필요한 이론과 방법을 제시하여 주는 과학의 한 분야이다.

오늘날 통계학은 여론조사뿐만 아니라 농업, 생명과학, 환경과학, 의학, 교육학, 산업연구, 품질보증, 시장조사 등 다양한 분야에서 매우 광범위하게 사용되고 있으며 통계학의 분석방법은 기업체와 정부의 의사결정과정뿐만 아니라 여러 학문분야에서 매우 중요한 역할을 하고 있다.

> **통계**(statistic) : 특정한 집단이나 현상으로부터 관측된 자료를 요약, 정리한 결과
> **통계학**(statistics) : 자연 현상이나 사회 현상, 경제 현상 등 다양한 현상이나 대상으로부터 자료를 수집하고 정리하는 방법뿐만 아니라 결론이나 일반성 등을 이끌어 내는데 필요한 이론과 방법을 제시하여 주는 과학의 한 분야

1.2 통계분석

어떤 대상 또는 현상에 대하여 자료를 수집하고 정리한 후 설정된 모형을 이용하여 그 대상 또는 현상에 대한 결론을 내리는 과정을 **통계분석**이라 한다. 일반적으로 통계분석은 크게 다음의 세 부분으로 이루어진다.

자료의 수집	자료의 정리 및 요약 (기술통계학)	속성과 규칙의 발견 (추측통계학)
• 관측, 실험	• 그림: 히스토그램, 상자그림 • 표: 도수분포표 • 대푯값: 평균, 중앙값, 최빈값 • 산포도: 분산, 범위, 사분위범위	• 추정 • 검정

(1) 자료의 수집

통계분석의 첫 단계는 분석하고자 하는 대상에서 필요한 자료를 수집하는 것이다. 수집된 자료가 대상 집단 혹은 현상의 특성을 잘 반영하지 못한다면 이 자료를 바탕으로 이루어지는 통계분석은 대상에 대한 정확한 정보를 제공하지 못하게 된다. 따라서 이 단계에서는 대상 집단 혹은 현상의 특성이 잘 반영될 수 있도록 하기 위하여 필요한 자료의 종류와 자료의 양을 사전에 계획하고 준비해야 한다. 또한 자료를 수집하는 방법에 대한 계획도 이루어져야 한다.

자료를 수집하는 방법은 크게 관측과 실험으로 나눌 수 있다. 관측은 학생들의 키와 몸무게를 측정하는 것과 같이 대상이 되는 개체들에게 아무런 조치를 취하지 않고 단지 측정이나 관측을 통하여 자료를 수집하는 방법이다. 설문조사나 자연현상, 사회현상을 파악하기 위한 조사가 이에 해당된다. 반면에 실험은 사전 목적에 부합하도록 조치를 취한 후에 그 반응을 조사하는 것이다. 예를 들어 특정한 식이요법이 다이어트에 효과가 있는지 조사하기 위하여 식이요법을 시행한 후 몸무게의 변화를 측정하는 것이 이에 해당된다. 이와 같이 실험의 목적을 달성하기 위하여 실험에 대한 계획을 세우고 자료수집 방법, 자료를 통계적으로 분석하는 방법 등을 연구하는 통계학의 분야를 **실험계획법**이라 한다. 실험계획법과 관련된 내용은 제10장에서 살펴본다.

(2) 자료의 정리 및 요약

수집된 자료의 양이 많을 경우에는 그 자료 자체만으로는 대상 집단에 대한 특성을 파악하는 것이 쉽지 않으므로 자료를 정리하고 요약할 필요가 있다. 이를 위하여 그래프 또는 그림, 자료의 중심위치나 흩어진 정도 등을 나타내는 숫자를 이용하는 방법이 사용되고 있다.

이와 같이 수집된 자료로부터 표나 그림, 대푯값 등을 통하여 자료의 특성을 쉽게 파악할 수 있도록 자료를 정리.요약하는 방법을 다루는 통계학의 분야를 **기술통계학**(記述統計學 descriptive statistics)이라고 한다. 자료의 정리와 관련한 내용은 제2장과 제3장에서 살펴본다.

(3) 속성과 규칙의 발견

이 단계에서는 수집된 자료로부터 분석하고자 하는 집단이나 현상에 대한 미지의 특성에 대한 추론을 시행한다. 확률 및 통계이론을 적용할 통계적 모형을 설정하고 설정된 모형이 합리적인지를 판단하는 것도 이 단계에서 이루어진다.

이와 같이 수집된 자료를 가지고 불확실한 사실에 대한 추론을 하는 방법을 다루는 통계학의 분야를 **추측통계학**(推測統計學 inferential statistics)이라고 한다. 추측통계학은 크게 모집단의 특성을 추측하는 방법을 다루는 **추정**과 모집단의 특성에 대한 주장을 인정할 것인지 여부를 정하는 방법을 다루는 **검정**으로 구성된다. 추정에 대한 주요 내용은 제8장에서 검정의 주요 내용은 제9장에서 살펴본다.

통계분석 소프트웨어

통계분석을 위한 자료는 방대한 경우가 많으며 이를 위해서는 컴퓨터의 도움이 필수적이다. 통계분석을 위해서는 범용 프로그램언어를 사용할 수도 있으나 요즈음은 편리하게 사용할 수 있는 패키지가 개발되었다. 다음 표는 이 들 중 많이 사용되는 예를 나타낸 것이다. 이 책에서는 통계분석에서 엑셀을 이용하는 방법을 소개한다. 엑셀에 대한 기본적인 사용법을 부록에 첨부하였다.

소프트웨어	특징
Excel	• 표를 기반으로 다양한 형태의 계산과 사무업무를 자동으로 수행하는 스프레드시트(spread sheet)프로그램 • 통계분석뿐만 아니라 일반적인 문서작성을 비롯해 그래픽기능, 데이터베이스의 관리 및 분석을 수행할 수 있다. • 조작이 쉽고 대중적
R	• 코딩이 필요하지만 숙달될 경우 통계분석을 비롯한 다양한 분야에 사용가능하며 무료
Python	• 코딩이 필요하지만 숙달될 경우 통계분석을 비롯한 다양한 분야에 사용가능하며 무료
SPSS	• 정형화된 메뉴 방식으로 사용이 쉽다. • 고급 통계 패키지, 상용 소프트웨어
SAS	• 정형화된 메뉴 방식으로 사용이 쉽다. • 고급 통계 패키지로 프로그램이 크며, 상용 소프트웨어

제 2 장 자료의 수집과 정리

통계분석을 위해서는 먼저 분석하고자 하는 대상에서 필요한 자료를 수집하는 것이다. 수집된 자료로부터 대상 집단에 대한 특성을 파악하기위한 첫 단계로는 자료를 정리하고 요약하는 것이다. 이 장에서는 자료를 수집하는 방법과 자료의 특성에 따른 자료의 종류에 대하여 알아보고 표나, 그림 등을 이용하여 자료를 정리하는 방법을 살펴본다.

2.1 자료의 수집

2.1.1 표본조사

모집단과 표본

통계분석을 위해서는 일차적으로 대상 집단으로부터 필요한 자료를 수집해야한다. 이 때, 통계분석을 위한 대상 전체의 모임을 **모집단**(population)이라 한다. 유한개의 개체로 구성된 모집단을 유한모집단, 무한개의 개체로 구성된 모집단을 무한모집단이라 한다. 예를 들어 2015년도에 A대학에 입학한 학생들의 키를 조사한다고 할 때, 모집단은 A대학에 입학한 학생들의 수는 유한이므로 이 경우 모집단은 유한모집단이 된다. 그러나 한 공장에서 생산되는 전구의 수명을 검사하고자 한다면 그 공장에서 생산되는 모든 전구의 수명이 모집단이 된다. 이 경우는 무한모집단으로 보는 것이 적합할 것이다.

전수조사와 표본조사

모집단에 속한 각각의 개체모두를 측정이나 관찰을 통하여 속성을 파악하는 것을 **전수조사**(census) 또는 **총조사**라고 한다. 전수조사는 모집단의 모든 개체를 조사하므로 집단의 조사과정에서 오차가 없다는 가정 하에 집단의 특성을 정확하게 반영할 수 있으나 많은 시간과 비용이 드는 단점이 있다. 예를 들어 우리나라 전체 가구에 대하여 가구당 일 년 소득을 조사한다고 하자. 이 때, 모집단은 전국의 각 가구의 집합이고 전수조사는 모든 가구의 소득을 조사는 것이다. 이 경우 전국의 가구당 소득을 정확하게 조사한다는 것이 현실적으로 매우 어려울 것이다. 자동차의 안정성 검사를 위한 충돌시험이나 새로 개발된 치료약의 약효시험, 어느 지역에 서식하는 특정 동.식물의 개체 수 조사 등 전수조사가 불가능한 경우도 있다. 이와 같은 경우에는 모집단에 속한 개체 중 일부분을 추출하여 조사한다. 이와 같이 모집단의 일부를 조사하는 것을 **표본조사**(sampling survey)라고 한다. 표본조사에서 모집단으로부터 추출된 개체들의 모임을 **표본**(sample)이라고 한다. 즉, 표본은 모집단의 부분집합이다. 또한 모집단을 구성하여 표본추출의 대상이 되는 각 개체를 **추출단위**(sampling unit)라 한다. 예를 들어 어느 공장에서 생산되는 전구의 수명을 검사하고자 한다면 그 공장에서 생산되는 모든 전구의 집합이 모집단이 된다. 이 때, 각 전구들이 추출단위가 되며 검사를 받기위하여 추출된 전구들이 표본이 된다.

모집단 : 통계분석을 위한 측정 대상들의 전체 모임
표본 : 모집단의 부분 집합
전수조사 또는 **총조사** : 모집단에 속한 각각의 개체모두를 측정이나 관찰을 통하여 속성을 파악하는 것
표본조사 : 모집단의 일부를 조사하는 것

복원추출과 비복원추출

여러 개의 표본을 추출할 때, 한 번 추출한 것을 모집단에 다시 넣고 추출하는 방법을 **복원추출**이라 한다. 반면에 한 번 추출된 것은 제외하고 나머지 중에서 다음 표본을 추출하는 방법을 **비복원추출**이라 한다. 예를 들어, 흰 공과 검은 공이 들어 있는 주머니에서 2개의 공을 차례로 꺼낼 때, 첫 번째 꺼낸 공을 다시 주머니에 넣고 두 번째 공을 꺼내는 방법이 복원추출이고 첫 번째 꺼낸 공을 주머니에 넣지 않고 두 번째 공을 꺼내는 방법이 비복원추출이다. 통계분석에서 모집단의 크기가 큰 경우 표본의 수가 모집단의 크기에 비하여 충분히 작을 때 복원추출과 비복원추출은 이론적으로 큰 차이가 없다는 것이 알려져 있다.

표본조사의 목적은 모집단에서 추출한 표본을 이용하여 모집단 전체의 특성을 파악하는 것이다. 따라서 표본은 모집단의 특성을 잘 나타내도록 추출하여야 한다. 이를 위해서 모집단의 특성에 따라 여러 가지 추출방법이 알려져 있으며 기본적인 몇 가지를 개략적으로 소개하면 다음과 같다.

단순임의추출법

매번 자료를 추출할 때마다 모집단의 각 추출단위가 표본으로 추출될 가능성이 같도록 추출하는 방법을 **단순임의추출법**(simple random sampling) 또는 간단히 **임의추출법** 또는 **무작위추출법**이라 한다. 단순임의추출법은 추출방법 중 가장 간단하며 다른 방법의 이론적 근거가 되는 방법으로서 제비뽑기나, 난수 주사위, 난수표나 컴퓨터에서 생성되는 난수를 사용하기도 한다.

층화추출법

모집단을 몇 개의 동질적인 집단(층)으로 나누고 이 소집단들에서 미리 할당된 수만큼 단순임의추출법으로 표본을 추출하는 방법을 **층화추출법**(stratified random sampling)

이라 한다. 층화추출법은 모집단이 상당히 이질적인 몇개의 집단으로 구성되어 있을 때 많이 사용된다.

계통추출법

모집단에서 처음 k개의 추출단위에서 임의로 하나의 표본을 추출하고, 그 다음부터는 매 k번째마다 표본으로 추출해 나가는 방법을 **계통추출법**(systematic sampling)이라 한다. 예를 들어 1부터 $k=100$ 중에서 임의추출방식으로 57번째 표본이 정해졌다면, 다음부터는 157번째, 257번째, … 자료를 차례로 추출하는 것이다. 공장에서 생산되는 제품의 품질검사 등에서 자주 사용되는 방법이다.

2.1.2 실험

표본조사가 모집단의 일부(표본)를 추출하여 단순한 관측이나 측정에 의하여 자료를 수집하는 반면, 실험을 통한 자료의 수집은 특정한 목적 하에서 실험환경을 통제하고 조정한 후 그 결과를 관측하여 자료를 수집하는 방법이다. 예를 들어 어떤 화학반응에서 생성되는 반응량이 반응에 첨가되는 촉진제의 양에 따라 어떻게 변화하는가를 알아보기 위하여 촉진제의 양을 5g, 10g, 15g과 같이 다양하게 조절해 가면서 반응량을 측정하여 자료를 수집하는 경우가 이에 해당한다. 이 때 촉진제의 양과 같이 실험에 적용되는 특정한 실험조건을 처리라 한다. 또한 반응량과 같이 처리에 의하여 변화하는 변수를 반응변수 또는 종속변수라 하고 촉진제의 양과 같이 반응변수에 영향을 주는 변수를 설명변수 또는 독립변수라 한다. 실험결과 얻어진 자료를 바탕으로 촉진제의 양에 따라 반응량의 변화가 있는지를 다루는 방법을 분산분석이라 한다. 분산분석은 제11장에서 다룬다. 한편 촉진제의 양과 반응량 사이에 함수관계가 있다면 그 관계식을 구하는 방법을 다루는 분야를 회귀분석이라 한다. 회귀분석에 관련한 내용은 제12장에서 다룬다.

2.1.3 자료의 우연성

표본의 우연성

통계분석의 목적은 자료로부터 모집단의 특성을 추측하거나 특성에 대한 결론을 이끌어 내는 것이다. 이를 위하여 모집단 전체를 조사하는 방법(전수조사)을 생각할 수 있으나 이 방법은 시간적, 경제적, 공간적인 제약이 따르는 경우가 많다. 그러므로 모집단의 일부만을 조사하는 방법(표본조사)이 널리 사용되고 있다. 예를 들어 우리나라 전체 학생들의 하루 평균 수면시간을 알아보기 위하여 두 개의 조사기관에서 각각 1000명을 임의추출하여 수면 시간을 조사한다고 하자. 두 개의 조사기관에서 추출된 표본이 일치할 가능성은 거의 없을 것이다. 이와 같이 조사를 할 때마다 다른 표본이 추출 되는 원인을 명확하게 설명하기가 어렵다. 이와 같이 그 원인을 분명하게 알 수 없는 경우 보통 우연에 의한 것으로 생각한다. 표본조사를 이용하는 방법은 표본의 우연성으로 인하여 추출된 표본에 따라 다른 결론에 도달할 가능성이 있으며 표본이 편향되게 추출될 경우 모집단의 특성을 제대로 나타낼 수 없을 것이다.

측정 결과의 우연성

표본조사나 실험을 통하여 자료를 수집할 때, 측정을 하여 얻어진 자료는 원인과 그 크기를 알 수 없는 오차 또는 편차를 포함할 수 있다. 예를 들어 어떤 화학약품의 합성공정에서 촉매의 양(단위: g)이 반응량에 미치는 영향을 조사하기 위하여 촉매의 양을 10g으로 고정하고 3번 실험을 하여 반응량을 측정한다고 하자. 이와 같이 반복적으로 실험할 때, 실험조건을 동일하게 되도록 통제한다고 하더라도 실험과정에서 관측기기나 관측자의 상태, 실험실환경의 미세한 변화 등 원인을 알 수 없는 이유에 의하여 실험결과가 달리 나올 수 있을 것이다.

이와 같이 표본이나 오차를 포함하는 측정결과를 이용하여 전체 모집단의 특성을 파악할 경우 원인을 정확하게 알 수 없는 이유(이것을 보통 우연이라고 한다)에 의한 자료의 불확실성은 피할 수 없다. 이와 같은 자료의 우연성을 효과적으로 다루기 위하여 불확실성을 기술하고 측정하는 방법을 다루는 수학 분야인 확률의 이론과 방법을 이용한다. 확률의 정의와 성질, 확률분포 등 확률론의 기본 개념은 제4장과 제5장에서 다루고 특수한 형태의 확률분포는 제6장에서, 표본의 확률적 특성은 제7장에서 다룬다.

2.2 자료의 형태

수집된 자료로부터 의미 있는 정보나 모집단의 특성을 파악하기 위한 첫 단계는 자료를 정리하고 요약하는 것이다. 수집된 자료를 요약하는 방법은 분석대상이 되는 자료의 형태에 따라 달라질 수 있다. 자료의 형태는 크게 범주형자료와 양적자료로 구분된다.

범주형 자료

어느 대학교 신입생 중 남학생과 여학생의 수를 조사한 자료, 어느 지역에서 혈액형(A, B, O, AB)을 가진 주민의 수를 조사한 자료, 어느 정당을 지지하는 지 조사한 여론 조사자료 등과 같이 관측결과를 숫자가 아닌 몇 개의 범주로 분류하고 각 범주에 속하는 관측 수로 나타낸 자료를 **범주형 자료**(categorical data) 또는 **질적자료**라고 한다. 범주형 자료는 순서형자료와 명목자료로 나누기도 한다. 학력조사에서 중학교, 고등학교, 대학교 졸업자 수를 조사한 자료, 가구당 소득에 대하여 1분위부터 9분위까지 조사한 자료, 만족도 조사에서 '매우 불만', '불만', '보통', '만족', '매우만족'에 각각 1,2,3,4,5의 번호를 부여 했다면 숫자끼리의 연산은 의미가 없지만 순서관계를 나타내는 자료를 순서형자료(ordinal data)라고 한다. 이와 달리 남녀 수, 지역별 주민 수, 혈액형별 인구 수 등과 같이 순서가 없는 자료를 자료를 명목자료(nominal data)라고 한다. 명목자료에서 범주의 분류를 편하게 하기 위하여 남자는 1, 여자는 2와 같이 숫자를 부여하기도 한다. 그러나 이 때, 1과 2는 편의상 숫자를 대응시킨 것이지 숫자로서의 특별한 의미는 없다.

양적자료

남녀, 혈액형 등의 명목자료와 달리 키, 몸무게, 가구당 소득 등과 같이 자료에 수치적 의미가 있어서 자료의 속성을 반영하는 자료를 양적자료라 한다. 양적자료는 주로 키(cm), 몸무게(kg) 등과 같이 측정단위의 존재를 가정하여 관측대상이 되는 각 개체에 측정값을 부과하여 얻어지는 자료로 측정자료라고 하기도한다.

양적자료 중에서 키, 몸무게 같이 연속적인 값을 갖는 자료를 연속형자료라 하고 가구당 가족의 수 등과 같이 이산적인 값을 갖는 자료를 이산형자료라 한다.

양적자료는 구간형 자료와 비율형 자료로 구분하기도 한다. 구간형 자료는 온도와 같이 자료값의 차이는 의미가 있으나 비율은 의미가 없는 자료이다. 예를 들어 섭씨 30도는 섭씨 10도보다 세 배 높은 온도라고 보지는 않는다. 온도가 섭씨 0도는 온도가 없다는 것을 의미하지는 않는 것처럼 구간형 자료는 절대적인 원점이 존재하지 않는다. 이와 달리 길이나 무게 등과 같이 절대 원점이 존재하며 자료 비율이 의미를 가지는 자료를 비율형 자료라 한다. 예를 들어 길이가 0미터라는 것은 길이가 없다는 것을 의미하며 2미터는 1미터의 2배의 길이가 된다.

양적자료의 경우에도 집단화에 의하여 몇 개의 겹치지 않는 범주로 분류하고 각 범주에 속하는 자료의 수를 구하는 방식으로 범주화하여 범주형 자료로 변환할 수 있다. 예를 들어 시험점수를 90점 이상, 80점 이상 90점 미만, 70점 이상 80점 미만, 70점 이상 80점 미만, 70점 미만 등과 같이 몇 개의 범주로 구분하여 A, B, C, D, F 등의 학점으로 구분하면 범주형자료의 형태로 바뀌게 된다.

2.3 표 또는 그래프를 이용한 자료의 정리

2.3.1 범주형 자료의 정리

범주형 자료를 요약하는 방법으로서 도수분포표, 막대그래프, 원형그래프 등이 있다. 범주형 자료는 각 범주에 속한 관측 수로 나타난다. 예를 들어 〈표 2.1〉은 우리나라 어느 지역 주민 1700명의 혈액형을 조사한 것이다.

표 2.1 우리나라 어느 지역주민의 혈액형 조사결과

혈액형	주민 수
O형	436
A형	648
B형	414
AB형	202
합	1700

이 때, 각 범주 O형, A형, B형, AB형에 속하는 주민 수를 그 범주의 **도수**(frequency)라 하고, 이 도수를 자료 전체의 개수로 나눈 수를 **상대도수**(relative frequency)라고 한다. 즉, 전체 자료수가 n이고 범주 A에 속하는 자료 수가 m일 때,

$$\text{범주}\,A\text{의 상대도수} = \frac{\text{범주 } A\text{에 속한 자료수}(m)}{\text{전체 자료수}(n)}$$

이다. 〈표 2.1〉에서 전체 자료수는 1700이고 혈액형 A형의 도수는 648이므로 혈액형 A형의 상대도수는 648/1700 = 0.381이다. 각 범주의 도수 또는 상대도수를 나열해 놓은 것을 도수분포라 하며 이를 도표화한 것을 **도수분포표**라 한다. 〈표 2.2〉는 〈표 2.1〉의 자료에 대한 도수분포표이다.

표 2.2 혈액형 조사결과에 대한 도수 및 상대도수 분포표

혈액형	도수	상대도수
O형	436	0.256
A형	648	0.381
B형	414	0.244
AB형	202	0.119
합	1,700	1.0

막대그래프

도수분포표의 자료를 이용하여 수평축에는 범주를, 수직축에는 각 범주에 대응하는 도수의 크기에 비례하도록 막대의 높이를 정해서 그린 그림을 **막대그래프**라 한다. 수직축에 도수 대신 상대도수를 대응시켜 그린 그림을 **상대도수 막대그래프**라 한다. [그림 2.1]은 〈표 2.2〉에 대응하는 막대그래프를 나타낸 것이다.

원형그래프

원형그래프는 원을 그리고 이 원을 각 범주의 상대도수에 비례하도록 원의 중심각을 나누어 작성한다. [그림 2.2]는 〈표 2.2〉에 대응하는 원형그래프를 나타낸다.

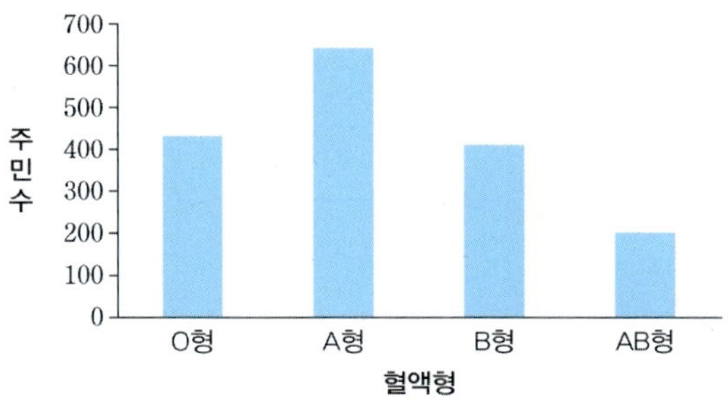

[그림 2.1] 혈액형자료에 대한 막대그래프

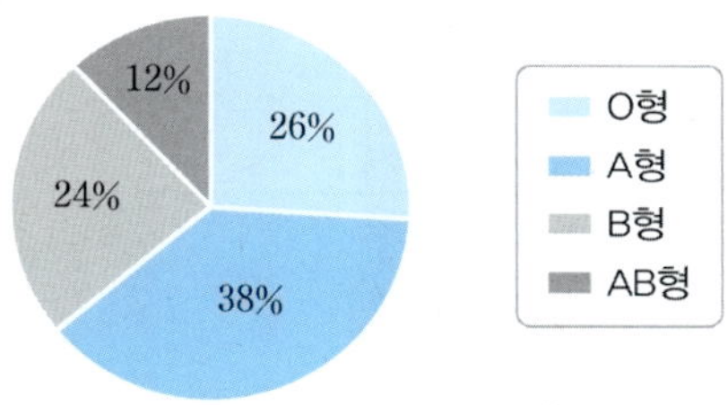

[그림 2.2] 혈액형자료에 대한 원형그래프

2.3.2 양적자료의 정리

양적자료를 표나 그래프로 나타내는 방법은 범주형자료보다 다양한 방법이 있다. 여기서는 도수분포표와 히스토그램, 상대도수 다각형, 줄기－잎 그림, 점도표를 소개한다.

도수분포표

이산형자료의 경우 관측값을 겹치지 않는 몇 개의 집단으로 나누고 각 집단에 속한 자료의 수를 세어서 범주형자료로 변환한 후 도수분포표를 작성한다.

통계학과목을 수강하는 학생들 40명의 중간고사 시험 성적이 〈표 2.3〉과 같다고 하자.

표 2.3 통계학 중간고사 성적

85, 75, 64, 82, 66, 64, 75, 62, 55, 92, 66, 59, 80, 50, 79, 71, 95, 68, 49, 65, 60, 71, 47, 37, 54, 70, 58, 59, 80, 77, 68, 70, 45, 69, 52, 69, 60, 74, 87, 74

〈표 2.4〉는 〈표 2.3〉의 자료를 자료를 이용하여 도수분포표를 작성한 예이다.

표 2.4 통계학 중간고사 성적에 대한 도수분포표

계급	도수	상대도수
30이상~40미만	1	0.025
40이상~50미만	3	0.075
50이상~60미만	7	0.175
60이상~70미만	12	0.300
70이상~80미만	10	0.250
80이상~90미만	5	0.125
90이상~100이하	2	0.050
합	40	1

이 때 자료를 나누는 구간

$$[30,40),\ [40,50),\ [50,60),[60,70),[70,80),[90,100]$$

을 **계급**이라 하고 계급의 양 끝값을 더해서 2로 나눈 숫자를 그 계급의 **계급값**이라 한다. 예를 들어 계급 [50,60)의 계급값은 (50+60)/2=55이다. 이 경우 계급의 구간과 계급의 개수는 자료의 양과 성질에 따라 달라지며 특별한 규칙이 있는 것은 아니다. 계급의 개수가 너무 적으면 각 계급에서 자료의 분포상태에 대한 정보를 많이 잃게 되고, 계급의 수가 너무 많으면 자료의 전반적인 형태를 파악하기 어렵게 된다. 이 점을 염두에 두고 계급구간과 계급의 개수를 정한다. 보통 자료의 크기에 따라 5에서 20개 정도의 계급의 수를 정한다.

자료를 범주화하여 도수분포표를 작성할 경우에는 다음과 같은 방법을 사용하면 편리하다.

도수분포표 작성 순서

1. 자료의 범위(최댓값 − 최솟값)를 구한다.
2. 자료의 크기에 따라 적당한 계급의 수를 정한다.
3. 중복되지 않고 동일한 간격을 갖도록 계급의 폭을 정한다. 이 때, 계급의 폭은

$$\text{자료의 범위} \div \text{계급의 개수}$$

보다 조금 큰 수를 계급의 폭으로 정하는 것이 일반적이다. 위와 같이 구간을 $[a,\ b)$와 같이 반 열린 구간으로 정해도 되나 첫 번째 계급의 시작점을

$$\text{최솟값} - \frac{1}{2}(\text{자료의 최소단위})$$

로 정하고, 앞에서 구한 계급의 폭에 따라 그 다음 계급을 정하면 계급사이의 경계값에 자료가 나타나지 않는다.

5. 각 계급의 도수(각 계급에 속하는 관측값의 수)를 구한다.
6. 각 계급의 도수를 전체 자료 수로 나누어 각 계급의 상대도수를 계산한다.

요약

자료의 크기가 n이고 범위(자료의 최댓값 − 자료의 최솟값)가 R일 때, 계급의 폭(w)은 다음과 같은 스터지스(Sturges)의 식이 사용되기도 한다.

$$\text{계급의 폭}(w) = \frac{R}{1 + 3.322\log_{10} n}$$

예를 들어 통계학성적의 자료에서 $n = 40$, $R = 58$이므로 스터지스의 식을 이용하면 계급의 폭은

$$\frac{58}{1 + 3.322\log_{10} 40} = \frac{58}{6.322} \approx 9.17$$

따라서 계급의 폭은 9 또는 10을 사용한다. 위의 보기에서는 편의상 계급의 폭으로 10을 사용하였다.

앞에서 소개된 도수분포표의 계급들은 각 구간의 폭이 모두 같도록 작성되었다. 그러나 자료의 값이 넓은 범위에 흩어져 있으면서 특정 구간에 집중되어 있는 경우에는 계급의 폭을 다르게 하면 더 많은 정보를 얻을 수 있다. 즉, 자료가 집중된 구간의 폭을 좁게 하여 자료가 상세히 나타나도록 하고 자료가 드물게 있는 구간의 폭은 넓게 하면 자료에 대한 더 많은 정보를 얻을 수 있을 것이다.

히스토그램(Histogram)

히스토그램은 양적자료를 범주화하여 작성한 도수분포를 계급경계가 서로 연결된 막대그래프 형태로 나타낸 그림이다. 히스토그램은 자료의 분포상태나 흩어진 정도(산포도), 중심위치, 치우침의 정도 등을 한 눈에 파악할 수 있는 장점이 있다. 도수에 대한 히스토그램을 그리기 위해서는 먼저 수평축 위에 계급구간을 표시하고 각 계급구간에 해당하는 구간 위에 계급의 도수에 비례하는 높이의 직사각형을 그린다.

상대도수히스토그램을 그리기 위해서는 먼저 수평축 위에 계급구간을 표시하고 각 계급구간에 해당하는 구간 위에 계급의 상대도수에 비례하는 넓이의 직사각형을 그린다. 즉,

$$\text{각 계급에 대응되는 직사각형의 높이} = \frac{\text{그 계급의 상대도수}}{\text{계급의 폭}}$$

이 되며 결과적으로 히스토그램의 사각형 전체의 넓이는 1이 된다. 이와 같이 그 계급의 상대로수를 계급의 폭으로 나누어준 값을 **상대도수밀도**라고 한다. 계급구간이 다른 경우 상대도수밀도를 이용하여 히스토그램을 나타내면 히스토그램의 면적을 통하여 상대도수의 크기(관측값의 비율)를 직관적으로 비교하는 것이 편리하다.

다음 [그림 2.3]은 〈표 2.3〉의 상대도수에 대한 히스토그램이다. 〈표 2.4〉에서 계급 [40,50), [50,60)에 대응하는 사각형의 높이는 각각 0.075와 0.175이다. [그림 2.4]는 계급구간 [50, 60), [60, 70)과 [70,80)을 계급 구간의 크기가 5인 구간으로 세분하여 상대도수밀도에 대한 히스토그램을 나타낸 것이다. 계급 구간을 다르게 할 경우 직사각형의 높이는 상대도수밀도를 나타내며 직사각형의 넓이는 상대도수를 나타낸다. 예를 들어 세분한 구간 [60,65)와 [65,70)에 대응하는 직사각형의 넓이의 합은 동일한 구간으로 그린 히스토그램 [그림 2.3]에서 계급구간 [60, 70)의 넓이와 같으며 그 구간에 대한 상대도수를 의미한다.

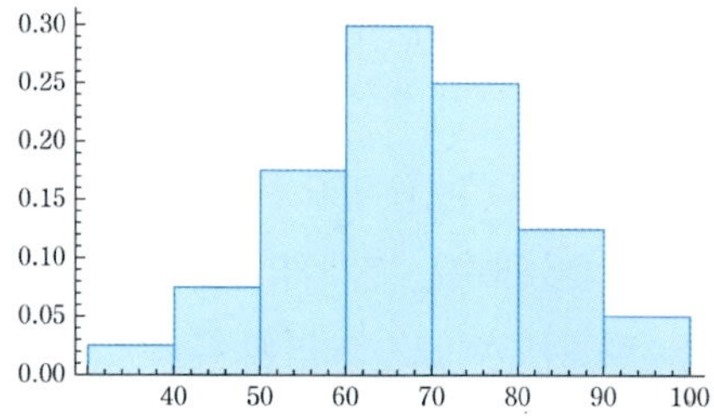

[그림 2.3] 통계학성적에 대한 상대도수 히스토그램

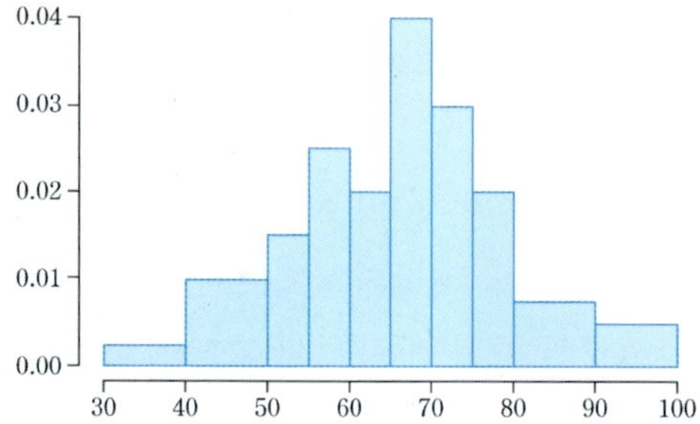

[그림 2.4] 통계학성적에 대한 상대도수 히스토그램(계급구간이 다른 경우)

상대도수 다각형(Relative frequency polygon)

상대도수 다각형은 히스토그램에서 각 막대의 윗부분의 중심점을 직선으로 연결하여 그린 것이다. [그림 2.5]는 통계학점수를 나타낸 히스토그램으로부터 그린 상대도수 다각형이다. 히스토그램과 마찬가지로 상대도수 다각형을 이용하면 대략적인 자료의 분포상태, 각 계급의 상대도수, 자료의 치우침 정도 등을 쉽게 파악할 수 있다.

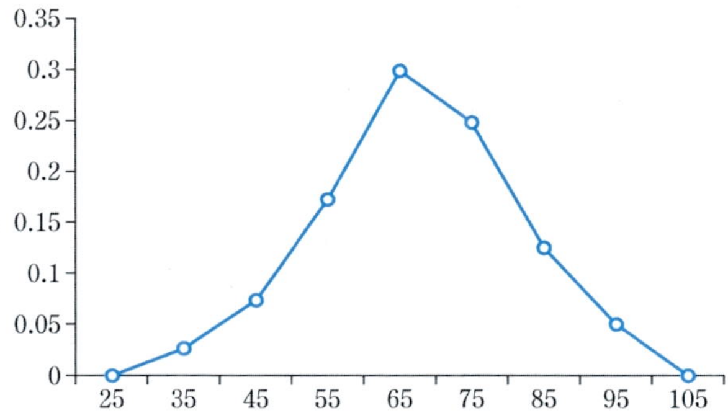

[그림 2.5] 상대도수 다각형

줄기-잎 그림(Stem-and-Leaf Plot)

줄기-잎 그림은 양적자료를 정리하는 방법 중 하나로 막대그래프와 유사하나 히스토그램이나 막대그래프를 그리는 과정에서 발생하는 정보의 손실이나 도수분포표를 작성하는 번거로움을 해소할 수 있도록 하는 방법이다. 줄기-잎 그림을 작성하기 위해서는 먼저 자료를 단위에 따라 두 부분으로 나누고 큰 단위의 값을 줄기(stem)로, 작은 단위의 값을 잎(leaf)로 하여 정리한다. 여기서 줄기는 질적자료의 범주와 히스토그램의 계급에 해당된다.

[그림 2.6]은 통계학성적에 대한 줄기－잎 그림을 그리는 과정을 나타낸 것이다.

(가) 먼저 점수의 10의 자리 수를 줄기로 정하고 일의 자리 수를 잎으로 정한다. 그러면 줄기에 해당되는 값은 3,4,5,6,7,8,9로 줄기 값의 개수는 7개가 된다. 그 다음 줄기의 숫자를 작은 것부터 크기순서대로 세로로 나열하고 그 옆에 수직선을 긋는다.

(나) 각 줄기에 해당되는 자료의 잎 부분을 그 줄기의 오른쪽에 가로로 나열한다.

(다) 각 줄기에서 잎의 값을 크기순으로 재배열하면 줄기－잎 그림이 완성된다.

(가)		(나)		(다)	
3		3	7	3	7
4		4	597	4	597
5		5	5408299	5	0245899
6		6	600489468259	6	002445668899
7		7	510745014	7	0011445579
8		8	50072	8	00257
9		9	52	9	25

[그림 2.6] 줄기–잎 그림 작성과정

줄기－잎 그림은 자료에 대한 정보의 손실 없이 막대그래프나 히스토그램과 같이 자료의 분포를 쉽게 파악할 수 있는 장점이 있다. 또한 모든 자료가 크기 순서대로 나열되어 있어 특정 자료의 상대적 위치를 쉽게 파악할 수 있는 장점이 있다. 그러나 줄기－잎 그림은 자료의 수가 많은 경우에는 사용하기 곤란하다는 단점이 있다. 줄기－잎 그림도 몇 개의 줄기에 자료가 집중된 경우 히스토그램의 경우와 같이 줄기를 세분하면 전체 분포를 파악하는 데 도움이 된다.

엑셀을 이용한 표와 그림의 표현

1. 막대그래프

작성절차 :

(1) 자료를 입력한 후 자료의 범위를 마우스 드래그로 선택(① ②)

(2) "삽입"메뉴③에서 "세로 막대형" 차트④를 선택

(3) "2차원 세로 막대형"의 가장 첫 번째 차트를 클릭

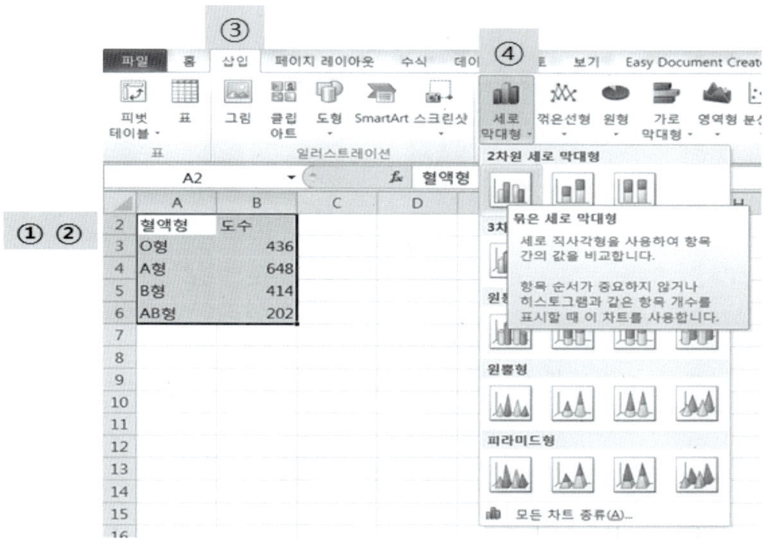

(4) 아래 그림과 같은 차트가 나타난다. 이 차트에 제목을 추가하거나 범례를 수정하는 등 원하는 대로 바꿀 수 있다. "차트 레이아웃" 메뉴에서 다양하게 차트의 모양을 바꿀 수 있다.

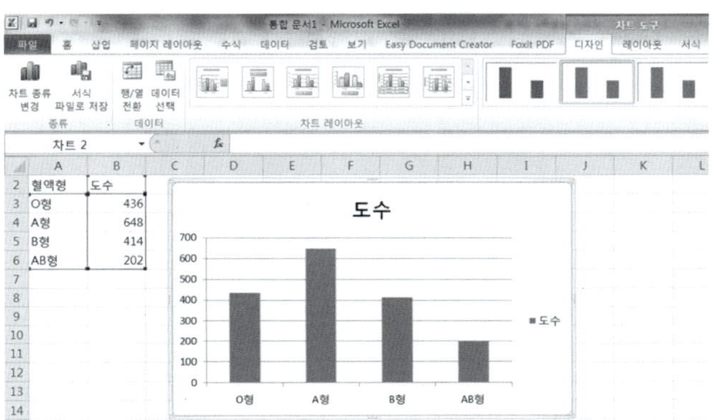

(5) 아래 그림은 첫 번째 레이아웃을 선택한 모습이다.

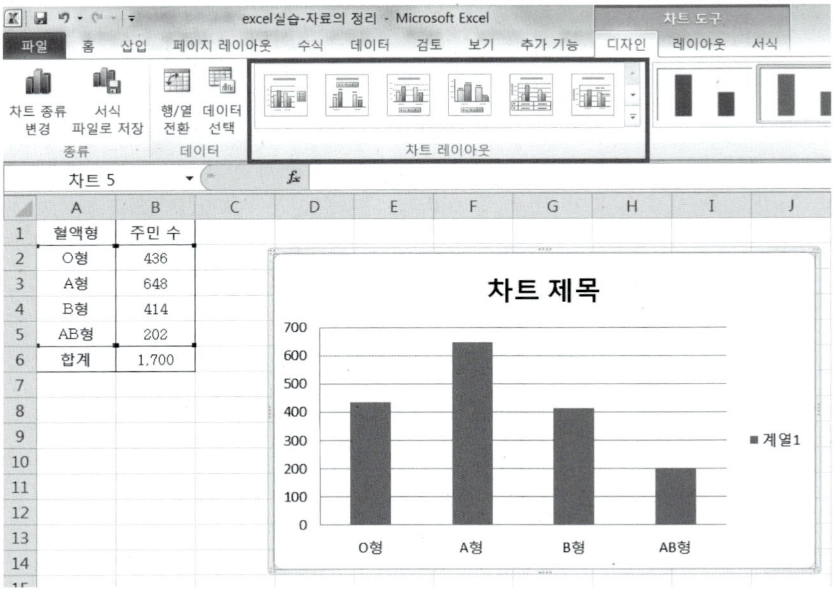

(6) 제목과 범례를 수정해주면 아래 그림과 같은 차트가 완성된다.

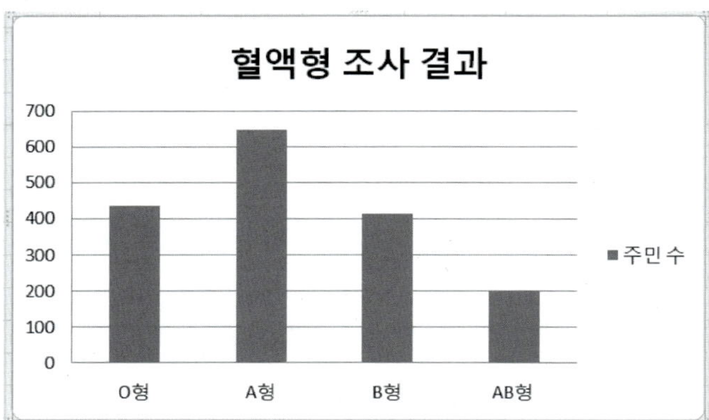

2. 원 그래프

원 그래프도 막대그래프를 그리는 방법과 같이 그릴 수 있다.

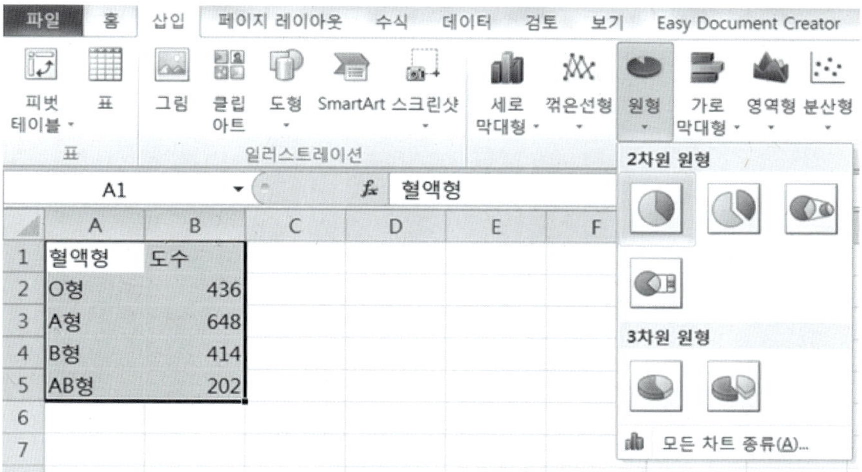

차트도구에서 '디자인', '레이아웃', '서식'메뉴에서 다양하게 차트의 모양을 바꿀 수 있다.

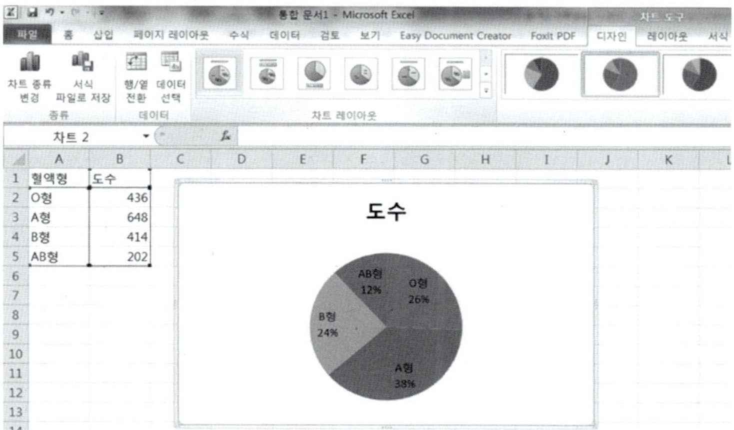

3. 상대도수 다각형

(1) 상대도수 다각형은 각 계급의 상대도수와 x축으로 이루어지는 다각형이므로 아래 그림과 같이 상대도수가 0인 계급을 추가하여 꺾은선 그래프로 그린다.

(2) 상대도수의 값을 선택⇒ [삽입]⇒[꺾은 선형]메뉴를 선택

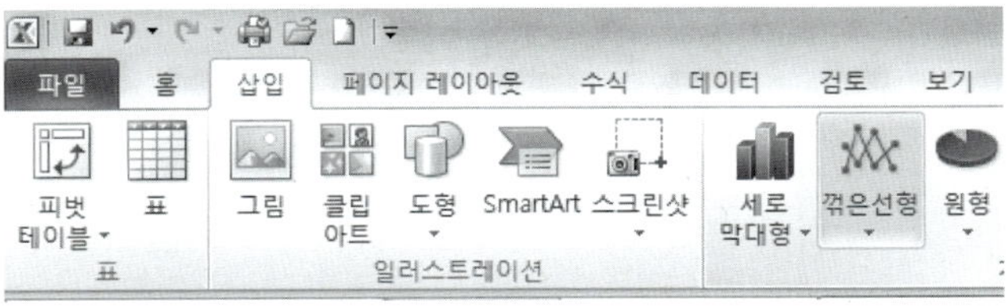

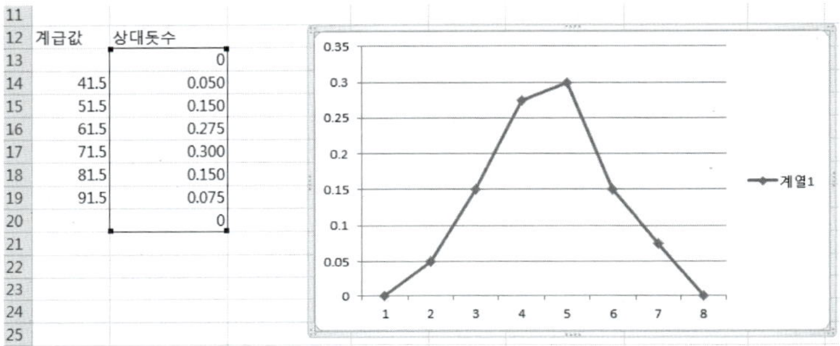

(3) 히스토그램에서와 같이 차트제목, 축제목, 범례, 눈금선 등을 조정하면 아래의 상대도수 다각형을 얻을 수 있다.

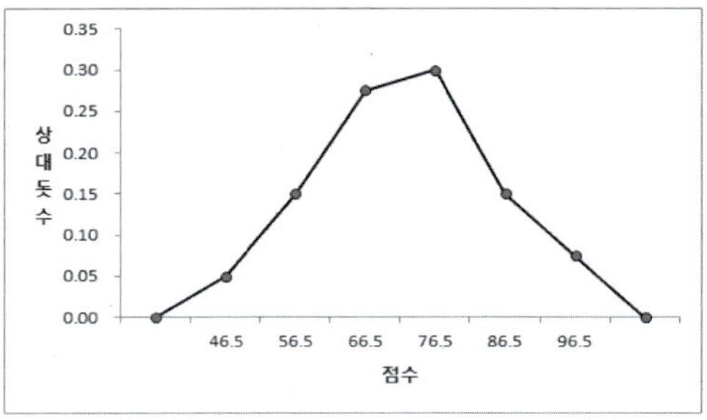

4. 도수분포표

(1) 함수 'FREQUENCY'를 이용하는 방법

① 양적자료를 범주화하기 위하여 계급의 수와 계급의 폭이 정해지면 다음과 같이 각 계급의 상한값과 하한값을 입력한다.

② 자료로부터 각 계급의 도수를 구하기 위하여 위의 표에서 범위 H2:H7을 선택한다.

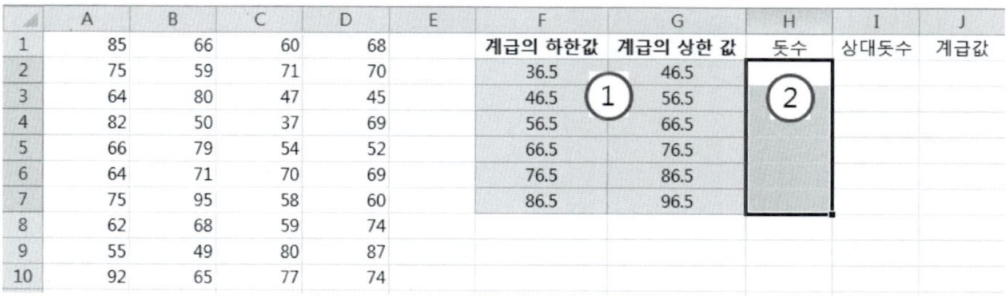

	A	B	C	D	E	F	G	H	I	J
1	85	66	60	68		계급의 하한값	계급의 상한 값	돗수	상대돗수	계급값
2	75	59	71	70		36.5	46.5			
3	64	80	47	45		46.5 ①	56.5	②		
4	82	50	37	69		56.5	66.5			
5	66	79	54	52		66.5	76.5			
6	64	71	70	69		76.5	86.5			
7	75	95	58	60		86.5	96.5			
8	62	68	59	74						
9	55	49	80	87						
10	92	65	77	74						

③ 수식입력줄의 함수마법사 아이콘(f_x)를 클릭한 후

범주선택(C)에서 [통계], [함수선택(N)]에서 FREQUENCY를 선택한 후 확인버튼을 클릭한다.

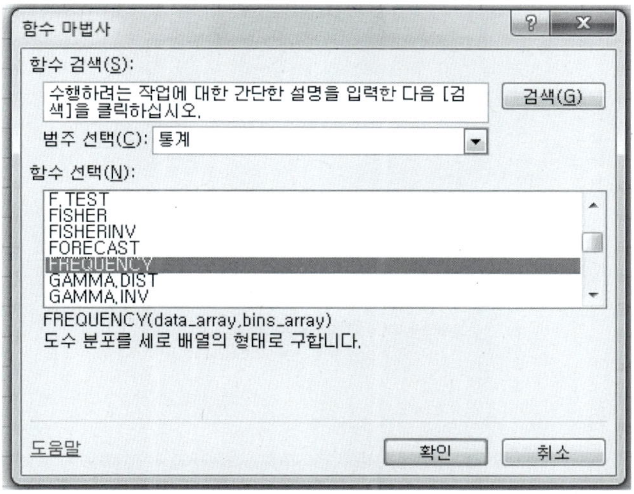

④ FREQUENCY 대화상자에서
Data_array에는 자료의 범위 A1:D10을 입력하고
Bins_array에는 계급의 상한값의 범위 G2:G7을 입력한다.

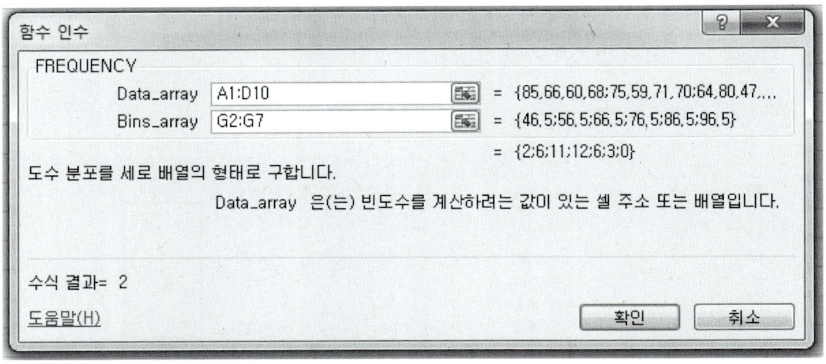

⑤ 위의 ④단계에서 확인 버튼을 누르기 전에 커서를 수식입력줄의 끝으로 옮긴 후 Ctr, Shift, Enter키를 동시에 누르면 H열에 ⑥과 같이 도수가 나타난다.

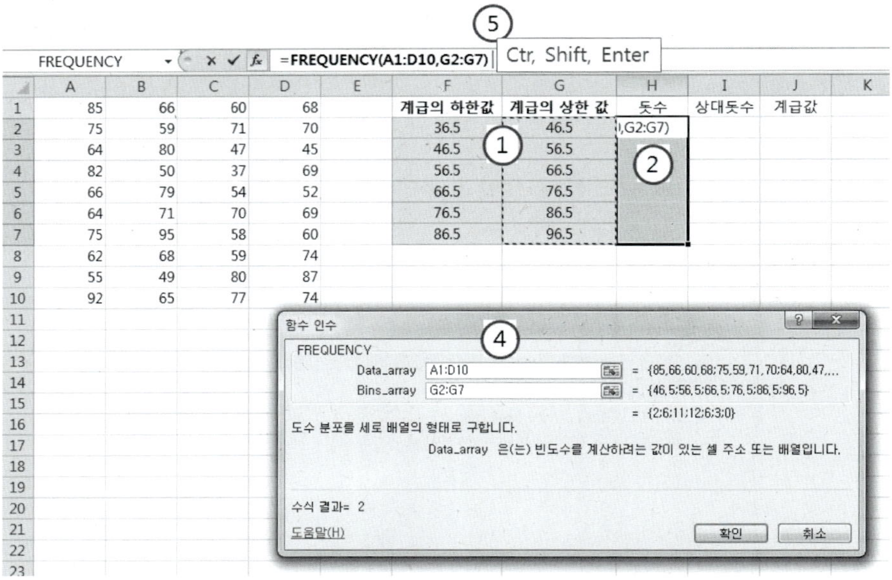

⑥ 아래 그림에서 도수의 합계(H8셀), 상대도수(I2~H7), 계급값(J2~J7)은 각각 다음과 같은 엑셀함수를 사용하여 구한다.

- 도수의 합계(H8셀) : =SUM(H2:H7)
- 상대도수는 (I2셀) : =H2/$H$8
  (I3셀의 값 : =H3/$H$8 등과 같이 I열의 다른 값을 구한다.)
- 계급값(J2셀) : =(F2+G2)/2
  (J3셀의 값 : =(F3+G3)/2 등과 같이 J열의 다른 값을 구한다.)

	F	G	H	I	J
1	**계급의 하한값**	**계급의 상한 값**	돗수	상대돗수	계급값
2	36.5	46.5	2	0.050	41.5
3	46.5	56.5	6	0.150	51.5
4	56.5	66.5	11	0.275	61.5
5	66.5	76.5	12	0.300	71.5
6	76.5	86.5	6	0.150	81.5
7	86.5	96.5	3	0.075	91.5
8		합계	40	1.000	
9					

(2) 데이터 분석도구를 이용한 도수분포표작성

① [데이터]⇒ [데이터 분석]에서 히스토그램을 선택

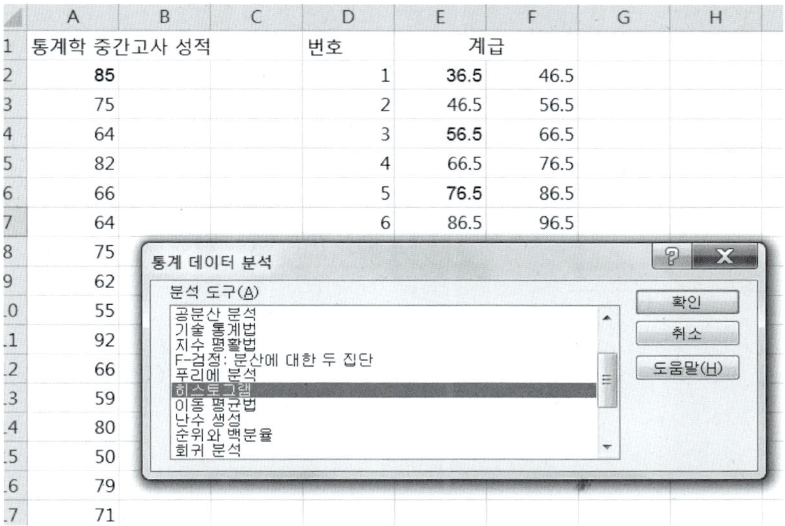

② 입력범위, 계급구간을 선택한 후 출력범위를 지정선택한 후 확인을 클릭한다.

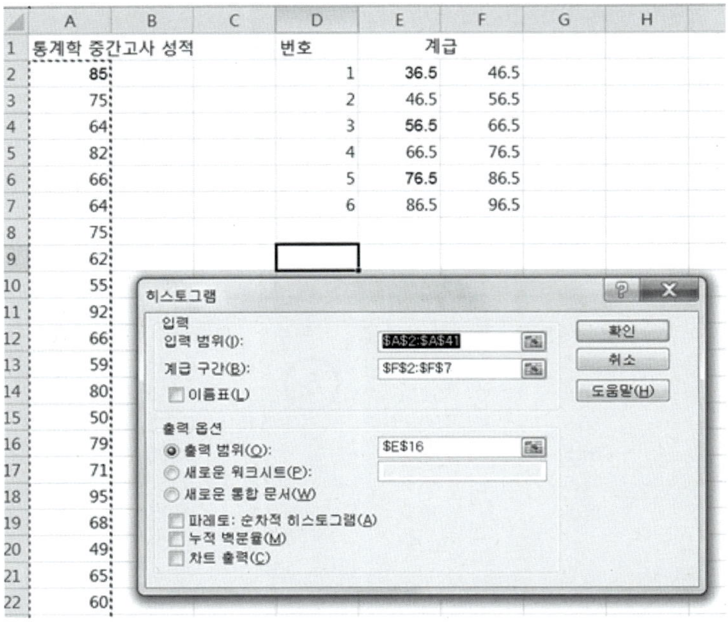

③ 다음 결과를 얻는다. 위의 단계②에서 차트출력을 선택하면 막대그래프가 출력된다.

계급	빈도수
46.5	2
56.5	6
66.5	11
76.5	12
86.5	6
96.5	3
기타	0

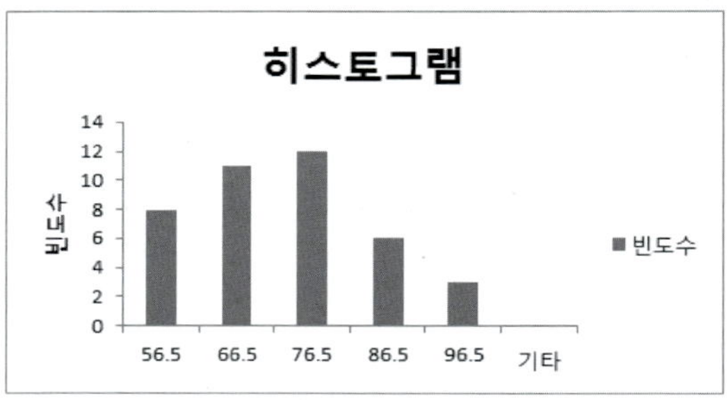

④ 히스토그램 막대 기둥 간격 조정하기

❶ 히스토그램의 막대들 중 아무것이나 클릭하면 아래 그림과 같이 막대들이 선택된다.

❷ 막대들이 선택된 상태에서 오른쪽 마우스버튼을 클릭하면 아래 그림과 같이 메뉴들이 나타난다. 여기서 "데이터 계열 서식"을 클릭한다.

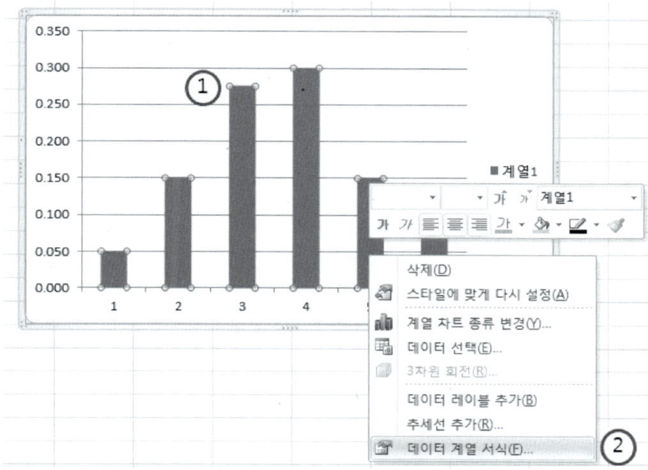

❸ 데이터 계열 서식 화면에서 아래 그림과 같이 "간격 너비"를 간격 없음으로 조정하고 닫기를 클릭한다. 히스토그램의 테두리는 데이터계열서식에서 테두리 색을 선택하여 정할 수 있다.

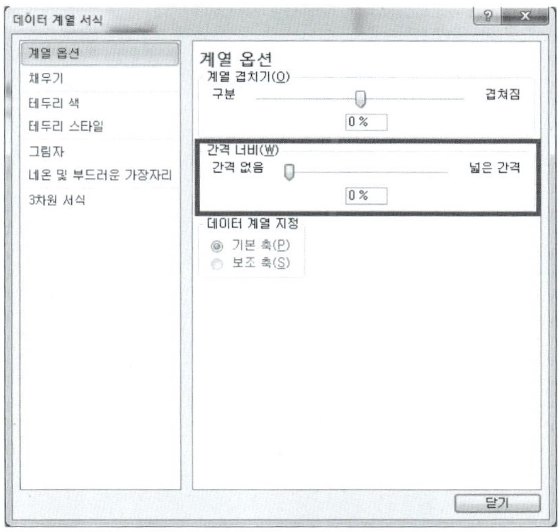

제2장 연습문제

01 다음 각 경우에 모집단은 무엇인지 설명하여라. 그리고 전수조사와 표본조사 중 어느 방법이 적합한지 설명하여라.

(1) 우리나라 농업인의 연간 소득을 조사하려고 하는 경우

(2) 특정 자동차의 연비를 조사하는 경우

(3) 특정 학과에 입학한 학생들의 남학생과 여학생의 비율을 조사하는 경우

(4) 어느 지역 국회위원선거에 출마한 후보자의 지지율에 대한 사전 여론조사

02 다음 자료가 양적자료인지 범주형자료인지 구분하여라.

(1) 가장 좋아하는 축구 국가대표 선수

(2) 통계학과목의 시험성적

(3) 통계학과목의 학점 A,B,C,D,F를 받은 학생 수

(4) 개인별 한 달 동안 통화시간

(5) 어떤 고등학교의 각 대학별 입학 인원 수

03 2021년도 우리나라 가구당 인원수에 대한 자료가 다음 표와 같다 (통계청 자료).

가구당 인원 수	가구수
1명	7,165,788
2명	6,076,549
3명	4,169,956
4명	3,154,286
5명	715,982
6명	132,665
7명 이상	33,237
합	21,448,463

(1) 위 자료의 각 범주에 대한 상대도수를 구하라.
(2) 위 자료를 막대그래프를 이용하여 나타내 보아라.
(3) 위 자료를 원그래프를 이용하여 나타내 보아라.

04 다음은 어느 학교의 고등학교 3학년 여학생 중 43명의 키를 조사한 자료이다. 이 자료에서 최솟값은 152.7(cm)이고 최댓값은 171.7(cm)임을 알 수 있다.

156.6	169.6	157.5	158.3	156.4
155.1	166.5	161.6	154.4	161.7
162.6	164.3	156.1	153.4	159.3
161.9	162.3	160.4	161.3	166.2
155.8	159.8	169.8	156.3	157.3
169	156.9	154.6	169.2	164.8
152.7	161.3	171.7	161.9	165
165.5	167.8	154.9	167.2	169.6
157.3	162.8	156.3		

(1) 계급구간의 크기를 5로 하여 도수와 상대도수를 나타낸 표를 작성하여라.
(2) 위의 (1)에서 구한 도수분포표를 이용항여 도수와 상대도수에 대한 히스토그램을 작성하여라.
(3) 계급구간을 구분하는 경계값을 150, 155, 157.5, 160, 162.5, 165, 167.5, 170, 175와 같이 했을 때, 각 구간의 상대도수밀도함수를 구하고 상대도수밀도에 대한 히스토그램을 그려라.
(4) 줄기를 150, 155, 160, 165, 170으로 하여 줄기–잎 그림을 그려라.

05 다음 표는 초등학교 1학년에 입학하는 학생들 중 남학생 23명, 여학생 20명의 키(cm)를 조사한 자료이다.

남학생				여학생			
132	127	129	124	114	112	129	118
123	119	120	116	122	115	118	126
124	118	126	129	121	123	126	
122	119	123	136	116	120	106	
124	126	120	118	124	117	120	
123	123	117		126	132	126	

(1) 남학생의 자료와 여학생의 자료 각각에 계급의 크기를 5로 하는 도수분포표를 작성하라.

(2) 위의 (1)의 결과를 이용하여 남학생과 여학생의 키에 대한 막대그래프를 그려라.

(3) 하나의 줄기에 남학생의 키를 왼쪽에 여학생의 키를 오른쪽에 나타나는 줄기－잎 그림을 그려라.

(4) 남학생의 자료와 여학생의 자료 각각에 대하여 히스토그램을 그려라.

(5) 두 히스토그램을 바탕으로 남학생과 여학생의 키의 분포를 설명하라.

제 3 장 숫자를 이용한 자료의 요약

앞 장에서 표나 그림을 이용하여 자료를 정리하고 요약하는 방법을 살펴보았다. 표나 그림은 자료의 분포상태를 시각적으로 나타내 주므로 그 특성을 빠르고 쉽게 이해하는 데 도움이 된다. 그러나 도수분포표를 작성할 때, 계급의 수나 계급의 폭 등이 일관성 없이 작성자의 주관에 의존하여 정해지므로 표나 그림의 표현에서 객관성이 결여되는 면이 있다.

이 장에서는 표나 그림 대신 자료를 대표할 수 있는 숫자로 요약하는 방법을 소개한다. 여기서는 자료의 중심적 경향을 나타내는 숫자(중심위치 측도)와 자료의 흩어진 정도를 나타내는 숫자(산포의 측도)를 이용하여 나타내는 방법을 알아본다. 또한 키와 몸무게와 같이 쌍으로 이루어진 자료에 대하여 두 변수 사이의 연관성(직선관계) 정도를 측정하는 방법에 대하여 살펴본다.

3.1 대푯값

생각해보기

키가 비슷한 9명의 남학생을 임의로 추출하여 몸무게(단위:kg)를 측정한 결과가 다음과 같았다.

64 66 70 72 73 75 75 75 81

이 자료를 대표하는 하나의 숫자 a를 다음과 같이 정하려고 한다. 각각의 방법에 따라 a의 값을 구하라. 또한 어느 방법이 자료를 가장 잘 대표할 수 있을 것인지 생각해 보아라.

1. 자료 중 가장 빈번하게 나타나는 값
2. 자료를 작은 것부터 크기순으로 나열할 때, 중앙(5번째)에 위치하는 값
3. 각 자료(x_i)와 a의 차(편차) $x_i - a$의 합이 $\sum_{i=1}^{9}(x_i - a) = 0$이 되도록 하는 값

모집단에서 n개의 표본을 추출하여 얻은 자료를 $x_1, x_2, \cdots, x_n$이라 하자. 이 자료를 대표하는 하나의 숫자 'a'로 나타낼 때, 이 숫자 a를 자료의 대푯값이라 한다. 자료의 대푯값을 정하는 방법으로는 주로 자료의 중심경향을 나타내는 값을 사용한다. 이와 같은 대푯값을 자료의 중심위치 측도라 한다. 중심위치 측도를 정하는 방법으로 크게 다수결에 의하여 어느 모임의 대표를 선출하는 것과 같이 가장 많은 빈도수를 갖는 자료를 대표로 정하는 방법과 자료의 중앙에 위치한 값으로 정하는 방법, 편차의 합이 0이 되도록 정하는 방법이 자주 사용된다.

최빈값

최빈값(mode)은 자료 중 빈도수가 가장 높은 값이나 계급, 범주 등을 말한다. 위의 **생각해보기** 예에서 자료 75에 대한 도수가 3으로 가장 많이 관측되었으므로 최빈값은 75이다.

도수분포표나 막대그래프에서는 도수가 가장 많은 구간을 찾은 다음 그 구간의 계급값을 최빈값이라고 한다. 예를 들어 통계학 성적을 나타낸 도수분포표 〈표 2.4〉에서 [60, 70)인 구간의 도수가 12로 가장 크므로 최빈값은 (60+70)/2=65이다. 도수분포표는 계급을 정하는 방법에 따라 최빈값이 다른 값을 가질 수 있다.

최빈값의 특징

최빈값은 소수의 매우 크거나 매우 작은 극단값에 영향을 받지 않는다. 그러나 한 자료에서 여러 개의 최빈값이 나타날 수 있고 이 경우에는 중심위치로서의 의미가 부족하게 된다. 또한 자료의 수가 적은 경우에는 대푯값의 의미가 제대로 반영되지 못한다. 최빈값은 이론적인 전개 및 분석이 어려워 엄격한 객관성이 필요한 문제에 사용하기 힘든 경우가 많다.

중위수

자료를 가장 작은 값부터 크기순서로 배열했을 때 가운데 위치하는 값을 **중위수**(median) 또는 **중앙값**이라 한다. 앞의 **생각해보기** 예에서 9개의 자료를 작은 것부터 크기순으로 나열하면 다음과 같다.

크기순으로 배열한 자료	64	66	70	72	73	75	75	75	81
순위	①	②	③	④	⑤	⑥	⑦	⑧	⑨

자료의 중앙 위치는 5번째 크기인 자료이므로 이 경우 중위수는 73이다.

일반적으로 n개의 자료를 작은 것부터 크기 순서대로 배열했을 때, 중위수는

$$\text{자료수 } n\text{이 홀수이면 } \frac{n+1}{2}\text{번째 자료값}$$

$$\text{자료수 } n\text{이 짝수이면 } \frac{n}{2}\text{번째와 } \frac{n}{2}+1\text{번째 자료값의 평균}$$

이다. 예를 들어 자료가

2,5,2,9,7

로 5개일 때는 크기순서대로 나열했을 때 $(5+1)/2=3$번째로 작은 값 5가 중위수이다. 한편 자료가

2,3,5,2,7,9

로 6개일 때는 중위수은 크기가 작은 것부터 큰 순서로 나열했을 때

2,2,3,5,7,9

의 세 번째 값 3과 네 번째 값 5를 평균한 값 $(3+5)/2=4$이다.

중위수의 특징

1. 중위수는 각각의 자료에 대하여 유일하게 정해지며 몇 개의 매우 크거나 작은 값에 의해 영향을 받지 않는다. 그러므로 자료가 특이하게 크거나 작은 값을 포함하거나 자료의 분포가 비대칭인 경우에 유용한 대푯값이다.
2. 중위수는 자료의 순서정보만을 이용하므로 정보의 손실이 발생할 수 있다.
3. a가 중위수일 때, 편차의 절대값 $|x_i - a|$의 합 $\sum_{i=1}^{n}|x_i - a|$은 최솟값을 갖는다.

이에 대한 설명을 위하여 $g(a) = \sum_{i=1}^{n}|x_i - a|$라 하자. 자료자료의 수 n이 홀수일 때는 a가 중위수일 때, $g(a)$가 최소값을 가지며, 자료의 수 n이 짝수일 때는 $\frac{n}{2}$번째로 작은 값과 $\frac{n}{2}+1$번째로 작은 값 사이의 모든 값에 대하여 $g(a)$가 최솟값이 된다. 예를 들어 자료가 {2,2,3,5,7,9,10}(7개)일 때 $g(a)$의 그래프를 그려보면 [그림 3.1]과 같다. 이 경우는 중위수 $a = 5$일 때 $g(a)$는 최솟값을 가진다. 한편 자료가 {2,2,3,5,7,9}(6개)일 때는 세 번째로 작은 값 3과 네 번째로 작은 값 5사이의 모든 a의 값 $3 \le a \le 5$에 대하여 $g(a)$가 최솟값을 갖는다. [그림 3.2] 따라서 세 번째 값 3과 네 번째 값 5를 산술평균한 값(중위수)은 절대편차의 합을 최소하 하는 값이다.

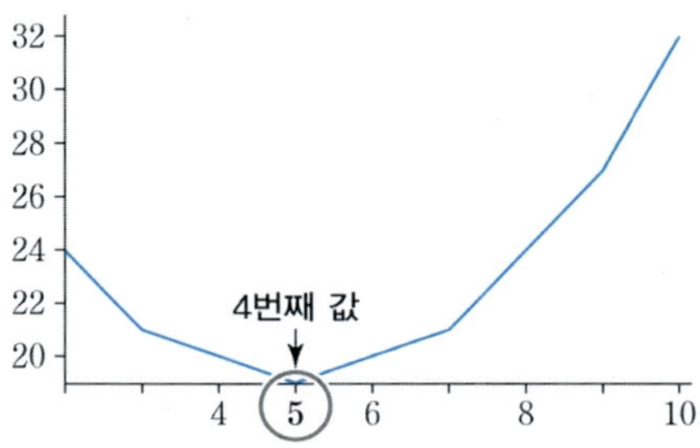

[그림 3.1] 홀수개의 자료에 대한 편차의 절댓값의 합

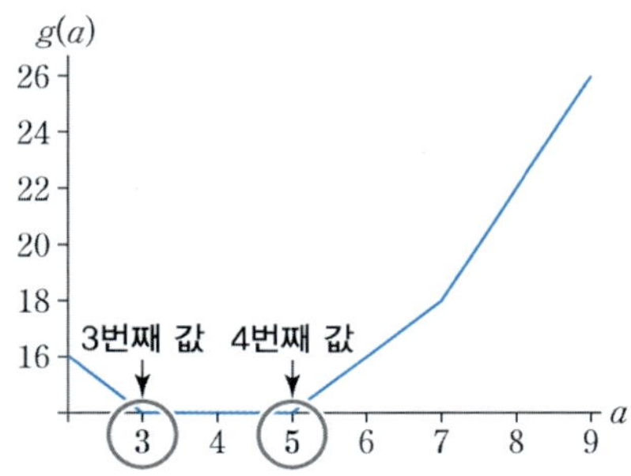

[그림 3.2] 짝수개의 자료에 대한 편차의 절댓값의 합

평균

평균(mean)은 중심위치의 측도 중에서 가장 많이 사용되는 값으로 자료의 값을 모두 합친 다음 자료의 수로 나누어 구한다. 즉, 평균은 자료에 대한 **산술평균**(average)이다. n개의 자료를 $x_1, x_2, \cdots, x_n$이라 할 때, 자료의 평균은 일반적으로 $\overline{x}$(x바(x bar))로 나타내고 다음과 같이 구한다.

자료 $x_1, x_2, \cdots, x_n$의 평균

$$\bar{x} = \frac{1}{n}(x_1 + x_2 + \cdots + x_n) = \frac{1}{n}\sum_{i=1}^{n} x_i$$

예를 들어 자료 {1,3,3,7,2,9,9,9}의 평균은

$$\bar{x} = \frac{1}{8}(1+3+3+7+2+9+9+9) = \frac{43}{8} = 5.375$$

이다. 이 때, 자료 3의 개수는 2개, 9의 개수는 3개이므로 평균은

$$\bar{x} = \frac{1}{6}(1+2+(3\times 2)+7+(9\times 3))$$

과 같이 자료 값에 그 자료의 수(도수)를 곱하여 구할 수 있다. 일반적으로 자료 x_i의 도수가 f_i이고 전체 자료의 수가 $n = \sum_{i=1}^{n} f_i$일 때, 평균은 다음과 같이 자료×상대도수의 합으로 나타난다.

$$\bar{x} = \frac{1}{n}\sum_{i=1}^{n} x_i f_i = \sum_{i=1}^{n} x_i \left(\frac{f_i}{n}\right)$$

평균의 특징

1. 주어진 자료에 대하여 유일하게 결정된다.
2. 각 자료와 평균과의 차(편차) $x_i - \bar{x}$의 합은 0이다. 즉,

$$\sum_{i=1}^{n}(x_i - \bar{x}) = \sum_{i=1}^{n} x_i - n\bar{x} = 0$$

3. 위의 성질 2는 평균이 물리적으로 무게중심의 의미를 갖는다는 것을 나타낸다. 예를 들어 다음과 같이 1이 1개, 2가 4개, 3이 2개, 4가 5개, 5가 3개로 구성된 15개의 자료를 생각하자.

번호(i)	1	2	3	4	5	6	7	8	9	10	11	12	13	14	15
자료(x_i)	4	1	2	2	5	4	4	3	2	2	4	4	3	5	5

무게가 없는 철사 위에 각 자료의 위치(x_i)에 1g짜리 추를 올려놓을 때 무게중심의 위치를 a라고 하자. [그림 3.3]

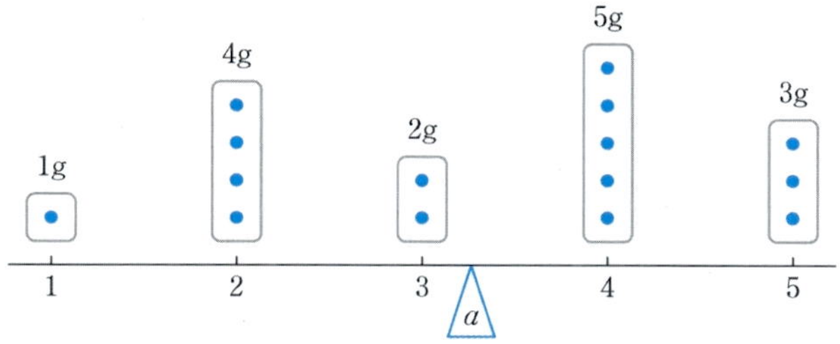

[그림 3.3] 무게중심

무게중심 a는

(a의 왼편 추의 위치와 a 사이의 거리×추의 무게)의 합
=(a의 오른편 추의 위치와 a 사이의 거리×추의 무게)의 합

을 만족하는 지점이다. 만약 a가 3과 4 사이의 값이라면 무게중심은 다음을 만족하는 값이다.

$$(a-1)+(a-2)\times 4+(a-3)\times 2=(4-a)\times 5+(5-a)\times 3$$

이것을 정리하면

$$\begin{aligned} 0 &= -\{(1-a)+(2-a)\times 4+(3-a)\times 2\}+(4-a)\times 5+(5-a)\times 3 \\ &= (a-1)+(a-2)\times 4+(a-3)\times 2+(4-a)\times 5+(5-a)\times 3 \\ &= \sum_{i=1}^{15}(x_i-a) \end{aligned}$$

즉, 각 자료(x_i) 중 a보다 큰 자료에 대한 편차 x_i-a의 합과 a보다 작은 자료에 대한 편차 $a-x_i$의 합이 같아지는 값이다. 일반적으로 무게중심 a는 다음을 만족하는 값이다.

$$\sum_{i=1}^{n}(x_i-a)=0$$

한편

$$\sum_{i=1}^{n}(x_i-a)=\sum_{i=1}^{n}x_i-na$$

이므로 무게중심은 $a=\bar{x}$ 이다.

4. 자료의 평균은 서로 다른 자료값에 대한 상대도수의 가중평균과 같다. 위의 3번의 예에서 평균을 다음과 같이 나타낼 수 있다.

$$\begin{aligned}\bar{x} &= \frac{1}{15}(4+1+2+\cdots+5)\\ &= \frac{1}{15}((1\times1)+(2\times4)+(3\times2)+(4\times5)+(5\times3))\\ &= \left(1\times\frac{1}{15}\right)+\left(2\times\frac{4}{15}\right)+\left(3\times\frac{2}{15}\right)+\left(4\times\frac{5}{15}\right)+\left(5\times\frac{3}{15}\right)\end{aligned}$$

일반적으로 서로 다른 자료값에 대한 도수와 상대도수가 아래 표와 같다고 하자.

자료	도수	상대도수
x_1	f_1	$p(x_1)=\frac{f_1}{n}$
x_2	f_2	$p(x_2)=\frac{f_2}{n}$
$\vdots$	$\vdots$	$\vdots$
x_k	f_k	$p(x_k)=\frac{f_k}{n}$
합	n	1

이 경우 자료의 평균은 다음과 같이 나타낼 수 있다.

$$\bar{x}=\frac{1}{n}\sum_{i=1}^{k}x_i f_i=\sum_{i=1}^{k}x_i\left(\frac{f_i}{n}\right)=\sum_{i=1}^{k}x_i p(x_i)$$

이는 서로 다른 값을 갖는 자료의 위치에 그 자료의 상대도수에 해당하는 질량을 갖는 물체를 놓았을 때 무게중심을 의미한다.

5. 자료 x_i와 대푯값 a의 차 x_i-a의 제곱의 합 $\sum_{i=1}^{n}(x_i-a)^2$는 $a=\bar{x}$에서 최솟값을 갖는다.

이를 보이기 위하여 $f(a)=\sum_{i=1}^{n}(x_i-a)^2$라고 하자. 제곱항을 전개한 후 정리하면 하면 $f(a)$는 다음과 같은 a에 대한 2차 함수가 된다.

$$f(a) = na^2 - 2\left(\sum_{i=1}^{n} x_i\right)a + \sum_{i=1}^{n} x_i^2$$

2차항의 계수가 0보다 큰 2차 함수 $f(a)$는 $f'(a) = 0$을 만족하는 a에서 최솟값을 갖는다. 한편 $\sum_{i=1}^{n} x_i = n\bar{x}$이므로

$$f'(a) = 2na - 2n\bar{x} = 2n(a - \bar{x})$$

이다. 따라서 편차제곱의 합은 $a = \bar{x}$에서 최솟값을 갖는다.

6. 관측된 자료의 값이 다른 값에 비하여 아주 크거나 극단적으로 작은 값을 **이상점**(outlier)이라고 부른다. 평균은 주어진 자료를 모두 사용하여 정해지므로 이상점에 민감하게 영향을 받을 수 있다. 예를 들어 각 가구의 연간 소득(단위: 천만원)이 3.5, 4, 6, 7, 9인 어느 동네의 평균소득은 5900만원인데 이 동네에 연간 소득이 10억원인 사람이 이사를 왔다면 이 동네의 평균소득은 2억1천5백8십만원이 된다. 이와 같은 단점을 보완하기 위하여 소득이나 가격 편차가 크게 나타나는 상품 가격 등을 나타낼 때에는 중위수와 함께 나타내거나 절사평균이 사용되기도 한다.

절사평균

평균이 이상점에 대하여 민감하다는 성질을 보완하기 위하여 자료의 일부를 제외한 나머지를 가지고 산술평균한 값이 사용되기도 한다. 관측값의 양쪽에서 일정비율 $\alpha/2$의 극단값을 버린 나머지 관측값들의 평균을 **100α% 절사평균**(trimmed mean)이라 한다. 예를 들어 체조경기 등에서 10명의 심판 중 최고점수 한 개와 최저점수 한 개를 제외한 8명의 심판의 점수를 평균하는 경우를 생각해보자. 전체 심판 10명의 점수 중 2명(20%)를 제외하고 평균을 냈으므로 이 경우 점수는 20%절사 평균이 된다. 보통의 평균은 0% 절사평균이다.

참고

자료 $x_1, x_{2,} \cdots, x_n$에 대한 평균 $\overline{x}$는 자료의 산술평균이다. 이외에도 특수한 형태의 평균이 사용되기도 한다.

(1) 모든 자료를 곱한 다음 n차 제곱근을 취한 값

$$G = (x_1 x_2 \cdots x_n)^{\frac{1}{n}}$$

을 기하평균(geometric mean)이라 한다. 기하평균은 인구증가율, 경제성장률 등과 같이 비율로 증가 혹은 감소로 나타나는 자료에 대한 변동율의 평균값을 나타내는 데는 주로 사용된다.

(2) 각 자료의 역수 $\dfrac{1}{x_i}$에 대한 산술평균의 역수

$$H = \left[\frac{1}{n}\sum_{i=1}^{n}\left(\frac{1}{x_i}\right)\right]^{-1}$$

을 조화평균(harmonic mean)이라 한다. 각 구간의 거리가 일정한 경우 각 구간의 평균속도로부터 전 구간의 평균속도를 구하는 경우에 편리하게 사용된다.

자료의 분포모양에 따른 평균과 중위수의 위치

평균과 중위수는 분포의 모양에 따라 그 위치가 달라진다. [그림 3.4] 자료의 분포 모양이 대칭인 경우에는 평균과 중위수가 같다. 오른쪽으로 꼬리가 긴(right-skewed) 분포에서는 다른 값들에 비하여 매우 큰 값을 갖는 자료가 존재하게 되어 평균이 중위수보다 커지게 된다. 한편 왼쪽으로 꼬리가 긴(left-skewed) 분포에서는 다른 값에 비하여 매우 작은 값을 갖는 자료가 존재하게 되어 평균이 중위수보다 작아지게 된다. [그림 3.5]는 연도별 전국 아파트 매매가격에 대한 중위수와 평균값의 변화를 나타낸 것이다. 이 그림에서 중위수 가격이 평균가격보다 낮은 것을 알 수 있다.

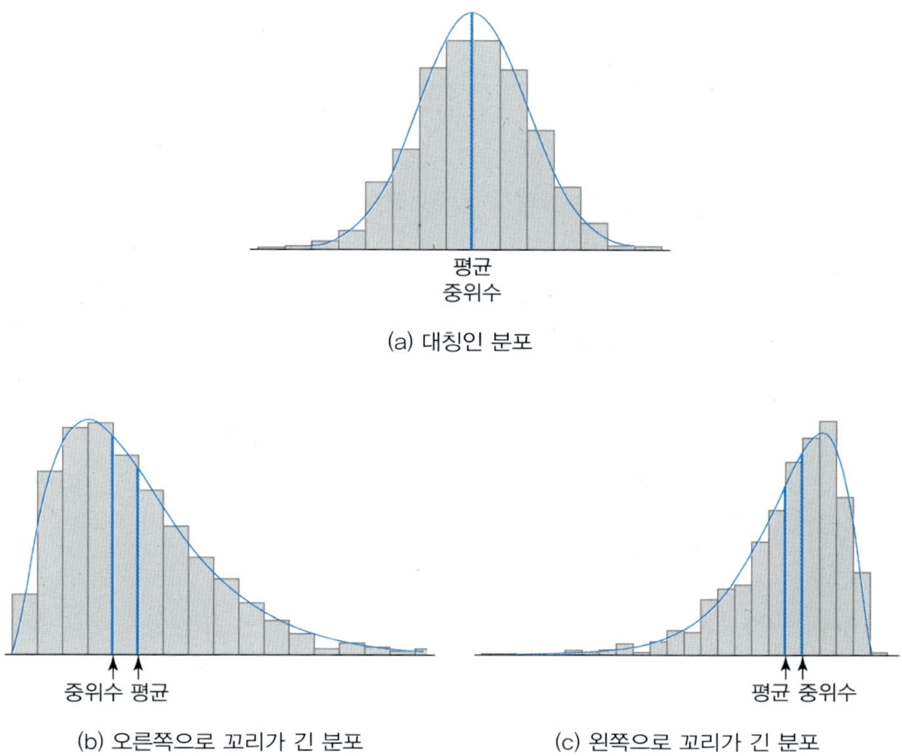

[그림 3.4] 자료의 분포모양에 따른 평균과 중위수의 위치

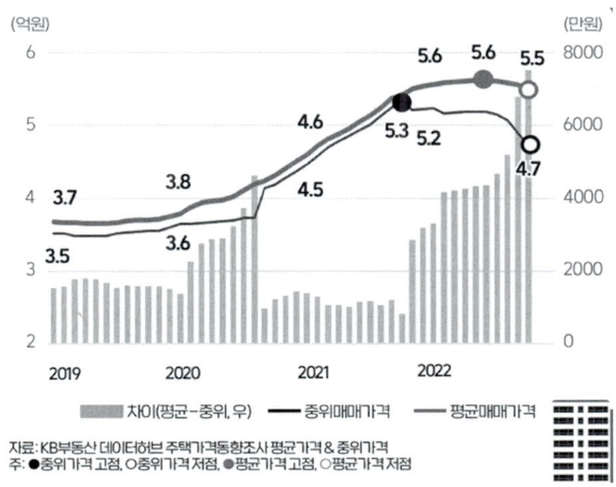

[그림 3.5] 아파트 매매 가격 (KB부동산)

평균, 중위수, 최빈값의 특징

요약

최빈값

1. 자료에서 관측빈도의 수가 가장 많은 값이다.
2. 각 자료에는 하나 이상의 최빈값이 있을 수 있다.
3. 소수의 극단값에 영향을 받지 않는다.

중위수(중앙값)

1. 자료를 작은 것부터 크기 순서로 나열할 때, 중앙에 위치한 값으로 자료의 50%이상이 중위수보다 크거나 같고 50%이상이 중위수보다 작거나 같다.
2. 주어진 자료에 대하여 유일하게 정해진다.
3. 소수의 이상점에 의해 영향을 받지 않는다.
4. $\sum_{i=1}^{n}|x_i - a|$는 a가 $x_1, x_2, \cdots x_n$의 중위수일 때, 최솟값을 갖는다.

평균

1. 자료의 산술평균이다.
2. 주어진 자료에 대하여 유일하게 정해진다.
3. 이상점에 의해 영향을 받는다.
4. 편차의 합은 0이다. 즉, $\sum_{i=1}^{n}(x_i - \overline{x}) = 0$이다
5. 물리적으로는 무게중심을 나타낸다.
6. 편차제곱의 합을 최소로 하는 수이다. 즉, $\sum_{i=1}^{n}(x_i - a)^2$는 $a = \overline{x}$일 때, 최솟값을 갖는다.

3.2 산포의 측도

[그림 3.6]은 두 종류의 자료를 수직선 위에 점으로 표시한 것이다. 이 그림에서 알 수 있듯이 두 자료의 중심위치는 서로 비슷하나 자료가 흩어진 정도(산포의 측도)는 매우 다른 것을 알 수 있다. 이와 같이 자료의 분포형태를 잘 나타내기 위해서는 중심위치의 측도와 함께 자료가 얼마나 흩어져 있는가 하는 것을 나타내는 산포의 측도도 필요하다. 이 절에서는 산포의 측도로서 많이 사용되는 분산과 표준편차, 범위, 사분위수 범위를 소개한다.

[그림 3.6] 두 자료의 점도표

범위

자료의 흩어진 정도를 측정하는 간단한 방법으로 최댓값과 최솟값의 차이를 이용한다. 이것을 범위(range)라 한다. 즉,

$$\text{범위} = \text{자료의 최댓값} - \text{자료의 최솟값}$$

예를 들어 자료가 2, 2, 4, 5, 5, 5, 7, 9, 12일 때, 자료의 최댓값은 12이고 최솟값은 2이므로 이 자료의 범위는 $12-2=10$이다.

분산과 표준편차

n개의 자료를 $x_1, x_2, \cdots, x_n$이라 할 때, 각 자료(x_i)와 평균($\overline{x}$)과의 차 $x_i - \overline{x}$를 **편차**라고 한다. 그런데 편차의 합은 $\sum_{i=1}^{n}(x_i - \overline{x}) = 0$이므로 산포의 측도로는 적합하지 않다. 이에 대한 대안으로 편차의 절댓값 $|x_i - \overline{x}|$의 합 $\sum_{i=1}^{n}|x_i - \overline{x}|$이나 최댓값 $\max\{|x_i - \overline{x}|, i = 1, 2, \cdots, n\}$을 생각할 수 있으나 절댓값을 포함하는 식은 향후 모집단의 통계적 특성을 추론하는데 불편하므로 편차제곱의 합 $\sum_{i=1}^{n}(x_i - \overline{x})^2$이 자주 이용된다. 자료의 수가 많아질수록 편차제곱의 합은 커지므로 편차제곱에 대한 평균을 자

료의 분산(variance)이라 하고 다음과 같이 정의한다.

자료의 분산

$$s^2 = \frac{1}{n-1}\sum_{i=1}^{n}(x_i - \bar{x})^2$$

참고

편차의 합은 0이므로 n개의 편차 $x_1 - \bar{x}$, $\cdots$, $x_n - \bar{x}$중 $n-1$개의 값을 알면 나머지 한 개는 저절로 정해진다. 따라서 n개의 편차 중 $n-1$개만 자유롭게 값을 취할 수 있다. 예를 들어 국어, 영어, 수학 세 과목의 평균 점수가 85점일 때, 국어 90점, 수학 87점이면 영어점수는 78점이어야 한다. 따라서 평균이 주어질 때, 세 과목 중 두 과목의 점수만 알면 나머지 한 과목의 점수는 자동적으로 정해진다. 이와 같이 자유롭게 값을 취할 수 있는 변수의 개수를 **자유도**(degree of freedom)라고 한다. 각 편차제곱의 평균은 제곱합을 자료수 n대신 자유도 $n-1$로 나누어준 값이다. 즉 자료의 분산은 편차제곱합을 자유도 $n-1$로 나누어준 값이다. 편차제곱의 합을 항의 수 n대신 자유도 $n-1$로 나누어 주는 것이 여러 가지 좋은 통계적 성질을 갖는다는 것이 알려져 있다. 이에 대한 것은 제7장과 제8장에서 언급한다.

한편 자료의 분산은 편차를 제곱하여 합한 것이므로 원래의 자료와 단위가 같지 않으므로 자료의 분산에 양의 제곱근을 취하여 원래의 자료와 단위를 맞춘 값을 자료의 **표준편차**(standard deviation)라 한다. 즉,

자료의 표준편차

$$s = \sqrt{s^2} = \sqrt{\frac{1}{n-1}\sum_{i=1}^{n}(x_i - \bar{x})^2}$$

다음 식을 이용하면 자료의 분산을 쉽게 계산할 수 있다.

$$\begin{aligned}\sum_{i=1}^{n}(x_i-\bar{x})^2 &= \sum_{i=1}^{n}\left(x_i^2-2\bar{x}x_i+\bar{x}^2\right)\\ &= \sum_{i=1}^{n}x_i^2-2\bar{x}\sum_{i=1}^{n}x_i+n\bar{x}^2\\ &= \sum_{i=1}^{n}x_i^2-2n\bar{x}^2+n\bar{x}^2\\ &= \sum_{i=1}^{n}x_i^2-n\bar{x}^2\end{aligned}$$

예제 3.1

다음과 같이 1이 1개, 2가 2개, 3이 2개, 4가 3개, 5가 1개로 구성된 10개의 자료의 분산과 표준편차를 구하라.

자료(x_i)	4	1	2	2	5	4	4	3	3	5

풀이 평균은

$$\bar{x}=\frac{1}{n}\sum_{i=1}^{n}x_i=\frac{1}{10}(1\times1+2\times3+3\times2+4\times3+5\times1)=\frac{33}{10}=3.3$$

이므로 분산 s^2과 표준편차 s는 각각 다음과 같다.

$$\begin{aligned}s^2 &= \frac{1}{n-1}\sum_{i=1}^{n}\left(x_i-\bar{x}\right)^2\\ &= \frac{1}{10-1}\left[(1-3.3)^2\times1+(2-3.3)^2\times2+\cdots+(5-3.3)^2\times1\right]\\ &= \frac{16.1}{9}=1.789\end{aligned}$$

$$s=\sqrt{s^2}=\sqrt{\frac{16.1}{9}}=1.337$$

변환된 자료의 평균과 분산

자료는 측정단위에 따라 그 값이 달라질 수 있다. 예를 들어 15명의 학생들에 대하여 mm단위로 측정한 키를 x_i, $i=1,2,\cdots,15$, cm단위로 측정한 키를 y_i, $i=1,2,\cdots,15$라 하면 x_i와 y_i는 $y_i=10x_i$를 만족한다. x_i와 y_i의 평균과 분산은 어떤 관계가 있는지 알아보자.

n개의 자료 x_i, $i=1,2,\cdots,n$의 평균과 분산을 각각 $\bar{x}$와 s^2이라 할 때, 자료 x_i를 변환한 자료 $y_i=ax_i+b$(a, b는 상수)의 평균 $\bar{y}$과 분산 s_y^2, 표준편차 s_y를 구해보자. 먼저

$$\sum_{i=1}^{n} y_i = \sum_{i=1}^{n}(ax_i+b) = a\sum_{i=1}^{n} x_i + nb = an\bar{x} + nb = n(a\bar{x}+b)$$

이므로 $y_i=ax_i+b$의 평균은 다음과 같음을 알 수 있다.

$$\bar{y} = \frac{1}{n}\sum_{i=1}^{n} y_i = a\bar{x}+b$$

한편

$$y_i - \bar{y} = (ax_i+b)-(a\bar{y}+b) = a(x_i-\bar{x})$$

이므로

$$\sum_{i=1}^{n}\left(y_i-\bar{y}\right)^2 = \sum_{i=1}^{n}\left(a(x_i-\bar{x})\right)^2 = a^2\sum_{i=1}^{n}\left(x_i-\bar{x}\right)^2 = (n-1)s^2a^2$$

이 되어 $y_i=ax_i+b$의 분산은 다음과 같음을 알 수 있다.

$$s_y^2 = \frac{1}{n-1}\sum_{i=1}^{n}(y_i-\bar{y})^2 = a^2s^2$$

또한 $\sqrt{a^2}=|a|$이고 $s \geq 0$이므로 표준편차는 다음과 같다.

$$s_y = \sqrt{s_y^2} = \sqrt{a^2s^2} = |a|s$$

위의 결과를 요약하면 다음과 같다.

변환된 자료 $y_i=ax_i+b$의 평균과 분산

평균 $\bar{y}=a\bar{x}+b$

분산 $s_y^2=a^2s^2$

표준편차 $s_y=|a|s$

예제 3.2

2002년부터 2021년까지 20년간 부산의 연평균기온에 대한 평균은 섭씨 $\overline{x} = 15$(℃)이고 표준편차는 $s = 0.5$(℃)이었다. 이 온도를 화씨(℉)로 변환하였을 때 평균($\overline{y}$)과 표준편차(s_y)를 구하라.

풀이 섭씨온도(C)를 화씨온도(F)로 변환하는 식은 $F = \frac{9}{5}C + 32$이므로 화씨온도의 평균과 표준편차는 각각 다음과 같다.

$$\overline{y} = \frac{9}{5} \times 15 + 32 = 59 \ \ (^\circ\mathrm{F})$$

$$s_y = \sqrt{\left(\frac{9}{5}\right)^2 \times 0.5^2} = \frac{9}{5} \times 0.5 = 0.9 \ \ (^\circ\mathrm{F})$$

표준화한 자료(또는 z값)의 평균과 분산

자료 x_i에서 평균을 뺀 값을 표준편차로 나누어 주는 변환을 표준화라고 한다. 즉, 자료의 표준화는 다음과 같이 정의한다.

$$z_i = \frac{x_i - \overline{x}}{s}, \ i = 1, 2, \cdots, n$$

자료 x_i를 표준화하여 변환된 자료를 x_i의 **z값** 또는 **z점수**라고 부르기도 한다. 표준화된 자료는 분모와 분자의 측정단위가 상쇄되어 단위가 없는 자료가 된다. 표준화된 자료 $z_i = \frac{x_i}{s} - \frac{\overline{x}}{s}$는 $y_i = ax_i + b$에서 $a = \frac{1}{s}$, $b = -\frac{\overline{x}}{s}$에 해당되므로 z_i의 평균과 분산은 각각 다음과 같다.

> **표준화된 자료 $z_i = \frac{x_i - \overline{x}}{s}$의 평균과 분산**
>
> 평균 $\overline{z} = 0$
>
> 분산 $s_z^2 = 1$

z값은 평균으로부터 표준편차의 몇 배만큼 떨어져 있는지를 나타내는 값이다. 따라서 z값은 각 자료가 전체자료 내에서의 상대적 위치의 측도이다. 이는 여러 집단에서 특정 관측값을 상대적으로 비교할 때 효율적으로 사용될 수 있다. 예를 들어 어떤 학생

의 수학성적은 75점이고 영어성적은 80점이라 하자. 이 학교 학생의 수학점수의 평균과 표준편차는 각각 60점, 5점이고 영어점수의 평균과 표준편차가 각각 78점, 10이라면, 이 학생의 표준점수는 다음과 같다.

$$\text{수학 } z\text{점수} = \frac{75-60}{5} = 1$$

$$\text{영어 } z\text{점수} = \frac{80-78}{10} = 0.2$$

따라서 이 학생은 수학성적이 상대적으로 영어보다 높은 것으로 볼 수 있다.

참고

1. 상대적인 산포의 측도로서 사용되는 자료의 표준편차와 평균의 비 $v = \frac{s}{\bar{x}}$를 **변동계수**(coefficient of variation)라 한다. 변동계수는 자료의 단위에 의존하지 않으므로 단위가 다르거나 단위는 같지만 평균의 차이가 큰 두 종류의 자료의 산포를 비교하는데 사용된다.
2. 자료가 분포하는 모양을 재는 척도로 왜도와 첨도가 사용되기도 한다. z값의 3제곱의 평균을 **왜도**(skewness)라고 하며 자료의 비대칭 정도를 측도로 사용된다. 자료의 왜도는 다음과 같이 정의한다.

$$g = \frac{1}{n-1}\sum_{i=1}^{n}\left(\frac{x_i - \bar{x}}{s}\right)^3$$

왜도가 0보다 크면 오른쪽으로 꼬리가 길고 0보다 작으면 왼쪽으로 꼬리가 긴 분포이다. 통계적 성질 때문에 g를 보정한 값 $g_1 = \frac{n}{n-2}g$을 왜도로 사용하기도 한다. 통계분석프로그램인 Excel과 Minitab, SAS, SPSS 등에서는 g_1을 사용하여 계산한 값을 제공한다.

z값의 4제곱의 평균을 **첨도**(kurtosis)라고 하며 다음과 같이 정의한다.

$$\kappa = \frac{1}{n-1}\sum_{i=1}^{n}\left(\frac{x_i - \bar{x}}{s}\right)^4$$

첨도의 값이 클수록 끝이 뾰족하면서 꼬리 쪽이 두터운 분포형태를 지니므로 자료의 분포가 얼마나 뾰족한 지를 나타내는 측도로 사용된다. 통계적 성질 때문에 κ를 보정한 값

$$\kappa_1 = \frac{n(n+1)}{(n-2)(n-3)}\kappa \text{ 또는 } \quad \kappa_2 = \kappa_1 - \frac{3(n-1)^2}{(n-2)(n-3)}$$

을 첨도라 하기도 한다. 통계분석프로그램인 Excel과 Minitab, SAS, SPSS 등에서는 κ_2를 사용하여 계산한 값을 제공한다.

범주화된 자료의 평균과 분산

아래 표와 같이 범주화되어 있는 경우에 자료의 평균과 분산은 각 범주에 있는 자료는 모두 계급값과 같은 것으로 보고 다음과 같이 구한다.

계급	계급값	도수
$a_1 \sim a_2$	x_1	f_1
$a_2 \sim a_3$	x_2	f_2
$\vdots$	$\vdots$	$\vdots$
$a_k \sim a_{k+1}$	x_k	f_k
합		n

먼저 각 계급의 계급값

$$x_i = \frac{a_i + a_{i+1}}{2}, \quad i = 1, 2, \cdots, k$$

을 이용하여

범주화된 자료의 평균 $\quad \overline{x} = \frac{1}{n}\sum_{i=1}^{k} x_i f_i = \sum_{i=1}^{k} x_i \left(\frac{f_i}{n}\right)$

범주화된 자료의 분산 $\quad s^2 = \frac{1}{n-1}\sum_{i=1}^{k}(x_i - \overline{x})^2 f_i$

을 구한다. 이 때 f_i/n은 계급 $a_i \sim a_{i+1}$의 상대도수 이므로

범주화된 자료의 평균 = (계급값×상대도수)의 합

으로 생각할 수 있다. 자료의 분산과 같은 방법으로 범주화된 자료의 분산도 다음과 같이 간편식을 이용하여 구할 수 있다.

$$s^2 = \frac{1}{n-1}\left(\sum_{i=1}^{k} x_i^2 f_i - n\overline{x}^2\right).$$

예제 3.3

다음 표와 같이 주어진 자료에 대한 평균과 분산을 구하라.

계급구간	계급값(x_i)	도수(f_i)
14.5~19.5	17	18
19.5~24.5	22	74
24.5~29.5	27	62
29.5~34.5	32	26
34.5~39.5	37	20
	총계	200

풀이 $\bar{x} = \frac{1}{n}\sum_{i=1}^{k} x_i f_i = \frac{1}{200}(17 \times 18 + 22 \times 74 + \cdots + 37 \times 20) = 25.9$

$$s^2 = \frac{1}{n-1}\left(\sum_{i=1}^{k} x_i^2 f_i - n(\bar{x})^2\right) = \frac{1}{199}(140220 - 200 \times 25.9^2) = 30.44$$

상대적 위치를 바탕으로 한 자료의 분포

산포를 나타내는 측도로서 자료를 크기순으로 나열했을 때, 자료의 위치에 바탕을 둔 범위와 사분위범위가 산포의 측도로 사용되기도 한다. 가령 어떤 과목의 점수자료를 생각할 때, 1등과 꼴찌의 점수차가 자료의 범위이고 상위25%에 해당하는 점수와 하위 25%에 해당하는 점수의 차이가 사분위범위이다.

제P백분위수(Pth percentile)와 사분위수(quartile)

표본의 **제P백분위수**는 자료를 크기순으로 늘어놓았을 때, 자료 중 적어도 P%의 관측값이 그 값보다 작거나 같고, 또한 $(100-P)$%의 관측값이 그 값보다 크거나 같게 되는 값을 말한다. 자료 수가 n인 자료를 크기가 작은 것부터 크기순서로 나열했을 때 제P백분위수는

nP가 정수이면 $[nP]$와 $[nP]+1$번째 값의 평균

nP가 정수가 아니면 $[nP+1]$번째 값

이다. 단 $[nP]$는 nP를 넘지 않는 가장 큰 정수를 나타낸다.

중앙값은 제50백분위수이다. 특히 제25백분위수와 제50백분위수, 제75백분위위수를 각각 **제1사분위수**(lower quartile), **제2사분위수**, **제3사분위수**(upper quartile)라고 한다. 즉,

$$\text{제1사분위수} \quad Q_1 = \text{제25백분위수}$$
$$\text{제2사분위수} \quad Q_2 = \text{제50백분위수} = \text{중앙값}$$
$$\text{제3사분위수} \quad Q_3 = \text{제75백분위수}$$

사분위범위(Interquartile range, IQR)는 다음과 같이 정의한다.

$$\text{IQR} = \text{제3사분위수}(Q_3) - \text{제1사분위수}(Q_1)$$

예를 들어 자료가

$$\{1,\ 2,\ 3,\ 4,\ 5,\ 6,\ 7,\ 8,\ 9,\ 10,\ 11\}$$

일 때, 최댓값은 11이고 최솟값은 1 이므로 자료의 범위는 $11-1=10$이다. 한편 $11\times 0.25 = 2.75$이므로 제1사분위수는 $[2.75+1]=3$번째 값 3이 된다. 또한 $[11\times 0.75+1]=[8.25+1]=9$번째 값 9가 제3사분위수이다. 따라서 사분위범위는 다음과 같다.

$$\text{IQR} = Q_3 - Q_1 = 9-3=6$$

만약 자료가 11,12,$\cdots$,22이면 Q_1은 세 번째와 네 번째 값 13과 14의 평균 13.5이고 $Q_3=(19+20)/2=19.5$이므로 사분위범위는

$$\text{IQR} = Q_3 - Q_1 = 19.5-13.5=6$$

이다.

범위나 분산은 다른 자료에 비하여 매우 크거나 매우 작은 이상점들에 의하여 영향을 크게 받는다. 평균을 구할 때 이상점의 영향을 감소시키는 방법으로 절사평균이 사용되었다. 사분위범위는 이와 유사한 개념을 산포의 측도에 적용한 것으로 볼 수 있다.

상자그림

상자그림(Box plot)은 순서대로 나열된 자료를 바탕으로 중앙값과 사분위수, 양극단값(최솟값, 최댓값)을 그림으로 표현하는 방법이다. 상자그림으로부터 자료의 대칭성, 자료의 중심위치, 산포의 정도, 분포의 상위 극단값과 하위 극단값이나 이상점들을 파악할 수 있다. 상자그림은 다음과 같은 순서로 작성한다.

상자그림의 작성순서

1. 사분위수 Q_1, Q_2, Q_3을 구한다.
2. Q_1과 Q_3를 직사각형의 상자로 연결하고, 중앙값(Q_2)의 위치에 직선을 긋는다.
3. 사분위범위 $\mathrm{IQR} = Q_3 - Q_1$를 구한다.
4. $Q_1 - (1.5 \times \mathrm{IQR})$과 Q_1사이에 있는 자료 중에서 최솟값(m_l)을 구하고, Q_3와 $Q_3 + (1.5 \times \mathrm{IQR})$사이에 있는 자료 중에서 최댓값($m_u$)을 구한다.
5. 위의 2에서 그린 상자 양끝에서 Q_1과 m_l을 직선으로 연결하고 Q_3과 m_u를 직선으로 연결한다.
6. $Q_1 - (1.5 \times \mathrm{IQR})$보다 작은 값과 $Q_3 + (1.5 \times \mathrm{IQR})$보다 큰 값을 •로 표시하고 이 점을 이상점이라고 판정한다.

참고

상자그림을 간단히 그리는 방법으로 위의 3단계 - 6단계를 생략하고 2단계에서 상자를 그린 후에 최댓값과 최댓값을 구하여 Q_1과 최솟값을 직선으로 연결하고 Q_3와 최댓값을 직선으로 연결하여 그리기도 한다.

예제 3.4

제2장의 〈표 2.3〉의 통계학 시험 성적자료에 대한 상자그림을 그려라.

풀이 (1) 사분위수를 구하면 Q_1=59, Q_2=68, Q_3=75이므로 사분위수범위는 IQR=75−59=16이다.

(2) Q_1−1.5×IQR=59−1.5×16=35와 Q_1=59사이에 있는 자료 중에서 최솟값은 m_l=37이고 Q_3=75와 Q_3+1.5×IQR=75+1.5×16=99사이에 있는 자료 중에서 최댓값은 m_u=95이다. 이 자료에서 35보다 작은 값과 95보다 큰 값은 없으므로 이상점은 나타나지 않는다.

(3) 상자그림은 오른쪽 그림과 같다.

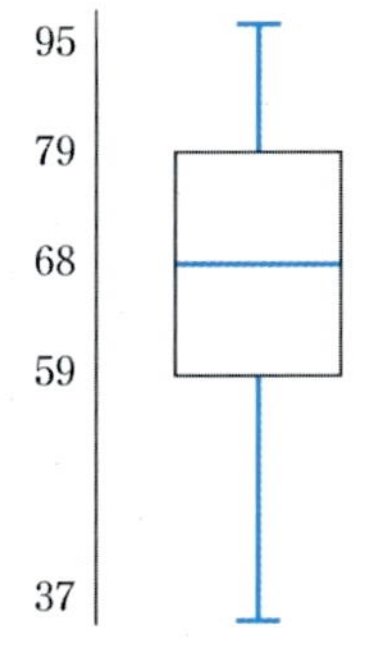

[상자그림]

3.3 이변량자료 사이의 연관

앞에서 우리는 하나의 변수에 대한 자료를 정리하고 요약하는 방법에 대하여 살펴보았다. 이제 키와 몸무게처럼 두 변수인 경우를 생각하자. 신체검사에서 i번째 검사자의 키와 몸무게를 각각 x_i와 y_i라 하자. 이 경우 $x_1, x_2, \cdots, x_n$과 $y_1, y_2, \cdots, y_n$ 각각에 대한 평균, 표준편차 이외에도 두 변수간의 연관성 여부를 나타내는 방법을 살펴본다.

3.3.1 산점도

두 변수가 짝을 이루어 관측된 n개의 자료가 (x_1, y_1), (x_2, y_2), $\cdots$, (x_n, y_n)일 때, 이들을 직교좌표 평면에 점으로 표현한 그림을 산점도(scatterplot)라고 한다.

20대 남자 20명의 키(x_i)와 몸무게(y_i)에 대한 자료가 〈표 3.1〉과 같을 때, [그림 3.7]은 이 자료에 대한 산점도를 그린 것이다. 이 산점도로부터 키가 크면 몸무게도 많이 나가는 경향이 있는 것을 알 수 있다.

표 3.1 키와 몸무게 자료

번호	1	2	3	4	5	6	7	8	9	10
키(cm)	173.6	183.3	175.1	185.1	178.1	183.8	191.5	172.9	163.9	176.9
몸무게(kg)	72.1	106.2	68.4	81.9	93.5	99.6	86.7	74.7	72.5	66.1
번호	11	12	13	14	15	16	17	18	19	20
키(cm)	175.1	173.6	185.0	167.0	172.9	171.8	183.5	172.4	164.5	178.6
몸무게(kg)	79.4	80.8	80.3	70.6	69.8	64.4	86.1	73.6	58.6	75.2

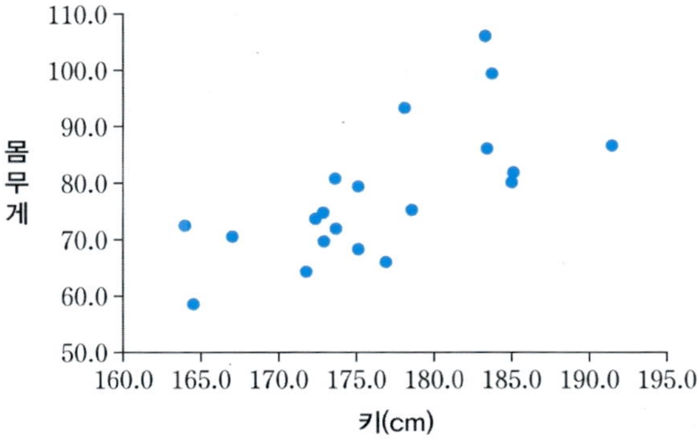

[그림 3.7] 키와 몸무게에 대한 산점도

이와 에도 여러 종류의 산점도가 있을 수 있다. [그림 3.8] (a)는 x_i가 커질 때, y_i도 커지는 경향이 있음을 보여주고 (b)는 x_i가 커질 때, y_i는 감소하는 경향이 있음을 보여준다. 그러나 그림 (c)는 두 변수사이에 경향성이 존재하지 않음을 보여준다.

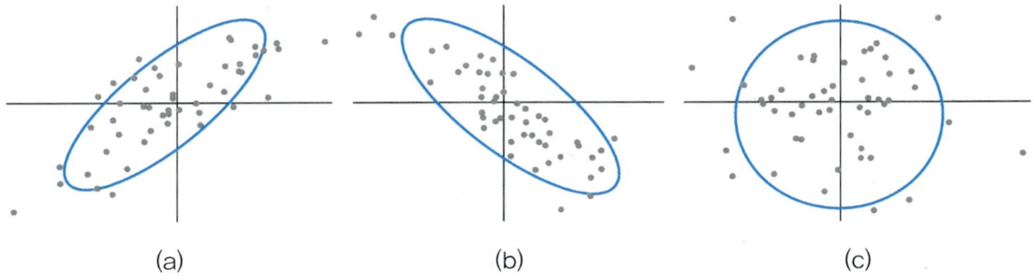

[그림 3.8] 산점도

3.3.2 공분산과 상관계수

모집단에서 각 개체의 두 가지 특성을 변수 x와 y로 나타낼 때, 산점도는 두 변수 x와 y 사이의 관계가 있는지 여부에 대한 직관적인 추측을 가능하게 한다. 두 변수사이의 연관성의 정도를 숫자로 나타내는 방법에 대하여 알아본다.

공분산

두 특성에 대한 자료가 (x_1, y_1), $\cdots, (x_n, y_n)$일 때, 두 자료의 **공분산**(covariance)은 다음과 같이 정의한다.

$$Cov(x,y) = \frac{1}{n-1}\sum_{i=1}^{n}(x_i - \overline{x})(y_i - \overline{y})$$

여기서 $\overline{x}$와 $\overline{y}$는 각각 x_i와 y_i의 평균이다. $x_i = y_i$, $i = 1,2,\cdots,n$일 때, $\overline{x} = \overline{y}$이므로 공분산의 정의로부터

$$Cov(x,x) = \frac{1}{n-1}\sum_{i=1}^{n}(x_i - \overline{x})(x_i - \overline{x}) = \frac{1}{n-1}\sum_{i=1}^{n}(x_i - \overline{x})^2 = s^2$$

이 됨을 알 수 있다.

공분산의 간편 계산을 위하여 다음 식이 사용되기도 한다.

$$\begin{aligned}\sum_{i=1}^{n}(x_i-\overline{x})(y_i-\overline{y}) &= \sum_{i=1}^{n}(x_i-\overline{x})y_i-\overline{y}\sum_{i=1}^{n}(x_i-\overline{x})\\ &= \sum_{i=1}^{n}x_iy_i-\overline{x}\sum_{i=1}^{n}y_i\\ &= \sum_{i=1}^{n}x_iy_i-n\overline{x}\,\overline{y}\end{aligned}$$

따라서 다음과 같은 간편식을 얻는다.

$$Cov(x,y)=\frac{1}{n-1}\left(\sum_{i=1}^{n}x_iy_i-n\overline{x}\,\overline{y}\right)$$

공분산의 의미를 살펴보기 위하여 〈표 3.1〉의 자료에 대하여 $(\overline{x},\overline{y})$를 원점으로 하여 산점도를 그려 보면 [그림 3.9]와 같다.

공분산은 편차 $x_i-\overline{x}$와 $y_i-\overline{y}$의 곱 $(x_i-\overline{x})(y_i-\overline{y})$의 합으로 주어진다. 제1사분면과 제3사분면에서는 $x_i-\overline{x}$와 $y_i-\overline{y}$의 부호가 같으므로 이 영역에서 편차의 곱은 0보다 크다. 즉, $(x_i-\overline{x})(y_i-\overline{y})>0$. 이 영역에서는 x의 값이 증가함에 따라, y의 값이 증가하는 경향이 있다. 반면 제2사분면과 제4사분면에서는 x의 값이 증가할 때, y의 값이 감소하는 경향이 있으며 $x_i-\overline{x}$와 $y_i-\overline{y}$의 부호가 다르므로 편차의 곱은 0보다 작게 된다. 즉, $(x_i-\overline{x})(y_i-\overline{y})<0$. 따라서 x와 y의 경향이 같이 나타나는 영역에서는 $(x_i-\overline{x})(y_i-\overline{y})>0$이고 반대의 경향이 나타나는 영역에서는 $(x_i-\overline{x})(y_i-\overline{y})<0$이다. 공분산은 $(x_i-\overline{x})(y_i-\overline{y})$의 합으로 나타나므로 x와 y가 같은 경향을 보이는 점들이 많고 그 값들이 크면 공분산은 양의 값($Cov(x,y)>0$)을 가지며 반대경향을 보이는 점들이 많으면 음의 값($Cov(x,y)<0$)을 가질 것이다.

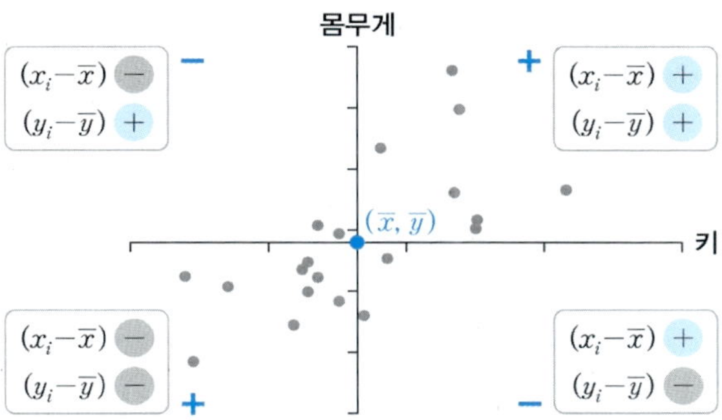

[그림 3.9] 원점을 $(\overline{x},\overline{y})$로 했을 때, 키와 몸무게에 대한 산점도

측정단위와 공분산

이제 측정단위가 공분산에 어떻게 영향을 미치는지 알아보자. 두 변수 u와 v를 각각 cm단위로 측정한 키와 g(그램) 단위로 측정한 몸무게라 하고 x와 y를 각각 m단위로 측정한 키와 kg(킬로그램) 단위로 측정한 몸무게라 하면, 다음 관계식이 성립함을 알 수 있다.

$$u = 100x,\ y = 1000v$$

따라서 $(u_i - \overline{u})(v_i - \overline{v}) = 10^5 (x_i - \overline{x})(y_i - \overline{y})$가 되어

$$Cov(u,v) = 10^5 Cov(x,y)$$

가 됨을 알 수 있다.

일반적으로 변환 $u = ax + b,\ v = cy + d$에 대한 공분산은 다음을 만족한다.

$$Cov(u,v) = ac\, Cov(x,y)$$

상관계수

측정단위에 의존하지 않으면서 두 확률변수 간의 경향을 측정하기 위하여 표준화된 확률변수에 대한 공분산을 생각할 수 있다. 두 변수 x와 y에 대한 자료 $(x_1, y_1),\ \cdots,$ (x_n, y_n)에서 $x_1, x_2, \cdots, x_n$과 $y_1, y_2, \cdots, y_n$에 대한 표준편차를 각각 s_x와 s_y라 할 때, 표준화한 자료

$$x_i^* = \frac{x_i - \overline{x}}{s_y},\ y_i^* = \frac{y_i - \overline{y}}{s_y},\ i = 1,2,\cdots,n$$

의 공분산을 x와 y의 **상관계수**(correlation coefficient)라 하고 $r(x,y)$ (또는 간단히 r)로 나타낸다. 표준화한 자료 x_i^*과 y_i^*는 각각 평균이 0이므로 다음을 얻는다.

x와 y의 상관계수

$$r = \frac{1}{n-1}\sum_{i=1}^{n}\left(\frac{x_i - \overline{x}}{s_x}\right)\left(\frac{y_i - \overline{y}}{s_y}\right) = \frac{Cov(x,y)}{s_x s_y}$$

s_x와 s_y의 정의

$$s_x = \sqrt{\frac{1}{n-1}\sum_{i=1}^{n}(x_i - \overline{x})^2}, \; s_y = \sqrt{\frac{1}{n-1}\sum_{i=1}^{n}(y_i - \overline{y})^2}$$

를 이용하면 상관계수는 다음과 같이 나타낼 수 있다.

$$r = \frac{\sum_{i=1}^{n}(x_i - \overline{x})(y_i - \overline{y})}{\sqrt{\sum_{i=1}^{n}(x_i - \overline{x})^2}\sqrt{\sum_{i=1}^{n}(y_i - \overline{y})^2}}$$

공분산의 성질 $Cov(x,x) = s_x^2$ 으로부터

$$r(x,x) = \frac{Cov(x,x)}{s_x s_x} = 1$$

이 됨을 알 수 있다.

예제 3.5

〈표 3.1〉의 자료에 대한 상관계수를 구하라.

풀이 $n = 20$, $\overline{x} = 176.43$, $\overline{y} = 78.03$, $s_x = 7.27$, $s_y = 11.91$ 이므로 공분산은

$$Cov(x,y) = \frac{1}{n-1}\sum_{i=1}^{n}(x_i - \overline{x})(y_i - \overline{y}) = 58.96$$

이고 상관계수는

$$r = \frac{Cov(x,y)}{s_x s_y} = \frac{58.96}{7.27 \times 11.91} = 0.681$$

이다.

다음 [그림 3.10]은 여러 경우의 산점도와 각 경우의 상관계수의 값을 나타내고 있다.

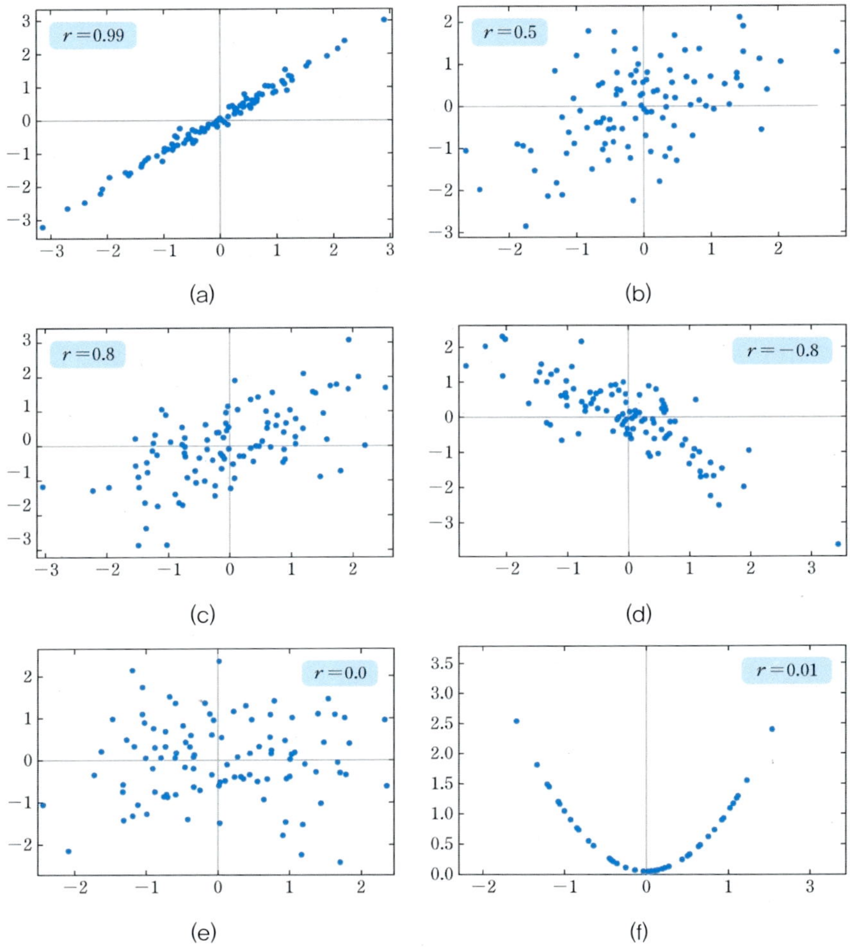

[그림 3.10] 여러 상관계수 값에 대한 산점도

상관계수의 성질 중 몇 가지를 열거하면 다음과 같다.

(1) 상관계수의 값은 언제나 -1과 1 사이에 있다. 즉, $-1 \le r \le 1$.
(2) $r > 0$이면 x와 y는 양의 상관관계가 있고, $r < 0$이면 음의 상관관계가 있다고 한다.
(3) r이 1에 가까울수록 양의 상관관계가 강하며 -1에 가까울수록 음의 상관관계가 강함을 시사한다. [그림 3.10]의 (a), (b), (c), (d)에서 알 수 있듯이 점들이 어떤 직선 주위에 밀집되어 나타날수록 상관계수는 -1 또는 1에 가까워진다.

(4) [그림 3.10]의 (f)에서 알 수 있듯이 상관계수의 값이 0에 가까운 것은 두 변수 사이에 직선관계가 약한 것을 시사하는 것이지 아무런 관계가 없음을 뜻하는 것은 아니다.

(5) 변수 x와 y를 각각 $u = ax + b$, $v = cy + d$로 변환하여도 a와 c의 부호가 같으면 (즉 $ac > 0$) 상관계수는 변함이 없고 a와 c의 부호가 서로 다르면 상관계수의 부호만 바뀐다. 즉,

$$r(u,v) = \begin{cases} r(x,y), & ac > 0 \\ -r(x,y), & ac < 0 \end{cases}$$

따라서 상관계수는 측정단위에 영향을 받지 않는다.

엑셀을 이용한 대푯값의 계산

1. 엑셀함수를 이용하는 방법

(1) 자료의 평균

① 함수 마법사를 실행하고 "통계"를 범주로 선택하면 통계와 관련된 함수들을 볼 수 있다. 평균을 구하기 위하여 "AVERAGE"함수를 선택하고 '확인'을 클릭한다.

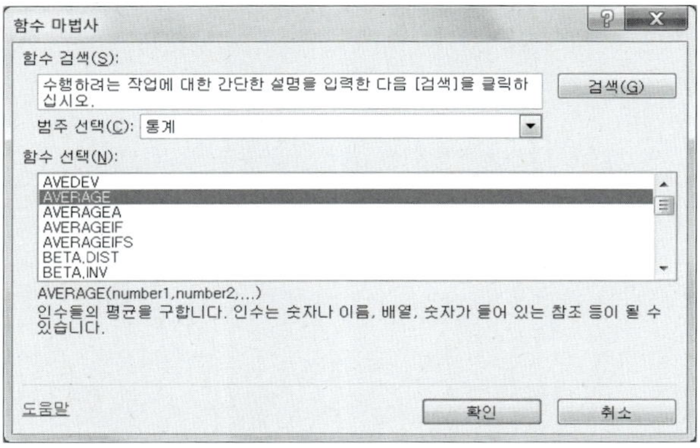

"Number1"에 자료가 있는 범위를 마우스로 드래그 하여 선택해준 후 확인을 클릭한다. 그러면 커서가 있는 셀에 평균값이 나타난다. 예를 들어 1행 G열의 위치에 커서를 가져다 놓고 이 과정을 실행하면 평균값 67.075이 나타나는 것을 확인할 수 있다.

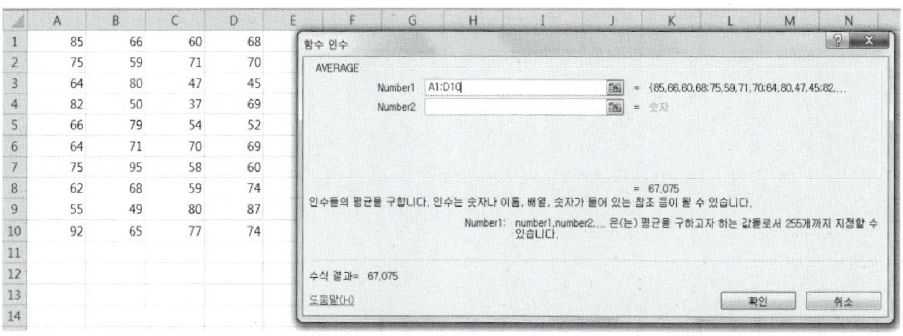

함수 마법사를 이용하지 않고 셀이나 수식입력줄에 함수를 직접 입력하여 결과를 얻을 수도 있다. 아래 그림과 같이 "=함수명(범위)"를 입력하면 함수가 셀에 삽입된다. 예를 들어 1행G열에

=AVERAGE(A1:D10)

를 입력한 후 enter키를 치면 평균값이 나타난다.

	A	B	C	D	E	F	G	H
1	85	66	60	68		평균	=AVERAGE(A1:D10)	
2	75	59	71	70		최댓값		
3	64	80	47	45		최솟값		
4	82	50	37	69		중위수		
5	66	79	54	52		최빈값		
6	64	71	70	69		모분산		
7	75	95	58	60		표본분산		
8	62	68	59	74				
9	55	49	80	87				
10	92	65	77	74				

(2) 기타

위와 같은 방식으로 최댓값, 최솟값, 중위수, 최빈값을 구한다.

평균	=AVERAGE(A1:D10)
최댓값	=MAX(A1:D10)
최솟값	=MIN(A1:D10)
중위수	=MEDIAN(A1:D10)
최빈값	=MODE(A1:D10)

평균	67.075
최댓값	95
최솟값	37
중위수	68
최빈값	66

(3) 모분산과 표본분산

모분산은 모집단의 분산을 의미하고 표본분산은 모분산에서 추출된 표본들의 분산을 의미한다. 모분산은 편차제곱합을 자료의 개수로 나눈 값이고 표본분산은 편차제곱합을 자료의 개수에서 1을 빼고 나누어 주기 때문에 값이 다르게 나타난다. 따라서 모분산과 표본분산을 구하는 함수가 따로 존재한다.

모분산(population variance)을 구하는 함수는 "VAR.P"이고 표본분산(sample variance)을 구하는 함수는 "VAR.S"이다. 아래 그림에서 결과값이 다름을 확인할 수 있다.

모분산	=VAR.P(A1:D10)
표본분산	=VAR.S(A1:D10)

모분산	162.9194
표본분산	167.0968

(4) 백분위수(PERCENTILE)는 다음 함수를 이용하여 구할 수 있다.

PERCENTILE.INC (arry,k)

"array"에는 자료의 범위를 선택해 주고 "k"에는 구하고자 하는 백분위수 값을 입력한다.

(5) 사분위수는 QUARTILE.INC(arry,quart) 함수를 이용해서 구할 수 있다. "array"에는 자료의 범위를 선택해 주고 "quart"에는 0부터 4까지의 숫자를 입력하면 된다. 0은 최솟값, 1은 제1사분위수, 2는 제2사분위수(중위수), 3은 제3사분위수, 4는 최댓값을 나타낸다.

2. 데이터 분석도구를 이용하는 방법

통계 값들을 함수를 이용하여 구할 수 있지만 데이터 분석도구를 활용해서 보다 쉽게 구하는 방법도 있다.

① "데이터" 메뉴를 선택하고 "데이터 분석"을 클릭한다.

② "기술 통계법"을 선택하고 확인을 클릭한다.

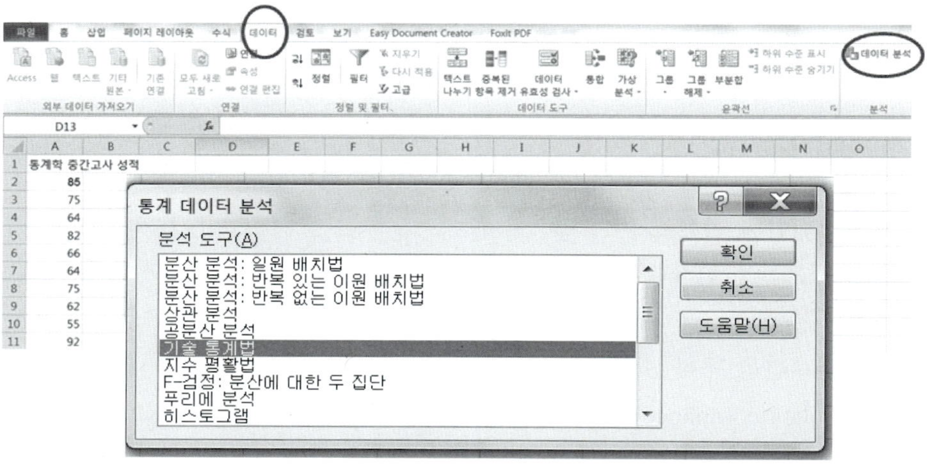

주의 "입력 범위"에는 자료의 범위를 선택하는데 자료가 1열 또는 1행으로 입력되어 있어야 한다. "출력 범위"를 설정하고 "요약 통계량"을 체크하고 확인을 클릭한다. 아래 그림과 같이 여러 가지 통계량들을 확인할 수 있다.

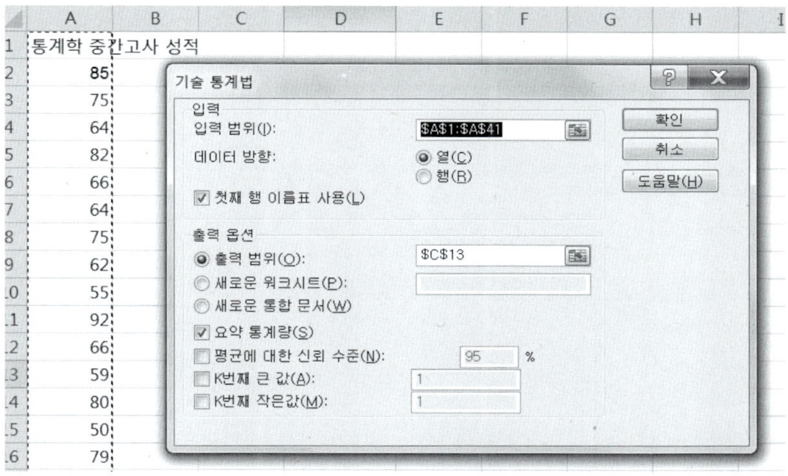

12	66			
13	59		통계학 중간고사 성적	
14	80			
15	50		평균	67.075
16	79		표준 오차	2.04387374
17	71		중앙값	68
18	95		최빈값	75
19	68		표준 편차	12.9265925
20	49		분산	167.096795
21	65		첨도	-0.09994669
22	60		왜도	-0.04962395
23	71		범위	58
24	47		최소값	37
25	37		최대값	95
26	54		합	2683
27	70		관측수	40
28	58			

3. 이변량자료의 표현

(1) 산점도

① 키(x)와 몸무게(y)에 대한 자료를 워크시트에 입력한다.

② 자료영역을 선택한다.

③ "삽입" 메뉴를 선택하고 "분산형" 그래프를 선택한다.

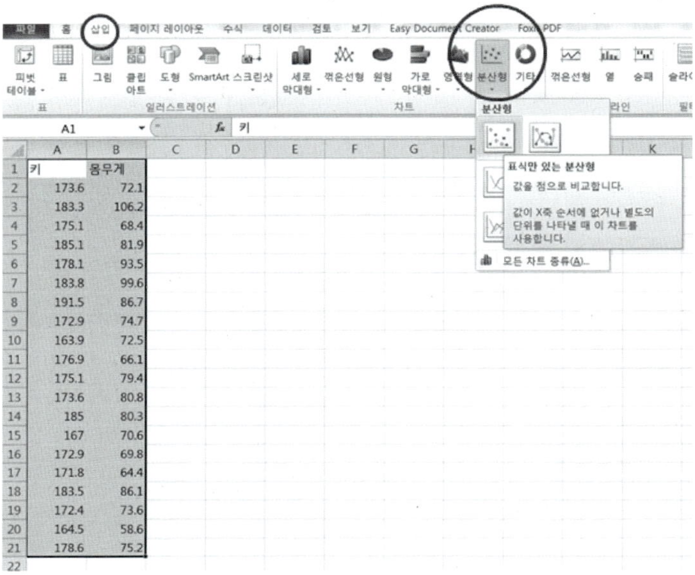

④ 다음과 같은 결과가 나타난다.

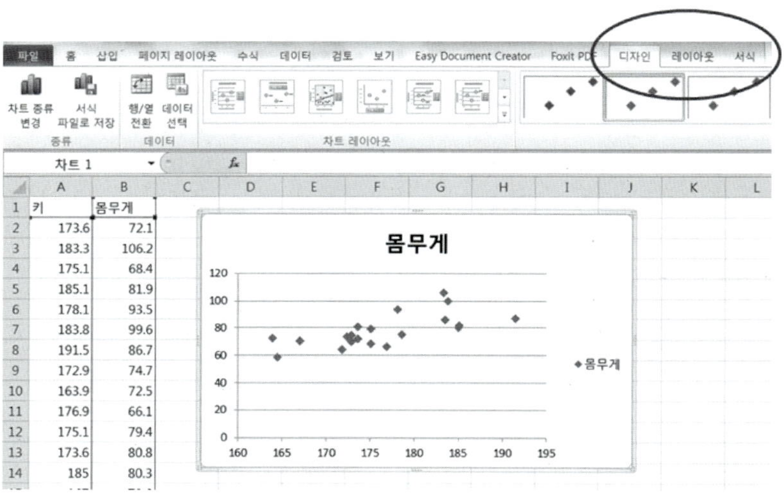

⑤ 차트도구 메뉴에서 디자인, 레이아웃, 서식 등을 선택하여 차트 제목과 가로, 세로 축 제목, 범례 등을 설정한다.

(2) 상관계수

(2.1) CORREL 함수를 이용하는 방법

① 상관계수를 구하고자 하는 셀을 선택하고 수식입력줄 왼쪽에 위치한 "함수마법사"를 클릭한 후 상관계수를 구하는 CORREL 함수를 선택하고 확인을 클릭한다.

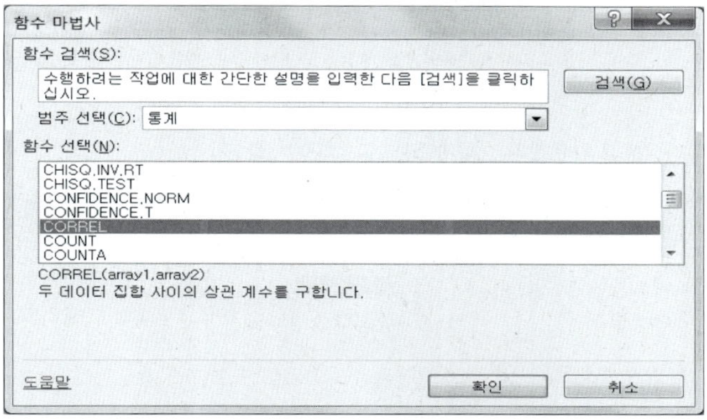

② Array1에는 키에 대한 자료, Array2에는 몸무게에 대한 자료가 입력된 범위를 선택하고 확인을 클릭한다. 수식결과 0.6807이 상관계수이다.

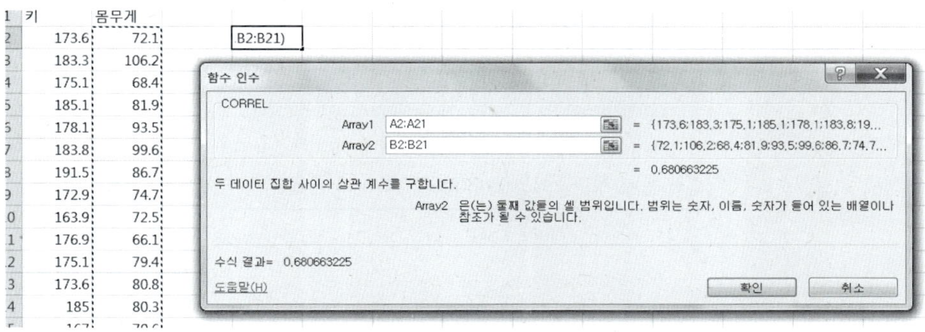

(2.2) 데이터분석 도구를 이용하는 방법

① [데이터] ⇒ [데이터분석]에서 '상관분석'을 선택

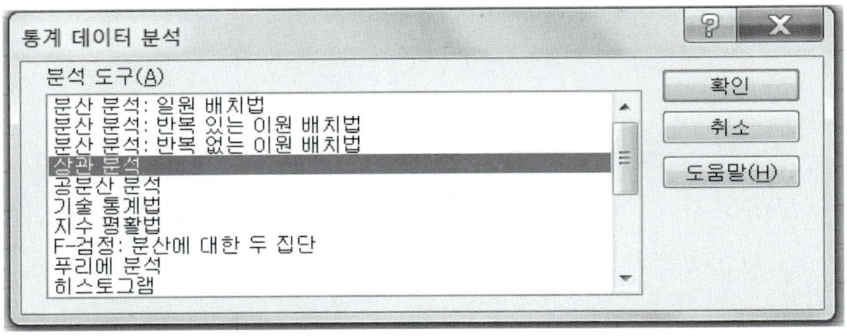

② 자료 선택하고 출력할 셀을 지정한 후 확인 클릭

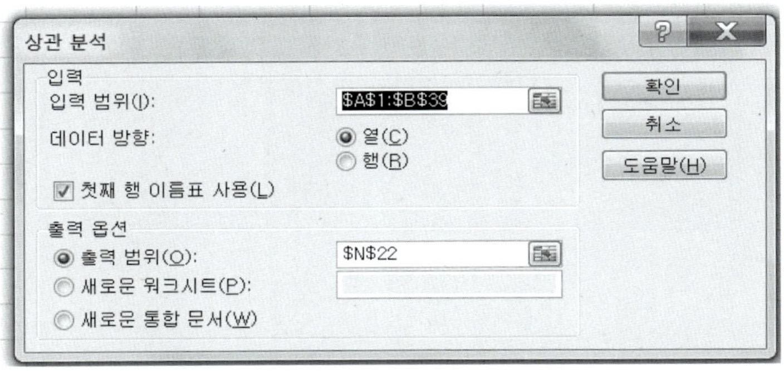

③ 다음과 같은 결과를 얻는다.

	키	몸무게
키	1	
몸무게	0.680663	1

제 3 장 연습문제

01 다음은 0부터 9 사이의 자연수 중에서 컴퓨터를 이용하여 임의로 선택한 10개의 수이다.

0 2 1 2 2 3 8 0 2 5

(1) 자료의 평균, 분산, 표준편차, 중위수를 구하라.

(2) 위의 자료(x_i)를 $y_i = 2x_i + 1$로 변환할 때, y_i에 대한 평균과 분산을 구하라.

02 어느 면접시험에서 심사위원 7명이 다음과 같은 점수를 주었다.

60 82 91 88 78 85 87 98 80 75

(1) 자료의 평균을 구하라.

(2) 최고점과 최저점을 제외한 나머지 점수의 평균을 구하고 (1)에서 구한 점수와 비교하라.

03 다음 표는 초등학교 1학년에 입학하는 학생들 중 남학생 23명, 여학생 20명의 키(cm)를 조사한 자료이다.

남학생				여학생			
132	127	129	124	114	112	129	118
123	119	120	116	122	115	118	126
124	118	126	129	121	123	126	
122	119	123	136	116	120	106	
124	126	120	118	124	117	120	
123	123	117		126	132	126	

(1) 위 자료에 대하여 다음 빈칸을 채워라.

	남학생	여학생
평균		
분산		
표준 편차		
중앙값		
최솟값		
최댓값		
범위		
제1사분위수 Q1		
제2사분위수 Q2		
제3사분위수 Q3		
사분위수범위(IQR)		

(2) 남학생과 여학생 키에 대한 상자그림을 그리고 자료의 분포상태에 대하여 설명하라.

04 다음은 996명에 대하여 월 소득(단위:백만원)을 조사한 결과를 나타낸 히스토그램이다.

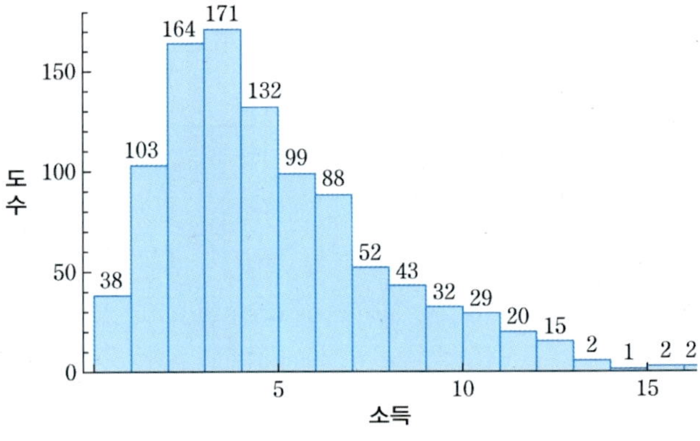

(1) 중위수를 포함하는 계급의 계급값을 구하라.

(2) 최빈값을 포함하는 계급의 계급값을 구하라.

(3) 소득의 평균을 구하라.

(4) 소득의 분산을 구하라.

05 한 모집단에서 같은 시기에 두 번의 조사를 한 후 수집된 자료를 요약한 결과가 다음과 같다.

조사1		조사2	
평균	$\bar{x}$	평균	$\bar{y}$
분산	s_x^2	분산	s_y^2
자료수	m	자료수	n

두 번의 조사에서 얻어진 결과를 이용하여 전체 자료에 대한 평균과 분산을 다음과 같이 구할 수 있음을 보여라.

전체 자료에 대한 평균 :

$$\bar{z}=\frac{1}{m+n}(m\bar{x}+n\bar{y})$$

전체 자료에 대한 분산 :

$$s^2=\frac{1}{m+n-1}\left((m-1)s_x^2+(n-1)s_y^2+m(\bar{x}-\bar{z})^2+n(\bar{y}-\bar{z})^2\right)$$

06 문제 3번의 자료에서 남학생과 여학생 키에 대한 평균과 분산을 각각 구한 결과가 다음과 같다.

남학생		여학생	
평균	123.4	평균	120.6
분산	24.6	분산	39.3
자료수	23.0	자료수	20.0

(1) 이 결과와 문제 4번의 방법을 이용하여 조사에 참여한 학생 전체(43명)에 대한 평균과 분산을 구하여라.

(2) 전체 자료로부터 직접 평균과 분산을 구하고 위의 (1)번에서 구한 결과와 일치하는지 비교하여라.

07 다음과 같은 자료가 주어져 있다.

번호	1	2	3	4	5	6	7	8	9
x	1	2	2	3	4	5	5	5	7
y	3	5	7	4	8	6	9	10	12

(1) 두 변수 x와 y의 상관계수를 구하라.

(2) 변환된 자료 $u=2x-1$, $v=-3x+1$에 대한 상관계수를 구하라.

(3) 자료 $(x,y)=(10,1)$ 이 추가되었을 때, 상관계수를 구하고 새로운 자료가 추가되기 전과 비교하여라.

(4) 위의 (3)에서 자료가 추가되기 전과 상관계수의 차이가 많이 났다면 그 이유를 산점도를 그려 설명하여라.

08 다음은 통계학과목의 중간고사 성적(x)과 기말고사 성적(y)을 나타낸 것이다.

번호	중간고사	기말고사	번호	중간고사	기말고사	번호	중간고사	기말고사
1	73	14	14	28	23	27	42	36
2	47	7	15	85	87	28	36	14
3	65	57	16	48	17	29	34	18
4	36	12	17	30	12	30	43	34
5	42	24	18	37	24	31	27	10
6	59	52	19	46	27	32	43	13
7	58	35	20	36	15	33	30	24
8	92	87	21	32	24	34	39	22
9	37	22	22	45	60	35	67	40
10	61	53	23	44	27	36	28	20
11	54	17	24	73	59	37	73	89
12	63	34	25	81	92	38	38	12
13	24	13	26	58	54			

(1) 산점도를 그려라.

(2) 산점도를 보고 상관계수를 추측하여보아라.

(3) 자료의 상관계수를 구하고 추측과 얼마나 일치하는지 비교하여라.

(4) 중간고사 성적과 기말고사 성적사이의 연관성에 대한 어떤 결론을 낼 수 있는지 설명하여라.

제 4 장 확률

동전을 던질 때 앞면이 나올 확률, 내일 비가 올 확률, 어떤 운동 경기에서 특정한 팀이 이길 확률, 생산 라인에서 고장이 발생할 확률, 어떤 사람이 거짓말을 하고 있을 확률, 특정한 질병으로 죽을 확률 등과 같이 확률이란 용어는 다양한 의미로 일상에서 사용된다. 확률은 공통적으로 그 결과가 불확실한 것을 대상으로 하며 불확실한 현상에 대한 가능성이나 믿음의 정도 등을 수량화한 것이다.

통계학에서 모집단으로부터 표본을 추출할 경우 어느 것이 표본으로 추출될 지는 확실하지 않으며 확률의 대상이 된다. 따라서 통계학, 특히 표본을 추출하여 모집단의 특성을 추측하고 결론을 내리는 추측통계학에 대한 기본 개념을 기술하기 위해서는 확률의 개념과 지식을 필요로 한다.

이 장에서는 확률의 개념과 해석, 확률의 성질을 알아본다. 또한 조건이 주어진 경우의 확률과 사건들 사이의 독립성에 대한 개념을 소개한다.

4.1 표본공간과 사건

생각해보기

1. 다음 물음에 정확하게 답할 수 있는가?
   (1) 한 개의 주사위를 한 번 던질 때 어떤 면이 나올 것인가?
   (2) 1부터 45까지의 숫자 중 6개의 숫자를 선택하여 당첨번호를 맞추는 복권에서 이번 주에 1등으로 당첨될 번호는 무엇인가?
2. 위 실험에서 나타날 수 있는 결과 전체의 집합은 각각 무엇인가?

표본공간과 사건

한 개의 주사위를 한 번 던진다고 할 때, 어떤 눈이 나올지 정확하게 알 수는 없지만 1,2,3,4,5,6 중의 하나가 나올 것이다. 또한 1부터 45까지의 숫자 중 6개의 숫자를 선택하여 당첨번호를 맞추는 복권에서 이번 주에 1등으로 당첨될 번호가 정확하게 무엇인지는 모르지만 1등 복권의 번호는 1부터 45까지의 숫자 중 6개의 숫자로 이루어진 조합 중 하나일 것이다. 이와 같이 우연이나 우연처럼 보이는 여러 원인에 의하여 그 결과가 여러 가지로 정해지는 실험을 **확률실험**(random experiment)이라 한다. 확률실험에서 나올 수 있는 결과 전체의 집합을 **표본공간**(sample space)이라 하고 앞으로는 표본공간을 그리스문자 Ω(오메가(omega))로 나타내기로 한다.

다음은 표본공간의 예이다.

(1) 한 개의 동전을 두 번 던지는 실험에서 첫 번째에 앞면(H), 두 번째에 뒷면(T)이 나왔을 때 그 결과를 HT와 같이 나타내면 표본공간은 $\Omega = \{HH, HT, TH, TT\}$이다.

(2) 네 개의 윷가락을 던질 때, 나타날 수 있는 결과는 도, 개, 걸, 윷, 모 중의 하나이므로 표본공간은 $\Omega = \{$도, 개, 걸, 윷, 모$\}$이다.

(3) 한 개의 주사위를 던져서 나오는 눈의 수가 1인 면이 나올 때, 1이 나왔다고 하고 2인 면이 나올 때, 2가 나왔다고 하자. 이와 같이 눈의 수가 k인 면이 나올 때, k가 나왔다고 하면 주사위를 한 번 던지는 실험에서 표본공간은 $\Omega = \{1,2,3,4,5,6\}$이다.

(4) 하나의 주사위를 두 번 던질 때 첫 번째 주사위의 눈의 수가 i이고 두 번째 주사위의 눈의 수가 j일 때 그 결과를 (i, j)로 나타내면 표본공간은 $\Omega = \{(i, j) : i, j = 1, 2, \cdots, 6\}$이다.

표본공간의 각각의 원소를 **표본점**(sample point) 또는 **근원사건**(elementary event)이라 하고 표본공간의 부분집합을 **사건**(event) 또는 **사상**이라고 한다. 확률실험의 결과로 표본점 $\omega(\in \Omega)$가 나타났을 때, 표본점 ω가 사건 A의 원소이면, 즉 $\omega \in A$이면 사건 A가 발생하였다고 말한다.[1] 예를 들어 하나의 주사위를 두 번 던질 때 나오는 두 눈의 합이 10 이상이면 상금을 받기로 하였다고 하자. 이 때, 상금을 받게 될 사건은

$$A = \{(4,6), (5,6), (6,6), (6,5), (6,4)\}$$

이다. 이때, 실험의 결과로 (5,6)이 나왔다면 사건 A가 발생하였다고 하고, (4,5)가 나왔다면 사건 A가 발생하지 않았다고 한다.

예제 4.1

한 개의 동전을 한 번 던진 후, 한 개의 주사위를 한 번 던질 때, 다음 사건을 표본점을 이용하여 나타내어라.

(1) 표본공간 Ω

(2) 동전의 앞면이 나올 사건 A

(3) 주사위의 눈의 수가 5이상일 사건 B

(4) 동전의 앞면이 나오고 주사위의 눈의 수는 5이상일 사건

풀이 (1) 동전의 앞면이 나오고 주사위의 눈이 3일 때 그 결과를 $(H, 3)$과 같이 순서쌍으로 나타내면 표본공간은 다음과 같다.

$$\Omega = \begin{Bmatrix} (H,1), (H,2), (H,3), (H,4), (H,5), (H,6) \\ (T,1), (T,2), (T,3), (T,4), (T,5), (T,6) \end{Bmatrix}$$

(2) 동전의 앞면이 나올 사건

$$A = \{(H,1), (H,2), (H,3), (H,4), (H,5), (H,6)\}$$

---

1) ω(오메가)는 그리스문자 Ω의 소문자이다.

(3) 주사위의 눈의 수가 5이상일 사건

$$B = \{(H,5),(H,6),(T,5),(T,6)\}$$

(4) 동전의 앞면이 나오고 주사위의 눈의 수는 5이상일 사건

$$\{(H,5),(H,6)\}$$

결합사건

확률실험의 결과로 나타나는 사건은 표본공간의 부분집합이므로 여러 사건에 의하여 얻어지는 새로운 사건은 집합의 연산기호를 이용하여 표현할 수 있다. 두 사건 A와 B에 대하여, A와 B가 동시에 일어나는 사건을 **곱사건**(intersection)이라 하고 집합 기호를 이용하여

$$A \cap B = \{\omega \in \Omega \ : \ \omega \in A \text{ 이고 } \omega \in B\}$$

로 나타낸다. 곱사건은 $A \cap B$ 대신 공통부분의 기호 $\cap$를 생략하고 AB와 같이 나타내기도 한다.

사건 A 또는 B 둘 중의 하나가 일어나는 사건은 A와 B의 **합사건**(union)이라 하고 다음과 같이 집합기호를 이용하여 나타낸다.

$$A \cup B = \{\omega \in \Omega \ : \ \omega \in A \text{ 또는 } \omega \in B\}$$

사건 A와 B의 공통부분이 없을 때, 즉 $A \cap B = \varnothing$일 때, 사건 A와 B는 **서로 배반**(mutually exclusive)이라고 한다. 서로 배반인 사건은 두 사건이 동시에 발생할 수 없음을 의미한다. 사건 A가 발생하지 않을 사건은 표본공간 Ω의 원소 중 A에 속하지 않는 원소들로 이루어진 사건으로 A의 **여사건**(complement)이라 하고

$$A^c = \{\omega \in \Omega \ : \ \omega \notin A\}$$

로 나타낸다.

예를 들어 주사위를 한 번 던지는 실험을 생각하자. 이 때, 표본공간은 $\Omega = \{1,2,3,4,5,6\}$이다. 사건 A와 B를 다음과 같다고 하자.

$$A = \{1,2,4\}, \ B = \{2,3,4\}$$

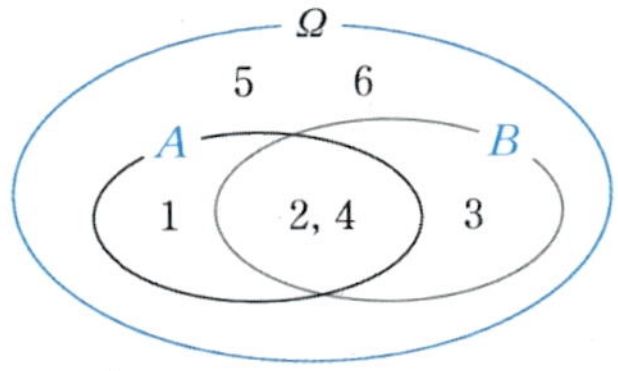

이때, A와 B가 발생할 사건은 $AB = \{2,4\}$이다. 주사위를 한 번 던졌을 때, 2가 나왔다면 사건 A와 B가 발생하였다고 한다.

A 또는 B가 발생할 사건은 $A \cup B = \{1,2,3,4\}$이다. A는 발생하지만 B가 발생하지 않을 사건은 $AB^c = \{1\}$이다.

표본공간의 분할

아래 그림과 같이 표본공간 Ω가 서로 배반인 사건 A_1, A_2, A_3의 합으로 이루어질 때, A_1, A_2, A_3는 표본공간을 분할한다고 한다.

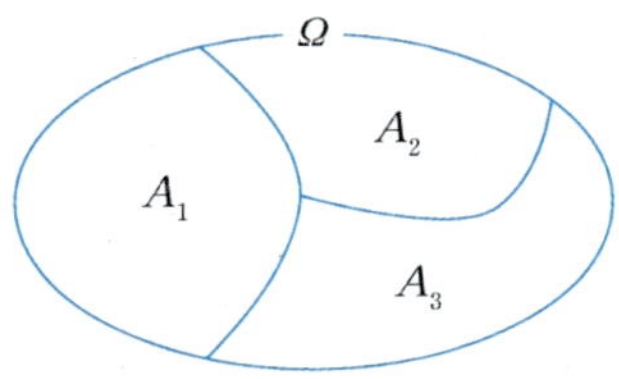

일반적으로 서로 배반인 사건 $A_1, A_2, \cdots, A_n$이 $A_1 \cup \cdots \cup A_n = \Omega$을 만족할 때, $A_1, \cdots, A_n$을 표본공간의 **분할**(partition)이라고 한다. 예를 들어 한 개의 동전을 세 번 던질 때 표본공간은

$$\Omega = \{HHH, HHT, HTH, THH, HTT, THT, TTH, TTT\}$$

이다. 사건 A_1, A_2, A_3을 다음과 같이 두자.

$$A_1 = \{HHH\},\ A_2 = \{HHT, HTH, THH\},$$
$$A_3 = \{TTH, THT, HTT, TTT\}$$

그러면

$$A_1 \cap A_2 = \varnothing,\ A_2 \cap A_3 = \varnothing, A_3 \cap A_1 = \varnothing \text{ 이고 } A_1 \cup A_2 \cup A_3 = \Omega$$

이므로 A_1, A_2, A_3는 표본공간의 분할이다.

4.2 확률

생각해보기

다음 각각에서 사용 되는 '**확률**'의 의미는 무엇인지 직관적으로 설명하여라.

1. 동전을 던질 때, 앞면이 나올 확률은 0.5이다.
2. 내일 창원시에 비가 올 확률은 60%이다.
3. 오른쪽 그림과 같이 육각형과 사각형으로 구성된 14면 주사위를 던질 때, 흰 점으로 표시된 면이 나올 확률은 0.03이다.

4. 2022카타르월드컵이 치러지기 전에 한 AI시스템에서는 한국이 월드컵 16강에 진출할 확률은 36.3%이고 우승 가능성 0.1%이라고 예상하였다.
5. 어떤 사건의 수사관은 용의자가 거짓말을 하고 있을 확률이 70%라고 생각하였다.

동전을 던질 때 앞면이 나올 확률, 내일 비가 올 확률, 어떤 운동 경기에서 특정한 팀이 이길 확률, 생산 라인에서 고장이 발생할 확률, 어떤 사람이 거짓말을 하고 있을 확률, 특정한 질병으로 죽을 확률 등과 같이 일상생활에서 확률이란 말을 많이 사용한다. 이와 같은 일상적인 용어로써의 확률은 어떤 일이 일어날 가능성이나 믿음의 정도 등을 나타낸다. 어떤 사건이 일어날 가능성 등을 나타낼 때, 가능성이 높다 또는 아주 높다, 낮다, 아주 낮다 등과 같이 나타내는 것보다는 숫자로 나타내면 두 개 이상의 사건이 발생할 가능성을 비교하거나 수학적으로 다루기가 편리하게 된다. 사건 A가 발생할 가능성을 숫자로 나타낼 때, 사건 A에 대응되는 숫자를 A가 발생할 확률 또는 간단히 A의 **확률**(probability)이라 하고 $P(A)$로 나타낸다. 각 사건에 확률을 부여하는 방법을 확률모형이라고 한다. 확률의 의미를 해석하는 방법에 따라 여러 가지 확률모형을 생각할 수 있을 것이다.

주관적 확률 월드컵 축구대회나 프로야구 한국시리즈, 경마 등에서 전문가들뿐만 아니라 많은 사람들이 특정한 팀 또는 말이 우승할 확률을 이야기 한다. 이때는 그간의 경험이나, 지식, 정보 등과 함께 직관 등을 바탕으로 각자의 주관에 따라 확률을 정한다. 이와 같이 확률을 주관적인 믿음의 정도라는 해석을 바탕으로 정한 확률을 **주관적 확률**(subjective probability)이라 한다. 어떤 사건에 대한 주관적인 믿음의 정도는 새로운 정보나 증거 등에 의하여 변경될 수 있다. 이와 같은 방법으로 불확실한 대상에 대한 추론을 하는 통계학의 분야를 베이즈 통계학이라 한다. 주관적 확률은 반복되지 않는 사건에 대한 확률을 정하는 방법으로 사용될 수 있으며 현재 그 유용성이 증가하고 있는 베이즈 통계학의 철학적인 출발점이기도 하다.

주관적 확률에 대한 가장 기본적인 문제점은 동일한 사건에 대하여 서로 동일한 정보를 가지고 있다 하더라도 서로 다른 확률을 할당할 수 있다는 것이다. 예를 들어 아래 기사 내용과 같이 월드컵 축구대회에서 특정한 팀이 우승할 확률은 축구 전문가나 그 게임에 돈을 거는 도박사마다 다를 수 있다. 따라서 주관적 방법에 의하여 정해진 확률을 이용하여 객관적인 결론을 내리기는 어려울 것이다.

2022 카타르 월드컵 우승예상 기사 요약

영국의 국립 연구기관인 앨런튜링연구소는 AI 시스템을 통해 10만 번의 토너먼트를 진행한 결과 브라질의 우승 확률은 25.1%, 벨기에가 18.9%, 아르헨티나가 13.2%, 프랑스가 11%, 잉글랜드가 7.1%의 순이었다.

오스트리아 인스부르크대 연구팀의 AI도 브라질의 우승 확률은 15%, 아르헨티나(11.2%), 네덜란드(9.7%), 독일(9.2%), 프랑스(9.1%)를 우승 확률이 높은 국가로 분류했다.

옥스퍼드대 연구팀은 벨기에를 우승팀으로 예상했고, 글로벌 보험사인 로이즈의 AI는 잉글랜드를 우승팀으로 봤다. 옥스퍼드대는 유로 2020의 우승팀을 맞춘 적이 있고, 로이즈는 2014년과 2018년 월드컵 우승팀을 정확하게 예상했다.

흥미로운 건 '축구의 신'으로 불리는 메시가 이끄는 아르헨티나를 우승팀으로 예상한 AI가 없다는 점이다.

[기사출처 : 〈ChosunBiz〉사이언스조선 2022.11.23.]

균등확률 또는 고전적확률 공정한 동전을[2] 한 번 던질 때, 가능한 결과는 앞면 혹은 뒷면 둘 중 하나이며 각각의 면이 나올 가능성은 서로 같다. 이 경우 앞면과 뒷면이 나올 확률을 각각 $\frac{1}{2}$이라고 정하는 방법이 확률에 대한 고전적 해석이다. 다른 예로 주사위를 한 번 던질 때, 눈의 수가 1,2,3,4,5,6인 면이 나타날 가능성은 모두 같은 것으로 볼 수 있을 것이다. 이때, 눈의 수가 4이하일 사건 $A=\{1,2,3,4\}$의 확률을 표본공간의 원소의 개수에 대한 사건 A에 있는 원소의 개수의 비율 $\frac{4}{6}$로 생각할 수 있을 것이다. 이와 같이 유한 개의 표본점으로 구성된 표본공간

$$\Omega=\{\omega_1,\omega_2,\cdots,\omega_N\}$$

에서 모든 근원사건 ω_i, $i=1,\cdots,N$가 발생할 가능성이 같다고 볼 수 있을 때 사건 A에 대하여

$$P(A)=\frac{A\text{에 있는 원소 수}}{N}$$

와 같이 정하는 확률을 **균등확률 또는 고전적확률**이라고 한다. 이 경우 각 사건 A의 확률은 $0 \le P(A) \le 1$을 만족하고 A와 B가 서로 배반일 때, 즉, $A\cap B=\varnothing$일 때, 다음을 만족한다.

$$\begin{aligned}P(A\cup B) &= \frac{A\text{에 속하는 원소 수 }+B\text{에 속하는 원소 수}}{N}\\ &= \frac{A\text{에 속하는 원소 수}}{N}+\frac{B\text{에 속하는 원소 수}}{N}\\ &= P(A)+P(B)\end{aligned}$$

균등확률 모형은 표본공간의 원소수가 무한히 많거나 각 표본점이 나타날 가능성이 동일하지 않은 경우에는 적용하기 어렵다. 예를 들어 1부터 45까지의 숫자 중 6개의 숫자를 선택하여 당첨번호를 맞추는 복권에서 한 게임을 샀다고 하자. 이 때 그 번호가 일등에 당첨되거나 그렇지 않거나 둘 중에 하나가 발생한다고 하여 그 번호가 일등에 당첨될 확률을 $\frac{1}{2}$이라고 정하지는 않는다.

2) 앞면과 뒷면이 나올 가능성이 같은 동전을 공정한 동전이라고 한다. 앞으로 특별한 언급없이 언급하는 동전은 공정한 동전을 의미한다.

경험적 확률 또는 통계적 확률 위 **생각해보기**에서 3의 경우는 모든 면이 나올 가능성이 같다고 할 수 없으므로 주사위를 무수히 여러 번 던질 때 흰 점이 표시된 면이 나오는 횟수의 비율의 극한으로 그 확률을 생각할 수 있을 것이다. n번의 시행에서 사건 A가 발생한 횟수를 $f_n(A)$이라 할 때, 사건 A의 확률을

$$P(A) = \lim_{n \to \infty} \frac{f_n(A)}{n}$$

와 같이 상대도수의 극한으로 해석하여 확률을 정하는 방법을 **경험적 확률** 또는 **통계적 확률**이라 한다. 이 경우 무한히 반복해서 실험을 한다는 것은 현실적으로 불가능하므로 일정횟수의 시행 후에 특정한 사건이 발생한 횟수의 비율로 정하는 방법을 사용한다. 예를 들어 어떤 농구선수가 과거 100번의 자유투를 시행하여 70개를 성공시켰다면 이 선수의 자유투 성공률은 70%라고 한다. 이와 유사하게 현재 분석한 기상상태와 같은 상태가 과거에 100번 있었는데 그 중 60번 비가 왔다면 내일 비올 확률은 60%로 정하는 것이다.

각각의 사건 A에 대하여 상대도수의 극한이 존재한다면 통계적확률은 다음과 같은 성질을 만족하는 것을 알 수 있다.

(1) 각각의 n에 대하여 $0 \le \dfrac{f_n(A)}{n} \le 1$이므로 $0 \le P(A) \le 1$

(2) 각각의 n에 대하여 표본공간의 상대도수는 $\dfrac{f_n(\Omega)}{n} = 1$이므로 $P(\Omega) = 1$

(3) 사건 A와 B가 서로 배반이면, n번의 시행에서 $A \cup B$가 발생한 횟수는 A가 발생한 횟수와 B가 발생한 횟수의 합이므로

$$P(A \cup B) = P(A) + P(B)$$

확률의 수학적 형식화(공리적 확률 또는 수학적 확률)

위에서 언급한 확률모형은 신뢰의 측도나 어떤 사건의 발생 가능성 등과 같이 확률에 대한 직관적인 개념을 반영하고 있으나 적용대상의 한계와 논리적인 명확성을 갖추지 못하는 등의 문제점을 가지고 있다. 콜모고로프(A. N. Kolmogorov)는 확률의 고전적 해석(균등확률 모형)과 경험적 해석(상대도수의 극한)에서 확률이 가지는 특성을 반영하여 각 사건에 확률을 부여하는 기준을 정하였다. 그리고 그 기준을 만족하도록 각 사건에 숫자를 부여할 경우 그 숫자를 사건의 확률이라고 정의하였다.

확률의 공리적 정의

표본공간이 Ω일 때, 사건 A에 대하여 다음 세 조건을 만족하도록 숫자 $P(A)$를 대응시킬 때, 이 숫자 $P(A)$를 **사건 A의 확률**이라 한다.

(1) $P(\Omega)=1$

(2) 각각의 사건$A \subset \Omega$에 대하여, $0 \le P(A) \le 1$

(3) 사건 A와 B가 서로 배반이면, 즉 $AB=\varnothing$이면

$$P(A \cup B)=P(A)+P(B)$$

무한히 많은 사건열 $A_i,\ i=1,2,\cdots$에 대하여. 확률의 공리 중 조건 (3)은 다음 조건을 만족하는 것으로 대체된다. 사건열 $A_i,\ i=1,2,\cdots$가 서로 배반이면

$$P(A_1 \cup A_2 \cup \cdots)=P(A_1)+P(A_2)+\cdots$$

확률에 대한 공리적 정의는 각각의 사건에 확률이라는 숫자를 할당하는 규칙에 대한 것이지 주어진 사건 A에 구체적으로 어떤 숫자를 할당할 것인가에 대한 것은 아니다. 예를 들어 윷가락을 던지는 실험에서 '도' '개' '걸' '윷' '모'가 나올 확률을 각각 $p_1, p_2, \cdots, p_5$라고 할 때, $0 \le p_i \le 1,\ i=1,\cdots,5$이고 $p_1+\cdots+p_5=1$을 만족하도록 $p_i,\ i=1,\cdots,5$의 값이 결정되어야 한다는 것이지 구체적으로 p_i의 값을 정하는 방법을 말하는 것은 아니다. 이와 같은 확률을 정하기 위해서는 경험적 방법이나 균등모형 혹은 물리적 성질을 고려한 방법에 의존한다.

앞면이 나올 확률 p를 모르는 찌그러진 동전을 무한히 반복하여 던진다고 하자. 상대도수(앞면이 나온 횟수/시행횟수)는 p에 수렴한다는 것이 증명되었다. 이것을 대수의 법칙 혹은 큰수의 법칙(law of large numbers)이라고 한다. 따라서 충분히 시행을 많이 한 후 얻어진 상대도수(경험적 확률)를 p에 대한 근삿값으로 사용할 수 있을 것이다. [그림 4.1]은 $p=0.45$인 동전을 던지는 시행을 컴퓨터시뮬레이션 한 결과를 나타낸 것이다.

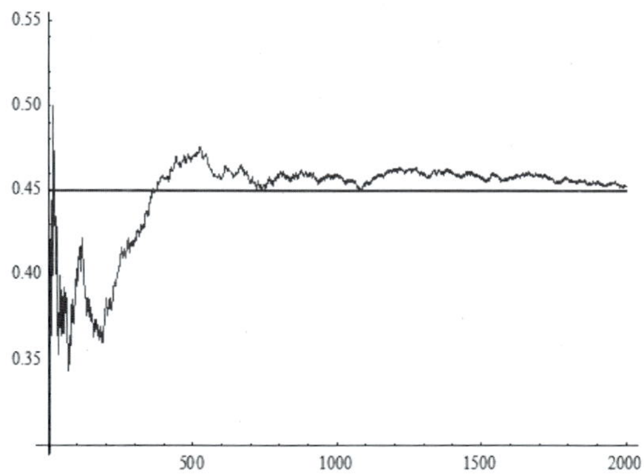

[그림 4.1] 앞면이 나올 확률이 0.45인 동전을 던지는 시행에 대한 컴퓨터 시뮬레이션 결과

확률의 성질 확률의 정의로부터 다음이 성립함을 알 수 있다.

> **확률의 성질**
>
> 1. $P(\varnothing)=0$
> 2. $P(A^c)=1-P(A)$
> 3. $P(A\cup B)=P(A)+P(B)-P(A\cap B)$
> 4. $A\subset B$이면 $P(A)\le P(B)$

1. 공사건 $\varnothing$은 $\varnothing\cup\varnothing=\varnothing$이고 $\varnothing\cap\varnothing=\varnothing$이므로

$$P(\varnothing)=P(\varnothing\cup\varnothing)=P(\varnothing)+P(\varnothing)$$

이다. 따라서

$$P(\varnothing)=0$$

2. 사건 A에 대하여 $A\cup A^c=\Omega$이고 $A\cap A^c=\varnothing$이므로

$$1=P(\Omega)=P(A\cup A^c)=P(A)+P(A^c)$$

이다. 따라서

$$P(A^c)=1-P(A)$$

3. 두 사건 A와 B에 대하여

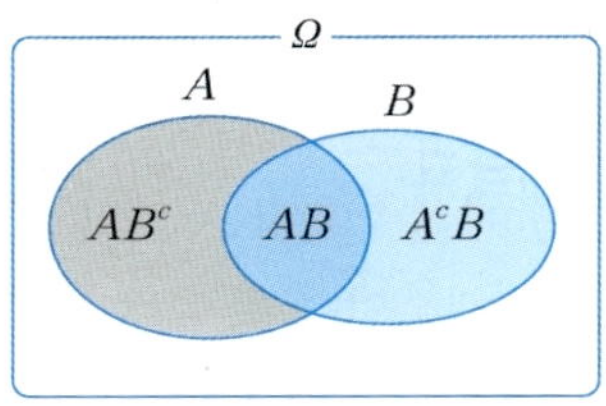

$$A\cup B=A\cup(A^c\cap B),$$
$$A\cap(A^c\cap B)=\varnothing$$

이므로(오른 쪽 그림참조)

$$P(A\cup B)=P(A)+P(A^c\cap B) \qquad (1)$$

이다. 한편 $B=(A\cap B)\cup(A^c\cap B)$이고 $(A\cap B)\cap(A^c\cap B)=\varnothing$이므로

$$P(B)=P(A\cap B)+P(A^c\cap B)$$

이다. 그러므로

$$P(A^c \cap B) = P(B) - P(A \cap B) \qquad (2)$$

이다. 위의 (1)과 (2)로부터 다음이 성립함을 알 수 있다.

$$P(A \cup B) = P(A) + P(B) - P(A \cap B)$$

4. $A \subset B$이면 $A \cap B = A$이므로 다음이 성립함을 알 수 있다.

$$\begin{aligned} P(B) &= P(A \cap B) + P(A^c \cap B) \\ &= P(A) + P(A^c \cap B) \\ &\geq P(A) \end{aligned}$$

예제 4.1

$P(A) = 0.5$, $P(B) = 0.6$, $P(A \cap B) = 0.4$일 때 다음을 구하라.

(1) A 또는 B가 발생할 확률

(2) A는 발생하고 B는 발생하지 않을 확률

풀이 (1) A 또는 B가 발생할 사건은 $A \cup B$이므로

$$\begin{aligned} P(A \cup B) &= P(A) + P(B) - P(A \cap B) \\ &= 0.5 + 0.6 - 0.4 = 0.7 \end{aligned}$$

(2) A는 발생하고 B는 발생하지 않을 사건은 $A \cap B^c$이다. 한편

$$P(A) = P(A \cap B) + P(A \cap B^c)$$

이므로

$$P(A \cap B^c) = P(A) - P(A \cap B) = 0.5 - 0.4 = 0.1$$

균등확률 모형에서 확률의 계산

균등확률 모형에서 사건의 확률은 표본공간에 있는 원소의 수에 대한 사건에 속한 원소의 수의 비율로 정의하였다. 표본공간 및 특정한 사건에 속한 원소의 수를 계산하기 위해서는 종종 실험 결과가 발생하는 경우의 수를 계산할 필요가 있다. 경우의 수

를 계산하는 몇 가지 방법을 소개한다.

곱의 공식

첫 번째 실험에서 나올 수 있는 결과는 m가지이고, 첫 번째 실험의 각 결과에 대하여 두 번째 실험에서 나올 수 있는 결과는 n가지일 때, 두 번째 실험을 한 후에 나타날 수 있는 모든 가능한 결과의 수는 mn가지이다.

예를 들어 동전을 한 번 던진 다음 윷을 던질 때 나올 수 있는 총 경우의 수는 동전을 던질 때 나오는 경우의 수 2와 윷을 던질 때 나오는 경우의 수 5를 곱한 $2\times 5=10$가지이다.

순열의 수

n개의 서로 다른 원소로 구성된 집합에서 r개를 비복원추출하여 나열하는 방법(순열)의 수를 알아보자. 이 경우 첫 번째 나올 수 있는 경우의 수가 n가지이고 두 번째 나올 수 있는 경우의 수는 $n-1$가지(비복원추출이므로)이다. 이와 같은 방식으로 r번째 추출에서 나올 수 있는 경우의 수는 이미 앞의 시행에서 $r-1$개가 추출되었으므로 나머지 중 하나를 추출하는 경우의 수 $n-(r-1)=n-r+1$이다. 곱의 공식에 의하여 순열의 수는

$$n(n-1)\cdots(n-r+1)$$

가지이다. 특히 $r=n$일 때, 순열의 수를 $n!$로 표기하고 n계승(n factorial)이라고 한다. 즉,

$$n!=n(n-1)\cdots 2\cdot 1$$

관습상 $0!=1$로 정의하여 사용한다. 예를 들어 4명을 일렬로 세우는 방법의 수는 $4!=4\cdot 3\cdot 2\cdot 1=24$이다.

조합의 수

n개의 서로 다른 원소로 구성된 집합에서 r개를 비복원추출할 때, 뽑힌 순서를 고려하지 않은 추출 결과를 n개 중 r개를 택한 조합이라 한다. 예를 들어 $A=\{1,2,3,4\}$에서 두 개로 이루어진 조합은

$$\{1,2\},\ \{1,3\},\ \{1,4\},\ \{2,3\},\ \{2,4\},\ \{3,4\}$$

6가지이다. 일반적으로 n개 중 r개로 구성된 조합의 수는 $\binom{n}{r}$로 나타내고 다음과 같이 계산한다.

$$\binom{n}{r} = \frac{n(n-1)\cdots(n-r+1)}{r!} = \frac{n!}{r!(n-r)!}$$

예를 들어 1부터 45까지의 숫자 중 6개의 숫자를 선택하여 당첨번호를 맞추는 복권에서 나올 수 있는 총 경우의 수는

$$\binom{45}{6} = \frac{45 \cdot 44 \cdot 43 \cdot 42 \cdot 41 \cdot 40}{6!} = 8145060$$

가지이다. 이 복권을 한 게임 샀을 때 1등에 당첨될 확률은 $\frac{1}{8145060}$이다.

4.3 조건부확률

생각해보기

생물학과와 화학과를 통합모집하는 어느 학교에서 2학년 진급시 전공을 선택할 때 희망하는 전공을 조사한 결과가 다음과 같았다.

	화학과(C)	생물학과(B)	합
남학생(M)	17	12	39
여학생(F)	13	28	41
합	30	40	70

이 학생들의 이름을 적은 카드를 바구니에 넣고 임의로 한 장의 카드를 꺼내는 실험을 생각하자.

(1) 여학생이름이 적힌 카드가 뽑힐 확률은 얼마인가?

(2) 화학과를 희망하는 여학생 이름이 적힌 카드가 뽑힐 확률은 얼마인가?

(3) 화학과를 희망하는 학생의 이름이 적힌 카드가 뽑힌다는 가정 하에 여학생 이름이 적힌 카드가 뽑힐 확률은 얼마인가?

화학과와 생물학과를 희망하는 학생의 이름이 적힌 카드가 뽑힐 사건을 각각 C와 B라 하자. 또한 남학생과 여학생의 이름이 적힌 카드가 뽑힐 사건을 각각 M과 F라 하자. 이 때, $P(F)=\frac{41}{70}$이고 화학과를 희망하는 여학생 이름이 적힌 카드가 뽑힐 확률은 $P(C\cap F)=\frac{13}{70}$이다. 화학과를 희망하는 학생의 이름이 적힌 카드가 뽑힌다고 가정하면 표본공간에서 생물학과를 희망하는 학생의 이름이 적힌 카드는 제외되는 것과 마찬가지 이므로 이 경우의 표본공간은 화학과를 희망하는 학생의 이름을 적은 카드들의 집합으로 축소된 것과 같음을 알 수 있다. 따라서 위 **생각해보기**의 (3)번의 확률을 $P(F|C)$로 나타내면

$$P(F|C)=\frac{n(F\cap C)}{n(C)}=\frac{13}{30}$$

(단, $n(C)$는 집합 C의 원소 개수)이 된다. 한편 확률 $P(F|C)$는

$$P(F|C)=\frac{n(F\cap C)}{n(C)}=\frac{n(F\cap C)/n(\Omega)}{n(C)/n(\Omega)}=\frac{P(F\cap C)}{P(C)}$$

와 같이 사건 C가 발생할 확률$P(C)$과 C 중에서 F가 발생할 사건 $F\cap C$의 확률 $P(F\cap C)$의 비율로 나타남을 알 수 있다.

주어진 정보나 가정에 의하여 표본공간이 Ω에서 A로 축소될 때 사건 B가 발생할 확률을 A가 **주어졌다는 가정 하에서** B**의 조건부확률**(conditional probability)이라 하고 A가 발생할 확률 $P(A)$과 A내에서 B가 발생할 확률 $P(A\cap B)$의 비로 정의한다.

조건부확률의 정의

$$P(B|A)=\frac{P(A\cap B)}{P(A)}\quad (\text{단, } P(A)>0)$$

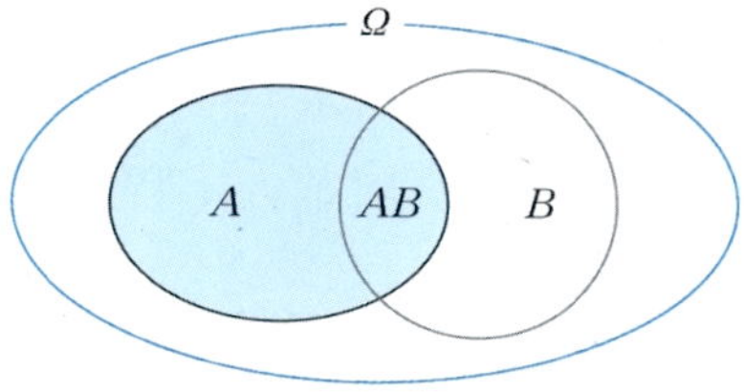

예제 4.2

두 개의 주사위를 던질 때 나오는 두 눈의 합이 홀수라는 가정하에 두 눈의 합이 7이상일 확률은 얼마인가?

풀이 두 눈의 합이 홀수일 사건을 A, 7 이상일 사건을 B라고 하면

$$A=\left\{\begin{matrix}(1,2),(1,4),(1,6),(2,1),(2,3),(2,5),(3,2),(3,4),(3,6),\\(4,1),(4,3),(4,5),(5,2),(5,4),(5,6),(6,1),(6,3),(6,5)\end{matrix}\right\}$$

$$B=\left\{\begin{matrix}(1,6),(2,5),(2,6),(3,4),(3,5),(3,6)(4,3),(4,4),(4,5),(4,6),\\(5,2),(5,3),(5,4),(5,5),(5,6),(6,1),(6,2),(6,3),(6,4),(6,5),(6,6)\end{matrix}\right\}$$

이므로

$$P(A\cap B)=\frac{12}{36},\ P(A)=\frac{18}{36}$$

이다. 따라서

$$P(B|A)=\frac{P(A\cap B)}{P(A)}=\frac{12/36}{18/36}=\frac{2}{3}$$

◢

곱셈공식

조건부확률의 정의로부터 다음이 성립함을 알 수 있다.

$$P(A\cap B)=P(A)P(B|A)=P(B)P(A|B)$$

이 식을 확률의 **곱셈공식**이라 한다.

세 개의 사건 A_1, A_2, A_3에 대하여 조건부 확률의 정의를 이용하면

$$P(A_1)P(A_2|A_1)P(A_3|A_1\cap A_2) = P(A_1)\frac{P(A_1\cap A_2)}{P(A_1)}\frac{P(A_1\cap A_2\cap A_3)}{P(A_1\cap A_2)}$$
$$= P(A_1\cap A_2\cap A_3)$$

이 성립하는 것을 알 수 있다. 일반적으로 사건 $A_1, A_2, \cdots, A_n$에 대하여 다음과 같은 확률의 곱셈공식이 성립함을 알 수 있다.

$$P(A_1\cap A_2\cap \cdots \cap A_n)$$
$$= P(A_1)P(A_2|A_1)P(A_3|A_1\cap A_2)\cdots P(A_n|A_1\cap \cdots \cap A_{n-1})$$

이와 같은 곱셈공식은 단계별 실험을 하는 경우에 사건의 확률을 계산할 때 유용하게 사용된다.

예제 4.3

3개의 흰 공과 4개의 빨간 공이 들어있는 항아리에서 비복원추출로 공을 꺼낼 때 다음 확률을 구하라.

(1) 처음에는 흰 공, 두 번째는 빨간 공이 나올 확률

(2) 세 번째 만에 처음으로 흰 공이 나올 확률

풀이 i $(i = 1,2,3)$번째 시행에서 흰 공이 나올 사건을 W_i, 빨간 공이 나올 사건을 R_i라 하자.

(1) 처음에는 흰 공, 두 번째는 빨간 공이 나올 확률은

$$P(W_1\cap R_2) = P(W_1)P(R_2|W_1) = \frac{3}{7}\cdot\frac{4}{6} = \frac{2}{7}$$

(2) 세 번째 만에 처음으로 흰 공이 나올 확률은

$$P(R_1\cap R_2\cap W_3) = P(R_1)P(R_2|R_1)P(W_3|R_1\cap R_2)$$
$$= \frac{4}{7}\cdot\frac{3}{6}\cdot\frac{3}{5} = \frac{6}{35}$$

이다.

전확률공식

사건 $A_1, \cdots, A_n$을 표본공간의 분할이라 하자. 즉, $A_i \cap A_j = \varnothing \ (i \neq j)$이고 $A_1 \cup \cdots \cup A_n = \Omega$. 그러면 사건 $B(\subset \Omega)$에 대하여

$$B = B \cap \Omega = (B \cap A_1) \cup (B \cap A_2) \cup \cdots \cup (B \cap A_n)$$

이고 $(B \cap A_i) \cap (B \cap A_j) = \varnothing \ (i \neq j)$이다. [그림 4.2]

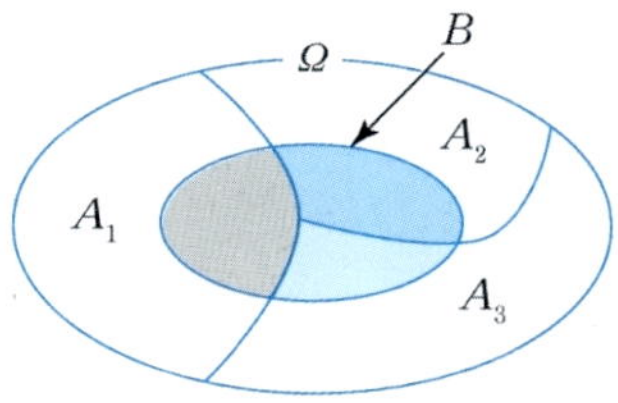

[그림 4.2] 사건의 분할

확률의 공리와 곱셈공식에 의하여 다음이 성립한다.

$$\begin{aligned} P(B) &= P(B \cap A_1) + \cdots + P(B \cap A_n) \\ &= P(B|A_1)P(A_1) + \cdots + P(B|A_n)P(A_n) \end{aligned}$$

이 식을 전확률공식이라 한다.

> **전확률공식**
>
> 사건 $A_1, \cdots, A_n$이 표본공간의 분할일 때, 다음이 성립한다.
>
> $$P(B) = P(B|A_1)P(A_1) + \cdots + P(B|A_n)P(A_n)$$

전확률공식은 주어진 사건 B의 확률을 계산할 때, 그 사건의 원인을 여러 가지로 나누어서 각 원인 A_i에 대한 조건부 확률 $P(B|A_i)$와 그 원인이 되는 확률 $P(A_i)$의 가중합으로 구할 수 있다는 것을 보여준다.

예제 4.4

3개의 흰 공과 4개의 빨간 공이 들어있는 항아리에서 임의로 한 개의 공을 꺼내 색깔을 확인한 다음 선택된 공과 같은 색깔의 공을 한 개 더 항아리 속에 넣는다고 하자. 이때 두 번째 꺼낸 공의 색이 흰색일 확률을 구하라.

풀이 i $(i=1,2)$번째 시행에서 흰 공이 나올 사건을 W_i, 빨간 공이 나올 사건을 R_i라 하면, 전확률공식에 의하여

$$\begin{aligned}P(W_2) &= P(W_2|W_1)P(W_1)+P(W_2|R_1)P(R_1)\\ &= \frac{4}{8}\cdot\frac{3}{7}+\frac{3}{8}\cdot\frac{4}{7}=\frac{6}{14}=\frac{3}{7}\end{aligned}$$

이다.

4.4 사건의 독립성

생각해보기

3개의 흰 공과 4개의 빨간 공이 들어있는 항아리에서 두 개의 공을 차례로 꺼낼 때, 첫 번째 추출에서 흰 공이 나올 사건을 A, 두 번째 추출에서 흰 공이 나올 사건을 B라 하자.

(1) **복원추출** 방법으로 공을 꺼낼 때, $P(B)$와 $P(B|A)$, $P(B|A^c)$를 구하라. 이 경우 B가 발생할 확률이 첫 번째 꺼낸 공의 색깔에 영향을 받는다고 할 수 있는가?

(2) **비복원추출** 방법으로 공을 꺼낼 때, $P(B)$와 $P(B|A)$를 구하라. 이 경우 B가 발생할 확률이 첫 번째 꺼낸 공의 색깔에 영향을 받는다고 할 수 있는가?

복원추출로 공을 꺼낼 때, 첫 번째 시행의 결과에 관계없이 두 번째 시행을 시작하기 전에는 항아리에 이미 3개의 흰 공과 4개의 빨간 공이 들어 있으므로

$$P(B)=\frac{3}{7},\ P(B|A)=\frac{3}{7},\ P(B|A^c)=\frac{3}{7}$$

와 같이 되어 B가 발생할 확률이 첫 번째 꺼낸 공의 색깔에 영향을 받지 않고 $P(B|A)=P(B)$가 되는 것을 알 수 있다.
한편 비복원 추출의 경우에는

$$P(B|A)=\frac{2}{6}$$

$$\begin{aligned}P(B)&=P(A)P(B|A)+P(A^c)P(B|A^c)\\&=\frac{3}{7}\cdot\frac{2}{6}+\frac{4}{7}\cdot\frac{3}{6}=\frac{3}{7}\end{aligned}$$

이므로 $P(B|A)\neq P(B)$임을 알 수 있다. 따라서 이 경우 B가 발생할 확률은 첫번째 꺼낸 공의 색깔에 영향을 받는다.

생각해보기 (1)과 같이 두 사건 A, B에 대하여 한 사건의 발생여부가 다른 사건이 발생할 확률에 영향을 미치지 않을 때 즉,

$$P(B|A)=P(B)$$

일 때, 두 사건은 서로 **독립**(independent)이라고 한다. 한편, A와 B가 서로 독립이면 곱의공식에 의하여

$$P(A\cap B)=P(A)P(B|A)=P(A)P(B)$$

가 성립함을 알 수 있다. 역으로 $P(A\cap B)=P(A)P(B)$이면

$$P(B|A)=\frac{P(A\cap B)}{P(A)}=\frac{P(A)P(B)}{P(A)}=P(B)$$

이 되어 A와 B가 서로 독립임을 알 수 있다. 이를 바탕으로 두 사건의 독립성은 다음과 같이 정의한다.

두 사건의 독립

두 사건 A, B가 다음을 만족할 때, A와 B는 서로 독립이라고 한다.

$$P(A\cap B)=P(A)P(B)$$

참고

두 사건 A와 B가 서로 독립이면, A^c와 B도 서로 독립이 된다.

예제 4.5

주사위를 두 번 던지는 실험에서 첫 번째 주사위가 4가 나올 사건을 A, 두 눈의 합이 7일 사건을 B라고 할 때, A와 B는 서로 독립인가?

풀이 사건 A와 B 는 각각 다음과 같다.

$$A = \{(4,1),(4,2),(4,3),(4,4),(4,5),(4,6)\}$$

$$B = \{(1,6),(2,5),(3,4),(4,3),(5,2),(6,1)\}$$

따라서

$$P(A) = P(B) = \frac{6}{36} = \frac{1}{6}$$

한편 $A \cap B = \{(4,3)\}$ 이므로

$$P(A \cap B) = \frac{1}{36} = P(A)P(B)$$

이다. 따라서 A와 B는 서로 독립이다.

세 사건 A, B, C에 대한 독립성은 다음과 같이 정의한다. 세 사건 중 임의로 택한 두 사건이 서로 독립일뿐만 아니라 사건 $A \cap B \cap C$의 확률이 A, B, C 각각의 확률의 곱으로 나타날 때, 서로 독립이라고 한다. 즉, 세 사건 A, B, C에 대하여

$$P(A \cap B) = P(A)P(B)$$
$$P(B \cap C) = P(B)P(C)$$
$$P(C \cap A) = P(C)P(A)$$
$$P(A \cap B \cap C) = P(A)P(B)P(C)$$

를 만족할 때, A, B, C는 서로 독립이라고 한다. 일반적으로 n개의 사건 $A_1, \cdots, A_n$이 독립이라는 것은 이들 중 임의로 선택된 $k(2 \le k \le n)$개의 사건 $A_{i_1}, \cdots, A_{i_k}$에 대

하여 공통부분의 확률이 각각의 확률의 곱과 같은 것이다. 즉,

$$P(A_{i_1} \cap \cdots \cap A_{i_k}) = P(A_{i_1}) \cdots P(A_{i_k})$$

4.5 베이즈정리

3개의 흰 공과 5개의 빨간 공이 들어있는 항아리에서 두 개의 공을 비복원추출할 때, 첫 번째 시행에서 흰 공이 나올 사건을 A, 빨간 공이 나올 사건을 $R(=A^c)$이라 하고 두 번째 시행에서 흰 공이 나올 사건을 B라 하자. 이 경우 사건 B의 확률은 첫 번째 시행의 결과에 영향을 받는다. 즉,

$$P(B|A) = \frac{2}{7}, \ P(B|R) = \frac{3}{7}$$

첫 번째 시행은 두 번째 시행의 결과에 대한 원인으로 생각할 수 있다. 이제 역으로 결과를 바탕으로 원인의 확률을 구하는 문제를 생각해보자. 즉, 두 번째 꺼낸 공이 흰 공이라면 첫 번째 꺼낸 공이 빨간 공일 확률 $P(R|B)$은 얼마인가? 이 확률은 조건부 확률의 정의와 곱의 공식에 의하여 다음과 같음을 알 수 있다.

$$P(R|B) = \frac{P(A \cap B)}{P(B)} = \frac{P(B|A)P(A)}{P(B)}$$

한편 전확률공식에 의하여

$$P(B) = P(B|A)P(A) + P(B|R)P(R) = \frac{2}{7} \times \frac{3}{8} + \frac{3}{7} \times \frac{5}{8} = \frac{21}{56}$$

이므로

$$P(R|B) = \frac{\frac{3}{7} \times \frac{5}{8}}{\frac{21}{56}} = \frac{5}{7}$$

이와 같이 결과가 주어졌을 때 원인의 확률을 구하는 공식을 베이즈정리라 한다.

베이즈정리(Bayes' theorem)

사건 $A_1, \cdots, A_n$이 표본공간의 분할일 때, $B(P(B)>0)$에 대하여 다음이 성립한다.

$$P(A_j|B) = \frac{P(B|A_j)P(A_j)}{P(B|A_1)P(A_1)+\cdots+P(B|A_n)P(A_n)},\ j=1,2,\cdots,n$$

베이즈정리는 조건부확률의 정의와 곱의 공식에 의하여 다음과 같이 증명된다.

$$\begin{aligned} P(A_j|B) &= \frac{P(B\cap A_j)}{P(B)} \\ &= \frac{P(B|A_j)P(A_j)}{P(B|A_1)P(A_1)+\cdots+P(B|A_n)P(A_n)} \end{aligned}$$

베이즈정리에서 A_j가 어떤 사건 B에 대한 원인들이라면, $P(A_j|B)$는 B라는 사건이 발생하였을 때 그 원인의 확률로 생각할 수 있다. 따라서 베이즈정리는 관측된 사건으로부터 그 원인이 되는 사건의 확률을 계산하는 방법을 제공한다고 할 수 있다. 한편 $P(A_j)$를 어떤 사건이 일어나지 않은 상태에서의 주관적인 신뢰도라 하면, $P(A_j|B)$는 사건이 발생한 후 그 사건에 의하여 변화된 신뢰도로 생각할 수 있다. 이와 같은 이유에서 $P(A_j)$를 **사전확률**(prior probability), $P(A_j|B)$를 **사후확률**(posterior probability)이라 한다.

예제 4.6

어떤 전염병을 유발하는 바이러스에 감염되었는가를 판정하기 위하여 혈액 검사를 한다고 한다. 그 바이러스에 감염된 사람의 혈액 검사가 양성으로 나타날 확률은 0.95이고 그 바이러스에 감염되지 않았으면서도 검사 결과가 양성으로 나타날 확률은 0.01이라고 하자. 그 바이러스에 감염된 사람의 비율이 0.3%라면, 혈액 검사가 양성으로 나타난 사람이 실제로 이 병에 걸렸을 확률은 얼마인가?

풀이 혈액 검사를 받은 사람이 실제로 바이러스에 감염되었을 사건을 A, 검사결과가 양성일 사건을 B라 하면 가정에 의하여

$$P(A)=0.003,\ P(B|A)=0.95,\ P(B|A^c)=0.01$$

이다. 따라서

$$
\begin{aligned}
P(A|B) &= \frac{P(B|A)P(A)}{P(B|A)P(A)+P(B|A^c)P(A^c)} \\
&= \frac{0.95\times 0.003}{0.95\times 0.003+0.01\times 0.997} \\
&\approx 0.2223.
\end{aligned}
$$

예제 4.7

다음과 같이 흰 공과 검은 공이 들어 있는 4개의 항아리 중에서 임의로 한 개의 항아리를 선택하고 선택된 항아리에서 임의로 한 개의 공을 꺼낼 때, 흰 공이 나왔다면 그 공이 흰 공과 검은 공을 포함하는 항아리에서 나왔을 확률을 구하라.

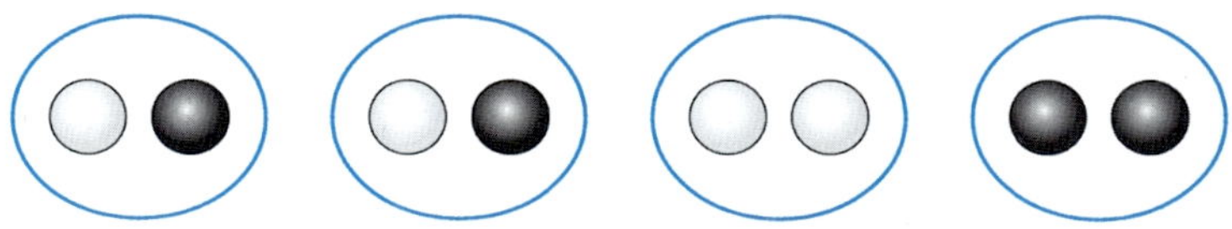

풀이 네 개의 항아리 중 임의로 한 개를 선택할 때, 흰 공이 i개 들어 있는 항아리가 선택될 사건을 A_i, $i=0,1,2$라 하자. 또한 선택된 항아리에서 흰 공이 나올 사건을 W라 하자. 그러면 구하는 확률은 $P(A_1|W)$이다. 전확률공식에 의하여

$$
\begin{aligned}
P(W) &= P(W|A_0)P(A_0)+P(W|A_1)P(A_1)+P(W|A_2)P(A_2) \\
&= 0\times\frac{1}{4}+\frac{1}{2}\times\frac{2}{4}+1\times\frac{1}{4}=\frac{1}{2}
\end{aligned}
$$

이므로

$$
P(A_1|W)=\frac{P(W|A_1)P(A_1)}{P(W)}=\frac{\frac{1}{2}\times\frac{2}{4}}{\frac{1}{2}}=\frac{1}{2}
$$

이 문제에 대하여 직관적으로 다음과 같이 생각할 수 있다. 이미 흰 공이 나왔다면 흰 공을 포함하는 3개의 항아리 1,2,3 중에서 나왔을 것이고 이 들 중 흰 공을 한 개 가지고 있는 항아리는 2개 이므로 구하는 확률은 $\frac{2}{3}$라고 생각 할 수 있다. 위 문제의 풀이 결과는 직관이 맞지 않음을 보여준다.

제4장 연습문제

01 한 개의 주사위를 두 번 던질 때, 첫 번째 나온 주사위의 눈의 수가 두 번째 나온 주사위의 눈의 수보다 클 확률을 구하라.

02 10원짜리 동전과 50원짜리 동전을 각각 세 번 던질 때, 10원짜리 동전의 앞면의 개수가 50원짜리 동전의 뒷면의 개수와 같을 확률은 얼마인가?

03 A와 B는 서로 배반이고 $P(A)=0.1, P(B)=0.7$이다. 다음을 구하라.

(1) A와 B중 하나의 사건만 발생할 확률

(2) A 또는 B가 발생할 확률

04 $P(A)=0.4, P(B)=0.3, P(A\cap B)=0.2$일 때 다음을 구하라.

(1) $P(A\cup B)$　　(2) $P(A^c)$

(3) $P(A^c\cap B)$　　(4) $P(A^c\cap B^c)$

05 한 개의 주사위를 3번 던질 때 다음 확률을 구하여라.

(1) 첫 번째 던진 주사위의 눈의 수가 3이 나왔다는 가정 하에 나오는 세 눈의 합이 9일 확률

(2) 3번 던져서 나오는 주사위의 눈의 합이 9일 확률

06 $P(A)=\frac{1}{4}, P(B|A)=\frac{1}{2}, P(A|B)=\frac{1}{3}$일 때, 다음 확률을 구하라.

(1) $P(A\cap B)$　　(2) $P(B)$

(3) $P(A\cup B)$

07 흰 공이 3개, 검은 공이 7개 들어 있는 항아리에서 5개의 공을 비복원추출할 때 다음을 구하여라.

(1) 흰 공이 모두 나온 다음 검은 공이 두 개 나올 확률

(2) 홀수 번째 시행에서는 흰 공, 짝수 번째 시행에서는 검은 공이 나올 확률

08 빨간 공 8개, 파란 공 7개, 노란 공 5개가 들어있는 항아리에서 2 개의 공을 비복원추출할 때 다음 물음에 답하라.

(1) 색깔이 서로 다른 공이 나올 확률을 구하라.

(2) 색깔이 서로 다른 공이 나왔다는 가정 하에서 두 공의 색깔이 빨간색과 파란색일 확률을 구하라.

09 한 개의 주사위를 반복해서 던지는 실험을 생각하자.

(1) n번 만에 처음으로 1의 눈이 나올 확률을 구하라.

(2) 1의 눈이 나올 때까지 n번 이상 시행할 확률을 구하라.

(3) 처음 나온 눈의 수가 1이 아니라는 가정 하에 1의 눈이 나올 때까지 세 번 이상 던져야 할 확률을 구하라.

10 두 사건 A와 B는 서로 독립이고 각각의 확률이 $P(A)=\frac{1}{4}$, $P(B)=\frac{1}{3}$일 때, 다음 사건의 확률을 구하라.

(1) $A \cup B$　　　　(2) $A^c \cap B$

(3) $A^c \cup B^c$　　　　(4) $A^c \cap B^c$

11 항아리 A에는 흰 공 2개와 검은 공 3개가 들어 있고, 항아리 B에는 흰 공 3개와 검은 공 2개가 들어 있다. 항아리 A에서 임의로 한 개의 공을 꺼내서 항아리 B에 넣었다. 그 다음 항아리 B에서 임의로 한 개의 공을 꺼내보니 흰 공이었다. 항아리 A에서 선택한 공이 흰 공일 확률을 구하라.

제 5 장 확률변수와 확률분포

우리나라 전체 대학생의 키에 대한 분포를 알고 싶다고 하자. 이를 위하여 우리나라 대학생 전체의 이름을 모아놓은 집합을 Ω라 하고 각각의 학생에 그 학생의 키(단위:cm)를 대응시키는 함수를 X라 하자. 예를 들어 X(갑돌이)=167는 '갑돌이'의 키가 167cm를 의미한다. 이 때, 모집단 Ω에서 임의로 한 명을 선택할 때, 키가 167cm보다 크고 170cm이하인 학생이 선택될 확률 $P(167 < X \leq 170)$은 전체 학생 중 그 키가 구간 $(167, 170]$에 속하는 학생의 비율이 된다. 이와 같이 확률실험 또는 통계조사에서 각각의 실험결과에 숫자를 대응시키면 여러 형태로 나타나는 질적인 결과를 양적인 결과로 변환함으로써 실험의 결과를 해석하거나 산술적인 계산 또는 확률적 특성을 이해하기가 편리한 경우가 많다. 이와 관련되는 개념이 확률변수이다.

이 장에서는 확률변수와 확률분포의 정의를 살펴본다. 또한 자료의 정리 과정에서 나타난 평균, 분산, 표준편차, 공분산과 같이 확률변수의 기댓값(평균), 분산, 표준편차, 공분산의 정의와 그 성질에 대하여 살펴본다.

5.1 확률변수와 확률분포

생각해보기

한 개의 동전을 세 번 던질 때, 표본공간을 다음과 같이 나타낼 수 있다.

$$\Omega = \{HHH, HHT, HTH, THH, TTH, THT, HTT, TTT\}$$

이 실험에서 동전의 앞면이 나오는 횟수를 X라 하자.

1. 실험 결과가 'HTH'일 때, X의 값은 무엇인가?
2. X의 값이 1이 될 사건을 $\{X=1\}$로 나타낼 때, $\{X=1\}$를 표본공간의 원소로 나타내어라.
3. 사건 $\{X=1\}$의 확률 $P(X=1)$을 구하라.

동전을 세 번 던지는 실험에서 동전이 나오는 순서보다는 앞면의 수에 관심이 있다고 하자. 이 경우 위 생각해보기에서와 같이 실험 결과에 앞면이 나온 횟수를 대응시킬 수 있다. 이 대응 관계를 X라 하면 X는 아래 그림과 같이 표본공간의 각 표본점에 실수를 대응시킨 함수이다. 이 때 X가 취할 수 있는 값은 0,1,2,3이다. 또한

$$\{X=1\} = \{HTT, THT, TTH\}$$

이므로

$$P(X=1) = P(\{HTT, THT, TTH\}) = \frac{3}{8}$$

이다.

같은 방법으로 X가 각각의 값을 취할 확률은 다음 그림과 같음을 알 수 있다.

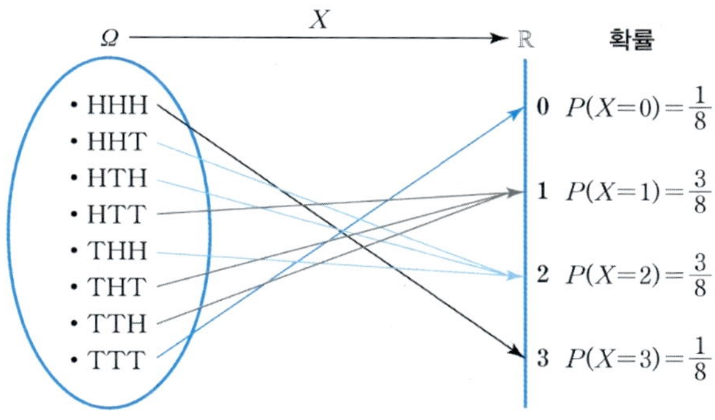

표 5.1 X의 확률

x	0	1	2	3	합
$P(X=x)$	$\frac{1}{8}$	$\frac{3}{8}$	$\frac{3}{8}$	$\frac{1}{8}$	1

이와 같이 표본공간 Ω의 각 표본점에 실수를 대응시킨 함수 $X: \Omega \to R$를 **확률변수**(random variable)라고 한다. 또한 X가 각각의 값을 취할 확률을 확률변수의 확률분포라 한다. 확률변수를 나타낼 때에는 관습적으로 X, Y, Z 등과 같이 영문자 대문자를 이용한다.

확률분포와 누적분포함수

확률변수 X의 값이 실수의 부분집합 A에 포함될 사건 $\{X \in A\}$에 확률 $P(X \in A)$를 대응시켜주는 관계를 **X의 확률분포**(probability distribution) 또는 간단히 X의 분포라고 한다.

실수 x에 대하여 $A = (-\infty, x]$일 때 함수

$$F(x) = P(X \in A) = P(X \leq x)$$

를 X의 **누적분포함수**(cumulative distribution function) 또는 간단히 **분포함수**라고 한다.

확률의 성질에 의하여 누적분포함수 $F(x) = P(X \leq x)$는 다음 성질을 만족함을 알 수 있다.

(1) $P(a < X \leq b) = P(X \leq b) - P(X \leq a) = F(b) - F(a)$

(2) $\lim_{x \to \infty} F(x) = P(X < \infty) = 1$

(3) $\lim_{x \to -\infty} F(x) = 0$

모집단의 분포

대학생 전체의 집합 Ω를 모집단으로 하고 각 학생의 키를 측정한다고 가정하자. 이 때 각 학생에 키를 측정한 결과(측정값)를 대응시키는 함수가 확률변수이다. 예를 들어 X(갑돌이)$=167.5$는 '갑돌이'의 키가 167.5cm를 의미한다. 표본공간 Ω에서 임의로 한 명을 선택할 때, 키가 167cm보다 크고 170cm이하인 학생이 선택될 확률 $P(167 < X \leq 170)$은 전체 학생 중 그 키가 구간 $(167, 170]$에 속하는 학생의 비율이 된다. 이 때, 측정값이 어 떤 구간에 속하는 비율과 확률변수 X가 그 구간에 속할

확률은 같게 된다. 즉, 측정값의 분포와 확률변수의 확률분포는 같게 된다. 이와 같은 의미에서 X의 분포를 모집단의 분포라고 한다. 이 경우 모집단의 분포는 학생들의 키에 대한 분포를 의미한다. 만약 Ω에서 각각의 학생에 그 학생의 몸무게를 대응시킨 함수를 Y라 하면 Y도 Ω위에서 정의된 확률변수이며 Y의 분포는 전체 학생들의 몸무게에 대한 분포가 된다.

5.2 이산확률변수와 연속확률변수

5.2.1 이산확률변수

주사위를 한 번 던질 때 나오는 눈의 수를 X라고 하면 X가 취할 수 있는 값은 1,2,3,4,5,6이다. 또한 한 개의 동전을 반복해서 던질 때 앞면이 나올 때까지 시행한 횟수를 X라고 하면, X가 취할 수 있는 값은 $1,2,\cdots$이다. 이와 같이 확률변수 X가 취할 수 있는 값이 유한 개 이거나, X가 취할 수 있는 모든 값에 $x_1, x_2,\cdots$와 같이 번호를 붙여 셀 수 있을 때, X를 **이산확률변수**(discrete random variable)라 한다.

이산확률변수 X가 취할 수 있는 각각의 값 x_i에 확률

$$p(x_i) = P(X = x_i),\ i = 1,2,\cdots$$

를 대응시키는 함수를 X의 **확률질량함수**(probability mass function)라고 한다. 확률질량함수 $p(x_i)$는 다음을 만족한다.

(1) $0 \le p(x_i) \le 1,\ i = 1,2,\cdots$

(2) $p(x_1) + p(x_2) + \cdots = 1$, 즉 모든 $p(x_i)$의 합은 1이다.

(3) 확률 $P(a < X \le b)$는 구간 $(a, b]$에 속하는 모든 x_i에 대하여
확률 $p(x_i) = P(X = x_i)$를 합한 것과 같다. 즉,[3)]

3) 합의 기호 $\sum_{a < x_i \le b} p(x_i)$는 $a < x_i \le b$를 만족하는 모든 x_i에 대하여 $p(x_i)$를 합한다는 것을 의미한다. 예를 들어 $p(1) = 0.2$, $p(2) = 0.1$, $p(3) = 0.3$, $p(4) = 0.6$일 때, $\{1,2,3,4\}$중에서 구간 $(1,3]$에 속하는 것은 2와 3이므로 $\sum_{1 < x \le 3} p(x) = p(2) + p(3) = 0.1 + 0.3 = 0.4$을 의미한다.

$$P(a < X \le b) = \sum_{a < x_i \le b} p(x_i).$$

위의 확률질량함수의 성질 (3)으로부터 이산확률변수의 확률분포는 확률질량함수에 의하여 정해지는 것을 알 수 있다. 이런 이유로 이산확률변수 X의 확률질량함수 $p(x_i)$를 X의 확률분포라고 하기도 한다. 이산확률변수의 확률분포를 간단히 **이산확률분포**라고 한다.

예제 5.1

500원짜리 동전이 2개, 100원짜리 동전이 3개, 50원짜리 동전이 4개, 10원짜리 동전이 1개 들어있는 주머니에서 임의로 한 개의 동전을 꺼낼 때, 나오는 동전에 적힌 금액을 X라 하자. 각 동전이 선택될 가능성은 모두 동일하다고 가정할 때, X의 확률질량함수를 구하라.

풀이 X가 취할 수 있는 값의 집합은 $\{10, 50, 100, 500\}$이고 확률질량함수는 다음 표와 같다.

x	10	50	100	500
$P(X=x)$	0.1	0.4	0.3	0.2

예제 5.2

흰 공이 3개, 검은 공이 2개 들어 있는 항아리에서 복원추출로 한 번에 한 개씩 무작위로 공을 꺼낼 때, 흰 공이 나올 때까지 시행한 횟수를 X라고 하자. X의 확률질량함수를 구하여라.

풀이 X가 취할 수 있는 값은 $\{1, 2, \cdots\}$이다. i번째 시행에서 흰 공과 검은 공이 나올 사건을 각각 W_i와 B_i라고 하면, $X = n$이기 위해서는 처음부터 $n-1$번까지는 계속 검은 공이 나오다가 n번째 만에 흰 공이 나와야 한다. 따라서

$$\{X = n\} = B_1 \cap B_2 \cap \cdots \cap B_{n-1} \cap W_n$$

한편 $P(W_i) = \dfrac{3}{5}$, $P(B_i) = \dfrac{2}{5}$, $i = 1, 2, \cdots$ 이고 각 시행은 독립적으로 이루어지므로 X의 확률질량함수는 다음과 같다.

$$\begin{aligned} P(X = n) &= P(B_1 \cap B_2 \cap \cdots \cap B_{n-1} \cap W_n) \\ &= P(B_1)P(B_2) \cdots P(B_{n-1})P(W_n) \\ &= \left(\frac{3}{5}\right)^{n-1} \frac{2}{5},\ n = 1, 2, \cdots \end{aligned}$$

◢

5.2.2 연속확률변수

어느 공장에서 생산하는 제품의 수명을 X라 하자. 만약 제품의 수명을 정확하게 측정한다고 하면 X는 적당한 구간의 모든 실숫값을 취한다고 볼 수 있을 것이다. 이 공장에서 생산되는 제품의 수명이 a보다는 크고 b보다는 작거나 같을 확률 $P(a < X \le b)$을 알아보려고 한다. 이 확률을 정확하게 구하기 위해서는 이 공장에서 생산되는 모든 제품의 수명을 측정하여 그 수명이 구간 $(a, b]$에 있는 제품의 비율을 구해야 한다.

아래 [그림 5.1]은 계급간격을 작게 하면서 상대도수밀도에 대한 히스토그램을 그린 것이다. 히스토그램에서 막대의 높이는 상대도수 밀도로 $\dfrac{\text{그 계급의 상대도수}}{\text{계급구간의 길이}}$을 나타낸 것이므로 사각형의 넓이는 추출된 표본 중 수명이 각 계급에 속하는 표본의 비율(상대도수)이 된다.

확률변수가 적당한 구간의 모든 실숫값을 취한다고 볼 수 있는 경우에 표본의 수가 한 없이 증가하고 계급간격을 한없이 작게 할 때, 상대도수밀도 히스토그램의 막대 윗부분의 중심점을 직선으로 연결하여 그린 상대도수 다각형은 어떤 함수 $f(x)$에 가까이 갈 것이다. 이 때, 확률 $P(a < X \le b)$는 함수 $f(x)$와 $x-$축, $x = a$, $x = b$로 둘러싸인 부분의 넓이와 같게 된다. 즉,

$$P(a < X \le b) = \int_a^b f(x)dx.$$

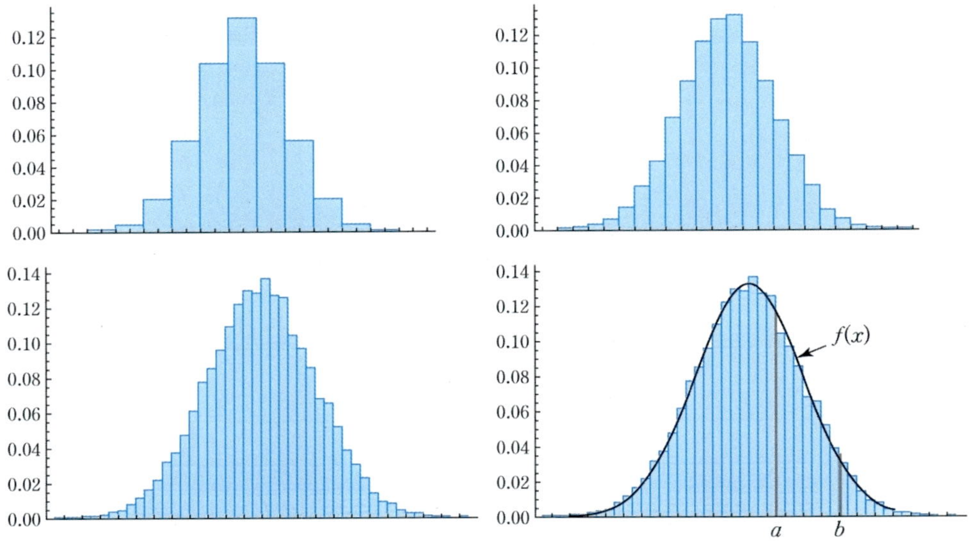

[그림 5.1] 제품의 수명에 대한 상대도수밀도 히스토그램

확률변수 X가 어떤 구간의 모든 값을 취할 수 있고, 두 실수 a, $b(a \le b)$에 대하여 확률 $P(a \le X \le b)$를

$$P(a \le X \le b) = \int_a^b f(x)\,dx$$

와 같이 함수 $f(x)$의 적분으로 나타날 때, X를 **연속확률변수**(continuous random variable)라 한다. 이 때, 함수 $f(x)$를 X의 **확률밀도함수**(probability density function)라고 한다.

예를 들어 구간 $(0, 2)$에서 임의로 한 점을 택할 때, 선택되는 점에 대응하는 실수를 X라 하자. $0 < a < b < 2$에 대하여

$$P(a < X \le b) = \frac{\text{구간 } (a, b]\text{의 길이}}{\text{구간 } (0, 2)\text{의 길이}} = \frac{b-a}{2-0} = \int_a^b \frac{1}{2}\,dx$$

이므로 X의 확률밀도함수는 다음과 같다.

$$f(x) = \begin{cases} \dfrac{1}{2}, & 0 < x < 2 \\ 0, & \text{그밖에} \end{cases}$$

확률밀도함수는 다음을 만족한다.

$$(1)\ \text{모든 } x\text{에 대하여 } f(x) \ge 0 \qquad (2)\ \int_{-\infty}^{\infty} f(x)\,dx = 1$$

일반적으로 확률변수가 정의되지 않았다 하더라도 위의 두 조건 (1)과 (2)를 만족하는 함수 $f(x)$를 확률밀도함수라고 한다.

예제 5.3

확률변수 X의 확률밀도함수가 다음과 같다고 하자.

$$f(x) = \begin{cases} cx^2, & 0 \le x \le 2 \\ 0, & \text{그 밖에} \end{cases}$$

(1) 상수 c의 값을 구하라.

(2) $P(0 < X \le 1)$을 구하라.

풀이 (1) $\int_0^2 cx^2\,dx = \frac{8c}{3} = 1$ 이므로 $c = \frac{3}{8}$이다.

(2) $P(0 < X \le 1) = \int_0^1 \frac{3}{8}x^2\,dx = \frac{1}{8}$

참고

1. 연속확률변수 X의 확률밀도함수가 $f(x)$일 때, X가 한 점 $x = a$에서 값을 취할 확률은

$$P(X = a) = P(a \le X \le a) = \int_a^a f(x)\,dx = 0$$

이다. 따라서 다음이 성립함을 알 수 있다.

$$P(a \le X \le b) = P(a < X \le b) = P(a \le X < b) = P(a < X < b)$$

2. 확률질량함수 $p(x_i)$는 항상 0과 1사이의 값을 갖지만 즉, $0 \le p(x_i) \le 1$, 확률밀도함수 $f(x)$는 1보다 큰 값을 가질 수 있다. 예를 들어 구간 $[0, 0.5]$에서 임의로 한 점을 택할 때, 선택되는 수를 X라 하자. 두 실수 $0 < a < b \le 0.5$에 대하여

$$P(a < X \le b) = \frac{b-a}{0.5} = \int_a^b 2\,dx$$

이므로 X의 확률밀도함수는

$$f(x) = \begin{cases} 2, & 0 \le x \le \frac{1}{2} \\ 0, & \text{그밖에} \end{cases}$$

이다. $f(x)$는 $0 \le x \le \frac{1}{2}$일 때, 1보다 큰 값을 갖지만 모든 x에 대하여 $f(x) \ge 0$이고 $\int_{-\infty}^{\infty} f(x)\,dx = 1$이므로 확률밀도함수가 된다.

3. **확률밀도함수의 의미** 연속확률변수가 한 점에서 값을 가질 확률은 0이며 확률밀도함수 $f(x)$는 1보다 큰 값을 가질 수도 있으므로 $f(x)$가 $P(X=x)$를 의미하는 것은 아니다.

   확률변수 X가 구간 $\left[a-\frac{h}{2},\ a+\frac{h}{2}\right]$에 포함될 확률은

$$P\left(a-\frac{h}{2} \le X \le a+\frac{h}{2}\right) = \int_{a-h/2}^{a+h/2} f(x)dx$$

   와 같이 $f(x)$를 구간 $\left[a-\frac{h}{2},\ a+\frac{h}{2}\right]$에서 적분한 값이다.

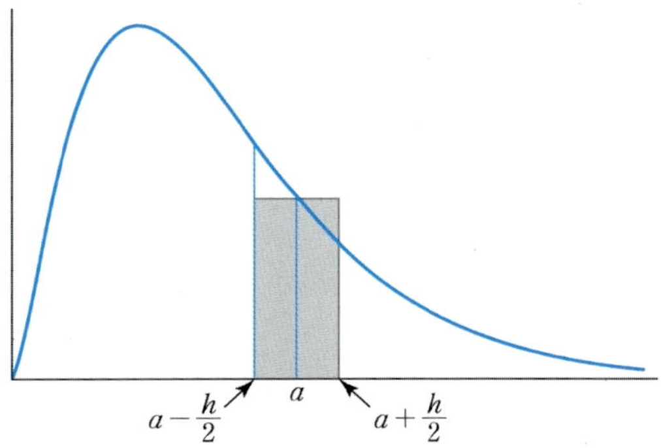

[그림 5.2] 확률밀도함수의 의미

$h > 0$가 아주 작을 때, 이는 밑변의 길이가 h이고 높이가 $f(a)$인 직사각형의 넓이와 비슷하다. [그림 5.2의 색칠한 부분] 즉,

$$P\left(a-\frac{h}{2}\le X\le a+\frac{h}{2}\right)=\int_{a-h/2}^{a+h/2}f(x)dx\approx f(a)h$$

따라서

$$\frac{1}{h}P\left(a-\frac{h}{2}\le X\le a+\frac{h}{2}\right)\approx f(a)$$

한편, 적분의 성질에 의하여 $h\to 0$이면

$$\lim_{h\to 0}\left(\frac{1}{h}\int_{a-h/2}^{a+h/2}f(x)dx\right)=f(a)$$

이다. 따라서 $f(a)$는 X가 $x=a$근방의 구간 $\left[a-\frac{h}{2},\ a+\frac{h}{2}\right]$에 포함될 확률을 그 구간의 길이 h로 나눈 값의 극한임을 알 수 있다. 즉,

$$f(a)=\lim_{h\to 0}\frac{X\text{가 구간 }\left[a-\frac{h}{2},a+\frac{h}{2}\right]\text{에 포함될 확률}}{\text{구간의 길이}(h)}$$

물리학에서 밀도는 단위부피의 질량을 의미한다. 이와 같은 의미로 확률밀도함수 $f(x)$는 한 점 x근방에서 확률의 밀도를 의미한다.

5.3 확률변수의 기댓값

5.3.1 기댓값

생각해보기

네 개의 윷가락을 던져서 도, 개, 걸, 윷, 모가 나오면 각각 x_1, x_2, x_3, x_4, x_5만큼 상금을 받는 게임을 생각하자. 이 게임을 n번 시행할 때, x_i만큼 상금을 받는 횟수를 $f_n(x_i)$, $i=1,\cdots,5$라 하자.

1. n번 시행할 때, 한 게임에서 받는 상금의 평균 액수는 얼마인가?
2. $n\to\infty$일 때, 상대도수 $f_n(x_i)/n$가 $p(x_i)$에 수렴한다고 하자. 이 게임을 무한히 반복할 때, 한 게임에서 받는 상금의 평균 액수는 얼마가 되겠는가?

이산확률변수의 기댓값

위 생각해보기 예제에서 게임을 n번 시행한다고 할 때, 한 번 시행에서 받게 되는 상금의 평균 액수는

$$\frac{1}{n}\sum_{i=1}^{5} x_i f_n(x_i) = \sum_{i=1}^{5} x_i\left(\frac{f_n(x_i)}{n}\right)$$

이다. 이 게임을 무한히 반복한다고 할 때, $\frac{f_n(x_i)}{n}$가 일정한 값 $p(x_i)$에 수렴한다고 하면 한 번의 시행에서 받게 되는 상금의 평균 금액은 다음과 같다.

$$\sum_{i=1}^{5} x_i p(x_i)$$

이 게임을 한 번 시행할 때 받게 되는 상금을 X라고 하면, X가 취하는 값은 x_1, x_2, x_3, x_4, x_5이고 $p(x_i)$는 상대도수의 관점에서 $P(X=x_i)$로 생각할 수 있다. 따라서 이 게임을 무한히 반복한다고 할 때, 한 번의 시행에서 받게 되는 상금의 기대금액을 상금의 평균으로 생각하면 기대금액은 다음과 같다.

$$\sum_{i=1}^{5} x_i P(X=x_i)$$

일반적으로 이산확률변수 X가 취하는 각각의 값 x_i에 확률질량함수의 값 $p(x_i) = P(X=x_i)$를 곱하여 모두 더한 값을 X의 **기댓값**(expectation) 또는 **평균**(mean)이라고 하기도 하며 $E[X]$로 나타낸다. 기댓값은 보통 그리스문자 μ(뮤 mu)를 사용하여 나타낸다.

> **이산확률변수의 기댓값**
>
> 이산확률변수 X가 취하는 값이 $x_1, x_2, \cdots, x_n$일 때, X의 기댓값은 다음과 같이 정의한다.
>
> $$E[X] = \sum_{i=1}^{n} x_i P(X=x_i)$$

예제 5.4

500원짜리 동전이 2개, 100원짜리 동전이 3개, 50원짜리 동전이 4개, 10원짜리 동전이 1개 들어있는 주머니에서 임의로 한 개의 동전을 꺼낼 때, 나오는 동전에 적힌 금액을 X라 하자. 각 동전이 선택될 가능성은 모두 동일하다고 가정할 때, X의 기댓값을 구하고 주머니 속에 있는 돈의 평균액수와 비교하여라.

풀이 예제4.1에서 X의 확률질량함수는 다음과 같음을 알아보았다.

x	10	50	100	500	합
$P(X=x)$	0.1	0.4	0.3	0.2	1

따라서

$$E[X]=10\times 0.1+50\times 0.4+100\times 0.3+500\times 0.2=151$$

이는 모집단에 있는 동전의 평균 액수는

$$\frac{1}{10}(10\times 1+50\times 4+100\times 3+500\times 2)=151$$

이 되어 X의 기댓값과 같음을 알 수 있다.

예제 5.5

동전을 세 번 던질 때 나오는 앞면의 수 X의 기댓값을 구하라.

풀이 X의 확률질량함수는 다음과 같다.

x	0	1	2	3	합
$P(X=x)$	$\frac{1}{8}$	$\frac{3}{8}$	$\frac{3}{8}$	$\frac{1}{8}$	1

따라서

$$E[X]=0\times\frac{1}{8}+1\times\frac{3}{8}+2\times\frac{3}{8}+3\times\frac{1}{8}=\frac{12}{8}=1.5$$

기댓값의 물리적 의미

아래 그림과 같이 무게를 무시할 만한 가느다란 철사위의 두 지점 x_1과 x_2에 각각 무게가 $p(x_1)$과 $p(x_2)$이며 합이 $p(x_1)+p(x_2)=1$인 물체를 놓았을 때, 무게중심점의 위치 μ는 $(\mu-x_1)p(x_1)=(x_2-\mu)p(x_2)$을 만족하는 지점이다.

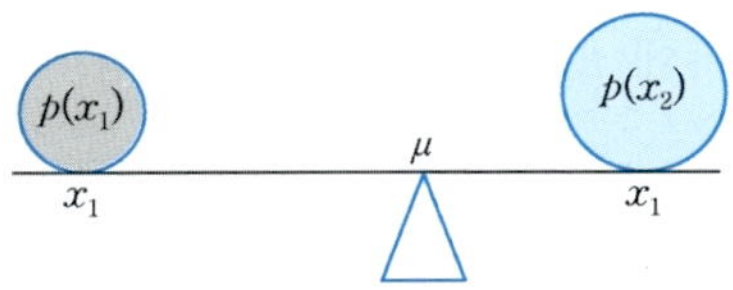

이 식은 $(x_1-\mu)p(x_1)+(x_2-\mu)p(x_2)=0$과 동치이고 이 식을 풀면

$$\mu = x_1p(x_1)+x_2p(x_2)$$

가 됨을 알 수 있다. 일반적으로 n개의 지점 $x_i,\ i=1,2,\cdots,n$에 각각의 무게가 $p(x_i)$이며 그 합이 1인 물체를 놓았을 때, 무게중심점의 위치 μ는 다음과 같다.

$$\mu = x_1p(x_1)+x_2p(x_2)+\cdots+x_np(x_n)$$

이는 확률질량함수가 $p(x_i)$인 확률변수 X의 기댓값과 같은 모양이다. 따라서 기댓값 $E[X]$는 물리적으로 무게중심의 의미를 갖는다. 또한 평균이 무게중심과 같은 물리적 의미를 갖는다는 것을 제3장에서 살펴보았다. 이와 같은 의미에서 기댓값과 평균은 같은 의미를 갖는다.

확률변수의 함수의 기댓값

확률변수 X의 확률질량함수가 다음과 같다고 하자.

x	−1	0	1	2
$P(X=x)$	$\frac{1}{15}$	$\frac{3}{15}$	$\frac{6}{15}$	$\frac{5}{15}$

이때 확률변수 $Y=(X-1)^2$가 취할 수 있는 값은 $\{0,1,4\}$이다. 또한

$$P(Y=0)=P(X=1)=\frac{6}{15}$$
$$P(Y=1)=P(X=0)+P(X=2)=\frac{8}{15}$$
$$P(Y=4)=P(X=-1)=\frac{1}{15}$$

이므로 Y의 확률질량함수는 다음과 같다.

y	0	1	4
$P(Y=y)$	$\frac{6}{15}$	$\frac{8}{15}$	$\frac{1}{15}$

따라서 Y의 기댓값은

$$\begin{aligned} E[Y] &= 0\times P(Y=0)+1\times P(Y=1)+4\times P(Y=4) \\ &= 0+\frac{8}{15}+4\times\frac{1}{15}=\frac{12}{15}=\frac{4}{5} \end{aligned}$$

이다. 한편 $Y=(X-1)^2$에서 X가 취하는 각각의 값 x에 $P(X=x)$곱한 다음 모두 더하면

$$\begin{aligned} &\sum_{n=-1}^{2}(n-1)^2P(X=n) \\ &= (-1-1)^2\times\frac{1}{15}+(0-1)^2\times\frac{3}{15}+(1-1)^2\times\frac{6}{15}+(2-1)\times\frac{5}{15} \\ &= \frac{4}{5} \end{aligned}$$

이 되어 $E[Y]$와 같음을 알 수 있다.

일반적으로 확률변수 X가 취하는 값이 $\{x_1, x_2, \cdots, x_n\}$일 때, 다음이 성립한다.

$$E[aX+b]=\sum_{i=1}^{n}(ax_i+b)P(X=x_i)$$

$$E[(X-a)^2]=\sum_{i=1}^{n}(x_i-a)^2P(X=x_i)$$

또한 다음이 성립함을 알 수 있다.

$$\begin{aligned} E[aX+b] &= \sum_{i=1}^{n}(ax_i+b)P(X=x_i) \\ &= a\sum_{i=1}^{n}x_iP(X=x_i)+b\sum_{i=1}^{n}P(X=x_i) \\ &= aE[X]+b \end{aligned}$$

기댓값의 성질 1

$$E[aX+b]=aE[X]+b \quad (\text{단, } a,\ b\text{는 상수})$$

연속확률변수의 기댓값

연속확률변수 X의 확률밀도함수가 $f(x)$일 때, X의 기댓값은 이산확률변수와 유사하게 다음과 같이 정의한다.

연속확률변수의 기댓값

연속확률변수 X의 확률밀도함수가 $f(x)$일 때, X의 기댓값은 다음과 같이 정의한다.

$$E[X] = \int_{-\infty}^{\infty} x f(x)\, dx$$

연속확률변수의 경우에도 다음이 성립한다. X의 확률밀도함수가 $f(x)$일 때,

$$E[aX+b] = \int_{-\infty}^{\infty} (ax+b) f(x) dx = aE[X]+b$$

$$E[(X-a)^2] = \int_{-\infty}^{\infty} (x-a)^2 f(x) dx$$

예제 5.6

확률변수 X의 확률밀도함수가

$$f(x) = \frac{1}{2}x, \ 0 \le x \le 2$$

일 때, 다음을 구하라.

(1) $E[X]$ (2) $E[6X-1]$ (3) $E[X^2]$

풀이 (1) $E[X] = \int_{-\infty}^{\infty} x f(x)\, dx = \int_0^2 x \frac{1}{2} x\, dx = \frac{4}{3}$

(2) $E[6X-1] = 6E[X]-1 = 6 \times \frac{4}{3} - 1 = 7$

(3) $E[X^2] = \int_0^2 x^2 \frac{1}{2} x\, dx = \frac{1}{2}\int_0^2 x^3\, dx = 2$

5.3.2 분산

제3장에서는 자료가 평균으로부터 흩어져 있는 정도를 나타내는 측도로서 자료와 평균의 차이(편차)에 대한 제곱의 평균으로 분산을 정의하였다. 이와 유사하게 확률변수의 값이 기댓값(평균)으로부터 흩어진 정도를 나타내는 측도로서 분산을 정의한다.

확률변수 X의 평균을 $\mu = E[X]$라 할 때, X와 μ의 편차 $X-\mu$의 제곱 $(X-\mu)^2$에 대한 기댓값을 X의 **분산**(variance)이라 하고 $Var[X]$ 또는 σ_X^2(또는 간단히 σ^2)으로 나타낸다. 분산은 제곱한 항 $(X-\mu)^2$ 때문에 단위가 X의 단위의 제곱이 된다. X와 같은 단위를 가지며 X값의 평균으로부터 흩어진 정도를 재는 척도로서 분산의 양의 제곱근 $\sqrt{Var[X]}$(또는 $\sigma = \sqrt{\sigma^2}$)를 사용하며 이것을 X의 **표준편차**(standard deviation)라고 하고 $SD[X]$ 또는 σ_X(또는 간단히 σ)로 나타낸다.

분산과 표준편차의 정의

1. 분산 $Var[X] = E[(X-\mu)^2]$
2. 표준편차 $\sqrt{Var[X]}$

예제 5.7

확률변수 X의 확률질량함수가 다음과 같을 때 분산 $\sigma^2 = Var[X]$와 표준편차 $\sigma = SD[X]$를 구하라.

x	−1	0	1	2
$P(X=x)$	$\frac{1}{15}$	$\frac{3}{15}$	$\frac{6}{15}$	$\frac{5}{15}$

풀이 평균은

$$\mu = E[X] = (-1)\times\frac{1}{15} + 0\times\frac{3}{15} + 1\times\frac{6}{15} + 2\times\frac{5}{15} = 1$$

이고 분산과 표준편차는 각각 다음과 같다.

$$\begin{aligned}\sigma^2 &= E[(X-1)^2] \\ &= (-1-1)^2\times\frac{1}{15} + (0-1)^2\times\frac{3}{15} + (1-1)^2\times\frac{6}{15} + (2-1)\times\frac{5}{15}\end{aligned}$$

$$= \frac{4}{5}$$

$$\sigma = \sqrt{\sigma^2} = \sqrt{\frac{4}{5}}$$

분산의 성질

기댓값의 성질로부터 분산에 대한 다음 식을 얻는다.

$$\begin{aligned} Var[X] &= E[(X-\mu)^2] = E[X^2 - 2\mu X + \mu^2] \\ &= E[X^2] - 2\mu E[X] + \mu^2 = E[X^2] - 2\mu^2 + \mu^2 \\ &= E[X^2] - \mu^2. \end{aligned}$$

또한 $E[aX+b] = a\mu + b$이므로 다음이 성립한다.

$$\begin{aligned} Var[aX+b] &= E[((aX+b) - (a\mu+b))^2] = E[a^2(X-\mu)^2] \\ &= a^2 E[(X-\mu)^2] = a^2 Var[X]. \end{aligned}$$

위의 결과를 정리하면 다음과 같다.

분산의 성질

1. $Var[X] = E[X^2] - \mu^2$ (단, $\mu = E[X]$)
2. $Var[aX+b] = a^2 Var[X]$

참고

1. 분산의 성질 2는 확률변수 X를 b만큼 이동하여도 분산은 변하지 않음을 나타낸다.
2. 자료의 평균과 마찬가지로 확률변수 X를 나타내는 대푯값을 a라 할 때, 편차제곱의 평균 $E[(X-a)^2]$은 $a = \mu$(평균)일 때, 최솟값을 갖는다는 것을 보일 수 있다. 이때 최솟값이 분산이다.
3. 확률변수 X가 연속확률변수 일 때,

$$P(X \le m) = \frac{1}{2} = P(X \ge m)$$

을 만족하는 수 m을 X의 **중위수**라 한다. 연속확률변수 X에 대하여 절대편차 $|X-a|$의 평균 $E(|X-a|)$은 $a = m$(중위수)일 때, 최솟값을 갖는다.

예제 5.8

흰 공이 3개, 검은 공이 2개 들어 있는 항아리에서 임의로 한 개의 공을 꺼낼 때, 나오는 흰 공의 수를 X라 하자. $Var[X]$를 구하라.

풀이 X가 취할 수 있는 값은 다음과 같다.

$$X = \begin{cases} 1, \text{흰 공이 나올 경우} \\ 0, \text{검은 공이 나올 경우} \end{cases}$$

X의 확률질량함수는 다음과 같다.

$$P(X=1) = \frac{3}{5},\ P(X=0) = \frac{2}{5}$$

따라서

$$\mu = E[X] = 0 \times P(X=0) + 1 \times P(X=1) = \frac{3}{5}$$

$$E[X^2] = 0^2 \times P(X=0) + 1^2 \times P(X=1) = \frac{3}{5}$$

$$\sigma^2 = E[X^2] - \mu^2 = \frac{3}{5} - \left(\frac{3}{5}\right)^2 = \frac{3}{5}\left(1 - \frac{3}{5}\right) = \frac{6}{25}$$

예제 5.9

$E[X] = 3$이고 $Var[X] = 5$일 때 다음을 구하여라.

(1) $Var[-3X+4]$ (2) $E[(1+X)^2]$

풀이 (1) $Var[-3X+4] = (-3)^2 Var[X] = 45$

(2) $E[X^2] = Var[X] + (E[X])^2 = 5 + 3^2 = 14$이므로

$$\begin{aligned} E[(1+X)^2] &= E[1+2X+X^2] \\ &= 1 + 2E[X] + E[X^2] \\ &= 1 + 2 \times 3 + 14 = 21. \end{aligned}$$

확률변수의 표준화

확률변수 확률변수 X의 평균과 표준편차가 각각 μ와 σ일 때, 확률변수

$$Z = \frac{X-\mu}{\sigma}$$

의 평균과 분산은 각각 다음과 같음을 알 수 있다.

$$E[Z] = \frac{1}{\sigma}E[X-\mu] = \frac{1}{\sigma}(E[X]-\mu) = 0,$$

$$Var[Z] = Var\left(\frac{X}{\sigma} - \frac{\mu}{\sigma}\right) = \frac{Var[X]}{\sigma^2} = 1.$$

이와 같이 확률변수 X로 부터 평균과 분산이 각각 0과 1이 되는 확률변수 Z를 만드는 것을 **표준화**한다고 하고, 확률변수 Z를 표준화된 확률변수라고 한다.

5.4 결합확률분포

5.4.1 결합확률분포

우리나라 20대 남성을 대상으로 하여 바지를 생산하는 어떤 회사에서는 크기별 생산량을 배분하려고 한다. 이를 위하여 다리 길이가 100cm에서 105cm사이 이면서 허리둘레가 75cm에서 80cm 사이에 있는 사람의 비율 등과 같이 20대 남성의 다리 길이와 허리둘레의 분포를 알고자 한다. 이는 20대 남성 중 임의로 선택된 사람의 다리의 길이를 X, 허리둘레의 길이를 Y라 할 때,

$$P(a \le X \le b, c \le Y \le d)$$

와 같이 두 확률변수에 의하여 정해지는 사건의 확률이다.

다른 예로 어떤 자격시험에 통과하기 위해서는 A, B, C 세 과목의 시험을 쳐야 한다고 하자. 이 시험에 통과하기 위해서는 각 과목의 점수가 60점 이상이어야 하며 동시에 세 과목 점수의 평균이 70점 이상이어야 한다고 하자. 이 시험에 응시한 사람을 임의로 선택할 때, 이 응시자의 A, B, C 의 시험 점수를 각각 X, Y, Z라 하면 이 시험에 응시한 사람의 합격률은

$$P\left(X \geq 60,\ Y \geq 60,\ Z \geq 60,\ \frac{X+Y+Z}{3} \geq 70\right)$$

와 같다. 이와 같이 동일한 표본공간 위에서 정의된 두 개 이상의 확률변수와 관련된 사건의 확률을 다루기 위하여 결합확률분포에 대한 개념이 필요하다.

실수의 부분집합 A, B에 대하여 두 확률변수 X와 Y의 값이 각각 A와 B에 포함될 사건 $\{X \in A,\ Y \in B\}$에 확률 $P(X \in A,\ Y \in B)$를 대응시키는 함수를 X와 Y의 **결합확률분포**(joint distribution) 또는 간단히 **결합분포**라고 한다.

확률변수 X와 Y에 대하여, X가 취하는 값을 $x_1, x_2, \cdots, x_n$, Y가 취하는 값을 y_1, $y_2, \cdots, y_m$이라 하자. 이 때, 각각의 (x_i, y_j)에 확률 $P(X=x_i, Y=y_j)$를 대응시킨 함수

$$p(x_i, y_j) = P(X=x_i, Y=y_j),\ \ i=1,2,\cdots,n\ j=1,2,\cdots,m$$

를 X와 Y의 **결합확률질량함수**(joint probability mass function)라고 한다.

결합확률질량함수는 다음과 같은 성질을 갖는다.

(1) $0 \leq p(x_i, y_j) \leq 1, \quad i, j = 1, 2, \cdots$

(2) $p(x_i, y_j) = P(X=x_i, Y=y_j),\ i, j = 1, 2, \cdots$를 모두 합하면 1이다. 즉,

$$\sum_{i=1}^{n}\sum_{j=1}^{m} p(x_i, y_j) = 1$$ [4)]

(3) $P(a < X \leq b,\ c < Y \leq d) = \displaystyle\sum_{a < x_i \leq b}\ \sum_{c < y_j \leq d} p(x_i, y_j)$

---

4) 중복된 합의 기호 $\sum_{i=1}^{n}\sum_{j=1}^{m} a_{ij}$는 다음과 같이 모든 항 a_{ij}를 합하는 것을 의미한다.

$$\begin{aligned}\sum_{i=1}^{n}\sum_{j=1}^{m} a_{ij} &= \sum_{j=1}^{m} a_{1j} + \sum_{j=1}^{m} a_{2j} + \cdots + \sum_{j=1}^{m} a_{nj} \\ &= a_{11} + a_{12} + \cdots + a_{1m} \\ &+ a_{21} + a_{22} + \cdots + a_{2m} \\ &\ \vdots \\ &+ a_{n1} + a_{n2} + \cdots + a_{nm}\end{aligned}$$

따라서 X와 Y의 결합분포는 결합확률질량함수 $p(x,y)$에 의하여 정해짐을 알 수 있다. 한편 각각의 x_i에 대하여

$$\{X=x_i\}=\{X=x_i, Y=y_1\}\cup\{X=x_i, Y=y_2\}\cup\cdots\cup\{X=x_i, Y=y_m\}$$

이므로 X의 확률질량함수는

$$\begin{aligned} P(X=x_i) &= p(x_i,y_1)+p(x_i,y_2)+\cdots+p(x_i,y_m) \\ &= \sum_{j=1}^{m} p(x_i,y_j),\ \ i=1,2,\cdots,n \end{aligned}$$

와 같이 결합확률질량함수로부터 Y가 취하는 값 y_j에 대하여 모두 합하여 구할 수 있다. 같은 방법으로 Y의 확률질량함수는 다음과 같이 결합확률질량함수의 합으로 나타낼 수 있다.

$$P(Y=y_j)=\sum_{i=1}^{n} p(x_i,y_j),\ \ j=1,2,\cdots,m$$

이때 $P(X=x)$와 $P(Y=y)$를 각각 X와 Y의 **주변확률질량함수**(marginal probability mass function)라고 한다.

확률변수 X와 Y에 대하여, X가 취하는 값을 $x_1,x_2,\cdots,x_n$, Y가 취하는 값을 $y_1,y_2,\cdots,y_m$이라 할 때, 결합확률분포는 다음과 같이 표로 나타내면 편리하게 이용할 수 있다.

표 5.2 결합확률분포표 $p(x,y)=P(X=x, Y=y)$

y \ x	x_1	x_2	$\cdots$	x_n	행의 합
y_1	$p(x_1,y_1)$	$p(x_2,y_1)$	$\cdots$	$p(x_n,y_1)$	$P(Y=y_1)$
y_2	$p(x_1,y_2)$	$p(x_2,y_2)$	$\cdots$	$p(x_n,y_2)$	$P(Y=y_2)$
$\vdots$	$\vdots$	$\vdots$		$\vdots$	$\vdots$
y_m	$p(x_1,y_m)$	$p(x_2,y_m)$	$\cdots$	$p(x_n,y_m)$	$P(Y=y_m)$
열의 합	$P(X=x_1)$	$P(X=x_2)$	$\cdots$	$P(X=x_n)$	1

두 확률변수 X와 Y의 결합확률질량함수가 $p(x_i,y_j)$, $i,j=1,2,\cdots$일 때, 다음이 성립한다.

기댓값의 성질2

(1) $E[aX+bY]=aE[X]+bE[Y]$ (단, a, b는 상수)

(2) 두 확률변수의 곱 XY에 대한 기댓값은 다음과 같다.

$$E[XY]=\sum_{i=1}^{n}\sum_{j=1}^{m}x_i y_j p(x_i, y_j)$$

예제 5.10

빨간 공이 3개, 흰 공이 2개, 파란 공이 5개 들어 있는 항아리에서 임의로 3개의 공을 비복원추출할 때, 나오는 빨간 공의 개수를 X, 흰 공의 개수를 Y라 하자.

(1) X와 Y의 결합확률질량함수 $p(x,y)=P(X=x,\ Y=y)$를 구하라.

(2) X와 Y의 주변확률질량함수를 구하라.

(3) $E[XY]$를 구하라.

풀이 (1) X가 취할 수 있는 값은 $0,1,2,3$이고 Y가 취할 수 있는 값은 $0,1,2$이다. 각각의 $x=0,1,2,3$, $y=0,1,2$에 대하여 $X=x$, $Y=y$인 경우의 수는 빨간 공 중에서 x개를 택하고, 흰 공 중에서 y개를 택하고, 나머지 $3-(x+y)$는 파란 공 중에서 선택하는 방법과 같으므로 곱의 공식에 의하여

$$\binom{3}{x}\binom{2}{y}\binom{5}{3-(x+y)}$$

이다. 또는 10개 중 3개를 선택하는 방법의 수를 $\binom{10}{3}$이므로

$$p(x,y)=P(X=x,\ Y=y)=\frac{\binom{3}{x}\binom{2}{y}\binom{5}{3-(x+y)}}{\binom{10}{3}},$$

$$x=0,1,2,3,\ y=0,1,2$$

이다. 이것을 표로 나타내면 다음과 같다.

표 5.3 $p(x, y) = P(X=x,\ Y=y)$

y \ x	0	1	2	3
0	$\frac{10}{120}$	$\frac{30}{120}$	$\frac{15}{120}$	$\frac{1}{120}$
1	$\frac{20}{120}$	$\frac{30}{120}$	$\frac{6}{120}$	0
2	$\frac{5}{120}$	$\frac{3}{120}$	0	0

(2) 각각의 $y = 0, 1, 2$에 대하여

$$P(Y=y) = p(0, y) + p(1, y) + p(2, y)$$

이므로 $P(Y=y)$는 〈표 5.3〉에서 y에 대응하는 행의 값을 모두 합한 것과 같다. 같은 방법으로 각각의 $x = 0, 1, 2, 3$에 대하여 $P(X=x)$는 〈표 5.3〉에서 x에 대응하는 열의 값을 모두 합한 것과 같다. 이것을 〈표 5.3〉의 주변에 쓰면 다음 〈표 5.4〉와 같다.

표 5.4 X와 Y의 주변분포

y \ x	0	1	2	3	$P(Y=y)$
0	$\frac{10}{120}$	$\frac{30}{120}$	$\frac{15}{120}$	$\frac{1}{120}$	$\frac{56}{120}$
1	$\frac{20}{120}$	$\frac{30}{120}$	$\frac{6}{120}$	0	$\frac{56}{120}$
2	$\frac{5}{120}$	$\frac{3}{120}$	0	0	$\frac{8}{120}$
$P(X=x)$	$\frac{35}{120}$	$\frac{63}{120}$	$\frac{21}{120}$	$\frac{1}{120}$	1

(3) 각각의 $x=0,1,2$에 대하여 $xyp(x,y)$을 구하면 다음과 같다.

y \ x	0	1	2	3
0	0	0	0	0
1	0	$\frac{30}{120}$	$\frac{12}{120}$	0
2	0	$\frac{6}{120}$	0	0

따라서 다음을 얻는다.

$$E[XY] = \sum_{x=0}^{3}\sum_{y=0}^{2} xyp(x,y) = \frac{30}{120}+\frac{12}{120}+\frac{6}{120}=\frac{48}{120}=\frac{2}{5}$$

5.4.2 서로 독립인 확률변수

생각해보기

동전을 두 번 던지고 난 후 주사위를 한 번 던질 때, 동전의 앞면이 나오는 횟수를 X, 주사위를 던져서 나오는 눈의 수를 Y라 하자. 이 때, 사건 $\{X=1\}$와 $\{Y=3\}$이 서로 독립인지 확인하여라.

동전을 두 번 던지고 난 후 주사위를 한 번 던지는 실험에서 표본공간은 다음과 같이 나타낼 수 있다.

(HH,1) (HH,2) (HH,3) (HH,4) (HH,5) (HH,6)
(HT,1) (HT,2) (HT,3) (HT,4) (HT,5) (HT,6)
(TH,1) (TH,2) (TH,3) (TH,4) (TH,5) (TH,6)
(TT,1) (TT,2) (TT,3) (TT,4) (TT,5) (TT,6)

한편

$$\{X=1, Y=3\} = \{(HT,3), (TH,3)\}$$

$$\{X=1\} = \begin{Bmatrix} (HT,1), (HT,2), (HT,3), (HT,4), (HT,5), (HT,6), \\ (TH,1), (TH,2), (TH,3), (TH,4), (TH,5), (TH,6) \end{Bmatrix}$$

$$\{Y=3\} = \{((HH,3), (HT,3), (TH,3), (TT,3)\}$$

이므로

$$P(X=1, Y=3) = \frac{2}{24},\ P(X=1) = \frac{12}{24},\ P(Y=3) = \frac{4}{24}$$

이다. 따라서

$$P(X=1, Y=3) = P(X=1)P(Y=3)$$

그러므로 사건 $\{X=1\}$와 $\{Y=3\}$은 서로 독립이다. 이와 같은 방법으로 X와 Y의 결합분포 $p(x,y) = P(X=x, Y=y)$와 주변분포 $P_X(x) = P(X=x)$, $P_Y(y) = P(Y=y)$를 구하면 〈표 5.5〉과 같음을 알 수 있다.

표 5.5 X와 Y의 결합분포와 주변분포

x \ y	1	2	3	4	5	6	$P(X=x)$
0	$\frac{1}{24}$	$\frac{1}{24}$	$\frac{1}{24}$	$\frac{1}{24}$	$\frac{1}{24}$	$\frac{1}{24}$	$\frac{1}{4}$
1	$\frac{2}{24}$	$\frac{2}{24}$	$\frac{2}{24}$	$\frac{2}{24}$	$\frac{2}{24}$	$\frac{2}{24}$	$\frac{2}{4}$
2	$\frac{1}{24}$	$\frac{1}{24}$	$\frac{1}{24}$	$\frac{1}{24}$	$\frac{1}{24}$	$\frac{1}{24}$	$\frac{1}{4}$
$P(Y=y)$	$\frac{1}{6}$	$\frac{1}{6}$	$\frac{1}{6}$	$\frac{1}{6}$	$\frac{1}{6}$	$\frac{1}{6}$	

〈표 5.5〉로부터 모든 $x = 0,1,2$, $y = 1,2,3,4,5,6$에 대하여 다음이 성립함을 알 수 있다.

$$P(X=x, Y=y) = P(X=x)P(Y=y)$$

즉 확률변수 X가 취할 수 있는 각각의 값 x와 Y가 취할 수 있는 각각의 값 y에 대하여 사건 $\{X=x\}$와 $\{Y=y\}$는 서로 독립이다. 이와 같은 경우 두 확률변수는 서로 독립이라고 한다.

일반적으로 실수의 부분집합 A, B에 대하여 X의 값이 A에 속할 사건 $\{X \in A\}$과 Y의 값이 B에 속할 사건 $\{Y \in B\}$가 서로 독립일 때, 두 확률변수는 서로 독립이라고 한다.

확률변수의 독립

임의로 주어진 실수의 부분집합 A, B에 대하여

$$P(X \in A,\ Y \in B) = P(X \in A)P(Y \in B)$$

일 때, X와 Y는 **서로 독립**이라고 한다.

동일한 확률실험을 반복할 때, 각 시행의 결과가 다른 시행의 결과에 영향을 미치지 않으면 각 시행의 결과에 대한 확률변수는 서로 독립이다. 예를 들어 주사위를 던지는 실험을 반복할 때, 첫 번째 시행에서 나오는 눈의 수를 X, 두 번째 시행에서 나오는 눈의 수를 Y라 하면 X와 Y는 서로 독립이다. 다른 예로 전체 대학생들을 모집단으로 하여 대학생들의 키를 조사한다고 하자. 복원추출방식으로 모집단에서 임의로 한 명씩 선택한다고 할 때, 첫 번째 표본으로 선택되는 학생의 키를 X, 두 번째 표본으로 선택되는 학생의 키를 Y라 하자. 이 때 첫 번째와 두 번째에 누가 표본으로 추출될지 모르므로 X와 Y는 확률변수이다. 또한 복원추출을 하면 첫 번째 추출 결과가 두 번째 추출 결과에 영향을 미치지 않으므로 X와 Y는 서로 독립이다.

한편 흰 공이 3개, 검은 공이 5개 들어 있는 항아리에서 비복원추출 방식에 따라 한 번에 한 개씩 공을 꺼낼 때, 첫 번째 시행에서 나오는 흰 공의 개수를 X, 두 번째 시행에서 나오는 흰 공의 개수를 Y라 하자. 이 때, 두 번째 시행의 결과는 첫 번째 시행의 결과에 영향을 받으므로 X와 Y는 서로 독립이 아니다. 실제 이 경우

$$P(X=1, Y=1) = P(Y=1|X=1)P(X=1) = \frac{2}{7} \times \frac{3}{8} = \frac{6}{56},$$

$$P(X=1) = \frac{3}{8},$$

$$\begin{aligned} P(Y=1) &= P(Y=1|X=0)P(X=0) + P(Y=1|X=1)P(X=1) \\ &= \frac{3}{7} \times \frac{5}{8} + \frac{2}{7} \times \frac{3}{8} = \frac{21}{56} \end{aligned}$$

이므로

$$P(X=1, Y=1) \neq P(X=1)P(Y=1)$$

되어 X와 Y는 서로 독립이 아님을 알 수 있다.

두 이산확률변수의 독립

이산확률변수 X와 Y가 서로 독립일 필요충분조건은 결합확률질량함수가 각각의 주변확률질량함수의 곱으로 나타나는 것이다. 즉, X가 취할 수 있는 각각의 값 x와 Y가 취할 수 있는 각각의 값 y에 대하여 다음이 성립하는 것이다.

$$P(X=x, Y=y) = P(X=x)P(Y=y)$$

두 확률변수 X와 Y가 서로 독립이면 $P(X=x_i, Y=y_j) = P(X=x_i)P(Y=y_j)$이므로 다음이 성립함을 알 수 있다.

$$\begin{aligned} E[XY] &= \sum_{i=1}^{n}\sum_{j=1}^{m} x_i y_j P(X=x_i, Y=y_j) \\ &= \sum_{i=1}^{n}\sum_{j=1}^{m} x_i y_j P(X=x_i)P(Y=y_j) \\ &= \sum_{i=1}^{n} x_i P(X=x_i)\left(\sum_{j=1}^{m} y_j P(Y=y_j)\right) \\ &= \sum_{i=1}^{n} x_i P(X=x_i)E[Y] \\ &= E[X]E[Y] \end{aligned}$$

이 결과는 서로 독립인두 확률변수의 곱 XY에 대한 기댓값은 다음과 같이 각각의 기댓값의 곱으로 나타난다는 것을 보여 준다.

독립인 확률변수의 곱에 대한 기댓값

X와 Y가 서로 독립이면, $E[XY] = E[X]E[Y]$이다.

예제 5.11

X와 Y의 결합확률질량함수 $p(x,y)=P(X=x, Y=y)$가 다음과 같다.

y \ x	1	2	3
1	$\frac{2}{9}$	$\frac{1}{9}$	$\frac{1}{3}$
2	$\frac{1}{9}$	$\frac{1}{18}$	$\frac{1}{6}$

(1) X와 Y는 서로 독립인지 판정하여라.

(2) $E[XY]$를 구하라.

풀이 (1) X와 Y의 주변확률질량함수를 구하면 다음과 같음을 알 수 있다.

y \ x	1	2	3	$P(Y=y)$
1	$\frac{2}{9}$	$\frac{1}{9}$	$\frac{1}{3}$	$\frac{2}{3}$
2	$\frac{1}{9}$	$\frac{1}{18}$	$\frac{1}{6}$	$\frac{1}{3}$
$P(X=x)$	$\frac{1}{3}$	$\frac{1}{6}$	$\frac{1}{2}$	

위 표로부터 $P(X=x, Y=y)=P(X=x)P(Y=y)$, $x=1,2$, $y=1,2,3$임을 알 수 있다. 따라서 X와 Y는 서로 독립이다.

(2) X와 Y는 서로 독립이므로 $E[XY]=E[X]E[Y]$ 이다. 한편

$$E[X]=1\times\frac{1}{3}+2\times\frac{1}{6}+3\times\frac{1}{2}=\frac{13}{6}$$

$$E[Y]=1\times\frac{2}{3}+2\times\frac{1}{3}=\frac{4}{3}$$

이므로

$$E[XY]=E[X]E[Y]=\frac{4}{3}\times\frac{13}{6}=\frac{26}{9}$$

5.4.3 공분산과 상관계수

두 확률변수 X와 Y의 평균을 각각 $\mu_x = E[X]$와 $\mu_y = E[Y]$라 하자. 확률변수 X가 μ_x보다 커지는 경향이 있을 때, Y도 μ_y보다 커지는 경향이 있다면 편차의 곱 $(X-\mu_x)(Y-\mu_y)$는 양의 값을 가질 것이다. 만약 X가 μ_x보다 커지는 경향이 있을 때, Y가 μ_y보다 작아지는 경향이 있으면 편차의 곱 $(X-\mu_x)(Y-\mu_y)$는 음의 값을 가질 것이다. 이와 같이 확률변수 X와 Y의 경향이 같은 정도를 나타내는 측도로서 각 확률변수의 편차 $X-\mu_x$와 $Y-\mu_y$의 곱에 대한 기댓값 $E[(X-\mu_x)(Y-\mu_y)]$을 사용하며 이를 X와 Y의 **공분산**(covariance)이라 하고 $Cov(X, Y)$로 나타낸다.

X와 Y의 공분산

$$Cov(X, Y) = E[(X-\mu_x)(Y-\mu_y)]$$

공분산의 정의로부터 X와 Y가 같은 경향을 가지면 두 확률변수의 공분산은 양이 될 것으로 예상할 수 있다. 또한 X와 Y가 서로 반대의 경향을 가지면 두 확률변수의 공분산은 음이 될 것으로 예상할 수 있다. 예를 들어 키와 몸무게의 공분산은 양수가 될 것을 예상할 수 있다. 한편 동전을 10번 던질 때, 앞면이 나오는 횟수가 많아지면 뒷면이 횟수는 적어질 것이므로 앞면이 나오는 횟수와 뒷면이 나오는 횟수는 음의 공분산을 가질 것으로 예상할 수 있다.

기댓값의 성질을 이용하면 공분산을 다음과 계산할 수 있다.

$$\begin{aligned} Cov(X, Y) &= E[(X-\mu_x)(Y-\mu_y)] \\ &= E[XY-\mu_x Y - X\mu_y + \mu_x\mu_y] \\ &= E[XY] - \mu_x E[Y] - E[X]\mu_y + \mu_x\mu_y \\ &= E[XY] - \mu_x\mu_y \end{aligned}$$

한편 X와 Y가 서로 독립이면 $E[XY] = E[X]E[Y]$이므로

$$Cov(X, Y) = E[XY] - E[X]E[Y] = 0$$

이다. 위의 결과를 요약하면 다음과 같다.

1. 공분산의 간편계산

$$Cov(X, Y) = E[XY] - E[X]E[Y]$$

2. 서로 독립인 확률변수의 공분산

$$Cov(X, Y) = 0$$

예제 5.12

X와 Y의 결합확률질량함수 $p(x, y) = P(X = x,\ Y = y)$가 예제 5.10의 〈표 5.4〉와 같을 때, $Cov(X, Y)$를 구하라.

풀이 예제5.10으로부터 $E[X]$와 $E[Y]$를 구하면 다음과 같다.

$$E[X] = 0 \times \frac{35}{120} + 1 \times \frac{63}{120} + 2 \times \frac{21}{120} + 3 \times \frac{1}{120} = \frac{9}{10}$$

$$E[Y] = 0 \times \frac{56}{120} + 1 \times \frac{56}{120} + 2 \times \frac{8}{120} = \frac{72}{120} = \frac{9}{15}$$

따라서

$$\begin{aligned} Cov(X, Y) &= E[XY] - E[X]E[Y] \\ &= \frac{2}{5} - \frac{9}{10}\frac{9}{15} = -\frac{7}{50} \end{aligned}$$

공분산의 정의로부터 다음이 성립하는 것을 쉽게 보일 수 있다.

공분산의 성질

1. $Cov(X, X) = Var[X]$
2. $Cov(X, Y) = Cov(Y, X)$
3. $Cov(aX + b, cY + d) = ac\,Cov(X, Y)$

위의 공분산의 성질3은 공분산이 측정단위에 의존한다는 것을 보여준다. 예를 들어 X_1과 Y_1은 각각 cm단위와 g(그램)단위로 측정한 키와 몸무게를, X_2와 Y_2는 각각 m단위와 kg단위로 측정한 키와 몸무게를 나타낸다고 하자. 그러면 $X_1 = 100X_2$이고 $Y_1 = 1000\,Y_2$이므로 $Cov(X_1, X_2) = 10^5 Cov(X_2, Y_2)$가 된다. 측정단위에 의존하지 않으면서 두 확률변수 간의 경향을 측정하기 위하여 표준화된 확률변수에 대한 공분산을 생각할 수 있다. 즉, μ_x와 μ_y를 각각 X와 Y의 기댓값, σ_x와 σ_y를 각각 X와 Y의 표준편차라 할 때, 표준화한 확률변수

$$X^* = \frac{X-\mu_x}{\sigma_x}, \quad Y^* = \frac{Y-\mu_y}{\sigma_y}$$

의 공분산을 X와 Y의 **상관계수**(correlation coefficient)라 하고 $\mathrm{Corr}(X, Y)$ 또는 $\rho(X, Y)$(간단히 ρ)로 나타낸다.

X와 Y의 상관계수

$$Corr(X, Y) = E\left[\left(\frac{X-\mu_x}{\sigma_x}\right)\left(\frac{Y-\mu_y}{\sigma_y}\right)\right] = \frac{Cov(X, Y)}{\sigma_x \sigma_y}$$

상관계수에 대한 성질을 소개한다.

상관계수의 성질

1. $-1 \le Corr(X, Y) \le 1$
2. $Corr(aX+b, cY+d) = \begin{cases} \mathrm{Corr}(X, Y), & ac > 0 \\ -\mathrm{Corr}(X, Y), & ac < 0 \end{cases}$
3. $Corr(X, Y) = 1$일 필요충분조건은 $Y = a + bX$이며 $b > 0$이다.
4. $Corr(X, Y) = -1$일 필요충분조건은 $Y = a + bX$이며 $b < 0$이다.

상관계수의 성질2는 상관계수가 단위에 불변이라는 것을 보여준다. 상관계수의 성질 3과 4로부터 두 확률변수가 선형관계인지를 재는 측도로 상관계수가 사용된다.

예제 5.13

확률변수 X와 Y에 대하여 $Var[X]=4$, $Var[Y]=9$, $Cov(X,Y)=-4$일 때, 다음을 구하라.

(1) $\mathrm{Corr}(X,Y)$ (2) $Corr(-2X+3, Y+1)$

풀이 (1) $Corr(X,Y)=\dfrac{Cov(X,Y)}{\sqrt{Var(X)}\sqrt{Var(Y)}}=\dfrac{-4}{2\cdot 3}=-\dfrac{2}{3}$

(2) $Corr(-2X+3, Y+1)=-\mathrm{Corr}(X,Y)=\dfrac{2}{3}$

두 확률변수의 합과 차의 분산 두 확률변수 X와 Y의 기댓값을 각각 $\mu_x=E[X]$와 $\mu_y=E[Y]$라 할 때,

$$\begin{aligned}((X+Y)-(\mu_x+\mu_y))^2 &= ((X-\mu_x)+(Y-\mu_y))^2\\ &= (X-\mu_x)^2+(Y-\mu_y)^2+2(X-\mu_x)(Y-\mu_y)\end{aligned}$$

이므로 기댓값의 성질을 이용하면 두 확률변수의 합에 대한 분산이 다음과 같음을 알 수 있다.

$$\begin{aligned}Var[X+Y] &= E\left[((X+Y)-(\mu_x+\mu_y))^2\right]\\ &= E\left[(X-\mu_x)^2\right]+E\left[(Y-\mu_y)^2\right]+2E\left[(X-\mu_x)(Y-\mu_y)\right]\\ &= Var[X]+Var[Y]+2Cov(X,Y)\end{aligned}$$

같은 방법으로 다음이 성립함을 알 수 있다.

$$Var[X-Y]=Var[X]+Var[Y]-2Cov(X,Y)$$

위의 결과를 요약하면 다음과 같다.

두 확률변수의 합과 차의 분산

$$Var[X\pm Y]=Var[X]+Var[Y]\pm 2Cov(X,Y)$$

두 확률변수 X와 Y가 서로 독립이면 $Cov(X, Y) = 0$이므로 다음을 얻는다.

서로 독립인 두 확률변수의 합과 차의 분산

$$Var[X \pm Y] = Var[X] + Var[Y]$$

예제 5.14

(예제 5.8의 연속) 흰 공이 3개, 검은 공이 2개 들어 있는 항아리에서 세 개의 공을 복원추출할 때, 나오는 흰 공의 개수를 Y라 하자. $Var[Y]$를 구하라.

풀이 첫 번째, 두 번째, 세 번째 시행에서 나오는 흰 공의 수를 각각 X_1, X_2, X_3이라 하면

$$Y = X_1 + X_2 + X_3$$

이다. 이 시행은 복원추출이므로 X_1, X_2, X_3은 예제 5.8에서 정의한 확률변수 X와 같은 분포를 가지며 서로 독립이다. 따라서

$$Var[X_1] = Var[X_2] = Var[X_3] = Var[X] = \frac{6}{25}$$

이고

$$Var[Y] = Var[X_1] + Var[X_2] + Var[X_3] = 3\,Var[X] = \frac{18}{25}$$

제 5 장 연습문제

01 다음 각 경우를 확률변수 X로 나타낼 때, 이산확률변수가 적합한지 연속확률변수가 적합한지 정하고 그 이유를 설명하라.

(1) 복권을 한 게임 살 때, 당첨금액

(2) 특정 노선을 다니는 시내버스를 타기 위하여 무심코 정류정에 도착 했을 때, 원하는 버스가 올 때까지 기다리는 시간

(3) 우리나라 대학생들의 하루 수면시간

(4) 우리나라 대학생들의 특정한 달의 평균 휴대전화 데이터 사용량

(5) 특정 자동차의 고속도로 주행 연비

02 한 개의 주사위를 두 번 던져서 나오는 두 눈의 합을 X라고 할 때 다음을 구하라.

(1) X의 확률질량함수 (2) $P(X \geq 10)$

03 확률변수 X의 확률질량함수가 다음과 같다.

x	0	1	2	3	4	5	6	7	합
$P(X=x)$	$\frac{1}{10}$	$\frac{2}{10}$	$\frac{1}{10}$	$\frac{2}{10}$	$\frac{3}{10}$	$\frac{1}{100}$	$\frac{3}{100}$	$\frac{6}{100}$	1

다음을 구하라.

(1) $E[X]$ (2) $Var[X]$

(3) $P(1 < X \leq 3 \mid X > 2)$

04 X의 확률밀도함수가

$$f(x) = \frac{1}{18}(x+2), \quad -2 < x < 4$$

일 때, 다음을 구하라.

(1) $E[X]$ (2) $Var[X]$

(3) $E[(X-3)^2]$

05 X와 Y의 결합확률질량함수가 다음과 같다.

y \ x	0	2	3
1	0.1	0.3	0.25
2	0.15	0.15	0.05

다음을 구하라.

(1) X와 Y의 주변확률질량함수 (2) $E[X+Y]$

(3) X와 Y는 서로 독립인가? (4) $Cov(X, Y)$

06 서로 독립인 확률변수 X와 Y의 평균과 분산이 각각 다음과 같다.

$$E[X]=2,\ Var[X]=5,\ E[Y]=3,\ Var[Y]=15.$$

다음을 구하라.

(1) $E[XY]$ (2) $Var[X-Y]$

(3) $Cov(X, Y)$ (4) $E[X^2Y]$

07 사건 A가 발생할 확률을 $P(A)=p$라 할 때, 확률변수 X를 다음과 같이 정의하자.

$$X=\begin{cases}1, A\text{가 발생하는 경우}\\0, A\text{가 발생하지 않는 경우}\end{cases}$$

다음을 구하라.

(1) $E[X]$ (2) $Var[X]$

08 사건 A와 B가 서로 독립이고 각각이 발생할 확률을 $P(A)=p$, $P(B)=q$라 할 때, 확률변수 X와 Y를 다음과 같이 정의하자.

$$X=\begin{cases}1, A\text{가 발생하는 경우}\\0, A\text{가 발생하지 않는 경우}\end{cases}$$

$$Y=\begin{cases}1, B\text{가 발생하는 경우}\\0, B\text{가 발생하지 않는 경우}\end{cases}$$

다음 물음에 답하라.

(1) X와 Y의 결합분포를 구하라.

(2) X와 Y가 서로 독립인가?

09 다음 두 게임 중 한 게임에 참가 하려고 한다. 어떤 게임을 선택하겠는가? 선택한 이유를 설명하라.

게임	이길 경우 따는 금액	질 경우 잃는 금액	게임에서 이길 확률	게임에서 질 확률
1	600	300	1/3	2/3
2	1000	250	2/10	8/10

10 공정한 주사위(각 눈이 나올 확률이 같은 주사위)를 던지는 게임을 생각하자.

(1) 주사위를 한 번 던질 때 나오는 눈의 수에 대한 평균과 분산을 구하라.

(2) 주사위를 10번 반복해서 던질 때 나오는 눈의 수의 합에 대한 평균과 분산을 구하라.

11 동전을 10번 던질 때 나오는 앞면의 수를 X, 뒷면의 수를 Y라 할 때, X와 Y의 상관계수를 구하라.

12 다음 공분산의 성질을 증명하라.

$$Cov(aX+b, cY+d) = ac\,Cov(X, Y)$$

13 다음 상관계수의 성질을 증명하라.

$$Corr(aX+b, cY+d) = \begin{cases} Corr(X, Y), & ac > 0 \\ -Corr(X, Y), & ac < 0 \end{cases}$$

제 6 장 이항분포와 정규분포

동전을 한 번 던질 때 나오는 면을 확인하는 실험이나 흰 공과 검은 공이 들어 있는 주머니에서 임의로 한 개의 공을 꺼내서 색깔을 확인하는 실험, 어떤 공장에서 생산되는 제품 중 하나를 임의로 선택할 때 그 제품이 불량품인지 합격품인지 판정하는 경우, 어떤 정책에 대한 찬성 여부를 묻는 실험 등은 그 결과가 두 가지 중 하나로 나타난다. 이와 같이 그 결과가 두 가지 중 하나로 나타나는 확률실험을 베르누이 시행이라 한다.

이 장에서는 베르누이 시행을 모형화 하는 확률변수와 그 분포를 살펴본다. 이를 바탕으로 한 여러 가지 확률분포와 그 성질을 소개한다.

6.1 이항분포

생각해보기

흰 공이 3개, 검은 공이 2개 들어있는 주머니에서 임의로 한 개의 공을 꺼내서 색깔을 확인하는 실험을 생각하자.

1. 이 실험에서 나타날 수 있는 결과는 몇 가지인가?
2. 이 실험에서 나오는 흰 공의 수를 X라 할 때, X의 분포는 무엇인가?

베르누이 시행

위 **생각해보기** 예제에서와 같이 흰 공과 검은 공 두 종류의 공이 들어 있는 주머니에서 공을 하나 꺼낼 때 가능한 결과는 흰 공 또는 검은 공으로 두 가지뿐이다. 또한

$$X = \begin{cases} 1, \text{ 흰 공} \\ 0, \text{ 검은 공} \end{cases}$$

이므로 X의 분포는 다음과 같다.

$$P(X=1) = P(\text{흰 공이 나올 사건}) = \frac{3}{5} = 0.6$$

$$P(X=0) = P(\text{검은 공이 나올 사건}) = \frac{2}{5} = 0.4$$

이와 같이 그 결과가 두 가지로만 나타나는 실험을 **베르누이 시행**(Bernoulli trial)이라 한다. 베르누이 시행에서 나타나는 두 가지 결과를 보통 '성공(success)'과 '실패(failure)'로 나타낸다. 이 때 성공과 실패는 보통의 사전적인 의미가 아니라 그 결과가 두 개뿐임을 강조하기위한 것에 지나지 않는다. 일반적으로 우리가 관심 있는 결과에 '성공'이라는 이름을 붙인다. 예를 들어 생산현장에서 제품의 불량여부를 검사한다고 할 때, 불량률에 관심이 있다면 불량품이 발견될 때 '성공'이 발생했다고 한다. **생각해보기** 예의 실험은 흰 공이 나오는 경우를 성공으로 보면 성공의 확률이 0.6인 베르누이 시행이다.

성공확률이 $p(0 < p < 1)$인 베르누이 시행을 한 번 행할 때 성공의 횟수를 X라 하면, X의 확률질량함수는

$$P(X=1)=p,\ \ P(X=0)=1-p$$

이다. 이 때, 확률변수 X는 성공확률이 p인 **베르누이 분포**를 따른다고 하고

$$X \sim Bernoulli(p)$$

로 나나태기로 한다. 베르누이 분포를 따르는 확률변수를 간단히 **베르누이 확률변수**(Bernoulli random variable)라고 한다. 베르누이 확률변수 X와 X^2의 기댓값은

$$E[X]=1 \cdot P(X=1)+0 \cdot P(X=0)=p$$
$$E[X^2]=1^2 \cdot P(X=1)+0^2 \cdot P(X=0)=p$$

이다. 따라서 분산은 다음과 같다.

$$Var[X]=E[X^2]-(E[X])^2=p(1-p)$$

[예] (1) 공정한 동전을 한 번 던질 때, 나오는 앞면의 수 X는 성공확률이 0.5인 베르누이분포를 따른다.

(2) 어떤 공장에서 생산된 제품의 불량률이 3%일 때, 생산된 제품 중 하나를 임의로 선택할 때 나오는 불량품의 수 X는 성공확률이 0.03인 베르누이분포를 따른다.

(3) 정부에서 어떤 정책을 발표했을 때 국민 중 그 정책에 찬성하는 사람들의 비율이 p라 하자. 임의로 한 명을 택할 때, 그 정책을 찬성하면 1, 그렇지 않으면 0의 값을 갖는 확률변수를 X라 하면 X는 성공확률이 p인 베르누이분포를 따른다.

이항분포

흰 공이 3개, 검은 공이 2개 들어있는 주머니에서 3개의 공을 복원 추출할 때, 나오는 흰 공의 수를 X라 하자. 이 때 흰 공이 두 개 나오는 경우의 수는 세 번의 시행 중 흰 공이 나오는 시행 두 개를 선택하는 경우의 수와 같으므로 다음과 같이 3가지가 된다.

$$A=\{(w,w,b),(w,b,w),(b,w,w)\}$$

여기서 (w,w,b)는 첫 번째 시행에서 흰 공(w), 두 번째 시행에서 흰 공(w), 세 번째 시행에서 검은 공(b)이 나올 사건을 의미한다. 한편 i번 째 시행에서 흰 공이 나올 사건을

W_i, 검은 공이 나올 사건을 B_i라고 하면 복원추출을 할 경우 각 시행은 독립이므로

$$\begin{aligned} P(\{w,w,b\}) &= P(W_1 \cap W_2 \cap B_3) \\ &= P(W_1)P(W_2)P(B_3) \\ &= 0.6 \times 0.6 \times (1-0.6) \\ &= 0.6^2 \times (1-0.6) \end{aligned}$$

이다. 같은 방법으로 A에 속하는 각각의 결과가 나올 확률은 다음과 같이 모두 같음을 알 수 있다.

$$P(\{(w,w,b)\}) = P(\{(w,b,w)\}) = P(\{(b,w,w)\}) = 0.6^2 \times (1-0.6)$$

따라서

$$P(X=2) = P(A) = 3 \times 0.6^2 \times (1-0.6)$$

일반적으로 성공확률이 p인 베르누이 시행을 독립적으로 n회 반복할 때 성공이 발생할 횟수를 X라 하면, X가 취할 수 있는 값은 $0,1,\cdots,n$이다. 한편 n번의 시행에서 k번 성공과 $n-k$번의 실패가 일어나는 경우의 수는

$$\binom{n}{k} = \frac{n(n-1)\cdots(n-k+1)}{k!} = \frac{n!}{k!\,(n-k)!}$$

이고 각 경우의 확률은 $p^k(1-p)^{n-k}$이다. 따라서 다음을 얻는다.

$$P(X=k) = \binom{n}{k} p^k (1-p)^{n-k}, \ \ k=0,1,\cdots,n$$

이항분포

확률변수 X의 확률질량함수가

$$P(X=k) = \binom{n}{k} p^k (1-p)^{n-k}, \ \ k=0,1,\cdots,n$$

일 때, X는 모수가 (n,p)인 **이항분포**(binomial distribution)를 따른다고 하고 기호로 $X \sim B(n,p)$로 나타낸다.

특히 베르누이 분포는 베르누이 시행을 한 번 행할 때, 성공의 횟수이므로 모수가 $(1,p)$이 이항분포 $B(1,p)$이다.

주목

각 시행의 결과가 두 가지로 나타나는 실험에서 특정한 결과(성공)가 발생할 사건의 수 X가 이항분포 $B(n,p)$를 따르기 위해서는 다음 조건의 충족되어야 한다.

(1) 각 시행은 서로 독립이어야 한다.

(2) 각 시행에서 성공의 확률은 일정해야 한다.

예제 6.1

다음 각 경우에 확률변수 X가 이항분포를 따르는지 판정하고 이항분포를 따를 경우 모수 (n,p)를 구하라.

(1) 5개 중 하나를 택하는 선다형 문제 20문항에 대하여, 각 문제마다 임의로 답한다고 할 때 정답의 수 X (단, 각 문제마다 정답은 한 개씩 만 있다)

(2) 1번부터 10번까지는 5개 중 하나를 택하는 문제이고 11번부터 20번까지는 4개 중 하나를 선택하는 선다형 문제 20문항에 대하여 각 문제마다 임의로 답할 때 정답의 수 X (단, 각 문제마다 정답은 한 개씩만 있다)

(3) 흰 공이 5개, 빨간 공이 3개 들어 있는 주머니에서 3개의 공을 비복원 추출할 때, 나오는 흰 공의 수 X

(4) 주사위를 10번 던질 때, 1의 눈이 나오는 횟수 X

풀이 (1) 각 문제의 정답을 맞힐 확률은 0.2로 같고 각 문제의 정답을 맞히는 시행은 서로 독립이다. 이 시행을 20회 반복하는 것과 같으므로 $X \sim B(20, 0.2)$이다.

(2) 1번부터 10번까지는 정답을 맞힐 확률은 0.2이나 11번부터 20번까지는 정답을 맞힐 확률은 $\frac{1}{4} = 0.25$로 모든 시행의 확률이 같지 않으므로 X는 이항분포를 따르지 않는다.

(3) 비복원추출을 할 경우 각 시행은 서로 독립이 아니므로 X는 이항분포를 따르지 않는다.

(4) 이 경우 매 시행에서 1의 눈이 나오느냐 그렇지 않느냐만 관심이 있으므로

각 시행은 성공의 확률이 $\frac{1}{6}$인 베르누이 시행이다. 각 시행은 서로 독립이므로 $X \sim B\left(10, \frac{1}{6}\right)$이다.

서로 독립인 이항확률변수의 합의 분포

정상적인 주사위를 10번 던진 후 다시 5번을 더 던지는 실험을 생각하자. 이 때, 처음 10번을 던질 때 1의 눈이 나오는 횟수를 X, 그 다음 5번을 더 던질 때 나오는 1의 눈의 수를 Y라 하자. 그러면 X와 Y는 서로 독립이고 $X \sim B\left(10, \frac{1}{6}\right)$, $Y \sim B\left(5, \frac{1}{6}\right)$이다. 한편 $X+Y$는 15번의 시행에서 나오는 1의 눈의 수이므로 $X+Y$는 모수가 $\left(15, \frac{1}{6}\right)$인 이항분포를 따른다. 즉, $X+Y \sim B\left(15, \frac{1}{6}\right)$. 일반적으로 다음이 성립한다.

> **이항분포의 성질**
>
> $X \sim B(m,p)$, $Y \sim B(n,p)$이고 서로 독립이면, $X+Y \sim B(m+n,p)$이다.

이항분포의 평균과 분산

제5장에서 살펴보았던 독립인 확률변수의 합에 대한 평균과 분산에 대한 성질을 이용하면 이항분포의 평균과 분산을 쉽게 구할 수 있다.

성공확률이 p인 베르누이 시행을 독립적으로 n회 반복할 때, X_i를 i번째 $(i=1,\cdots,n)$ 시행의 결과라 하면

$$X = X_1 + \cdots + X_n$$

은 n회 시행에서 성공의 횟수이므로 $X \sim B(n,p)$이다. 한편, X_1, X_2, $\cdots$, X_n은 서로 독립이며 각각은 모수가 p인 베르누이 분포를 따른다.
따라서

$$E[X] = E[X_1] + \cdots + E[X_n] = p + \cdots + p = np$$

또한 $X_1, \cdots, X_n$이 서로 독립이므로

$$\begin{aligned} Var[X] &= Var[X_1 + \cdots + X_n] \\ &= Var[X_1] + \cdots + Var[X_n] \\ &= p(1-p) + \cdots + p(1-p) \\ &= np(1-p) \end{aligned}$$

위의 결과를 정리하면 다음과 같다.

이항분포의 평균과 분산

$X \sim B(n,p)$일 때,

1. 평균 $E[X] = np$
2. 분산 $Var[X] = np(1-p)$

예제 6.2

다섯 개의 문항 중에서 한 개를 선택하는 5지 선다형 문제가 20개가 있다. 각 면이 나올 가능성이 모두 같은 5각 연필을 굴려서 각각의 문제에 답을 할 때 얻을 수 있는 점수의 기댓값은 얼마인가? 단, 각 문제는 정답이 하나뿐이고 한 문제에 1점씩이다.

풀이 정답을 맞힌 문제의 수를 X라 하자. 각 문제의 정답을 맞힐 확률은 0.2로 동일하고 한 문제에 답하는 것은 다른 문제에 답하는 것과 서로 독립이므로 $X \sim B(20, 0.2)$이다. 각 문제당 1점이므로 점수의 기댓값은 $E[X] = 20 \times 0.2 = 4$점이다.

이항분포의 최빈값

이항분포 $X \sim B(n,p)$의 확률질량함수 $P(X=k)$가 최댓값이 되는 k를 X의 **최빈값**(mode)이라 한다. 아래 [그림 6.1]은 이항분포 $X \sim B(10, 0.3)$와 $X \sim B(8, 0.7)$의 확률질량함수를 막대그래프로 나타낸 것이다. 그림에서 k의 값이 평균 근방에서 $P(X=k)$값이 최대가 되는 것을 알 수 있다. 일반적으로 $X \sim B(n,p)$의 확률질량함

수 $P(X=k)$는 k가 $(n+1)p$를 넘지 않는 최대의 정수 일 때, 최댓값을 갖는 것으로 알려져 있다.

예를 들어 $X \sim B(10,0.3)$일 경우 $(10+1)0.3=3.3$이므로 $k=3$일 때, $P(X=k)$는 최댓값을 갖고 $X \sim B(7,0.8)$일 경우 $(8+1)0.7=6.3$이므로 $k=6$일 때, $P(X=k)$는 최댓값을 갖는다.

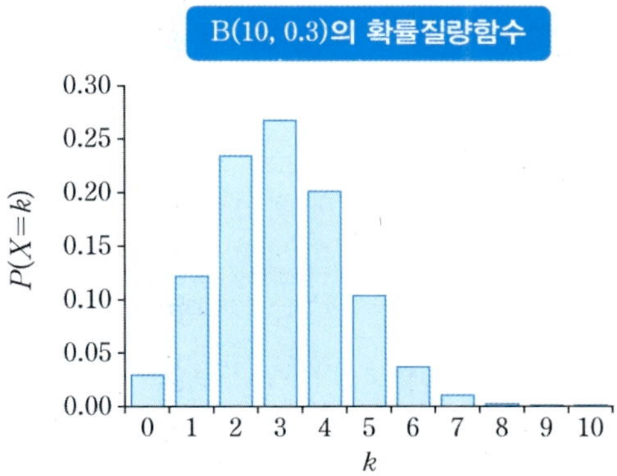

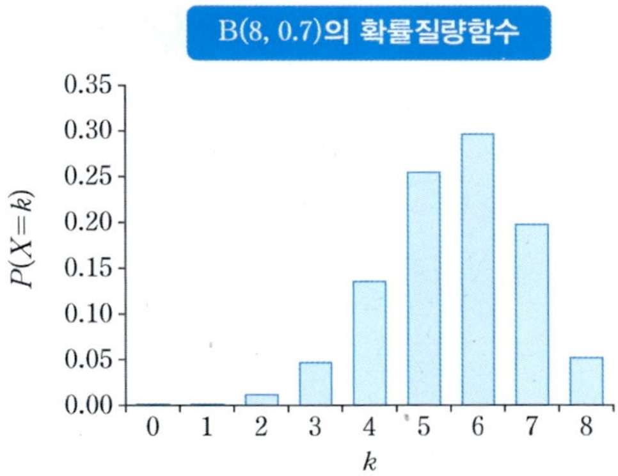

[그림 6.1] 이항분포의 확률질량함수

6.2 초기하분포

생각해보기

흰 공이 3개, 검은 공이 2개 들어있는 주머니에서 비복원추출로 세 개의 공을 꺼낼 때, 나오는 흰 공의 수를 X라 하자.

1. X는 이항분포를 따른다고 할 수 있는가?
2. $X=2$인 경우의 수는 몇 가지인가?

위 생각해보기 예제에서와 같이 두 가지 특성(흰 공 혹은 검은 공)을 갖는 모집단에서 비복원추출로 n개의 표본을 임의추출할 때, 한 가지 특성(흰 공)이 나오는 수를 X라 하자. 비복원추출의 경우 매 시행은 독립이 아니므로 X는 이항분포를 따르지 않는다. 위 생각해보기 예제에서 $X=2$인 경우의 수는 흰 공 3개 중 2개를 선택하고 검은 공 2개 중 1개를 선택하는 경우의 수와 같으므로 이 경우의 수는

$$\binom{3}{2}\binom{2}{1}=6$$

이다. 한편 3개의 공을 비복원추출하는 방법의 수는 5개에서 3개를 선택하는 방법의 수와 같으므로 $\binom{5}{3}=\frac{5!}{3!2!}=20$이다. 따라서

$$P(X=2)=\frac{\binom{3}{2}\binom{2}{1}}{\binom{5}{3}}=\frac{6}{20}=0.3$$

이다.

일반적으로 어떤 특성(예를 들어 흰 공) A를 갖는 개체 M개와 그렇지 않은 (검은 공) 개체 $N-M$개로 구성되어 있는 모집단에서 n개를 비복원추출할 때, 나올 수 있는 경우의 수는 모두 $\binom{N}{n}$이다. 또한 추출되는 표본 중 특성 A를 갖는 개체의 수가 k일 경우의 수는 M개 중에서 k개를 선택하고, $N-M$개 중에서 $n-k$를 선택하는 경우의 수와 같으므로

$$\binom{M}{k}\binom{N-M}{n-k}$$

이다. 또한 각 경우가 발생할 확률은 모두 동일하므로 특성 A를 갖는 개체가 k개 추출될 확률은 다음과 같다.

$$\frac{\binom{M}{k}\binom{N-M}{n-k}}{\binom{N}{n}}$$

초기하분포

X의 확률질량함수가 다음과 같을 때, X를 초기하확률변수이라 하고 X의 분포를 초기하분포(hypergeometric random variable)라 한다.

$$P(X=k)=\frac{\binom{M}{k}\binom{N-M}{n-k}}{\binom{N}{n}},\quad \max(0,n+M-N)\le k\le \min(M,n)$$

기호로는 $X\sim HG(N,M,n)$로 나타낸다.

초기하분포의 기댓값과 분산은 다음과 같다.

초기하분포 X의 기댓값과 분산

$$E[X]=np, \qquad Var[X]=np(1-p)\left(\frac{N-n}{N-1}\right),$$

단 $p=\dfrac{M}{N}$는 크기 N인 모집단에서 특정한 성질을 갖는 개체의 비율이다.

복원추출과 비복원추출

특성 A의 비율 $p=\dfrac{M}{N}$가 일정한 상태로 유지되면서 모집단의 크기 N이 무한히 커지면 초기하분포의 기댓값과 분산은 각각 $E[X]=np$, $Var[X]=np(1-p)$가 되어 이항분포$B(n,p)$의 기댓값과 분산과 같아짐을 알 수 있다. 실제 모집단의 크기 N이 무한히 커지면 초기하분포는 이항분포$B(n,p)$에 수렴한다는 것이 알려져 있다.

초기하분포와 이항분포

$X \sim HG(N,M,n)$일 때, 특정한 성질을 갖는 개체의 비율 $p=\dfrac{M}{N}$을 고정한 상태로 모집단의 크기 N이 무한히 커지면 다음이 성립한다.

$$P(X=k)=\frac{\binom{M}{k}\binom{N-M}{n-k}}{\binom{N}{n}} \to \binom{n}{k}p^k(1-p)^{n-k},\ k=0,1,2,\cdots,n$$

한편 복원추출을 할 경우 n개의 표본 중 특성 A를 갖는 표본의 수는 이항분포 $B(n,p)$를 따른다. 그러므로 모집단의 크기가 충분히 큰 경우에는 비복원추출의 결과와 복원추출의 결과는 거의 같아지게 된다.

예를 들어 모집단의 크기가 N이고 특정한 성질을 갖는 개체의 비율이 $p=0.6$으로 일정한 모집단에서 $n=5$개의 표본을 추출하는 경우를 생각해 보자. 이 때, 비복원추출 할 경우 추출된 표본 중 특정한 성질을 갖는 표본의 수를 X, 복원추출할 경우 특정한 성질을 갖는 표본의 수를 Y라 하자. 그러면 X는 초기하분포를 따르며, Y는 이항분포 $B(5, 0.6)$을 따른다. 다음 표와 [그림 6.2]는 X와 Y의 분포를 나타낸 것이다. 표와 그림에서 N이 무한히 커지면 초기하분포는 이항분포에 수렴하는 것을 알 수 있다.

N	$P(X=k)$					
	$k=0$	$k=1$	$k=2$	$k=3$	$k=4$	$k=5$
100	0.0725	0.2591	0.3515	0.2323	0.0728	0.0087
400	0.0765	0.2592	0.3478	0.2309	0.0758	0.0099
1000	0.0772	0.2592	0.3464	0.2306	0.0764	0.0101
2000	0.0775	0.2592	0.3460	0.2305	0.0766	0.0102
10000	0.0777	0.2592	0.3457	0.2304	0.0768	0.0102
$P(Y=k)$	0.0778	0.2592	0.3456	0.2304	0.0768	0.0102

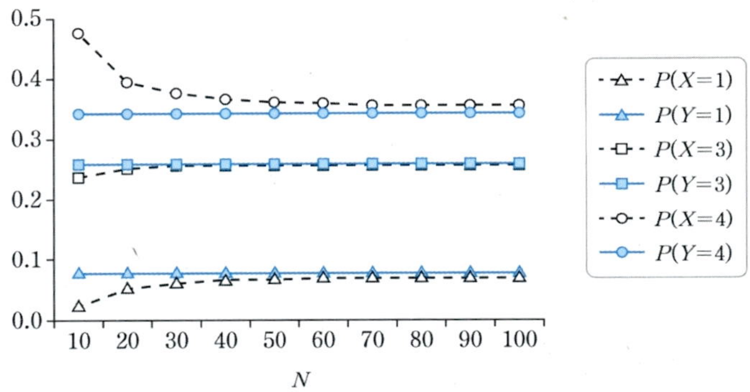

[그림 6.2] 초기하분포 X와 이항분포 Y

6.3 이항분포의 근사

생각해보기

다음 경우의 확률을 구하는 방법에 대하여 생각해보자.

1. 로또 6/45는 45개의 숫자 중 6개를 맞추는 게임이다. 이 게임을 한 번 할 때, 1등에 당첨될 확률은

$$p = \frac{1}{\binom{45}{6}} = \frac{1}{8,145,060}$$

이다. 한 주에 9천만 번의 게임이 이루어질 때, 1등에 당첨되는 게임이 10개가 될 확률은 얼마인가?

2. 2021년 한 해 우리나라 신생아 출생자 수는 26만 6백 명이었다. 남녀가 태어날 확률이 동일하다면 출생 남아 수와 여아 수의 차이가 10000명 이상이 될 확률은 얼마인가?

위의 **생각해보기** 예에서 1번은 성공확률이 매우 작은 시행을 매우 많이 반복할 때 성공 횟수의 분포를 구하는 문제이고 2번은 성공확률이 극단적으로 작거나 크지 않은 경우 시행을 여러 번 반복할 때 성공 횟수의 분포와 관련된 문제이다. 이 절에서는 이와 같은 문제에 대하여 살펴본다.

시작하기 전에 자주 사용되는 상수 e에 대하여 소개한다.

자연로그의 밑

자연로의 밑 또는 자연상수로 알려진 상수 e는 다음과 같은 값을 갖는 무리수이다.

$$e = 2.71828182845904523 54\cdots$$

상수 e는 다음과 같은 형태로 주어지기도 한다.

(1) $e = \lim_{n \to \infty}\left(1 + \frac{1}{n}\right)^n$ (2) $e = \sum_{n=0}^{\infty} \frac{1}{n!}$

(3) $\int_1^a \frac{1}{x}dx = 1$를 만족하는 a의 값

푸아송분포

이항분포 $X_n \sim B(n,p)$에서 평균 $\mu = np$를 일정하게 유지하면서 시행횟수 n이 무한히 커지면 각각의 k에 대하여 다음이 성립한다는 것이 알려져 있다.

$$P(X_n = k) = \binom{n}{k}p^k(1-p)^{n-k} \to e^{-\mu}\frac{\mu^k}{k!} \tag{1}$$

X의 확률질량함수가

$$P(X=k)=e^{-\mu}\frac{\mu^k}{k!},\ k=0,1,2,\cdots$$

일 때, X는 모수가 μ인 **푸아송분포**(Poisson distribution)를 따른다고 한다. 푸아송분포의 평균과 분산은 μ로 서로 같다.

$$E[X]=\mu,\ \ Var[X]=\mu$$

다음 표는 $X\sim B(n,p)$에 대하여 $\mu=np=3.0$을 고정한 상태로 n이 증가할 때 $P(X=k)$와 평균이 $\mu=3.0$인 푸아송분포의 확률질량함수와 비교한 것이다.

n	p	k					
		0	1	2	3	4	5
10	0.300	0.0282	0.1211	0.2335	0.2668	0.2001	0.1029
50	0.060	0.0453	0.1447	0.2262	0.2311	0.1733	0.1018
100	0.030	0.0476	0.1471	0.2252	0.2275	0.1706	0.1013
200	0.015	0.0487	0.1482	0.2246	0.2257	0.1693	0.1011
300	0.010	0.0490	0.1486	0.2244	0.2252	0.1689	0.1010
푸아송 분포		0.0498	0.1494	0.2240	0.2240	0.1680	0.1008

평균 $\mu=np$이 일정한 상태에서 n이 무한히 커지면 성공확률 $p=\frac{\mu}{n}$는 무한히 작아지게 된다. 위의 결과 (1)은 성공확률이 매우 작은 베르누이 시행을 아주 많이 실시할 경우 성공 횟수의 분포는 근사적으로 모수가 $\mu=np$인 푸아송분포를 따른다는 것이다. 이러한 이유로 인하여 어떤 책의 한 쪽 또는 여러 쪽에 있는 오타의 수, 어느 지역에 거주하는 100세 이상인 사람의 수, 어느 하루 동안 잘못 걸린 전화의 수, 고속도로의 특정 구간에서 발생한 교통사고의 수와 같이 일어날 가능성은 매우 희박하지만 많은 시행을 하는 모형에 푸아송분포가 유용하게 쓰인다.

위의 **생각해보기** 1번에서 1등 당첨자 수 X는 모수가(9천만, p)인 이항분포를 따른다. 이 경우 평균은 $\mu=9\text{천만}\times p=11.05$이므로

$$P(X=10)\approx e^{-11.05}\frac{11.05^{10}}{10!}=0.1188$$

과 같이 근사할 수 있다.

정규분포

이항분포 $X \sim B(n,p)$를 표준화한 확률변수는 다음과 같다.

$$Z = \frac{X - E[X]}{\sqrt{Var[X]}} = \frac{X - np}{\sqrt{np(1-p)}}$$

성공확률 p는 변동 없이 시행횟수 n이 무한히 커지면 표준화한 확률변수의 분포는 다음과 같이 연속확률분포에 수렴한다는 것이 알려져 있다.

$$P\left(a \le \frac{X - np}{\sqrt{np(1-p)}} \le b\right) \to \int_a^b \frac{1}{\sqrt{2\pi}} e^{-\frac{x^2}{2}} dx$$

이와 같은 확률밀도함수를 갖는 연속확률분포를 정규분포라고 한다. 정규분포에 대한 설명과 정규분포를 이용하여 이항분포를 근사하는 방법은 다음 절에서 다룬다.

6.4 정규분포

자연현상이나 사회현상에서 나타나는 자료들은 자료의 수가 많아질수록 상대도수 다각형이 정규분포 곡선이라고 불리는 좌우 대칭인 곡선에 가까이 가는 경우가 많이 있다. 이와 관련된 내용은 제7장에서 나오는 중심극한 정리에 의하여 설명되어 질 수 있다. 이에 따라 정규분포는 연속확률분포 중 통계이론에서 가장 유용한 분포 중의 하나로 알려지고 있다.

확률변수 X의 확률밀도함수가

$$f(x) = \frac{1}{\sqrt{2\pi}\,\sigma} e^{-\frac{(x-\mu)^2}{2\sigma^2}}, \quad -\infty < x < \infty$$

일 때, X는 **정규분포**(normal distribution)을 따른다고 하고 기호로

$$X \sim N(\mu, \sigma^2)$$

와 같이 나타낸다. 여기서 $\pi \approx 3.14159265\cdots$는 원주율이고 $e \approx 2.7182818\cdots$인 무리수이다. 정규분포를 따르는 확률변수를 정규확률변수라고 부르기도 한다.

정규분포의 정의로부터 정규분포는 두 개의 모수 μ와 σ^2에 의하여 결정되는 것을 알 수 있다. $X \sim N(\mu, \sigma^2)$일 때, X의 평균과 분산은 각각 다음과 같다는 것이 알려져 있다.

정규분포 $X \sim N(\mu, \sigma^2)$의 평균과 분산

1. 평균 $E[X] = \mu$
2. 분산 $Var[X] = \sigma^2$

정규분포의 확률밀도함수 그래프는 다음과 같다.

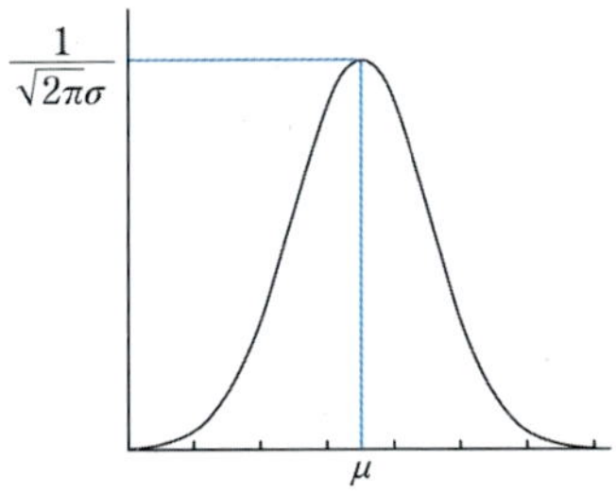

[그림 6.3] 정규분포 $N(\mu, \sigma^2)$의 확률밀도함수의 그래프

μ와 σ의 변화에 따른 정규분포의 확률밀도함수의 모양은 [그림 6.4]와 같다.

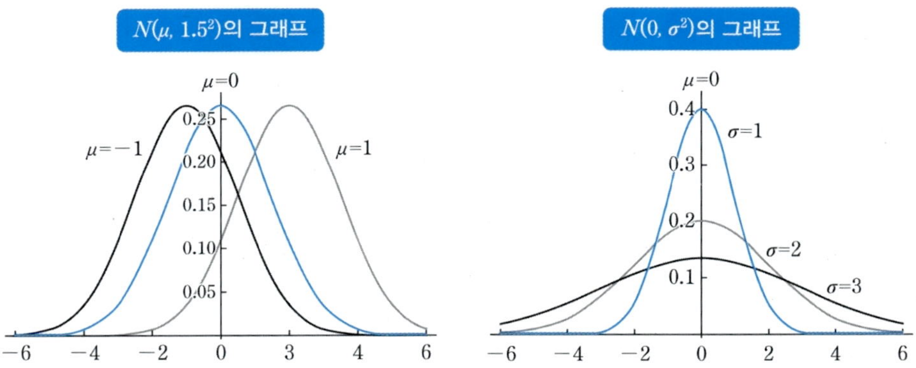

[그림 6.4] μ와 σ에 따른 정규분포의 확률밀도함수의 모양

[그림 6.3]과 [그림 6.4]로부터 정규분포 $N(\mu,\sigma^2)$의 확률밀도함수 $f(x)$는 다음과 같은 성질을 갖는다는 것을 알 수 있다.

1. $f(x)$의 그래프는 $x=\mu$에 대하여 대칭이다.
2. $f(x)$는 $x=\mu$일 때 최댓값 $\dfrac{1}{\sqrt{2\pi}\,\sigma}$를 갖는다.
3. 표준편차 σ가 일정할 때, 평균 μ가 변하면 그래프의 모양은 변하지 않고 대칭축의 위치만 변한다. [그림 6.4]
4. 평균 μ가 일정할 때, 표준편차 σ가 변하면 대칭축은 변하지 않고 그래프의 모양이 바뀐다. [그림 6.4] 이때, 표준편차가 커질수록 $f(x)$의 최댓값 $\dfrac{1}{\sqrt{2\pi}\,\sigma}$은 작아지고 $f(x)$의 적분값은 1로 일정하므로 꼬리부분은 두터워진다.
5. $X \sim N(\mu,\sigma^2)$일 때, X의 값이 평균 μ 주변에 있을 확률은 다음과 같다.

$$P(\mu-\sigma < X < \mu+\sigma) \approx 0.6827$$
$$P(\mu-2\sigma < X < \mu+2\sigma) \approx 0.9545$$
$$P(\mu-3\sigma < X < \mu+3\sigma) \approx 0.9973$$

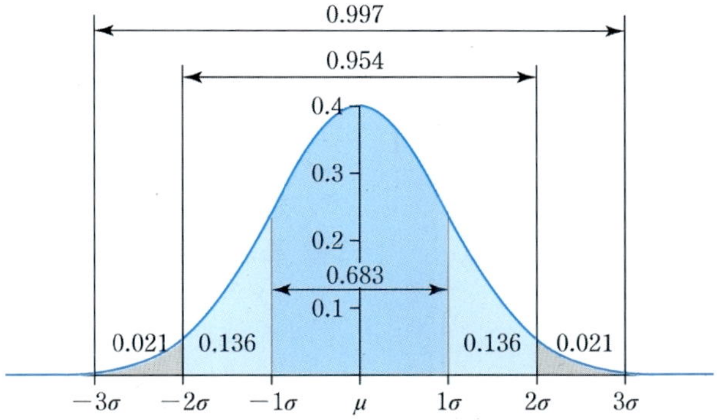

표준정규분포

평균이 0이고 분산이 1인 정규분포 $N(0,1)$을 **표준정규분포**(standard normal distribution)라 하고 흔히 확률변수 Z로 표기한다. 표준정규분포의 확률밀도함수는 다음과 같다.

$$g(x) = \frac{1}{\sqrt{2\pi}} e^{-\frac{x^2}{2}}, \quad -\infty < x < \infty$$

$g(x)$는 $x=0$(y축)에 대하여 대칭이므로 다음이 성립한다.

표준정규분포의 확률

1. $P(Z \leq 0) = P(Z \geq 0) = 0.5$
2. $P(Z \leq -z) = P(Z \geq z) = 1 - P(Z \leq z), \; z \geq 0$
3. $P(|Z| \geq z) = P(Z \geq z) + P(Z \leq -z) = 2P(Z \geq z), \; z \geq 0$

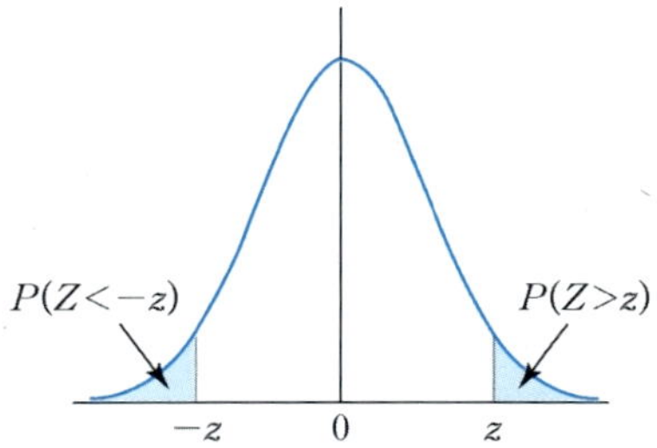

[그림 6.5] 표준정규분포의 확률

부록의 표1에서 확률

$$P(Z \leq z) = \int_{-\infty}^{z} \frac{1}{\sqrt{2\pi}} e^{-x^2/2}\, dx$$

을 계산한 결과를 표로 나타내고 있다. 이 표를 **표준정규분포표**라 한다. 〈표 6.1〉은 표준정규분포표의 일부이다.

표 6.1 표준정규분포표 일부

z	0.00	0.01	0.02	0.03	0.04	0.05	0.06	0.07	0.08	0.09
0.0	0.5000	0.504	0.508	0.512	0.516	0.5199	0.5239	0.5279	0.5319	0.5359
0.1	0.5398	0.5438	0.5478	0.5517	0.5557	0.5596	0.5636	0.5675	0.5714	0.5753
0.2	0.5793	0.5832	0.5871	0.591	0.5948	0.5987	0.6026	0.6064	0.6103	0.6141
					⋮					
1.0	0.8413	0.8438	0.8461	0.8485	0.8508	0.8531	0.8554	0.8577	0.8599	0.8621
1.1	0.8643	0.8665	0.8686	0.8708	0.8729	0.8749	0.8770	0.8790	0.8810	0.8830

z	0.00	0.01	0.02	0.03	0.04	0.05	0.06	0.07	0.08	0.09
1.2	0.8849	0.8869	0.8888	0.8907	0.8925	0.8944	0.8962	0.898	0.8997	0.9015
1.3	0.9032	0.9049	0.9066	0.9082	0.9099	0.9115	0.9131	0.9147	0.9162	0.9177
						⋮				
1.9	0.9713	0.9719	0.9726	0.9732	0.9738	0.9744	0.975	0.9756	0.9761	0.9767
2.0	0.9772	0.9778	0.9783	0.9788	0.9793	0.9798	0.9803	0.9808	0.9812	0.9817
2.1	0.9821	0.9826	0.983	0.9834	0.9838	0.9842	0.9846	0.985	0.9854	0.9857

예제 6.3

$Z \sim N(0,1)$일 때, 표준정규분포표를 이용하여 다음을 구하라.

(1) $P(Z \le 1.23)$ (2) $P(Z \le -1.35)$ (3) $P(Z < -1.2 \text{ 또는 } Z > 2.1)$

풀이 (1) $P(Z \le 1.23)$는 표준정규분포표에서 세로축의 1.2와 가로축의 0.03이 만나는 지점의 값 0.8907이다. 따라서

$$P(Z \le 1.23) = 0.8907.$$

(2) $P(Z \le -1.35) = P(Z \ge 1.35)$

$$= 1 - P(Z \le 1.35) = 1 - 0.9115 = 0.0885$$

(3)
$$\begin{aligned} P(Z < -1.2 \text{ 또는 } Z > 2.1) &= P(Z < -1.2) + P(Z > 2.1) \\ &= (1 - P(Z < 1.2)) + (1 - P(Z < 2.1)) \\ &= (1 - 0.8849) + (1 - 0.9821) = 0.133 \end{aligned}$$

표준정규분포의 백분위수

$Z \sim N(0,1)$일 때,

$$P(Z > z) = \alpha$$

를 만족하는 z의 값을 표준정규분포의 $100(1-\alpha)\%$ **백분위수**라 하고 z_α로 나타낸다 ([그림 6.6] 참고).

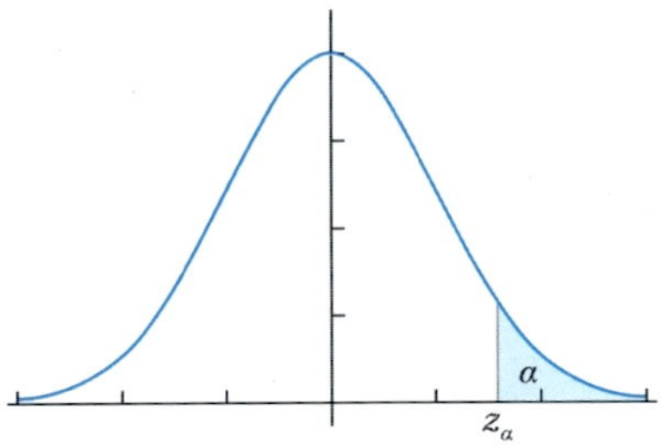

[그림 6.6] $N(0,1)$의 $100(1-\alpha)\%$ 백분위수 z_α

통계적인 추론에서 다음과 같은 표준정규분포의 백분위수가 자주 사용된다.

$$z_{0.005} = 2.58,\ z_{0.025} = 1.96,\ z_{0.05} = 1.645$$

표준정규분포를 이용한 $X \sim N(\mu, \sigma^2)$의 확률 계산

표준정규분포를 이용하여 $X \sim N(\mu, \sigma^2)$의 확률을 계산하는 방법을 알아보자. 정규분포의 다음 성질을 이용한다.

정규분포의 성질 1

$X \sim N(\mu, \sigma^2)$이면, $aX + b \sim N(a\mu + b, a^2\sigma^2)$이다.

정규분포에 대한 위의 성질은 정규확률변수에 상수를 곱하거나 더하여도 정규분포를 따른다는 것을 의미한다.

평균이 μ이고 표준편차가 σ인 정규확률변수 $X \sim N(\mu, \sigma^2)$를 표준화한 확률변수 $Z = \dfrac{X-\mu}{\sigma}$의 평균과 분산은 각각

$$E[Z] = 0,\ Var[Z] = 1$$

이므로 다음이 성립함을 알 수 있다.

$$Z = \frac{X-\mu}{\sigma} \sim N(0,1)$$

따라서 $X \sim N(\mu, \sigma^2)$의 확률은 표준정규분포를 이용하여 다음과 같이 구할 수 있다.

$$\begin{aligned} P(X \le a) &= P\left(\frac{X-\mu}{\sigma} \le \frac{a-\mu}{\sigma}\right) \\ &= P\left(Z \le \frac{a-\mu}{\sigma}\right) \end{aligned}$$

예제 6.4

$X \sim N(1, 4)$일 때 다음 확률을 구하라.

(1) $P(-1 \le X \le 1.5)$ (2) $P(|X-1| \le 2.3)$

풀이 $Z = \dfrac{X-1}{2} \sim N(0, 1)$이므로

$$\begin{aligned} (1)\ P(-1 \le X \le 1.5) &= P\left(\frac{-1-1}{2} \le \frac{X-1}{2} \le \frac{1.5-1}{2}\right) \\ &= P(-1 \le Z \le 0.25) \\ &= P(Z \le 0.25) - P(Z \le -1) \\ &= 0.5987 - (1 - 0.8413) = 0.4400 \end{aligned}$$

$$\begin{aligned} (2)\ P(|X-1| \le 2.3) &= P\left(\left|\frac{X-1}{2}\right| \le \frac{2.3}{2}\right) \\ &= P(|Z| \le 1.15) \\ &= 1 - 2P(Z \le 1.15) \\ &= 1 - 2 \times 0.8749 = 0.7498 \end{aligned}$$

독립인 정규확률변수의 합의 분포

정규분포를 따르는 두 확률변수 X와 Y가 서로 독립이면 두 확률변수의 합 $X+Y$도 정규분포를 따른다는 것이 알려져 있다. 이 때, 기댓값의 성질에 의하여

$$E[X+Y] = E[X] + E[Y]$$

이고 X와 Y가 서로 독립이므로 분산의 성질에 의하여

$$Var[X+Y] = Var[X] + Var[Y]$$

이다. 이 결과를 요약하면 다음과 같다.

정규분포의 성질 2

$X \sim N(\mu_1, \sigma_1^2)$, $Y \sim N(\mu_2, \sigma_2^2)$이고 X와 Y가 서로 독립이면,

$X+Y \sim N(\mu_1+\mu_2,\ \sigma_1^2+\sigma_2^2)$이다.

예제 6.5

어떤 공장에서 생산되는 특정 부품의 수명은 평균이 1000시간이고 표준편차가 100시간인 정규분포를 따른다고 하자.

(1) 이 공장에서 생산되는 부품을 임의로 택할 때, 이 부품의 수명이 900시간 이상일 확률을 구하라.

(2) 한 부품의 수명이 다하면 동일한 종류의 다른 부품으로 교체한다고 할 때, 2개의 부품 수명이 모두 다할 때까지 걸리는 시간이 1800시간 이상이 될 확률을 구하라.

풀이 (1) 이 공장에서 생산되는 부품의 수명을 X라 하면 $X \sim N(1000, 100^2)$이므로 구하는 확률은

$$\begin{aligned} P(X \geq 900) &= P\left(\frac{X-1000}{100} \geq \frac{900-1000}{100}\right) \\ &= P(Z \geq -1) = P(Z \leq 1) \\ &= 0.8413 \end{aligned}$$

(2) 새로 구입한 2개 부품의 수명을 각각 X와 Y라 하면 X와 Y는 서로 독립이고 각각은 평균이 1000시간이고 표준편차가 100시간인 정규분포를 따른다. 따라서 $X+Y$는 평균이 2000시간이고 표준편차가 $100\sqrt{2}$인 정규분포를 따른다. 그러므로

$$\begin{aligned} P(X+Y \geq 1800) &= P\left(\frac{X-2000}{100\sqrt{2}} \geq \frac{1800-2000}{100\sqrt{2}}\right) \\ &= P(Z \geq -\sqrt{2}) = P(Z \leq \sqrt{2}) \\ &= 0.9214 \end{aligned}$$

6.5 정규분포를 이용한 이항분포의 근사

아래 [그림 6.7]은 $p = 0.625$일 때, 여러 가지 n에 대하여 이항분포 $B(n,p)$의 확률질량함수 $p_n(k) = P(X = k)$의 그래프를 직선으로 연결한 것이다. 그림에서 n이 증가함에 따라 그래프의 모양이 정규분포의 확률밀도함수 그래프와 유사한 모양에 가까워짐을 알 수 있다.

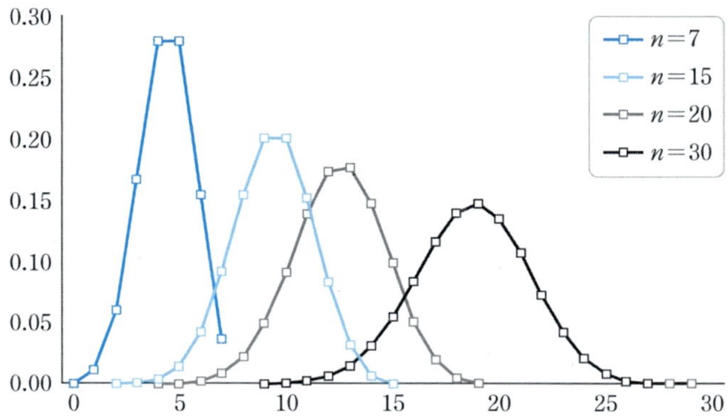

[그림 6.7] $B(n, 0.625)$의 확률질량함수

이항분포에 대한 다음 결과가 알려져 있다.

이항분포의 정규근사

$X \sim B(n,p)$일 때, n이 무한히 커지면 표준화한 확률변수

$$\frac{X - np}{\sqrt{np(1-p)}} = \frac{\frac{X}{n} - p}{\sqrt{p(1-p)/n}}$$

의 분포는 표준정규분포 $N(0,1)$에 수렴한다.

위의 결과로부터 충분히 큰 n에 대하여 $X \sim B(n,p)$의 분포는 근사적으로 평균과 분산이 각각 $\mu = np$, $\sigma^2 = np(1-p)$인 정규분포 $N(np, np(1-p))$를 따른다는 것을 알 수 있다. 즉, n이 충분히 클 때,

$$\frac{X-np}{\sqrt{np(1-p)}}=\frac{\frac{X}{n}-p}{\sqrt{p(1-p)/n}}\sim N(0,1)$$

참고

정규분포를 이용하여 이항분포를 근사할 때, n의 크기가 $np>5$, $n(1-p)>5$을 만족하면 좋은 근삿값을 제공하는 것으로 알려져 있다.

한편 이항분포는 이산형분포이고 정규분포는 연속형분포이므로 근삿값의 오차를 줄이기 위해서는 보정작업이 필요하다.

[그림 6.8]은 $n=25$, $p=0.625$일 때 이항분포 $B(n,p)$의 확률질량함수의 히스토그램과 정규분포 $N(np, np(1-p))$의 확률밀도함수를 겹쳐서 그린 것이다. 이 때, $P(X=18)$은 18에 대응되는 사각형의 넓이(색칠된 부분)이다. 이 사각형의 넓이는 구간

$$(18-0.5,\ 18+0.5)=(17.5, 18.5)$$

에서 정규분포 $Y\sim N(np, np(1-p))$의 확률 $P(17.5<Y<18.5)$로 근사한다. 즉,

$$P(X=18)\approx P(17.5<Y<18.5)$$

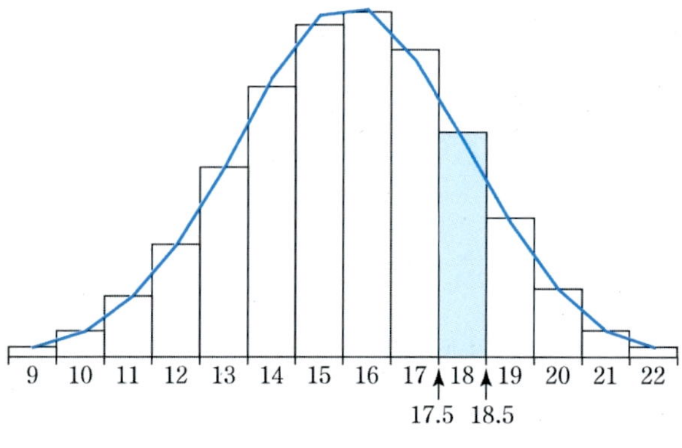

[그림 6.8] 정규분포를 이용한 이항분포의 근사

정규분포를 이용한 이항분포의 근사

$X \sim B(n,p)$일 때, 충분히 큰 n에 대하여 X의 분포는 다음과 같이 정규분포 $N(np, np(1-p))$를 이용하여 근사한다.

$$\begin{aligned} P(a \le X \le b) &= P(a-0.5 < X < b+0.5) \\ &= P\left(\frac{a-0.5-np}{\sqrt{np(1-p)}} < \frac{X-np}{\sqrt{np(1-p)}} < \frac{b+0.5-np}{\sqrt{np(1-p)}}\right) \\ &\approx P\left(\frac{a-0.5-np}{\sqrt{np(1-p)}} < Z < \frac{b+0.5-np}{\sqrt{np(1-p)}}\right) \end{aligned}$$

위와 유사하게 $P(a < X < b)$와 같이 부등호가 있는 경우는 다음과 같은 식을 이용한다.

$$\begin{aligned} P(a < X < b) &= P(a+1 \le X \le b-1) \\ &= P(a+0.5 < X < b-0.5) \end{aligned}$$

예제 6.6

1000명의 신생아중 아들이 510명 이상일 확률을 정규분포를 이용하여 근사하라. 단 아들이 태어날 확률은 0.5라고 하자.

풀이 아들의 수를 X라 하면 구하는 확률은 $P(X \ge 510)$이다.
한편, $X \sim B(1000, 0.5)$이므로

$$E[X] = 1000 \times 0.5 = 500,$$
$$Var[X] = 1000 \times 0.5 \times (1-0.5) = 250$$

이다. 정규분포 $N(500, 250)$을 이용하여 근사하면

$$\begin{aligned} P(X \ge 510) &= P(X > 509.5) \\ &= P\left(\frac{X-500}{\sqrt{250}} > \frac{509.5-500}{\sqrt{250}}\right) \\ &\approx P(Z > 0.6) = 1 - P(Z \le 0.6) \\ &= 0.2740 \end{aligned}$$

엑셀을 이용한 확률분포의 계산

1. 이항분포

(1) $X \sim B(20, 0.2)$일 때, $P(X=5)$의 계산

① 함수삽입(f_x)⇒ 함수마법사 창에서 [범주선택: 통계]

[함수선택: BINOM.DIST]를 선택한 후 확인 클릭

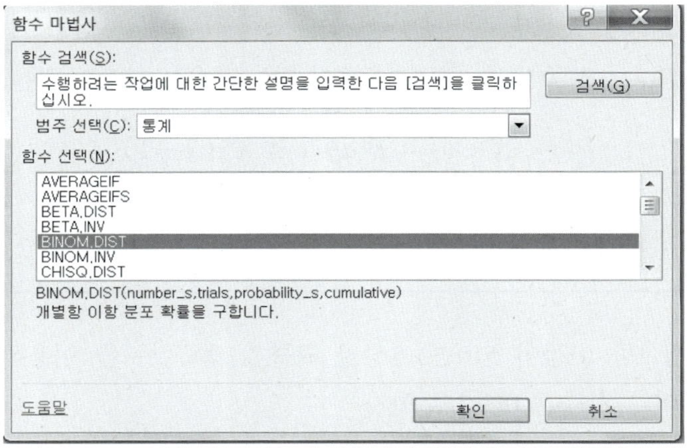

② 함수인수 창에서 다음과 같이 입력

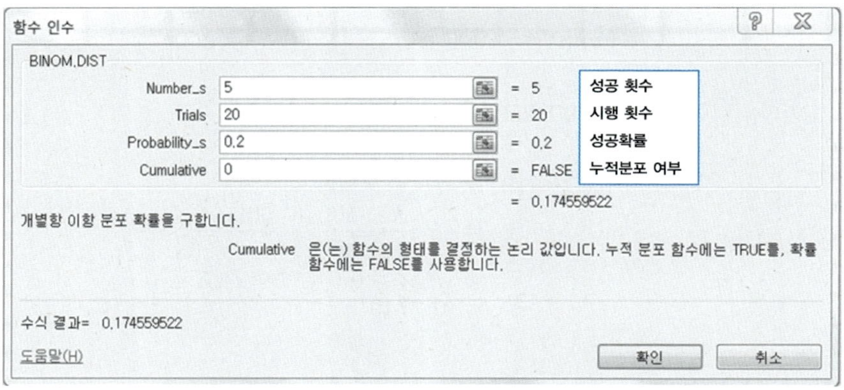

그림에서 수식 결과 값 $P(X=5)=0.174559522$

2. 초기하분포

흰 바둑돌 8개와 검은 바둑돌 6개가 들어 있는 항아리에서 5개의 돌을 비복원추출할 때 나오는 흰 바둑돌의 수를 X라 할 때, $P(X=3)$을 구하는 방법을 알아본다.

① 함수삽입(f_x)⇒함수마법사⇒함수선택 : HYPGEOM.DIST
② 함수인수 창에서 다음을 입력한다.

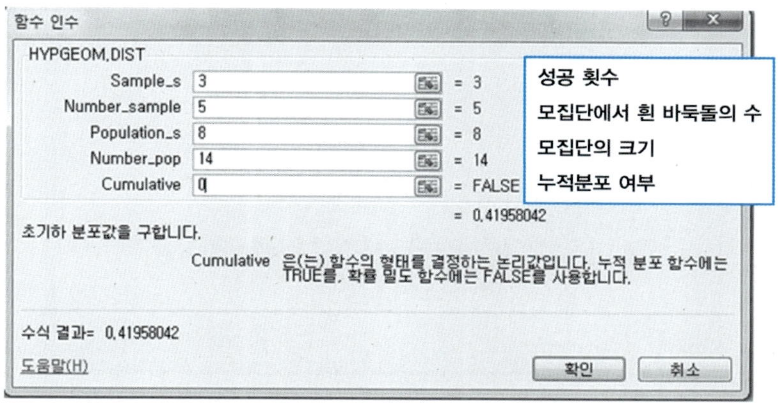

그림에서 수식 결과 값 : $P(X=3)=0.41958042$

3. 푸아송분포

평균이 2인 푸아송확률변수 X에 대하여 $P(X=3)$의 계산

① 함수명 : POISSON.DIST
② 함수인수 창에서 X : 3, Mean : 2, Cumulative : 0 을 입력
$P(X=3)=0.180447044$의 값을 출력한다.

4. 정규분포

(1) $X \sim N(2, 3^2)$일 때, $P(X \le 1.23)$의 계산

① 함수마법사(f_x) ⇒ NORM.DIST 선택

(※ 표준정규분포일 경우는 NORM.S.DIST를 선택해도 됨)

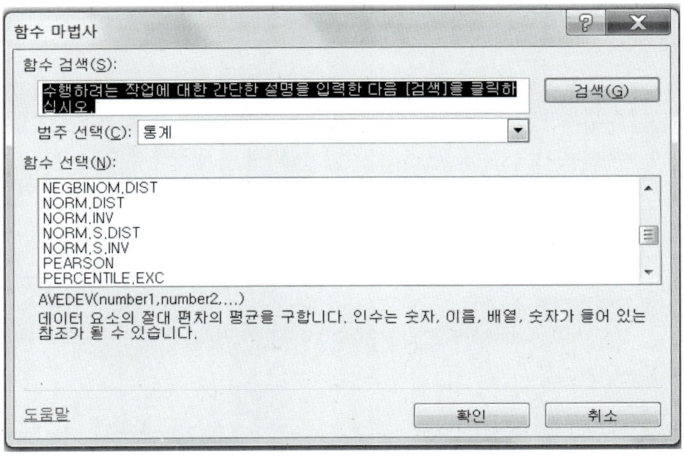

② NORM.DIST의 함수인수 창에서 다음과 같이 입력한다.

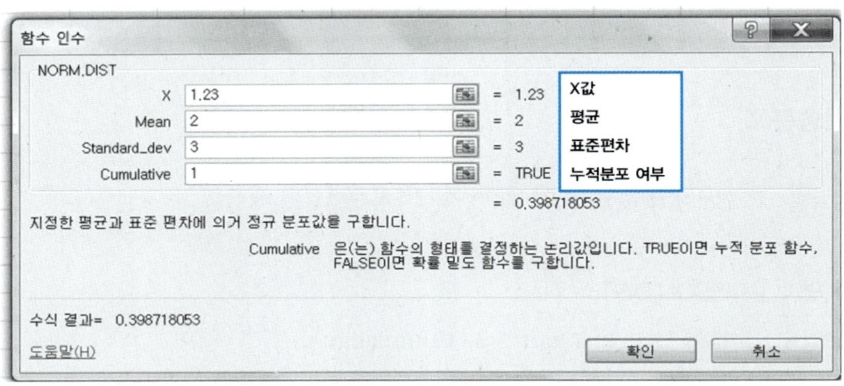

(2) $X \sim N(2, 3^2)$일 때, $P(X \le x) = 0.03$를 만족하는 x값의 계산

① 함수마법사(f_x) ⇒ NORM.INV 선택

(※ 표준정규분포일 경우는 NORM.S.INV를 선택해도 됨)

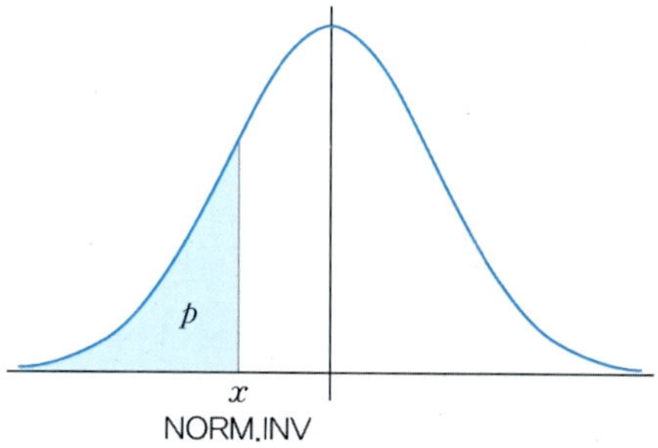

② NORM.INV의 함수인수 창에서 다음과 같이 입력

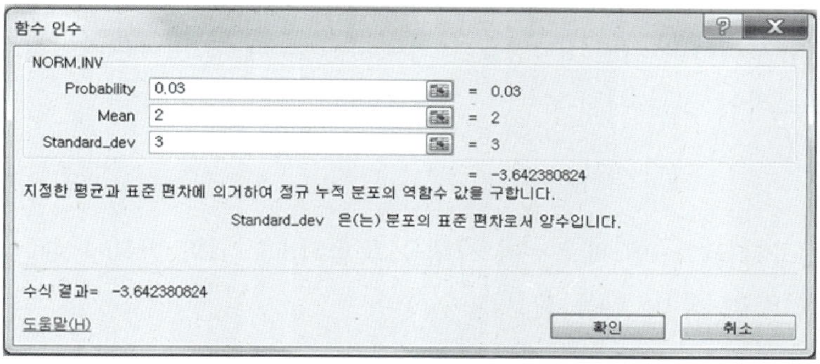

제 6 장 연습문제

01 다음 각 경우에 확률변수 X를 이항분포로 모형화 하는 것이 타당한지 판정하고 그 이유를 설명하라. 이항분포로 모형화 하는 것이 타당하다고 판정할 경우 모수 (n,p)를 구하라.

(1) 45개의 번호 중 6개를 맞추는 복권을 10명이 각각 한 게임씩 살 때, 이들 중 1등에 당첨된 사람의 수

(2) 5명이 각자 가져온 윷가락을 각각 한 번씩 던질 때 이들 중 모가 나오는 사람의 수 (단 각자의 윷은 서로 다른 것이다.)

(3) 자유투 성공률이 75%인 농구선수가 10번의 자유투를 할 때, 성공한 횟수

(4) 주민 수가 5만 명인 어느 도시에서 그 도시의 특정 정책에 대한 찬성 여부를 묻기 위해 500명을 조사한다고 할 때, 그 정책에 찬성하는 사람의 수

(5) 주사위를 10번 던질 때, 5이상의 눈이 나오는 횟수

(6) 우리나라 사람 100명을 임의로 추출할 때, 코로나19바이러스에 감염된 적이 있는 사람 수

02 성공확률이 p인 베르누이 시행을 독립적으로 n회 반복할 때 성공한 횟수를 X라 하자. 다음 확률을 구하라.

(1) $n=10, p=0.3$일 때 $P(X \leq 5)$

(2) $n=20, p=0.6$일 때 $P(5 \leq X \leq 12)$

03 $X \sim B(n,p)$일 때, $Y=\dfrac{X}{n}$의 평균과 분산을 구하라.

04 확률변수 X는 평균이 6이고 분산이 2.4인 이항분포를 따른다. 다음 확률을 구하라.

(1) $P(X=0)$ (2) $P(X \leq 5)$

05 성공확률이 $p=0.6$인 베르누이 시행을 독립적으로 n번 시행할 때, 다음 각 경우에 성공의 횟수가 실패의 횟수보다 클 확률을 구하라.

(1) $n=1$　　(2) $n=2$

(3) $n=3$　　(4) $n=7$

06 자유투 성공률이 70%인 농구선수가 8번을 던진다고 할 때, 몇 번을 성공할 가능성이 가장 높겠는가? 단 매번 시행은 독립적으로 이루어진다고 가정한다.

07 2022년 우리나라 출생아 수는 24만 9000명이고 이 중 남자 아이의 수는 127400명, 여자아이의 수는 121600명으로 남아의 수가 약 5800명 많은 것으로 발표되었다. 다음 정규분포를 이용하여 확률의 근삿값을 구하라.

(1) 남녀가 태어날 확률이 동일하다면 남아와 여아의 출생자 수의 차가 5800명 이하가 될 확률은 얼마인가?

(2) 위의 (1)의 결과로부터 2022년 우리나라 출생아 수의 남녀 성비는 동일하다고 할 수 있겠는가?

08 빨간공이 3개, 파란공이 4개 들어 있는 주머니에서 임의로 5개의 공을 추출할 때 나오는 빨간공의 수를 X라 하자. 다음 각 경우에 $E[X]$와 $Var[X]$를 구하라.

(1) 복원추출할 경우　　(2) 비복원추출할 경우

09 어떤 부품을 생산하는 공장에서 그 부품의 불량률은 2%라고 한다. 25개들이 한 상자에 포함된 불량품의 개수를 X라 하자. 확률 $P(X \le 1)$를 다음과 같은 방법으로 구하고 그 결과를 구하라.

(1) X는 이항분포 $B(25, 0.02)$를 따른다.

(2) X는 평균이 0.5인 푸아송분포를 따른다.

10 $Z \sim N(0,1)$일 때 표준정규분포표를 사용하여 다음 확률을 구하라.

(1) $P(Z > 1.65)$ (2) $P(Z < -1 \text{ 또는 } Z > 1.65)$

(3) $P(|Z| \leq 1.23)$ (4) $P(-0.52 < Z \leq 1.23)$

11 $X \sim N(1,4)$일 때, 다음 확률을 구하라.

(1) $P(|X-1| \leq 2)$ (2) $P(|X-1| \leq 4)$ (3) $P(|X-1| \leq 6)$

12 $X \sim N(10,25)$일 때 다음을 구하라.

(1) $P(5 < X \leq 12)$ (2) $P(X > 13)$

(3) $P(Z \leq b) = 0.95$를 만족하는 b의 값

13 $Z \sim N(0,1)$일 때 다음을 만족하는 b의 값을 구하라.

(1) $P(Z \leq b) = 0.85$ (2) $P(0 < Z \leq b) = 0.45$

(3) $P(Z > b) = 0.05$ (4) $P(|Z| > b) = 0.1$

(5) $P(Z > b) = 0.25$ (6) $P(|Z| > b) = 0.05$

14 어떤 공장에서 생산되는 특정 부품의 수명은 평균이 1000시간이고 표준편차가 100시간인 정규분포를 따른다고 하자. 이 공장에서 생산되는 부품 10개를 택하여 부품의 수명을 검사할 때, 수명이 900시간 이상인 부품의 수를 X라 하자. 다음을 구하라.

(1) X의 분포 (2) X의 평균 (3) X의 분산

제 7 장 표본분포

통계분석의 목적은 모집단의 분포나 모평균, 모표준편차, 모비율 등과 같은 모집단의 특성값(모수)을 파악하는 것이다. 이를 위해서는 전수조사를 하는 것이 가장 정확할 수 있다. 그러나 제2장에서 언급한 바와 같이 여러 가지 어려움으로 전수조사 대신 표본을 이용하는 것이 일반적이다. 이와 같은 통계적 방법을 통계적 추론이라 한다. 통계적 추론에서는 표본의 함수(통계량)로 모수에 대한 추측이나 결론을 이끌어 낸다. 그러나 우연성에 의하여 추출할 때마다 표본은 다른 값을 가질 수 있으며 통계량의 값에 따라 잘못된 추측이나 결론을 내릴 가능성이 존재한다. 통계량은 표본에 따라 다른 값을 가질 수 있는 확률변수이므로 통계적 추론에서 통계량의 확률적 특성을 알아볼 필요가 있다.

이 장에서는 확률표본과 통계량의 의미와 통계적 추론에 자주 사용되는 통계량인 표본평균과, 표본분산, 표본비율의 정의와 그 특성을 살펴본다. 특히 모집단의 분포가 베르누이 분포와 정규분포를 따르는 경우에 대하여 자세히 알아본다.

7.1 확률표본과 통계량

생각해보기

아래 표와 같이 1,2,3,4 중 한 개의 번호가 적힌 공10 개가 들어 있는 주머니에서 임의로 한 개의 공을 꺼낼 때, 나오는 공에 적힌 숫자를 X라 하자.

공에 적힌 숫자	❶	❷	❸	❹	합
공의 개수	3	2	4	1	10

1. X의 확률질량함수를 구하라.
2. 이 주머니에서 공을 한 개씩 복원추출할 때, 첫 번째, 두 번째, 세 번째 시행에서 나오는 공에 적힌 숫자를 각각 X_1, X_2, X_3라 하자.
   (1) X_1, X_2, X_3가 취할 수 있는 값은 무엇인가?
   (2) X_1, X_2, X_3의 분포는 각각 X의 분포와 같다고 할 수 있는가?
   (3) X_1, X_2, X_3는 서로 독립이라고 할 수 있는가?

모집단의 분포

위 생각해보기 예제에서 모집단은

{❶,❶,❶,❷,❷,❸,❸,❸,❸,❹}

이고 X의 분포는 다음과 같음을 알 수 있다.

x	1	2	3	4
$P(X=x)$	0.3	0.2	0.4	0.1

이와 같이 어떤 모집단에서 조사대상의 특성을 나타내는 확률변수를 X라 할 때, X의 확률분포를 **모집단의분포**라고 한다. 예를 들어 우리나라 대학생 전체의 이름표를 모아 놓은 집합에서 임의로 한 학생을 선택하여 그 학생의 키를 측정한 결과를 X라고 하자. 이 때 확률변수 X의 분포가 모집단의 분포(정확하게는 모집단에 대한 키의 분포)가 된다. 만약 X의 분포가 정규분포를 따른다면 모집단의 분포는 정규분포가 된다.

다른 예로 새로운 부동산 정책이 발표되었을 때, 전체 국민 중 이 정책에 찬성하는 사람의 비율을 p라 하자. 전체 국민 중 임의로 한 명을 선택할 때, 그 사람이 새로운 정책에 대하여 찬성하면 1, 그렇지 않으면 0의 값을 갖는 확률변수를 X라 하면 X는 성공확률이 p인 베르누이 확률변수가 된다. 이 경우 모집단의 분포는 성공확률이 p인 베르누이 분포가 된다.

모집단의 특성을 나타내는 확률변수 X의 평균, 분산, 표준편차를 각각 **모평균**, **모분산**, **모표준편차**라고 한다. 앞으로 특별한 언급이 없는 한 모평균은 μ, 모분산은 σ^2, 모표준편차는 σ로 나타내기로 한다. 모평균이나 모표준편차 등과 같이 모집단의 특성을 나타내는 숫자를 **모수**라 한다. 앞의 **생각해보기**에서 모평균과 모분산, 모표준편차는 각각 다음과 같다.

$$\mu = E[X] = 1 \times 0.3 + 2 \times 0.2 + 3 \times 0.4 + 4 \times 0.1 = 1.6$$
$$\sigma^2 = Var[X] = (1-1.6)^2 \times 0.3 + \cdots + (4-1.6)^2 \times 0.1 = 1.5$$
$$\sigma = \sqrt{\sigma^2} = 1.2247$$

어떤 모집단에서 조사대상의 특성을 나타내는 확률변수 X의 확률질량함수 또는 확률밀도함수를 $f(x)$라 하자. 이 때, 모집단의 분포는 $f(x)$를 따른다고 하고 $X \sim f(x)$로 나타낸다.

제6장에서 살펴본 바와 같이 베르누이 분포는 성공확률 p에 의하여 결정되고 정규분포는 평균 μ와 분산 σ^2에 의하여 결정된다. 이와 같이 분포의 특성을 결정짓는 모수를 θ(쎄타 theta)라 할 때, 모집단의 분포를 $f(x)$대신에 모수 θ를 포함하여 $f(x;\theta)$로 나타내기도 한다.

확률표본

위 **생각해보기** 예제에서 임의로 한 개의 공의 택하여 복원추출하는 시행을 반복할 때 첫 번째 시행에서 어떤 공이 나올지 정확하게 알 수는 없다. 그러나 숫자 1,2,3,4 중에 하나가 적힌 공이 나오며 각각의 확률은 0.3, 0.2, 0.4, 0.1이 됨을 알 수 있다. 따라서 X_1은 확률변수이고 X_1의 분포는 X의 분포와 같음을 알 수 있다. 복원추출을 하므로 두 번째 시행도 첫 번째 시행과 같은 조건에서 이루어지며, 두 번째 시행에서 나오는 공에 적힌 숫자 X_2도 확률변수이고 X_2의 분포도 X의 분포와 같음을 알 수 있다. 이 시행을 반복할 때, i번째 시행에서 나오는 공에 적힌 숫자를 X_i라 하면, X_i의 분포는 X의 분포와 같음을 알 수 있다. 또한 각 시행은 서로 독립이므로 X_1, X_2, X_3은 서로 독립이다. 이 때, 확률변수 X_1, X_2, X_3를 모집단의 분포가 X인 모집단으로부터의 크기 3인 확률표본이라 한다.

일반적으로 모집단에서 복원추출 방식으로 n개의 표본을 임의추출할 때, i번째 시행에서 관측 가능한 값을 X_i, $i=1,2,\cdots,n$라고 하면, $X_1,\cdots,X_n$은 서로 독립이며 각각의 분포는 모집단의 분포와 같은 확률변수가 된다. 이와 같은 확률변수 $X_1,\cdots,X_n$을 크기가 n인 **확률표본**(random sample)이라고 한다.

확률표본

n개의 확률변수 $X_1,\cdots,X_n$이 서로 독립이고 각각의 확률분포가 서로 같을 때, 확률변수 $X_1,\cdots,X_n$을 크기가 n인 **확률표본**이라고 한다.

모집단으로부터 표본을 추출하여 얻어진 값이 $x_1,\cdots,x_n$일 때, 이 값은 확률변수 $X_1,\cdots,X_n$이 각각 가지는 값이다. 예를 들어 **생각해보기** 예제에서 첫 번째, 두 번째, 세 번째 시행의 결과가 각각 $x_1=3$, $x_2=2$, $x_3=4$이라면 X_1, X_2, X_3이 가지는 값은 각각 3, 2, 4이다. 다시 말하면 확률표본은 표본을 추출하기 전에 표본추출에 의하여 나올 것으로 예상되는 값으로 확률변수이고, 표본 또는 자료는 표본추출 후에 얻어지는 구체적인 값이다.

통계량

확률표본 X_1,X_2,X_3에 대하여, 다음 함수를 생각하자.

(1) $T_1=\min(X_1,X_2,X_3)$

(2) $T_2=\max(X_1,X_2,X_3)$

(3) $T_3=\frac{1}{3}(X_1+X_2+X_3)$

(4) $T_4=\frac{1}{3}((X_1-\mu)^2+(X_2-\mu)^2+(X_3-\mu)^2)$ (단, μ는 알려져 있지 않은 모평균)

이 경우 만약 확률표본 X_1,X_2,X_3의 값이 $x_1=2$, $x_2=0$, $x_3=1$로 주어지면, $T_1=0$, $T_2=3$, $T_3=1$로 완전히 정해진다. 이와 같이 확률표본의 값이 정해지면 그 값이 완전히 결정되는 확률표본의 함수를 **통계량**(statistic)이라 한다. 그러나 T_4는 확률표본의 값이 정해지더라도 $T_4 = 3\mu^2 - 6\mu + 5$와 같이 미지의 모수 μ를 포함하고 있으므로 통계량이 아니다.

통계량

추출된 자료에 의하여 그 값이 완전히 결정되는 확률표본의 함수를 **통계량**이라 한다.

통계량은 모집단의 어떤 특성에 관심이 있는가에 따라 여러 가지를 생각할 수 있으나 모평균과 모분산의 추론에서 다음과 같은 표본평균과 표본분산이 많이 사용된다.

표본평균(sample mean)과 표본분산(sample variance), 표본표준편차

크기 n인 확률표본$X_1, \cdots, X_n$에 대하여, 표본평균과 표본분산, 표본표준편차를 다음과 같이 정의한다.

표본평균 : $\overline{X} = \frac{1}{n}\sum_{i=1}^{n} X_i$

표본분산 : $S^2 = \frac{1}{n-1}\sum_{i=1}^{n}\left(X_i - \overline{X}\right)^2$

표본표준편차 : $S = \sqrt{S^2}$

참고

표본분산의 정의에서 자료의 분산에서와 같이 편차의 수 n대신 $n-1$로 나누어 준 것에 유의할 필요가 있다. 이 경우 통계적 추론에서 $n-1$로 나누어 주는 것이 통계적으로 좋은 성질을 갖는 것이 알려져 있다. 이와 관련된 내용은 뒤에서 다룬다.

확률표본이 확률변수이므로 확률표본의 함수인 통계량도 확률변수이다. 예를 들어 3

개의 표본을 추출할 때, 추출된 결과가 $x_1 = 3$, $x_2 = 2$, $x_3 = 4$이면 표본평균 $\overline{X}$와 표본분산 S^2의 값은 각각 다음과 같다.

$$\bar{x} = \frac{3+2+4}{3} = 3$$

$$s^2 = \frac{1}{3-1}((3-3)^2 + (2-3)^2 + (4-3)^2) = 1$$

만약 $x_1 = 1$, $x_2 = 3$, $x_3 = 1$이면 이 경우 $\overline{X}$와 S^2의 값은 각각

$$\bar{x} = \frac{1+3+1}{3} = \frac{5}{3}$$

$$s^2 = \frac{1}{3-1}\left((1-\frac{5}{3})^2 + (3-\frac{5}{3})^2 + (1-\frac{5}{3})^2\right) = \frac{4}{3}$$

이다. 이와 같이 통계량은 추출된 표본에 따라 그 값이 변할 수 있는 확률변수이다. 통계량의 확률분포를 **표본분포**라고 한다.

7.2 표본평균과 표본분산의 성질

생각해보기

각각 색깔이 다른 5개의 공이 들어 있는 주머니를 생각하자. 이 주머니 속에서 임의로 한 개의 공을 꺼낼 때, 추출된 공의 색깔에 따라 다음 표와 같은 점수를 얻는다고 하자.

공 색깔	빨강	파랑	노랑	흰색	검정
점수(X)	1	2	3	1	3

이 주머니에서 2개의 공을 복원추출할 때, 얻게 되는 점수에 대한 확률표본 X_1, X_2의 표본평균을 $\overline{X} = (X_1 + X_2)/2$라고 하자.

1. 흰색과 검정색 공이 추출되었을 때, $\overline{X}$의 값은 무엇인가?
2. 파랑색 공과 검정색 공이 추출되었을 때, $\overline{X}$의 값은 무엇인가?

표본평균의 성질

위의 생각해보기에서 임의로 한 개의 공을 꺼낼 때, 얻는 점수 X의 분포는 다음과 같음을 알 수 있다.

x	1	2	3	합
$P(X=x)$	$\frac{2}{5}$	$\frac{1}{5}$	$\frac{2}{5}$	1.0

또한 모평균과 모분산은 각각 다음과 같다.

$$\mu = E[X] = 1\times\frac{2}{5}+2\times\frac{1}{5}+3\times\frac{2}{5}=2$$

$$\sigma^2 = Var[X] = (1-2)^2\times\frac{2}{5}+(2-2)^2\times\frac{1}{5}+(3-2)^2\times\frac{2}{5}=\frac{4}{5}=0.8$$

한편 흰색과 검정색 공이 차례로 추출되었을 때, $X_1=1$, $X_2=3$이므로 이때, $\overline{X}$의 값은 $\frac{1+3}{2}=2$이다. 이와 같은 방법으로 위의 생각해보기에서 확률표본 X_1, X_2대하여 표본평균 $\overline{X}=\frac{X_1+X_2}{2}$의 가능한 모든 값을 나타내면 다음 표와 같다.

번호	추출결과	표본 값 x_1, x_2	$\overline{x}$	번호	추출결과	표본 값 x_1, x_2	$\overline{x}$
1	빨강, 빨강	1,1	1.0	14	노랑, 흰색	3,1	2.0
2	빨강, 파랑	1,2	1.5	15	노랑, 검정	3,3	3.0
3	빨강, 노랑	1,3	2.0	16	흰색, 빨강	1,1	1.0
4	빨강, 흰색	1,1	1.0	17	흰색, 파랑	1,2	1.5
5	빨강, 검정	1,3	2.0	18	흰색, 노랑	1,3	2.0
6	파랑, 빨강	2,1	1.5	19	흰색, 흰색	1,1	1.0
7	파랑, 파랑	2,2	2.0	20	흰색, 검정	1,3	2.0
8	파랑, 노랑	2,3	2.5	21	검정, 빨강	3,1	2.0
9	파랑, 흰색	2,1	1.5	22	검정, 파랑	3,2	2.5
10	파랑, 검정	2,3	2.5	23	검정, 노랑	3,3	3.0
11	노랑, 빨강	3,1	2.0	24	검정, 흰색	3,1	2.0
12	노랑, 파랑	3,2	2.5	25	검정, 검정	3,3	3.0
13	노랑, 노랑	3,3	3.0				

따라서 $\overline{X}$의 분포는 다음과 같다.

$\bar{x}$	1.0	1.5	2.0	2.5	3.0	합
빈도수	4	4	9	4	4	25
$P(\overline{X}=\bar{x})$	$\frac{4}{25}$	$\frac{4}{25}$	$\frac{9}{25}$	$\frac{4}{25}$	$\frac{4}{25}$	1

따라서 $\overline{X}$의 평균과 분산은 다음과 같다.

$$E[\overline{X}] = 1.0\times\frac{4}{25}+1.5\times\frac{4}{25}+2.0\times\frac{9}{25}+2.5\times\frac{4}{25}+3.0\times\frac{4}{25}=2.0$$

$$\begin{aligned}Var[\overline{X}] &= (1.0-2)^2\times\frac{4}{25}+(1.5-2)^2\times\frac{4}{25}+(2.0-2)^2\times\frac{9}{25}\\ &\quad+(2.5-1)^2\times\frac{4}{25}+(3.0-2)^2\times\frac{4}{25}=\frac{10}{25}=0.4\end{aligned}$$

위의 결과로부터 표본평균의 평균과 분산은 모평균과 모분산과 각각 다음과 같은 관계가 있음을 알 수 있다.

$$E[\overline{X}] = 2.0 = \mu,\quad Var[\overline{X}] = 0.4 = \frac{\sigma^2}{2}$$

일반적으로 크기가 n인 확률표본 $X_1, \cdots, X_n$에 대하여, X_i의 분포는 모집단의 분포와 같으므로

$$E[X_1] = \cdots = E[X_n] = \mu$$

$$Var[X_1] = \cdots = Var[X_n] = \sigma^2$$

이다. 따라서

$$\begin{aligned}E[\overline{X}] &= \frac{1}{n}E[X_1+\cdots+X_n]\\ &= \frac{1}{n}(E[X_1]+\cdots+E[X_n]) = \frac{1}{n}\times n\mu = \mu\end{aligned}$$

또한 확률표본은 서로 독립이므로

$$\begin{aligned}Var[\overline{X}] &= Var\left(\frac{1}{n}\sum_{i=1}^{n}X_i\right) = \frac{1}{n^2}Var[X_1+\cdots+X_n]\\ &= \frac{1}{n^2}(Var[X_1]+\cdots+Var[X_n]) = \frac{1}{n^2}\times n\sigma^2 = \frac{\sigma^2}{n}\end{aligned}$$

표본평균의 평균과 분산

모평균이 μ이고 모분산이 σ^2인 모집단에서 크기 n인 확률표본의 표본평균 $\overline{X}$의 평균과 분산, 표준편차는 각각 다음과 같다.

$$E[\overline{X}] = \mu, \quad Var[\overline{X}] = \frac{\sigma^2}{n}, \quad SD[\overline{X}] = \frac{\sigma}{\sqrt{n}}$$

예제 7.1

주사위를 10번 던질 때 i번째 던질 때 나오는 눈의 수를 X_i, $i = 1,2,\cdots,10$이라 하자. X_i, $i = 1,2,\cdots,10$의 표본평균 $\overline{X}$의 평균과 분산, 표준편차를 각각 구하라.

풀이 주사위를 한 번 던질 때 나오는 눈의 수 X의 분포는

$$P(X = k) = \frac{1}{6},\ k = 1,2,\cdots,6$$

이므로 평균과 분산은 각각 다음과 같다.

$$\mu = E[X] = \sum_{k=1}^{6} kP(X = k) = \frac{6 \times 7}{2} \cdot \frac{1}{6} = \frac{7}{2}$$

$$\sigma^2 = E[X^2] - \mu^2 = \sum_{k=1}^{6} \frac{k^2}{6} - \left(\frac{7}{2}\right)^2 = \frac{35}{12}$$

한편 X_i, $i = 1,2,\cdots,10$는 서로 독립이고 각각은 X와 같은 분포를 따르므로

$$E[\overline{X}] = \frac{7}{2},$$

$$Var[\overline{X}] = \frac{\sigma^2}{n} = \frac{1}{10} \cdot \frac{35}{12} = \frac{7}{24}$$

$$SD[\overline{X}] = \sqrt{\frac{7}{24}}$$

큰수의 법칙

분산은 평균과 편차제곱의 평균이므로 항상 0보다 크거나 같다. 따라서 평균이 μ이고 분산이 0인 확률변수는 한 개의 값을 가지는 상수 μ이다.[5)] 표본평균의 성질 $Var[\overline{X}] = \sigma^2/n$ 으로부터 표본평균의 기댓값은 표본의 크기 n에 관계없이 항상 모평균과 같으나 표본의 크기 n이 무한히 커지면 분산은 0에 수렴하는 것을 알 수 있다. 따라서 표본평균은 표본의 크기가 무한히 커지면 모평균 μ에 수렴할 것으로 예상할 수 있다. 이 예상은 사실이며 이것을 **대수의 법칙** 또는 **큰수의 법칙**이라 한다.

대수의 법칙 또는 큰수의 법칙(Law of large numbers)

모평균이 μ인 모집단으로부터의 확률표본에 대한 표본평균 $\overline{X}$는 표본의 크기 n이 무한히 커질 때, 모평균 μ에 수렴한다. 즉, $n \to \infty$ 일 때,

$$\overline{X} \to \mu$$

참고

위에서 수렴한다는 것은, 양수 $c > 0$이 정해지면 그것이 $c = 0.01$, $c = 0.001$, $c = 0.0001$ 등과 같이 아무리 작더라도 $n \to \infty$ 이면 $\overline{X}$와 모평균 μ의 차가 c보다 클 확률 $P(|\overline{X} - \mu| > c)$이 0에 수렴한다는 것을 의미한다. 즉,

$$\lim_{n \to \infty} P(|\overline{X} - \mu| > c) = 0$$

이와 같은 의미로 수렴하는 것을 **확률적으로 수렴** 또는 간단히 **확률수렴한다**고 한다.

대수의 법칙은 미지의 확률을 추정할 때, 경험적확률의 이용이 매우 유용하다는 것을 뒷받침한다. 예를 들어 앞면이 나올 확률 p를 모르는 찌그러진 동전을 무한히 반복하여 던진다고 하자. 대수의 법칙에 의하여 상대도수(앞면이 나온 횟수/시행횟수)는 p에 수렴한다. 따라서 충분히 시행을 많이 한 후 얻어진 상대도수를 p에 대한 근삿값으로 사용한다.

---

5) 엄밀하게는 $P(X = \mu) = 1$이다

표본분산의 성질

표본평균과 유사하게 표본분산도 다음과 같은 성질을 갖는 다는 것이 알려져 있다.

표본분산의 성질

모분산이 σ^2인 모집단에서 크기 n인 확률표본의 표본분산 S^2은 다음 성질을 갖는다.

(1) $E[S^2] = \sigma^2$

(2) 표본의 크기 n이 무한히 커질 때, S^2은 모분산 σ^2에 수렴한다. 즉, $n \to \infty$ 일 때, $S^2 \to \sigma^2$

주목

표본표준편차의 평균은 모표준편차와 같은 것은 아니다. 즉 일반적으로 $E[S] \neq \sigma$이다. 그러나 $n \to \infty$ 이면 $S \to \sigma$이다.

참고

$E[S^2] = \sigma^2$의 증명 제3장 자료의 분산 s^2에 대한 간편 계산과 같은 방법으로 다음을 얻는다.

$$\sum_{i=1}^{n}\left(X_i - \overline{X}\right)^2 = \sum_{i=1}^{n} X_i^2 - n\overline{X}$$

분산의 간편 계산에 대한 식으로부터 다음을 얻는다.

$$E[X_i^2] = Var[X_i] + \left(E[X_i]\right)^2 = \sigma^2 + \mu^2,\ i = 1, 2, \cdots, n$$

$$E[\overline{X}^2] = Var[\overline{X}] + \left(E[\overline{X}]\right)^2 = \frac{\sigma^2}{n} + \mu^2$$

따라서

$$\begin{aligned} E\left(\sum_{i=}^{n}(X_i - \overline{X})^2\right) &= \sum_{i=}^{n} E[X_i^2] - nE[\overline{X}^2] \\ &= \sum_{i=}^{n}(\sigma^2 + \mu^2) - n\left(\frac{\sigma^2}{n} + \mu^2\right) \end{aligned}$$

$$= n\sigma^2 + n\mu^2 - \sigma^2 - n\mu^2$$
$$= (n-1)\sigma^2$$

이므로

$$E[S^2] = \frac{1}{n-1} E\left(\sum_{i=}^{n} (X_i - \overline{X})^2 \right) = \sigma^2$$

7.3 정규모집단으로부터의 표본분포

이 절 전체를 통하여 모집단의 분포는 정규분포를 가정한다. 정규분포를 따르는 모집단을 앞으로는 간단하게 정규모집단이라고 부른다. 이 절에서는 앞으로 통계적 추론 과정에서 자주 나타나는 정규모집단으로부터의 표본에 의하여 만들어지는 통계량의 분포에 대하여 살펴본다.

먼저 정규모집단으로부터의 확률표본에 대한 다음 사실을 증명 없이 소개한다.

표본평균과 표본분산의 독립성

정규모집단으로부터의 확률표본 $X_{1,} \cdots, X_n$의 표본평균 $\overline{X}$와 표본분산 S^2에 대하여 다음이 성립한다.

1. $\overline{X}$와 편차 $(X_1 - \overline{X}, X_2 - \overline{X}, \cdots, X_n - \overline{X})$는 서로 독립이다.
2. $\overline{X}$와 S^2은 서로 독립이다.

위의 성질1은 $\overline{X}$와 편차가 서로 독립이라는 것이지 편차들이 서로 독립이라는 것을 의미하는 것은 아니다. 즉, $i \neq j$에 대하여 $X_i - \overline{X}$와 $X_j - \overline{X}$가 서로 독립임을 의미하는 것은 아니다. 표본분산은 $S^2 = \frac{1}{n-1}\sum_{i=1}^{n}(X_i - \overline{X})^2$은 편차제곱의 합이므로 성질 1에 의하여 $\overline{X}$와 S^2은 서로 독립이다.

7.3.1 표본평균의 분포

정규모집단 $N(\mu,\sigma^2)$으로부터의 크기 n인 확률표본을 $X_1,\cdots,X_n$이라 하자. 확률표본의 정의에 의하여 $X_i \sim N(\mu,\sigma^2)$, $i=1,2,\cdots,n$이고 서로 독립이다. 정규확률변수에 상수를 곱하여 얻어지는 확률변수도 정규분포를 따르므로(**정규분포의 성질1**)

$$\frac{1}{n}X_i \sim N\left(\frac{\mu}{n},\frac{\sigma^2}{n^2}\right),\ i=1,2,\cdots,n$$

이다. 한편 $\overline{X}$는

$$\overline{X}=\frac{1}{n}\sum_{i=1}^{n}X_i=\frac{1}{n}X_1+\frac{1}{n}X_2+\cdots+\frac{1}{n}X_n$$

와 같이 서로 독립인 확률변수 $\frac{1}{n}X_i$, $i=1,2,\cdots,n$의 합이므로 $\overline{X}$는 정규분포를 따른다(**정규분포의 성질2**). $\overline{X}$의 평균과 분산은 각각 μ와 $\frac{\sigma^2}{n}$이므로 다음을 얻는다.

> **정규모집단에서 표본평균의 분포1**
>
> 모집단의 분포가 $N(\mu,\sigma^2)$일 때, 크기가 n인 확률표본 $X_1,\cdots,X_n$에 대한 표본평균 $\overline{X}$의 분포는 다음과 같다.
>
> $$\overline{X}\sim N\left(\mu,\frac{\sigma^2}{n}\right)$$
>
> 따라서 $\overline{X}$를 표준화한 확률변수는 표준정규분포를 따른다. 즉,
>
> $$Z=\frac{\overline{X}-\mu}{\sigma/\sqrt{n}}\sim N(0,1)$$

예제 7.2

어떤 공장에서 생산되는 제품의 수명은 평균이 1000시간이고 표준편차가 100시간인 정규분포를 따른다고 하자. 이 공장에서 생산되는 제품 16개를 임의로 택할 때, 추출된 제품의 표본평균이 990시간 이상일 확률을 구하라.

풀이 $\mu = 1000,\ \sigma = 100,\ n = 16$이므로 $\overline{X} \sim N\left(1000, \dfrac{100^2}{16}\right)$이다.

따라서 구하는 확률은 다음과 같다.

$$\begin{aligned} P(\overline{X} \geq 990) &= P\left(\frac{\overline{X} - 1000}{100/4} \geq \frac{990 - 1000}{100/4}\right) \\ &= P(Z \geq -0.4) = P(Z \leq 0.4) \\ &= 0.6554 \end{aligned}$$

7.3.2 카이제곱분포와 표본분산의 분포

정규모집단으로부터의 확률표본에 대한 표본분산 S^2은 모분산 σ^2의 추론에 유용하게 사용된다. S^2의 분포와 관련되는 분포로서 카이제곱분포가 있다.

카이제곱분포의 정의

$Z_1, Z_2, \cdots, Z_n$이 각각 표준정규분포 $N(0,\ 1)$을 따르고 서로 독립일 때, 이들의 제곱합

$$V = Z_1^2 + \cdots + Z_n^2$$

은 **자유도**(degree of freedom)가 n인 **카이제곱(χ^2)분포**(chi-squared distribution)를 따른다고 하고

$$V \sim \chi^2(n)$$

와 같이 그리스 문자 χ 카이(chi)를 이용하여 나타낸다.

자유도가 n인 카이제곱분포는 n개의 서로 독립인 표준정규분포를 따르는 확률변수의 제곱의 합에 대한 분포이다. 이 사실로부터 서로 독립인 카이제곱분포의 합은 카이제곱분포를 따를 것으로 예상할 수 있다. 이 예상은 사실이다.

서로 독립인 카이제곱확률변수의 합의 분포

$V_1 \sim \chi^2(n_1)$, $V_2 \sim \chi^2(n_2)$이고 서로 독립이면, $V_1 + V_2 \sim \chi^2(n_1 + n_2)$이다.

카이제곱분포의 확률밀도함수

자유도가 n인 카이제곱분포의 확률밀도함수는 다음과 같다.

$$f(x) = Cx^{n/2-1}e^{-x/2},\ x \geq 0$$

여기서 C는 $\int_0^\infty f(x)dx = 1$이 되도록 하는 상수이다. 일반적으로 확률변수 X의 확률밀도함수가 위와 같을 때, X는 자유도가 n인 카이제곱분포를 따른다고 하고 $X \sim \chi^2(n)$으로 나타낸다.

$V \sim \chi^2(n)$의 평균과 분산은 각각 다음과 같다.

$$E[V] = n,\ \ Var[V] = 2n$$

카이제곱분포의 확률밀도함수의 그래프는 [그림 7.1]과 같다.

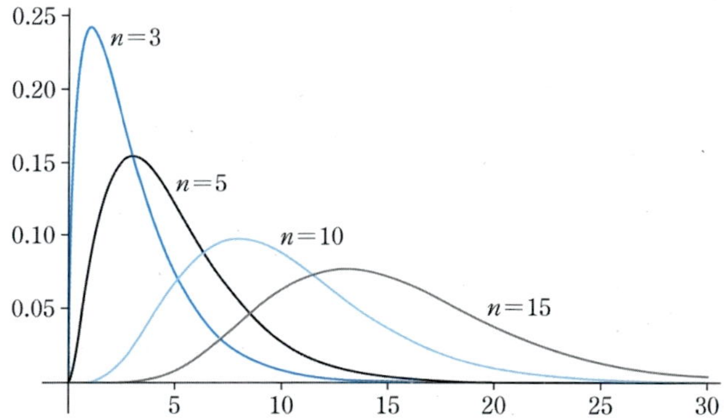

[그림 7.1] $\chi^2(n)$의 확률밀도함수 그래프

표본분산의 분포

$X_1, X_2, \cdots, X_n$이 정규분포 $N(\mu, \sigma^2)$을 따르는 모집단으로부터의 확률표본이면, $Z_i = (X_i - \mu)/\sigma,\ i = 1, 2, \cdots, n$은 서로 독립이고 각각은 표준정규분포 $N(0,1)$를 따른다는 것을 이미 살펴보았다. 카이제곱분포의 정의에 의하여 Z_i^2의 합은 자유도가 n인 카이제곱분포를 따른다는 것을 알 수 있다. 즉,

$$\sum_{i=1}^{n} Z_i^2 = \sum_{i=1}^{n}\left(\frac{X_i - \mu}{\sigma}\right)^2 \sim \chi^2(n)$$

이 식에서 모평균 μ를 표본평균 $\overline{X}$로 대체한 확률변수도 카이제곱분포를 따른다는 것이 알려져 있다. 다만 모평균 μ를 표본평균 $\overline{X}$로 대체하면 자유도가 $n-1$이 된다. 이를 정리하면 다음과 같다.

정규모집단에서 표본분산의 분포

$X_1, X_2, \cdots, X_n$을 정규분포 $N(\mu, \sigma^2)$을 따르는 모집단으로부터의 확률표본이라 할 때, 다음이 성립한다.

$$\frac{(n-1)S^2}{\sigma^2} = \sum_{i=1}^{n}\left(\frac{X_i - \overline{X}}{\sigma}\right)^2 \sim \chi^2(n-1)$$

예제 7.3

분산이 $\sigma^2 = 4$인 정규분포를 따르는 모집단으로부터 10개의 표본을 추출할 때, $P(S^2 > 3)$을 구하라.

풀이 $n = 10$, $\sigma^2 = 4$이므로

$$\frac{(10-1)S^2}{4} \sim \chi^2(9)$$

이다. 따라서

$$P(S^2 > 3) = P\left(\frac{9S^2}{4} > \frac{27}{4}\right)$$

$$= 0.6631$$

이다. 여기서 카이제곱분포에 대한 확률은 컴퓨터를 이용하여 계산한 것이다.

카이제곱분포의 확률계산

카이제곱분포의 확률 $P(a \le V \le b)$은 확률밀도함수의 복잡성으로 인하여 특별한 경우를 제외하고는 컴퓨터에 의존할 수밖에 없다. 여러 가지 통계패키지는 카이제곱분포의 확률을 계산하는 프로그램을 제공하고 있다. 이 장의 끝에서는 엑셀을 이용한 방법을 소개한다. 여기서는 카이제곱분포의 백분위수에 대한 설명과 이 책의 부록에 있는 카이제곱분포표를 사용하는 방법을 소개한다.

$V \sim \chi^2(r)$일 때, $P(V \ge v) = \alpha\,(0 < \alpha < 1)$을 만족하는 값 v를 자유도가 r인 카이제곱분포의 $100(1-\alpha)\%$ 백분위수라 하고 $\chi^2(r,\alpha)$로 나타낸다. [그림 7.2] 즉

$$P(V \ge \chi^2(r,\alpha)) = \alpha$$

또한 $P(V \le x) = \alpha$라 하면, $\alpha = P(V \le x) = 1 - P(V \ge x)$이므로

$$P(V \ge x) = 1 - \alpha$$

이다. 따라서 $P(V \le x) = \alpha$를 만족하는 x의 값은 $\chi^2(r, 1-\alpha)$이다. 즉,

$$P(V \le \chi^2(r, 1-\alpha)) = \alpha$$

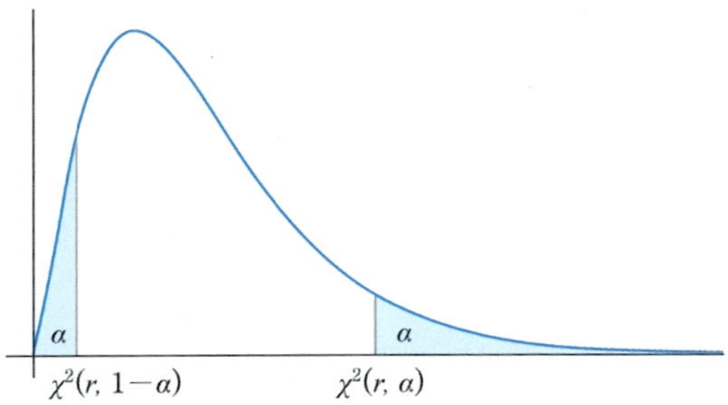

[그림 7.2] $\chi^2(r)$의 백분위수

여러 가지 자유도 r과 α에 대하여 $\chi^2(r,\alpha)$의 값을 나타낸 카이제곱분포표를 **부록 표 2**에 나타내었다. 〈표 7.1〉은 카이제곱분포표의 일부를 나타낸 것이다. 카이제곱분포표에서 왼쪽의 세로줄은 자유도(r)를 나타내고 위의 가로 줄은 α를 나타낸다. 예를 들어 $V \sim \chi^2(5)$일 때, $P(V \ge x) = 0.05$를 만족하는 x는 $\chi^2(5, 0.05)$이다. 이 때 왼쪽 세로줄의 5(자유도)와 가로줄 0.05(α)가 만나는 점 11.071이 $\chi^2(5, 0.05)$의 값이다. 따라서 $x = 11.071$이다. 즉, $P(V \ge 11.071) = 0.05$.

표 7.1 카이제곱분포표($\chi^2(r,\alpha)$) 일부

r	.995	.990	.975	.95	.050	.025	.01	0.001
				α				
2	0.010	0.020	0.051	0.103	5.991	7.378	9.210	10.597
3	0.072	0.115	0.216	0.352	7.815	9.348	11.345	12.838
4	0.207	0.297	0.484	0.711	9.488	11.144	13.277	14.860
5	0.412	0.554	0.831	1.145	11.071	12.833	15.086	16.750
6	0.676	0.872	1.237	1.635	12.592	14.449	16.812	18.548
7	0.989	1.239	1.690	2.167	14.067	16.013	18.475	20.278
8	1.344	1.646	2.180	2.733	15.507	17.535	20.090	21.955
9	1.735	2.088	2.700	3.325	16.919	19.023	21.666	23.589

예제 7.4

$V \sim \chi^2(4)$일 때, $P(V \geq x) = 0.025$를 만족하는 x의 값을 구하라.

풀이 $x = \chi^2(4,0.025)$는 〈표 7.1〉에서 세로축 $r=4$와 가로축 $\alpha = 0.025$가 만나는 점의 값이므로 $x = 11.144$이다.

7.3.3 t분포

정규분포 $N(\mu,\sigma^2)$을 따르는 모집단으로부터의 확률표본 $X_1, X_2, \cdots, X_n$에 대하여

$$\frac{\overline{X}-\mu}{\sigma/\sqrt{n}} \sim N(0,1)$$

임을 알아보았다. 모평균에 대한 통계적 추론과정에서 모표준편차 σ가 알려져 있지 않을 경우 σ를 표본표준편차 S로 대체한 확률변수

$$\frac{\overline{X}-\mu}{S/\sqrt{n}}$$

이 자주 사용된다. 이와 관련된 분포가 t분포다.

t분포의 정의

$Z \sim N(0,\,1)$, $V \sim \chi^2(n)$이고 Z와 V가 서로 독립일 때, 확률변수

$$T = \frac{Z}{\sqrt{V/n}}$$

의 분포를 **자유도**가 n인 **t분포**(t distribution)를 따른다고 하고 기호로 다음과 같이 나타낸다.

$$T \sim t(n)$$

앞에서 자유도가 n인 카이제곱분포는 표준정규분포를 따르며 서로 독립인 n개의 확률변수 $Z_1, Z_2, \cdots, Z_n$의 제곱의 합에 대한 분포와 같음을 알아보았다. 이 경우 t분포의 분모 항

$$\frac{V}{n} = \frac{1}{n}\left(Z_1^2 + \cdots + Z_n^2\right)$$

은 제곱의 평균이다. 따라서 $Z \sim N(0,\,1)$, $Z_i \sim N(0,1)$, $i = 1,2,\cdots,n$이 서로 독립일 때,

$$T = \frac{Z}{\sqrt{\frac{1}{n}\sum_{i=1}^{n} Z_i^2}} \sim t(n)$$

이므로 t분포는 표준정규분포와 제곱평균의 제곱근의 비에 대한 분포로 생각할 수 있다.

다음은 정규모집단에서 추출한 표본에 대한 표본평균의 표준화과정에서 모표준편차 대신 표본표준편차를 사용한 확률변수의 분포에 대하여 알아보자.

정규분포 $N(\mu, \sigma^2)$을 따르는 모집단으로부터의 크기 n인 확률표본의 표본평균 $\overline{X}$와 표본분산 S^2은 서로 독립이고

$$Z = \frac{\overline{X} - \mu}{\sigma/\sqrt{n}} \sim N(0,1),\quad V = \frac{(n-1)S^2}{\sigma^2} \sim \chi^2(n-1)$$

임은 앞에서 알아보았다. 한편

$$T = \frac{\overline{X} - \mu}{S/\sqrt{n}} = \frac{\dfrac{\overline{X} - \mu}{\sigma/\sqrt{n}}}{\sqrt{\left(\dfrac{(n-1)S^2}{\sigma^2}\right)/(n-1)}} = \frac{Z}{\sqrt{V/(n-1)}}$$

이므로 다음을 얻는다.

정규모집단에서 표본평균의 분포2

정규분포 $N(\mu, \sigma^2)$을 따르는 모집단으로부터의 크기 n인 확률표본의 표본평균과 표본분산을 각각 $\overline{X}$와 S^2이라 할 때,

$$T = \frac{\overline{X} - \mu}{S/\sqrt{n}} \sim t(n-1)$$

이다.

t분포의 확률밀도함수

자유도가 n인 t분포의 확률밀도함수는 다음과 같다.

$$f(x) = C\left(1 + \frac{x^2}{n}\right)^{-(n+1)/2}, \quad -\infty < x < \infty$$

여기서 C는 $\int_{-\infty}^{\infty} f(x)dx = 1$이 되도록 하는 상수이다. 일반적으로 확률변수 X의 확률밀도함수가 위와 같을 때, X는 자유도가 n인 t분포를 따른다고 하고 $X \sim t(n)$으로 나타낸다.

자유도가 2이하일 경우에는 t분포의 분산이 존재하지 않는다. $T \sim t(n)$의 평균과 분산은 각각 다음과 같다.

$$E[T] = 0,$$

$$Var[T] = \frac{n}{n-2}, \quad n > 2$$

t분포의 확률밀도함수의 그래프 모양은 표준정규분포와 같이 $x = 0$에 대하여 좌우 대칭형이고 자유도가 커짐에 따라 $f(x)$는 표준정규분포의 확률밀도에 가까이 간다. 또한 $f(x)$의 그래프는 자유도가 작을수록 두터운 꼬리를 갖는다. [그림 7.3]

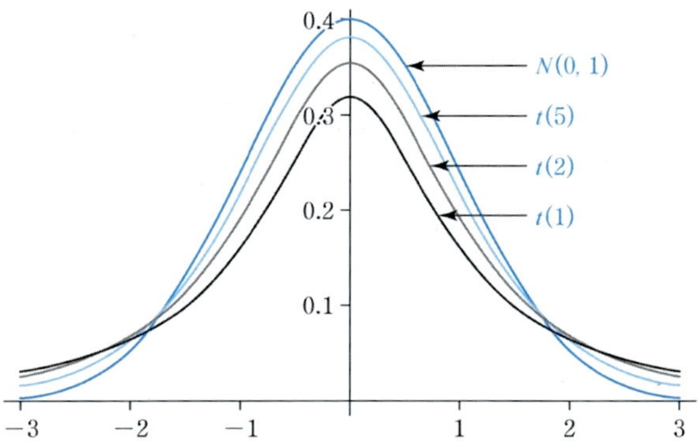

[그림 7.3] t분포와 정규분포 $N(0,1)$

t분포의 확률계산

t분포의 확률계산은 카이제곱분포의 경우와 마찬가지로 컴퓨터에 의존할 수밖에 없다. 이 장의 끝에서는 엑셀을 이용하여 t분포의 확률을 계산하는 방법을 소개한다. 여기서는 t분포의 백분위수에 대한 설명과 이 책의 부록에 있는 t분포표를 사용하는 방법을 소개한다.

$T \sim t(r)$일 때,

$$P(T \ge x) = \alpha \quad (0 < \alpha < 1)$$

을 만족하는 값 x를 자유도가 r인 t분포의 $100(1-\alpha)\%$ 백분위수라 하고 $t(r,\alpha)$로 나타낸다. [그림 7.4] 즉

$$P(T \ge t(r,\alpha)) = \alpha$$

한편 t분포의 확률밀도함수는 $x = 0$을 중심으로 좌우 대칭이므로

$$P(T \le -t(r,\alpha)) = \alpha.$$

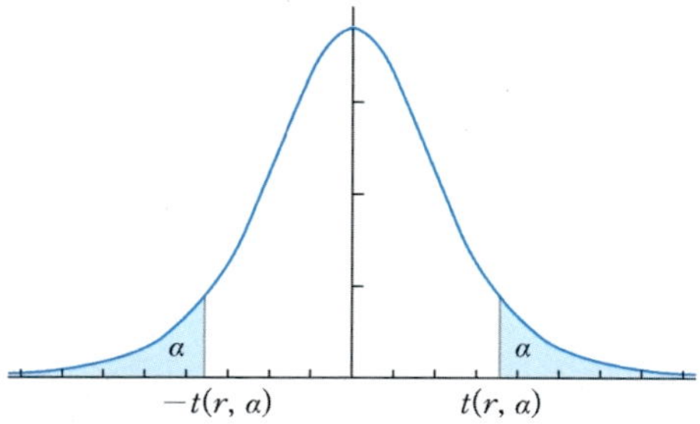

[그림 7.4] t분포의 백분위수

여러 가지 자유도 r과 α에 대하여 $t(r,\alpha)$의 값을 나타낸 t분포표를 **부록 표3**에 나타내었다. 〈표 7.2〉는 t분포표의 일부를 나타낸 것이다. t분포표에서 왼쪽의 세로줄은 자유도(r)를 나타내고 위의 가로 줄은 α를 나타낸다.

예를 들어 $T \sim t(4)$일 때, $P(T \geq x) = 0.025$를 만족하는 x는 $t(4, 0.025)$이다. 이때, 왼쪽 세로줄의 4와 가로줄 0.025가 만나는 점 2.776이 $t(4, 0.025)$의 값이다. 따라서 $P(T \geq 2.776) = 0.025$.

표 7.2 t분포표($t(r,\alpha)$) 일부

r	α					
	.25	.1	.05	.025	.01	.005
1	1.000	3.078	6.314	12.706	31.821	63.657
2	.816	1.886	2.920	4.303	6.965	9.925
3	.765	1.638	2.353	3.182	4.541	5.841
4	.741	1.533	2.132	2.776	3.747	4.604
5	.727	1.476	2.015	2.571	3.365	4.032

예제 7.5

평균이 $\mu = 1.2$인 정규분포를 따르는 모집단으로부터 9개의 표본을 추출할 때, $P\left(\dfrac{\overline{X} - 1.2}{S/\sqrt{9}} > 2\right)$을 구하라.

풀이

$$T = \frac{\overline{X} - 1.2}{S/\sqrt{9}} \sim t(8)$$

이므로

$$P\left(\frac{\overline{X} - 1.2}{S/\sqrt{9}} > 2\right) = 0.04$$

여기서 확률의 계산은 컴퓨터를 이용하였다. 엑셀을 이용하면 함수 T.DIST.RT을 사용할 수 있다.

7.4 중심극한정리

앞에서 모집단의 분포가 정규분포를 따를 때 표본평균의 분포는 정규분포가 됨을 알아보았다. 일반적으로 모집단의 분포가 정규분포가 아니면 표본평균의 분포는 정규분포를 따르지 않는다. 그러나 이항확률변수 $X \sim B(n,p)$의 분포는 서로 독립인 베르누이 확률변수 n개의 합의 분포와 같으며, 충분히 큰 n에 대하여 정규분포로 근사할 수 있음을 제6장에서 알아보았다. 일반적으로 확률표본의 합의 분포는 표본의 크기가 충분히 크면 모집단의 분포에 상관없이 정규분포로 근사할 수 있음이 알려져 있다. 이와 관련된 확률론의 결과가 중심극한정리이다.

중심극한정리(Central Limit Theorem)

평균이 μ이고 분산이 σ^2인 모집단으로부터의 확률표본$X_1, X_2, \cdots, X_n$의 합을 표준화한 확률변수

$$Z_n = \frac{\sum_{i=1}^{n} X_i - E\left(\sum_{i=1}^{n} X_i\right)}{\sqrt{Var\left(\sum_{i=1}^{n} X_i\right)}} = \frac{\sum_{i=1}^{n} X_i - n\mu}{\sqrt{n}\,\sigma}$$

의 분포는 n이 무한히 커질 때, 표준정규분포 $N(0,1)$에 수렴한다.

즉, $S_n = \sum_{i=1}^{n} X_i$이라 하면,

$$\lim_{n\to\infty} P\left(\frac{S_n - n\mu}{\sqrt{n}\,\sigma} \le x\right) = \int_{-\infty}^{x} \frac{1}{\sqrt{2\pi}} e^{-y^2/2}\, dy$$

한편 Z_n의 분모와 분자를 각각 n으로 나누어주면

$$\frac{\sum_{i=1}^{n} X_i - n\mu}{\sqrt{n}\,\sigma} = \frac{\overline{X} - \mu}{\sigma / \sqrt{n}}$$

이므로 중심극한정리에 의하여 $Z = \dfrac{\overline{X} - \mu}{\sigma / \sqrt{n}}$의 분포는 n이 무한히 커질 때 표준정규

분포 $N(0,1)$에 수렴한다. 이를 정리하면 다음과 같다.

표본평균의 근사분포 1

평균이 μ이고 분산이 σ^2인 모집단으로부터의 크기 n인 확률표본의 표본평균 $\overline{X}$의 분포는 n이 충분히 클 때 근사적으로

$$\overline{X} \sim N\left(\mu, \frac{\sigma^2}{n}\right) \text{ 즉, } Z = \frac{\overline{X} - \mu}{\sigma / \sqrt{n}} \sim N(0,1)$$

다음 결과는 표준편차 σ 대신 표본표준편차 S를 사용할 경우 표본의 크기가 충분히 크면 표본평균의 분포는 근사적으로 정규분포를 따른다는 것을 보여준다.

표본평균의 근사분포 2

평균이 μ이고 분산이 σ^2인 모집단으로부터의 크기 n인 확률표본의 표본평균 $\overline{X}$와 표본표준편차 S에 대하여, $n \to \infty$ 이면 $\dfrac{\overline{X} - \mu}{S / \sqrt{n}}$의 분포는 $N(0,1)$에 수렴한다. 따라서 n이 충분히 클 때, 근사적으로

$$\frac{\overline{X} - \mu}{S / \sqrt{n}} \sim N(0,1)$$

중심극한정리는 모집단의 분포가 정규분포가 아닌 경우라도 표본의 크기가 크면 표본평균의 분포는 근사적으로 정규분포를 따른다는 것을 보여준다.

이 때, 중심극한정리를 적용할 수 있는 표본의 크기는 모집단의 분포의 모양에 의존한다. 일반적으로 모집단의 분포가 극도로 한쪽으로 치우친 경우가 아니면 표본의 크기가 30이상인 경우에는 중심극한정리를 적용할 수 있는 것으로 알려져 있다. 모집단의 분포가 대칭인 경우 이보다 작은 크기의 표본에 대하여도 적용할 수 있다.

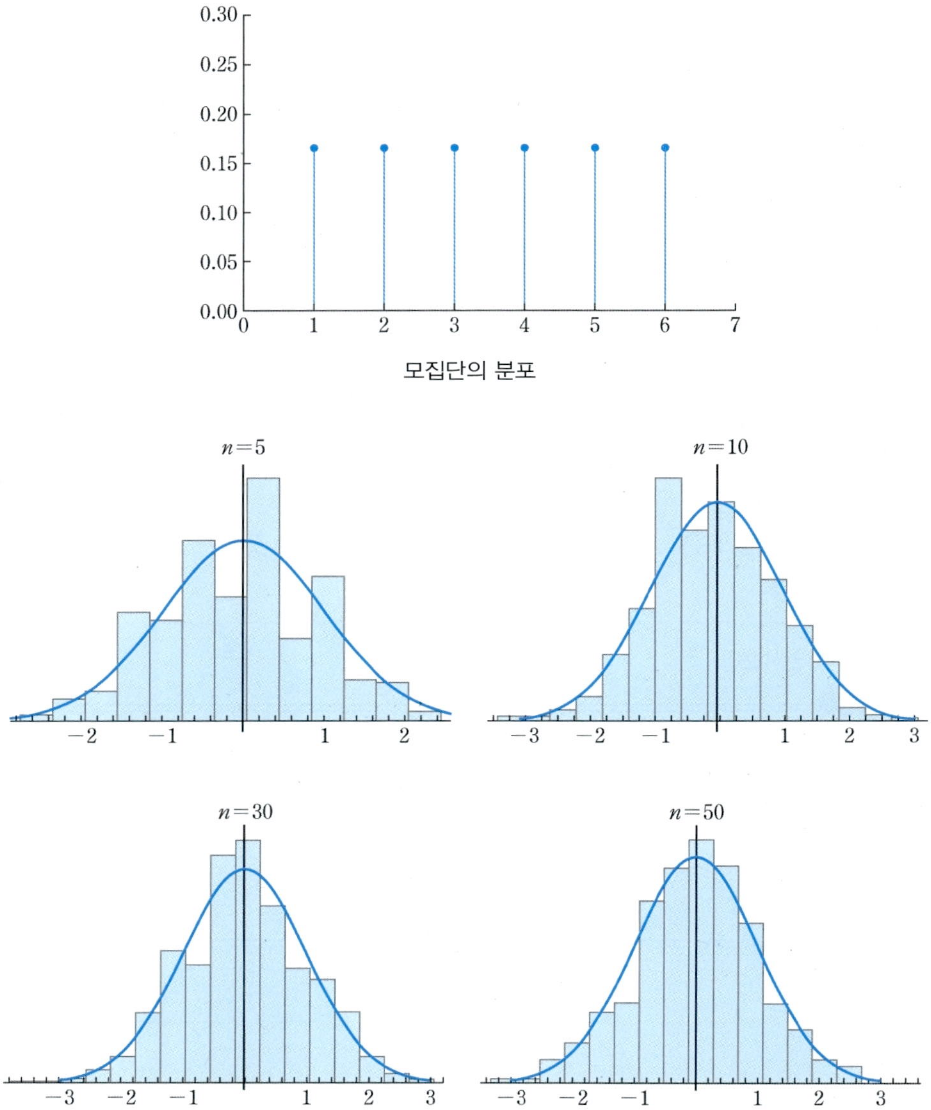

[그림 7.5] 주사위 던지기에서 표본의 크기에 따른 표본평균의 분포

[그림 7.5]와 [그림 7.6]은 각각 모집단의 분포가 대칭인 경우와 한쪽으로 기운 경우에 표본평균의 분포가 정규분포에 수렴함을 시뮬레이션을 통하여 나타낸 것이다. 다음 [그림 7.5]는 주사위를 $n=5, 10, 30, 50$번씩 던지는 시행을 각각 1000번씩 수행하여 얻은 자료에 대한 표본평균을 표준화 $\dfrac{\overline{X}-\mu}{\sigma/\sqrt{n}}\left(\mu=\dfrac{7}{2},\ \sigma=\sqrt{\dfrac{35}{12}}\right)$한 자료의 상대도수밀도에 대한 히스토그램과 표준정규분포의 그래프를 나타낸 것이다.

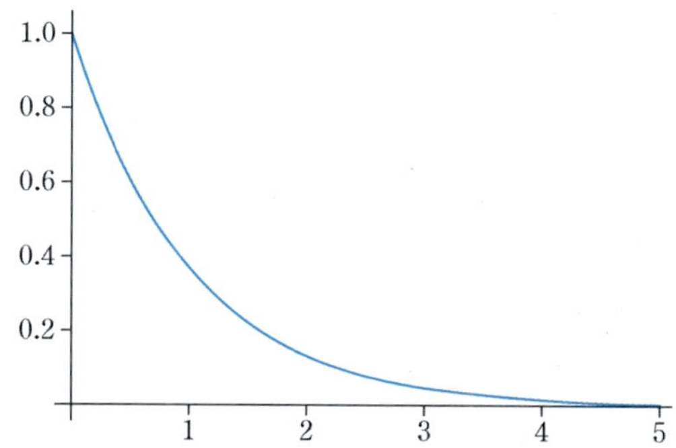

모집단의 분포

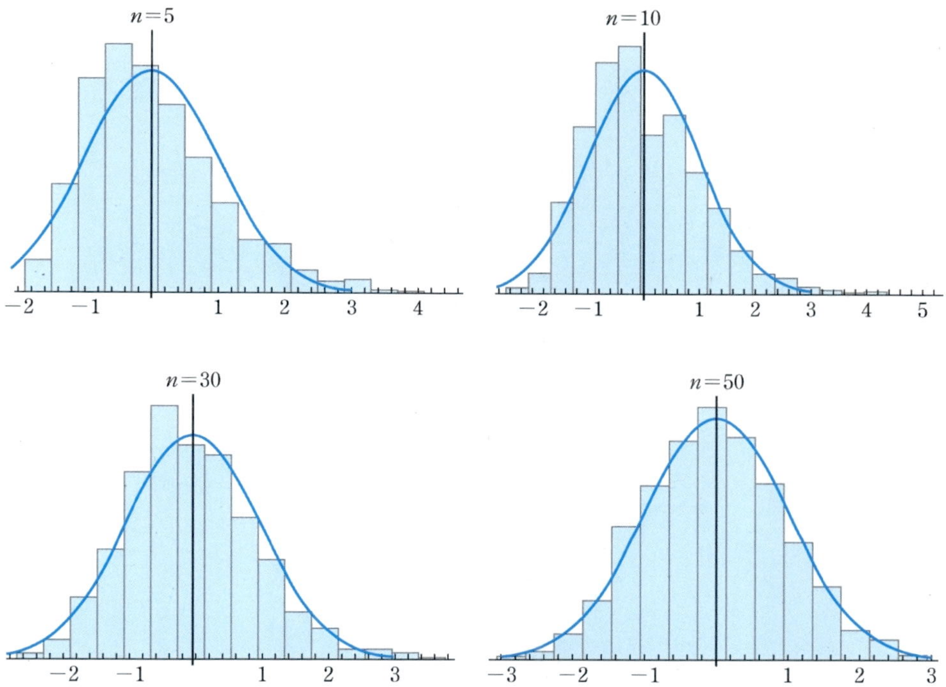

[그림 7.6] 한쪽으로 기운 분포에서 표본의 크기에 따른 표본평균의 분포

[그림 7.6]은 한쪽으로 치우친 모집단(확률밀도함수가 $f(x)=e^{-x},\ x \geq 0$)에서 $n=5,10,30,50$개의 표본을 추출하는 시행을 각각 1000번 수행하여 얻은 자료의 표본평균을 표준화한 자료의 상대도수밀도에 대한 히스토그램과 표준정규분포의 그래프를 나타낸 것이다.

예제 7.6

한 개의 주사위를 100번 던질 때, 나오는 눈의 수의 합을 X라 하자. $P(330 < X < 360)$의 근삿값을 구하라.

풀이 i번째 시행에서 나오는 눈의 수를 X_i, $i = 1, 2, \cdots, 100$이라 하면

$$X = \sum_{i=1}^{100} X_i = 100\overline{X}$$

이다. 한편 $E[X_i] = \frac{7}{2} = 3.5$, $Var[X_i] = \frac{35}{12}$이므로

$$E[\overline{X}] = 3.5, \quad Var[\overline{X}] = \frac{35}{12} \times \frac{1}{100} = \frac{7}{240}$$

이다. 중심극한정리에 의하여 $\overline{X}$는 근사적으로 정규분포 $N\left(3.5, \frac{7}{240}\right)$를 따른다. 그러므로

$$\begin{aligned} P(330 < X < 360) &= P\left(\frac{330}{100} < \overline{X} < \frac{360}{100}\right) \\ &= P\left(\frac{3.3 - 3.5}{\sqrt{7/240}} < \frac{\overline{X} - 3.5}{\sqrt{7/240}} < \frac{3.6 - 3.5}{\sqrt{7/240}}\right) \\ &\approx P(-1.17 < Z < 0.59) \\ &= P(Z < 0.59) - (1 - P(Z \le 1.17)) \\ &= 0.7224 - (1.0 - 0.8790) = 0.6014 \end{aligned}$$

7.5 표본비율의 분포

생각해보기

흰 바둑돌이 60개, 검은 바둑돌이 40개 들어 있는 주머니에서 한 번에 한 개씩 복원추출로 10개의 바둑돌을 꺼내는 실험을 생각하자.

1. 주머니 속에 있는 흰 바둑돌의 비율은 얼마인가?

2. X_k를 k번째 시행에서 흰 돌이 나오면 1, 검은 돌이 나오면 0의 값을 갖는 확률변수라 할 때, X_k, $k=1,2,\cdots,10$의 분포는 무엇인가?
3. 10번의 시행에서 나오는 흰 바둑돌의 개수 X를 X_k, $k=1,2,\cdots,10$를 이용하여 나타내어라.

어떤 정책에 대하여 찬성 혹은 반대, 특정후보자의 지지 여부, 어떤 공장에서 생산되는 제품의 불량 여부 등과 같이 모집단의 특성을 두 가지로 분류할 때, 모집단에서 특정한 속성을 갖는 자료 혹은 개체의 비율을 **모비율**이라 한다. 예를 들어 **생각해보기** 예제에서 주머니 속에 있는 흰 바둑돌의 비율을 생각할 때 모비율은 $p=\dfrac{60}{100}=0.6$이다. 각각의 시행에서 흰 바둑돌이 나오면 '성공' 검은 바둑돌이 나오면 '실패'로 보면 모집단의 분포는 성공확률이 $p=0.6$인 베르누이 분포를 따른다. 따라서 $X_1, X_2, \cdots, X_{10}$은 성공확률이 $p=0.6$인 베르누이 분포를 따르는 모집단으로부터의 확률표본이다. 또한 X는 독립적으로 이루어지는 10번의 시행에서 성공의 횟수(흰 바둑돌이 추출 되는 횟수)와 같으므로

$$X = X_1 + X_2 + \cdots + X_{10}$$

이고 $X \sim B(10,\ 0.6)$이다. 추출된 10개의 바둑돌 중 흰 바둑돌의 비율은

$$\frac{X}{10} = \frac{1}{10}(X_1 + X_2 + \cdots + X_{10}) = \overline{X}$$

이 된다. 이와 같이 베르누이 분포를 따르는 모집단으로부터의 확률표본에 대한 표본평균을 표본비율이라 한다.

일반적으로 모비율이 p인 모집단의 분포는 성공확률이 p인 베르누이 분포다. 따라서 모평균과 모분산은 다음과 같음을 알 수 있다.(제5장 참조)

$$\mu = p,\ \ \sigma^2 = p(1-p)$$

이 모집단으로부터의 확률표본을 $X_1, \cdots, X_n$이라 하면 n개의 표본 중 특정한 속성을 갖는 자료 혹은 개체의 수는 다음과 같다.

$$X = X_1 + \cdots + X_n$$

이때, 표본평균

$$\hat{P} = \frac{X}{n} = \frac{1}{n}(X_1 + \cdots + X_n)$$

을 **표본비율**(sample proportion)이라 한다. 한편, X는 성공확률이 p인 베르누이 시행을 독립적으로 n회 반복할 때 나오는 성공의 횟수이므로 $X \sim B(n,p)$이다. 따라서

$$E[\hat{P}] = p,$$
$$Var[\hat{P}] = \frac{p(1-p)}{n}$$

이다. 중심극한정리로부터 다음이 성립함을 알 수 있다.

표본비율의 근사분포 1

표본의 크기 n이 충분히 클 때, $\frac{\hat{P}-p}{\sqrt{p(1-p)/n}}$의 분포는 근사적으로 표준정규분포 $N(0,1)$을 따른다.

또한 $n \to \infty$일 때, $\hat{P}(1-\hat{P}) \to p(1-p)$이므로 **표본평균의 근사분포 2**에 의하여 다음이 성립한다.

표본비율의 근사분포 2

표본의 크기 n이 충분히 클 때, $\frac{\hat{P}-p}{\sqrt{\hat{P}(1-\hat{P})/n}}$의 분포는 근사적으로 표준정규분포 $N(0,1)$을 따른다.

예제 7.7

불량률이 5%로 알려져 있는 어떤 공장에서 생산된 제품 중 임의로 300개를 추출하여 불량여부를 검사한다고 할 때, 불량품의 비율이 0.03 이하일 확률을 구하라.

풀이 모비율은 $p=0.05$이고 표본의 크기는 $n=300$이므로,

$$np=15>5,\ n(1-p)=285>0$$

이다. 중심극한정리에 의하여

$$\frac{\hat{P}-p}{\sqrt{p(1-p)/n}}=\frac{\hat{P}-0.05}{\sqrt{0.05\times0.95/500}}$$

는 근사적으로 표준정규분포 $N(0,1)$을 따른다. 그러므로 300개의 표본 중 불량품의 비율을 $\hat{P}$라 하면 구하는 확률은

$$\begin{aligned}P(\hat{P}\le 0.03)&=P\left(\frac{\hat{P}-0.05}{\sqrt{0.05\times0.95/300}}\le\frac{0.03-0.05}{\sqrt{0.05\times0.95/300}}\right)\\&\approx P(Z\le-1.59)=0.0559\end{aligned}$$

이다.

참고

모비율이 p인 모집단으로부터 n개의 표본을 **비복원추출**할 때, 표본 중 특정한 성질을 갖는 표본의 수를 X라 하면 X의 분포는 초기하분포를 따르며 초기하분포의 기댓값과 분산으로부터 다음이 성립함을 알 수 있다.

$$E\left[\frac{X}{n}\right]=p,\qquad Var\left[\frac{X}{n}\right]=\frac{p(1-p)}{n}\left(\frac{N-n}{N-1}\right)$$

그러나 표본의 크기 n에 비하여 모집단의 크기 N이 충분히 크면 복원추출과 비복원추출의 결과는 유사하게 되어 X의 분포는 이항분포 $B(n,p)$와 유사하다는 것을 제6장에서 살펴보았다. 따라서 모집단의 크기가 충분히 크고 표본의 수가 모집단의 크기에 비하여 아주 작은 경우(즉 n/N이 아주 작은 경우)에는 비복원추출의 경우에도 $\frac{X}{n}$의 근사분포는 정규분포 $N\left(p,\frac{p(1-p)}{n}\right)$를 이용한다.

7.6 두 정규모집단으로부터의 독립표본

A지역과 B지역의 고등학교 1학년 학생들의 수학성취도를 비교하려고 한다. 이를 위하여 A지역 고등학교에 다니는 1학년 학생 중에서 100명의 학생을 무작위로 선발하고, B지역 고등학교 1학년 학생 중 110명을 무작위로 선발하여 같은 시험을 치르려고 한다. A지역 고등학교 학생의 시험 점수를 $X_1,\cdots,X_{100}$과 B지역 고등학교 학생의 시험 점수를 $Y_1,\cdots,Y_{110}$라 하자. 그러면 각 표본은 독립적으로 추출되었으므로 $X_1,\cdots,X_{100}$과 $Y_1,\cdots,Y_{110}$은 서로 독립이다. 이와 같이 두 모집단에서 각기 다른 모집단과 독립적으로 추출된 표본을 독립표본이라 한다. 이 절에서는 정규분포를 따르는 두 모집단으로부터의 독립표본에 대한 표본평균의 차와 표본분산의 비와 관련한 분포에 대하여 알아본다.

두 모집단을 각각 모집단 1과 모집단 2라 하고 모집단 1과 2의 분포는 각각 정규분포 $N(\mu_1,\sigma_1^2)$과 $N(\mu_2,\sigma_2^2)$를 따른다고 하자. 모집단 1에서 추출한 확률표본을 $X_1,\cdots,X_{n_1}$이라 하고 모집단 2에서 추출한 확률표본을 $Y_1,\cdots,Y_{n_2}$라 하자. 이 때, 확률표본 $X_1,\cdots,X_{n_1}$과 $Y_1,\cdots,Y_{n_2}$는 서로 독립이다. 두 모집단으로부터의 표본과 통계량을 〈표 7.3〉에 나타내었다.

표 7.3 독립표본의 자료구조와 통계량

	모집단 1	모집단2
모집단의 분포	$N(\mu_1,\sigma_1^2)$	$N(\mu_2,\sigma_2^2)$
확률표본	$X_1,\cdots,X_{n_1}$	$Y_1,\cdots,Y_{n_2}$
표본의 크기	n_1	n_2
통계량	$\overline{X}=\dfrac{1}{n_1}\sum_{i=1}^{n_1}X_i$, $S_1^2=\dfrac{1}{n_1-1}\sum_{i=1}^{n_1}\left(X_i-\overline{X}\right)^2$	$\overline{Y}=\dfrac{1}{n_2}\sum_{i=1}^{n_2}Y_i$, $S_2^2=\dfrac{1}{n_2-1}\sum_{i=1}^{n_2}\left(Y_i-\overline{Y}\right)^2$
독립성	$X_1,\cdots,X_{n_1}$과 $Y_1,\cdots,Y_{n_2}$는 서로 독립	

7.6.1 표본평균의 차에 대한 분포

정규분포를 따르는 모집단에 추출된 표본의 표본평균은 정규분포를 따르므로

$$\overline{X} \sim N(\mu_1,\ \sigma_1^2/n_1),\ \ \overline{Y} \sim N(\mu_2,\ \sigma_2^2/n_2)$$

이다. 또한 $\overline{X}$와 $\overline{Y}$는 독립표본의 표본평균이므로 $\overline{X}$와 $\overline{Y}$는 서로 독립이다. 따라서 $\overline{X}-\overline{Y}$의 평균과 분산은 각각 다음과 같다.

$$E[\overline{X}-\overline{Y}] = E[\overline{X}] - E[\overline{Y}] = \mu_1 - \mu_2$$

$$Var[\overline{X}-\overline{Y}] = Var[\overline{X}] + Var[\overline{Y}] = \frac{\sigma_1^2}{n_1} + \frac{\sigma_2^2}{n_2}$$

서로 독립인 정규분포의 합이나 차는 정규분포를 따르므로 다음이 성립한다.

$$\overline{X}-\overline{Y} \sim N\left(\mu_1 - \mu_2,\ \frac{\sigma_1^2}{n_1} + \frac{\sigma_2^2}{n_2}\right).$$

따라서

$$Z = \frac{(\overline{X}-\overline{Y}) - (\mu_1 - \mu_2)}{\sqrt{\sigma_1^2/n_1 + \sigma_2^2/n_2}} \sim N(0,1)$$

두 모집단의 분산이 같은 경우

두 모분산이 서로 같다고 하자. 즉, $\sigma_1^2 = \sigma_2^2 = \sigma^2$. 그러면

$$\overline{X}-\overline{Y} \sim N\left(\mu_1 - \mu_2,\ \sigma^2\left(\frac{1}{n_1} + \frac{1}{n_2}\right)\right)$$

이므로

$$Z = \frac{(\overline{X}-\overline{Y}) - (\mu_1 - \mu_2)}{\sigma\sqrt{1/n_1 + 1/n_2}} \sim N(0,1).$$

먼저 모집단 1과 모집단 2의 공통의 분산 σ^2에 대한공통의 표본 분산을 다음과 같이 정의하자(분산 σ^2)

$$S_p^2 = \frac{\sum_{i=1}^{n_1}(X_i - \overline{X})^2 + \sum_{i=1}^{n_2}(Y_i - \overline{Y})^2}{n_1 + n_2 - 2} = \frac{(n_1 - 1)S_1^2 + (n_2 - 1)S_2^2}{n_1 + n_2 - 2}$$

7.3.2절에서 다음이 성립함을 알아보았다.

$$\frac{(n_1 - 1)S_1^2}{\sigma^2} = \sum_{i=1}^{n_1}\left(\frac{X_i - \overline{X}}{\sigma}\right)^2 \sim \chi^2(n_1 - 1)$$

$$\frac{(n_2 - 1)S_2^2}{\sigma^2} = \sum_{i=1}^{n_2}\left(\frac{Y_i - \overline{Y}}{\sigma}\right)^2 \sim \chi^2(n_2 - 1)$$

$X_1, \cdots, X_{n_1}$과 $Y_1, \cdots, Y_{n_2}$는 서로 독립인 확률표본이므로 S_1^2과 S_2^2은 서로 독립이다. 카이제곱분포의 성질에 의하여 다음이 성립한다.

$$V = \frac{(n_1 + n_2 - 2)S_p^2}{\sigma^2} = \frac{(n_1 - 1)S_1^2}{\sigma^2} + \frac{(n_2 - 1)S_2^2}{\sigma^2} \sim \chi^2(n_1 + n_2 - 2)$$

한편 $\overline{X} - \overline{Y}$는 S_p^2과 서로 독립이고 $Z = \dfrac{(\overline{X} - \overline{Y}) - (\mu_1 - \mu_2)}{\sigma\sqrt{1/n_1 + 1/n_2}} \sim N(0, 1)$이므로 t분포의 정의에 의하여 다음이 성립한다.

$$T = \frac{(\overline{X} - \overline{Y}) - (\mu_1 - \mu_2)}{S_p\sqrt{1/n_1 + 1/n_2}} = \frac{Z}{\sqrt{V/(n_1 + n_2 - 2)}} \sim t(n_1 + n_2 - 2)$$

7.6.2 F분포와 표본분산비의 분포

F분포의 정의

$V_1 \sim \chi^2(r_1)$, $V_2 \sim \chi^2(r_2)$이고 서로 독립일 때,

$$F = \frac{V_1/r_1}{V_2/r_2}$$

는 자유도가 (r_1, r_2)인 F분포(F distribution)를 따른다고 하고

$$F \sim F(r_1, r_2)$$

와 같이 나타낸다. F분포는 두 개의 자유도에 의하여 결정된다.

표본분산비의 분포

표본분산의 분포(7.3.2절)에 의하여

$$V_1 = \frac{(n_1-1)S_1^2}{\sigma_1^2} \sim \chi^2(n_1-1), \quad V_2 = \frac{(n_2-1)S_2^2}{\sigma_2^2} \sim \chi^2(n_2-1)$$

이고 V_1과 V_2는 서로 독립이므로 F분포의 정의에 의하여 다음이 성립한다.

$$\frac{\sigma_2^2}{\sigma_1^2}\frac{S_1^2}{S_2^2} = \frac{S_1^2/\sigma_1^2}{S_2^2/\sigma_2^2} = \frac{V_1/(n_1-1)}{V_2/(n_2-1)} \sim F(n_1-1, n_2-1)$$

만약 $\sigma_1^2 = \sigma_2^2$이면 서로 독립인 표본분산의 비는 $\dfrac{S_1^2}{S_2^2} \sim F(n_1, n_2)$이 된다. F분포를 분산비분포(variance ratio distribution)라고 부르기도 한다.

F분포의 확률밀도함수

자유도가 (r_1, r_2)인 F분포의 확률밀도함수는 다음과 같다.

$$f(x) = Cx^{(r_1-2)/2}\left(1+\frac{r_1}{r_2}x\right)^{-(r_1+r_2)/2}, \quad x \ge 0, \ r_1, r_2 = 1, 2, \cdots$$

여기서 C는 $\int_0^\infty f(x)dx = 1$이 되도록 하는 상수이다. 일반적으로 확률변수 X의 확률밀도함수가 위와 같을 때, X는 자유도가 (r_1, r_2)인 F분포를 따른다고 하고 $X \sim F(r_1, r_2)$으로 나타낸다.

$F \sim F(r_1, r_2)$의 평균은 $r_2 > 2$일 때 정의되며, 분산은 $r_2 > 4$일 때 정의되고 각각은 다음과 같다.

$$E[F] = \frac{r_2}{r_2-2}, \quad r_2 > 2,$$

$$Var[F] = \frac{2r_2^2(r_1+r_2-2)}{r_1(r_2-2)^2(r_2-4)}, \quad r_2 > 4$$

[그림 7.7]은 다양한 자유도에 따른 F분포의 확률밀도함수의 그래프를 나타낸 것이다.

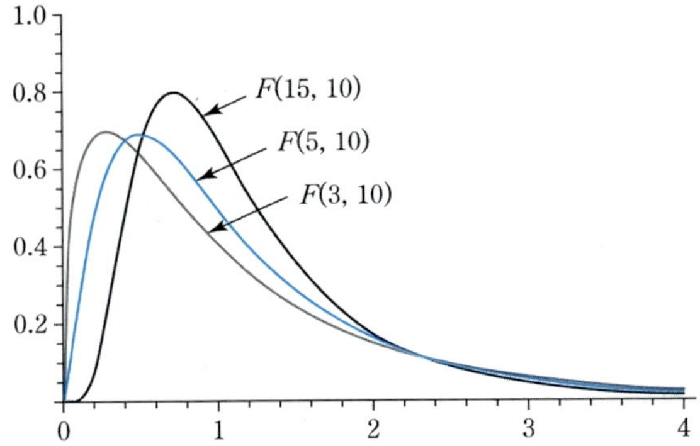

[그림 7.7] F분포의 확률밀도함수의 그래프

F분포의 확률계산

F분포의 확률은 확률밀도함수의 복잡성으로 인하여 컴퓨터에 의존할 수밖에 없다. 이 장의 끝에서는 엑셀을 이용하여 F분포의 확률을 계산하는 방법을 소개한다. 여기서는 F분포의 백분위수에 대한 설명과 이 책의 부록에 있는 F분포표를 사용하는 방법을 소개한다.

$F \sim F(r_1, r_2)$일 때,

$$P(F \geq x) = \alpha \ \ (0 < \alpha < 1)$$

을 만족하는 값 x를 자유도가 (r_1, r_2)인 F분포의 $100(1-\alpha)\%$ 백분위수라 하고 $F(r_1, r_2, \alpha)$로 나타낸다. [그림 7.8] 즉,

$$P(F \geq F(r_1, r_2, \alpha)) = \alpha$$

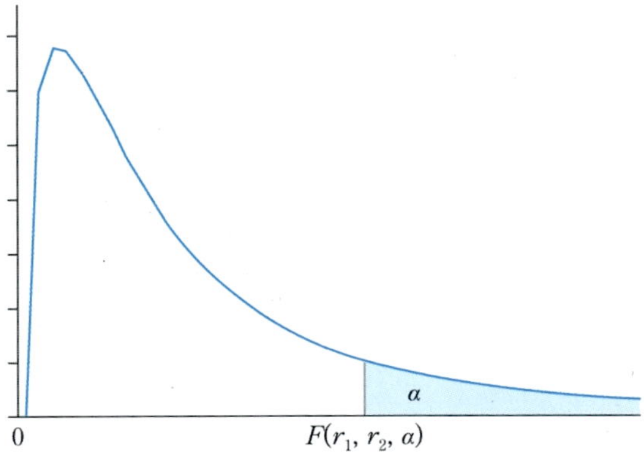

[그림 7.8] F분포의 백분위수

여러 가지 자유도와 α에 대하여 $F(r_1, r_2, \alpha)$의 값을 나타낸 F분포표를 **부록 표4**에 나타내었다. 〈표 7.4〉는 $\alpha = 0.1$일 때, F분포표의 일부를 나타낸 것이다. F분포표에서 위의 가로 줄은 분자의 자유도 r_1을, 왼쪽의 세로줄은 분모의 자유도 r_2를 나타낸다.

예를 들어 $F \sim F(5, 4)$일 때, $P(F \geq x) = 0.1$을 만족하는 x는 $F(5, 4, 0.1)$이다. 이 때, 〈표 7.4〉의 가로줄 5와 세로줄의 4가 만나는 점 4.05가 $F(5, 4, 0.1)$의 값이다. 즉, $P(F \geq 4.05) = 0.1$.

표 7.4 $F(r_1, r_2)$**분포표 일부**$(\alpha = 0.1)$

r_2 \ r_1	1	2	3	4	5	6	7	8	9	10
1	39.86	49.50	53.59	55.83	57.24	58.20	58.91	59.44	59.86	60.19
2	8.53	9.00	9.16	9.24	9.29	9.33	9.35	9.37	9.38	9.39
3	5.54	5.46	5.39	5.34	5.31	5.28	5.27	5.25	5.24	5.23
4	4.54	4.32	4.19	4.11	4.05	4.01	3.98	3.95	3.94	3.92
5	4.06	3.78	3.62	3.52	3.45	3.40	3.37	3.34	3.32	3.30
6	3.78	3.46	3.29	3.18	3.11	3.05	3.01	2.98	2.96	2.94
7	3.59	3.26	3.07	2.96	2.88	2.83	2.78	2.75	2.72	2.70
8	3.46	3.11	2.92	2.81	2.73	2.67	2.62	2.59	2.56	2.54
9	3.36	3.01	2.81	2.69	2.61	2.55	2.51	2.47	2.44	2.42

예제 7.8

$F \sim F(4, 5)$일 때, $P(F \geq x) = 0.1$를 만족하는 x의 값을 구하라.

풀이 $x = F(4, 5, 0.1)$는 〈표 7.4〉에서 가로축 r_1=4와 세로축 $r_2 = 5$가 만나는 점의 값이므로 $x = 3.52$이다.

F분포의 성질

$F = \dfrac{V_1/r_1}{V_2/r_2} \sim F(r_1, r_2)$이면 $\dfrac{1}{F} = \dfrac{V_2/r_2}{V_1/r_1} \sim F(r_2, r_1)$ 이므로

$$P\left(F \geq \frac{1}{F(r_2, r_1, \alpha)}\right) = P\left(\frac{1}{F} \leq F(r_2, r_1, \alpha)\right) = 1 - \alpha$$

이다. 한편 $P(F \geq F(r_1, r_2, 1-\alpha)) = 1 - \alpha$이므로 다음을 얻는다.

$$F(r_1, r_2, 1-\alpha) = \frac{1}{F(r_2, r_1, \alpha)}$$

예를 들어 〈표 7.3〉에서 $F(3, 4, 0.1) = 4.19$이므로

$$F(4, 3, 0.9) = \frac{1}{F(3, 4, 0.1)} = \frac{1}{4.19}$$

와 같이 $F(4, 3, 0.9)$의 값을 구할 수 있다.

F분포와 t분포

$Z \sim N(0,\ 1)$, $V \sim \chi^2(n)$이고 Z와 V가 서로 독립일 때, $T = \dfrac{Z}{\sqrt{V/n}} \sim t(n)$임은 이미 살펴보았다. 카이제곱분포의 정의에 의하여 $Z^2 \sim \chi^2(1)$이므로

$$T^2 = \frac{Z^2/1}{V/n} \sim F(1, n)$$

이다. 즉, 자유도가 n인 t분포를 따르는 확률변수의 제곱은 자유도가 $(1, n)$인 F분포를 따른다.

엑셀을 이용한 χ^2분포, t분포, F분포의 계산

1. χ^2분포

(1) $X \sim \chi^2(4)$일 때, $P(X \leq 3)$의 계산

① [함수마법사]창에서 카이제곱분포함수 CHISQ.DIST를 이용한다.

② CHISQ.DIST 함수인수창에 다음과 같이 입력한다.
이때 나타나는 값 0.4421746이 $P(X \leq 3)$의 값이다.

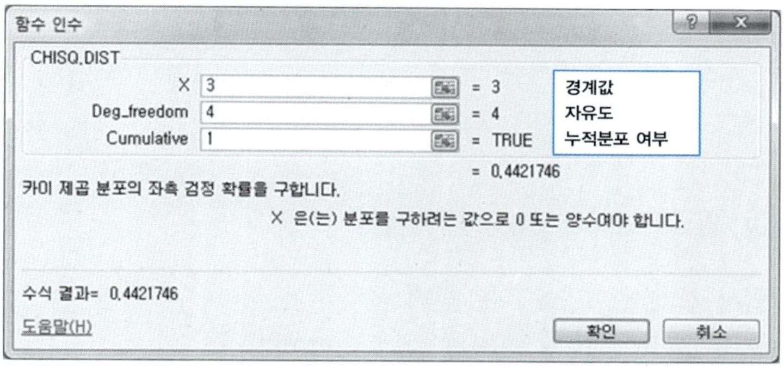

(2) 카이제곱분포의 누적분포함수의 역함수

- $X \sim \chi^2(r)$일 때, $P(X \leq b) = \alpha$를 만족하는 b의 값
  카이제곱분포의 누적분포함수의 역함수 CHISQ.INV를 이용
- $X \sim \chi^2(r)$일 때, $P(X \geq b) = \alpha$를 만족하는 b의 값
  카이제곱분포의 누적분포함수의 오른쪽 부분의 역함수 CHISQ.RT.INV를 이용

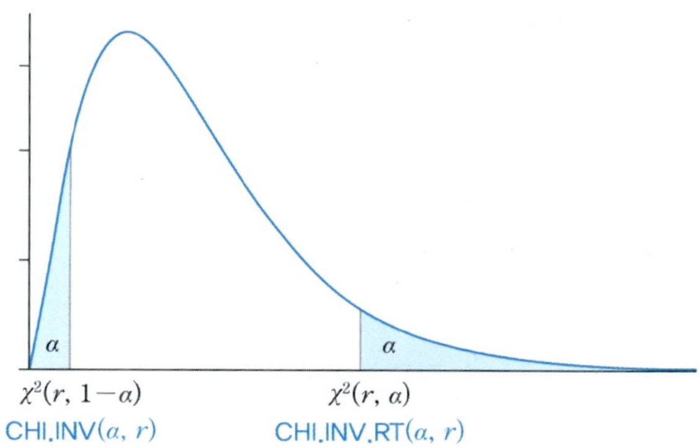

[예] $X \sim \chi^2(4)$일 때, $P(X \geq b) = 0.05$를 만족하는 b의 값

함수 CHISQ.RT.INV의 인수창에서 다음과 같이 입력한다.

이때 나타나는 값 9.487729037이 b의 값이다.

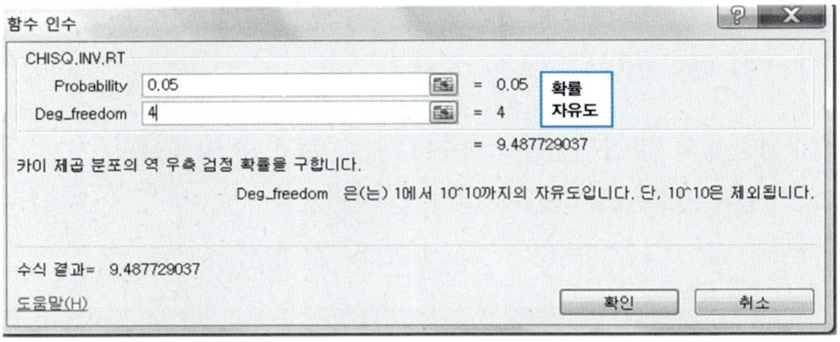

2. t 분포

(1) $X \sim t(4)$일 때, $P(X \leq 2.3)$의 계산

① “함수마법사”창에서 "T.DIST”를 선택

② T.DIST의 함수인수 창에서 다음과 같이 입력한다.

결과값은 $P(V \leq 2.3) = 0.958530481$이다.

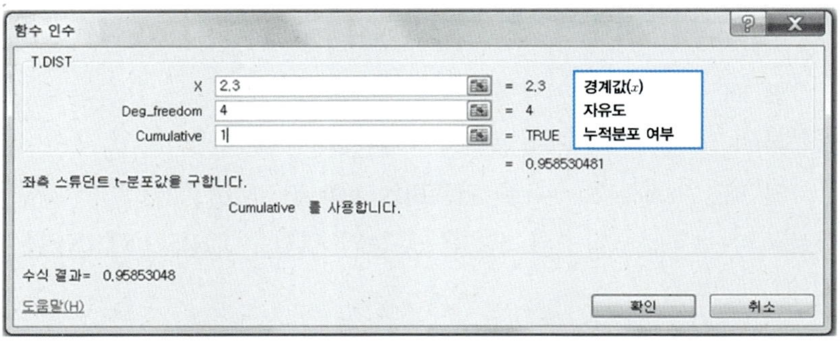

(2) t 분포의 누적분포함수의 역함수

- $X \sim t(r)$일 때, $P(X \leq b) = \alpha$를 만족하는 b의 값

  t분포의 누적분포함수의 역함수 T.INV를 이용

- $X \sim t(r)$일 때, $P(X \geq b) = \alpha$를 만족하는 b의 값

  t분포의 누적분포함수의 오른쪽 부분의 역함수 T.RT.INV를 이용

[예] $T \sim t(4)$일 때, $P(T \leq b) = 0.05$를 만족하는 b의 값

"T.INV"함수인수 창에서 다음과 같이 입력하면 나타나는 값

$$-2.131846786$$

이 $P(T \leq b) = 0.05$를 만족하는 b의 값이다.

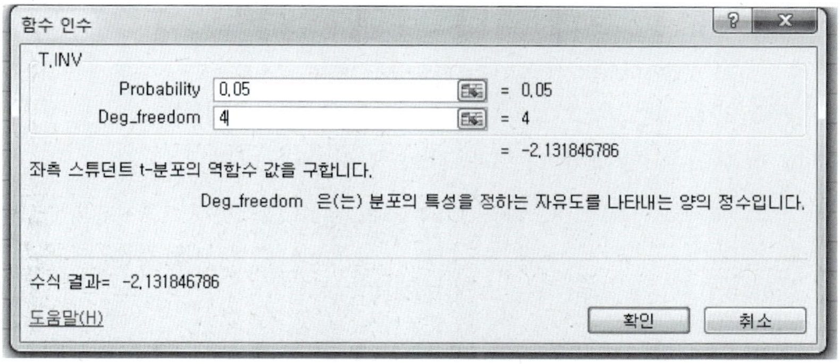

3. F분포

(1) $X \sim F(5,2)$일 때, $P(X \leq 4)$의 계산

① "함수마법사"창에서 "F.DIST"를 선택

② F.DIST의 함수인수 창에서 다음과 같이 입력한다.

결과값은 $P(F \leq 4) = 0.787985611$이다.

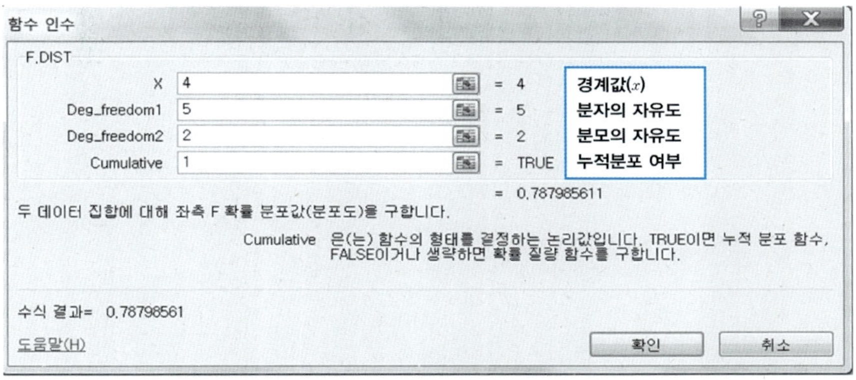

(2) F분포의 누적분포함수의 역함수

- $X \sim F(r_1, r_2)$일 때, $P(X \leq b) = \alpha$를 만족하는 b의 값

  F분포의 누적분포함수의 역함수 F.INV를 이용

- $X \sim F(r_1, r_2)$일 때, $P(X \geq b) = \alpha$를 만족하는 b의 값

  F분포의 누적분포함수의 오른쪽 부분의 역함수 F.RT.INV를 이용

[예] $X \sim F(5, 2)$일 때, $P(X \leq b) = 0.05$를 만족하는 b의 값

"F.INV"함수인수 창에서 다음과 같이 입력하면 나타나는 값

$$0.172826938$$

이 $P(X \leq b) = 0.05$를 만족하는 b의 값이다.

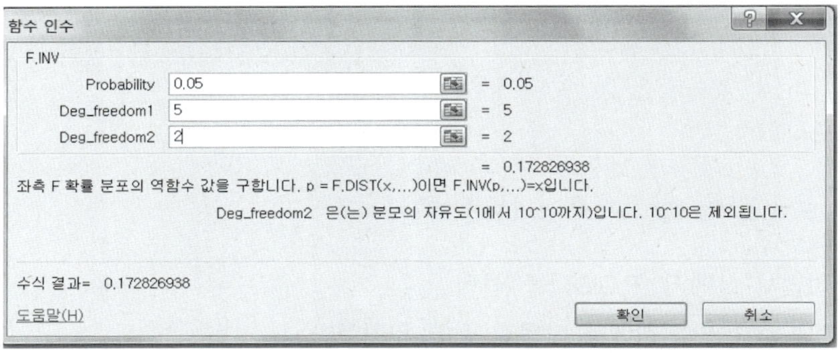

제7장 연습문제

01 오른쪽 그림과 같이 4개의 공이 들어 있는 주머니를 생각하자. 각각의 공에는 숫자 1,2,3,4가 적혀있다.

(1) 이 주머니에서 임의로 한 개의 공을 꺼낼 때, 나오는 공에 적힌 숫자를 X라 하자. X의 확률질량함수를 구하라.

(2) X의 평균 $\mu = E(X)$와 분산 $\sigma^2 = Var(X)$를 구하라.

(3) 이 주머니에서 공을 세 개의 공을 복원추출할 때, 첫 번째, 두 번째, 세 번째 시행에서 나오는 공에 적힌 숫자를 각각 X_1, X_2, X_3라 하자.

① X_1, X_2, X_3로 이루어진 세 개의 쌍(X_1, X_2, X_3)이 취할 수 있는 모든 값을 나열하여라.

② 위의 ①에서 구한 자료를 바탕으로 $\overline{X} = \frac{1}{3}(X_1 + X_2 + X_3)$의 분포를 구하라.

③ $E[\overline{X}]$를 구하고 위의 (2)에서 구한 μ와 같은지 확인하라.

④ $Var[\overline{X}]$를 구하고 위의 (2)에서 구한 σ^2과 같은지 확인하라.

⑤ 위의 ①에서 구한 자료를 바탕으로

$$S^2 = \frac{1}{2}\left((X_1 - \overline{X})^2 + (X_2 - \overline{X})^2 + (X_3 - \overline{X})^2\right)$$

의 분포를 구하라.

⑥ $E[S^2]$를 구하고 위의 (2)에서 구한 σ^2과 같은지 확인하라.

02 모집단의 분포가 아래와 같다고 하자.

x	1	2	3	합
$P(X=x)$	$\frac{2}{5}$	$\frac{1}{5}$	$\frac{2}{5}$	1.0

이 모집단으로부터 추출한 8개의 확률표본에 대하여 다음을 구하라.

(1) 표본평균 $\overline{X}$의 평균과 분산

(2) 표본분산 S^2의 평균

03 평균이 1이고 분산이 4인 정규모집단에서 추출한 9개의 확률표본 $X_1, X_2, \cdots, X_9$에 대한 표본평균과 표본분산을 각각 $\overline{X}$와 S^2이라 하자. 다음을 구하라.

(1) $P(\overline{X} > 1.2)$　　(2) $P(\overline{X} > a) = 0.05$를 만족하는 a의 값

(3) $P(S^2 > 3)$　　(4) $P(S^2 > b) = 0.05$를 만족하는 b의 값

(5) $P\left(\frac{(X_1 - 1)^2}{4} + \cdots + \frac{(X_9 - 1)^2}{4} > 3\right)$

04 수작업으로 제품을 생산하는 공장에서 제품 한 대를 생산하는데 걸리는 시간은 평균 60분, 표준편차가 15분이라고 알려져 있다. 49개의 제품에 대하여 한 제품 당 생산시간을 조사한다고 할 때, 표본평균이 65분 이상일 확률의 근삿값을 정규분포를 이용하여 구하라.

05 7.2절의 **생각해보기** 예제에서 100개의 공을 추출할 때, 꺼내진 공에 적혀있는 숫자의 합이 205보다 클 확률의 근삿값을 정규분포를 이용하여 구하라.

06 어느 정당의 실제 지지율이 35%라면 임의로 500명을 뽑아서 그 정당의 지지 여부를 물어보았을 때, 이 들 500명 중 그 정당을 지지하는 사람의 비율이 33%에서 37% 사이에 있을 확률의 근삿값을 정규분포를 이용하여 구하라.

07 어느 대학 남학생들의 키는 평균이 $\mu = 174$cm인 정규분포를 따른다고 하자. 이 학생들로부터 추출한 9개의 확률표본에 대한 표본평균과 표본분산을 각각 $\overline{X}$와 S^2이라 할 때 다음을 구하라.

(1) $P\left(\dfrac{\overline{X}-174}{S/3} > 2.0\right)$ (2) $P\left(\dfrac{\overline{X}-174}{S/3} > a\right) = 0.05$ 를 만족하는 a의 값

08 $X \sim \chi^2(5)$일 때, 다음을 구하라.

(1) $P(X > b) = 0.05$를 만족하는 b의 값

(2) $P(X > 2.54)$

09 $X \sim t(7)$일 때, 다음을 구하라.

(1) $P(X > b) = 0.01$를 만족하는 b의 값

(2) $P(X > 1.3)$

10 $X \sim F(5, 8)$일 때, 다음을 구하라.

(1) $P(X > b) = 0.05$를 만족하는 b의 값

(2) $P(X > 2.5)$

11 우리나라 20대 남성과 여성의 키(단위:cm)는 각각 $N(174, 6^2)$와 $N(161, 5^2)$을 따른다고 한다. 남성 16명에 대한 확률표본의 표본평균과 표본분산을 각각 $\overline{X}$와 S_1^2이라 하고 여성 25명에 대한 확률표본의 표본평균과 표본분산을 각각 $\overline{Y}$와 S_2^2이라 할 때, 다음을 구하라.

(1) $P(\overline{X} - \overline{Y} > 10)$ (2) $P(S_1^2 > S_2^2)$

제 8 장 추정

통계적 추론은 크게 추정과 검정으로 나누어진다. 예를 들어 어느 제약회사에서 새로 개발된 치료제의 치유율 p의 값을 알기 위해서, 이 약을 20명의 환자에게 투여한 결과 13명이 치료되었을 때 표본 중 치유된 사람의 비율 0.65를 치유율이라고 추측할 수 있을 것이다. 이와 같이 표본을 이용하여 알려져 있지 않은 모수의 참값을 추측하는 것을 **추정**이라고 한다.

한편 제약회사에서 신약의 치유율이 60%이상이라고 주장한다면 이 주장을 인정할 것인지에 대한 결론을 내릴 필요가 있을 수도 있다. 이와 같이 표본을 이용하여 모수의 값에 대한 주장이나 추측 등에 대한 결론을 이끌어내는 것을 **가설검정**이라 한다.

이 장에서는 모평균과 모비율, 모분산의 추정에 대하여 다루고 가설검정은 다음 장에서 다루기로 한다.

8.1 점추정

8.1.1 추정량과 추정값

점추정은 표본을 이용하여 모수의 참값이라고 생각하는 하나의 수를 일정한 방법에 따라 정하는 과정이다. 예를 들어 확률표본 X_1, X_2, X_3을 이용하여 모평균 μ를 추정하기 위하여 다음 방법을 사용한다고 하자.

$$h(X_1, X_2, X_3) = \frac{1}{4}(X_1 + 2X_2 + X_3)$$

만약 표본을 추출하여 얻은 X_1, X_2, X_3의 값이 각각 $x_1 = 3$, $x_2 = 1$, $x_3 = 4$라면 이 방법에 의한 μ의 추정값은

$$h(3,1,2) = \frac{1}{4}(3 + 2 \times 1 + 4) = 2.25$$

이다. 이와 같이 모수 μ의 값을 추정하기 위해서 사용되는 확률표본의 함수(통계량)를 μ의 추정량이라 하고 확률표본의 값이 정해지면 하나로 정해지는 값을 μ의 추정값이라 한다. 추정량은 확률표본을 이용하여 모수를 추정하는 방법이며 추정값은 그 방법에 의하여 자료로부터 정해지는 값을 나타낸다.

점추정량과 추정값

모수 θ를 추정하기 위하여 사용되는 통계량을 θ의 **점추정량** 또는 간단히 **추정량**이라 하고, 확률표본의 관측값이 주어졌을 때, 정해지는 추정량의 값을 θ의 **추정값**이라 한다.

추정량은 확률표본의 함수이므로 표본값(관측결과)에 따라 그 값이 달라지는 확률변수이다. 예를 들어 관측결과가 $x_1 = 3$, $x_2 = 1$, $x_3 = 4$일 때는 추정량

$$h(X_1, X_2, X_3) = \frac{1}{4}(X_1 + 2X_2 + X_3)$$

의 값은 $h(3,1,4) = 2.25$이나 $x_1 = 2$, $x_2 = 3$, $x_3 = 4$일 때는 $h(2,3,4) = 3$이다.

일반적으로 모수 θ를 추정하기 위하여 사용되는 통계량을 θ의 **추정량**(estimator)이라 한다. 모수 θ의 추정량은 보통 θ의 대문자 Θ를 이용하여 기호 $\hat{\Theta}$(theta hat)으로 나타내고 추정값은 $\hat{\theta}$으로 나타낸다. 즉, 확률표본 $X_1, \cdots, X_n$에 대하여, θ의 추정량이 $\hat{\Theta} = h(X_1, \cdots, X_n)$이고, 관측값이 $x_1, \cdots, x_n$일 때, θ의 추정값은 $\hat{\theta} = h(x_1, \cdots, x_n)$이다.

8.1.2 바람직한 추정량

앞서 언급하였듯이 추정량은 확률표본을 이용하여 모수를 추정하는 방법을 나타낸다. 모수를 추정하는 방법은 여러 가지가 있을 수 있다. 예를 들어 확률표본 X_1, X_2, X_3을 이용하여 모평균 μ를 추정하기 위하여 다음 세 가지 방법 중 하나를 사용하려고 한다고 하자.

$$T_1 = \frac{1}{3}(X_1 + X_2 + X_3)$$

$$T_2 = \frac{1}{6}(X_1 + 2X_2 + 3X_3)$$

$$T_3 = \frac{1}{6}(X_1 + 3X_2 + X_3) + 1$$

위의 세가지 방법 중 어떤 방법으로 모수를 추정하는 것이 가장 좋을까? 즉, 어떤 추정량이 바람직한 추정량일까? 이 절에서는 바람직한 추정량의 조건에 대하여 살펴본다.

추정량의 선택은 사격 선수를 선발하는 것과 유사하다. 예를 들어 네 명의 선수가 사격을 한 결과가 [그림 8.1]과 같을 때, 어떤 선수를 선발하는 것이 좋을까?

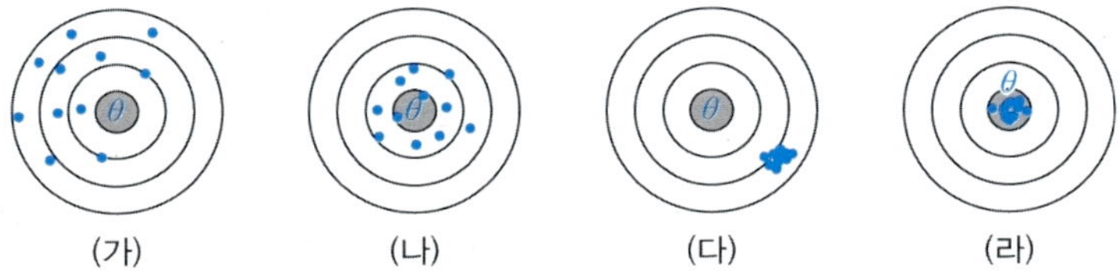

[그림 8.1] 추정량의 편향과 분산

사격결과 탄착점이 과녁 주변에 밀집해 있는 선수, 즉 정확도와 정밀도가 높은 선수를 선택하는 것이 바람직할 것이다. 이와 유사하게 좋은 추정량의 조건으로는 이 추정량을 사용하여 모수를 추정 할 때, 추정값이 한쪽으로 편향되지 않고 모수 주변에 고루 밀집해서 나타나는 것이 요구된다.

추정량의 비편향성

모수 θ의 추정량 $\hat{\Theta}$는 확률변수이므로 추출되는 자료에 따라 그 값이 달라질 수 있다. $\hat{\Theta}$의 값이 편중되지 않고 θ 주변에 얼마나 고르게 나타나는 지를 나타내는 측도로 모수 θ와 추정량 $\hat{\Theta}$의 오차 $\hat{\Theta}-\theta$에 대한 기댓값을 사용한다. 오차의 기댓값이 0이 되는 추정량을 비편향추정량이라 한다.

비편향추정량 또는 불편추정량

θ의 추정량 $\hat{\Theta}$가 $E[\hat{\Theta}]=\theta$을 만족할 때, $\hat{\Theta}$를 θ의 **비편향추정량**(unbiased estimator) 또는 **불편추정량**이라 한다.
비편향추정량이 아닐 때 즉, $E[\hat{\Theta}]\neq\theta$일 때, 편향추정량이라 하며 오차의 평균 $E[\hat{\Theta}]-\theta$를 추정량 $\hat{\Theta}$의 **편향**(bias)이라고 한다.

위의 예에서 $E[X_i]=\mu,\ i=1,2,3$이므로,

$$E[T_1]=\frac{1}{3}(E[X_1]+E[X_2]+E[X_3])=\mu$$

$$E[T_2]=\frac{1}{6}(E[X_1]+2E[X_2]+3E[X_3])=\mu$$

$$E[T_3]=\frac{1}{6}(E[X_1]+3E[X_2]+E[X_3])+1=\frac{5}{6}\mu+1\neq\mu$$

따라서 T_1과 T_2는 μ에 대한 비편향추정량이나 T_3는 편향추정량이다.

표본평균 $\overline{X}$와 표본분산 S^2은 각각 모평균 μ와 σ^2에 대한 비편향추정량이 됨을 제7장에서 살펴보았다. 그러나 일반적으로 표본표준편차 $S=\sqrt{S^2}$는 모표준편차 σ에 대한 비편향추정량이 되지 않는다.

표본평균과 표본분산의 비편향성

$$1.\ E[\overline{X}] = \mu$$
$$2.\ E[S^2] = \sigma^2$$

모평균의 추정량에 대한 시뮬레이션을 이용한 실험

모평균 μ를 추정하기 위하여 앞에서 제시된 세 가지 방법 T_1, T_2, T_3에 대하여 다음과 같은 실험을 실시하였다. 평균이 $\mu = 1$이고 표준편차가 $\sigma = 2$인 정규모집단에서 세 개의 표본 X_1, X_2, X_3를 추출하는 과정을 100번 실시하고 표본이 추출될 때마다 앞에서 제시된 세 가지 방법 T_1, T_2, T_3으로 추정량의 값 100개를 계산하였다. 이 100개의 추정값에 대한 히스토그램을 [그림 8.2]에 나타내었다. 히스토그램을 보면 T_1과 T_2을 이용한 추정값은 모평균 $\mu = 1$ (히스토그램에서 굵은 선)의 좌우에 고루 나타나지만 T_3은 $\mu = 1$의 오른 쪽으로 편향되어 나타남을 알 수 있다.

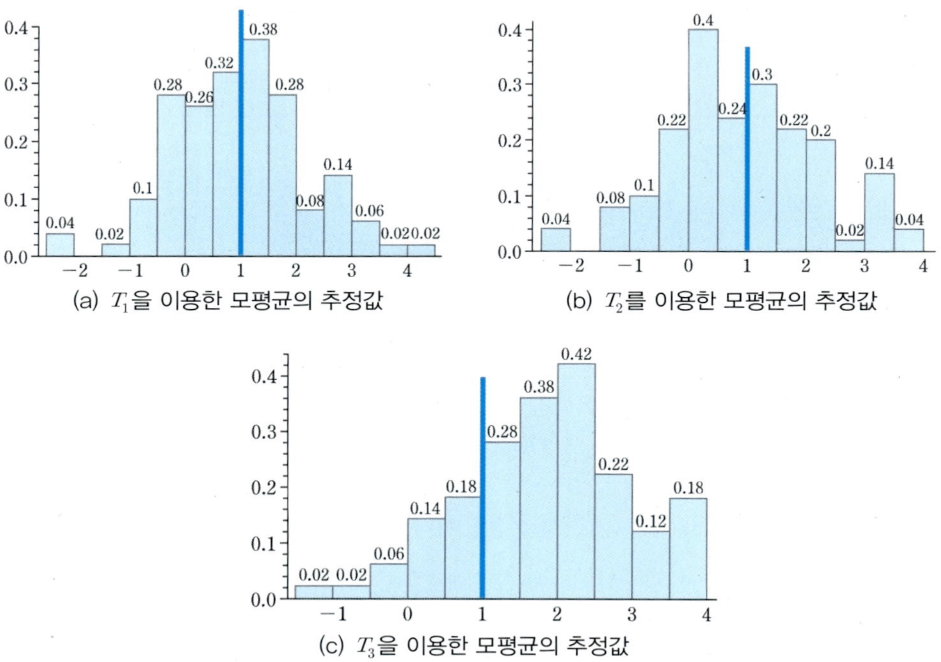

[그림 8.2] T_1, T_2, T_3을 이용한 모평균의 추정결과

모분산의 추정량에 대한 시뮬레이션을 이용한 실험

모분산의 추정에서 편차제곱의 합 $\sum_{i=1}^{n}(X_i - \overline{X})^2$을 자료의 수 n으로 나눈 통계량 $\tilde{S}^2 = \frac{1}{n}\sum_{i=1}^{n}(X_i - \overline{X})^2$와 $n-1$로 나눈 통계량 S^2을 비교해보자. $E[S^2] = \sigma^2$ 이고 $\tilde{S}^2 = \frac{n-1}{n}S^2$이므로 $E[\tilde{S}^2] = \frac{n-1}{n}\sigma^2$이다. 따라서 $\tilde{S}^2$는 σ^2에 대한 비편향추정량이 아니다.

다음 실험결과를 살펴보자. 정규모집단 $N(1,4)$에서 10개의 표본을 추출하는 과정을 100번 반복할 때 S^2과 $\tilde{S}^2$을 이용한 모분산 $\sigma^2 = 4$에 대한 추정결과를 [그림 8.3]에 나타내었다. 이 그림에서 $\tilde{S}^2$을 이용한 추정값은 실제 값 $\sigma^2 = 4$보다 작은 쪽에 편향되어 나타남을 알 수 있다. 실험결과 S^2과 $\tilde{S}^2$을 이용하여 구한 100개의 추정값에 대한 평균은 각각 4.08과 3.67이다.

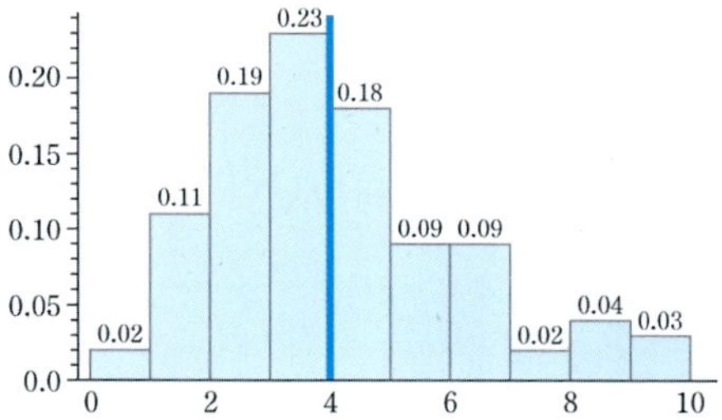

(a) S^2을 이용한 모분산의 추정결과

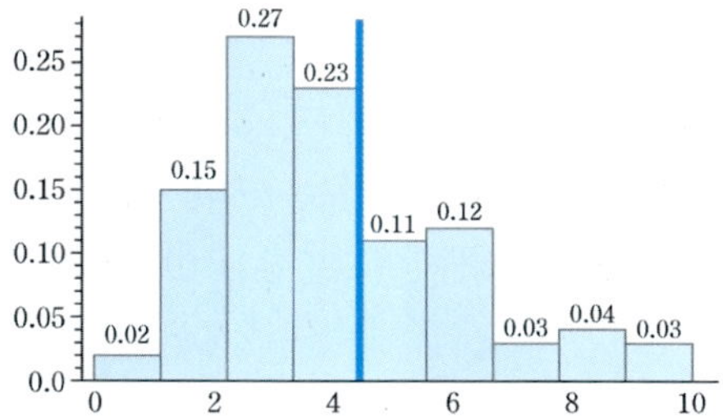

(b) $\tilde{S}^{-2}$을 이용한 모분산의 추정결과

[그림 8.3] S^2과 $\tilde{S}^2$을 이용한 모분산의 추정 결과

표준오차

비편향추정량 중에서는 추정값이 모수 θ의 주변에 밀집해 있는 추정량이 그렇지 않은 추정량보다 좋은 추정량이 될 것이다. 자료가 평균주변에 밀집해 있는 정도를 나타내는 측도로서 분산이 사용된다. $\hat{\Theta}$가 θ의 비편향추정량이라 할 때, $\hat{\Theta}$의 표준편차를 **표준오차**(standard error)라 하고 이를 $\mathrm{SE}(\hat{\Theta})$나타낸다. 즉,

$$\mathrm{SE}(\hat{\Theta}) = \sqrt{\mathrm{Var}[\hat{\Theta}]} = \sqrt{\mathrm{E}[(\hat{\Theta} - \theta)^2]}$$

비편향추정량 중에서 가장 작은 표준오차를 갖는 추정량을 **최소분산비편향추정량**이라

한다. 정규모집단에서 모평균의 추정량에 대한 다음 사실이 알려져 있다.

> 평균이 μ이고 분산이 σ^2인 정규분포를 따르는 모집단으로부터의 확률표본의 표본평균 $\overline{X}$는 모평균 μ에 대한 최소분산비편향추정량이 된다.

평균제곱오차와 추정량의 유효성

모수 θ의 추정량 $\hat{\Theta}$에 대하여 오차의 제곱에 대한 평균

$$\text{MSE}(\hat{\Theta}) = E[(\hat{\Theta} - \theta)^2]$$

을 **평균제곱오차**(mean squared error)라고 한다. 평균제곱오차는 다음과 같이 나타낼 수 있다.

$$\begin{aligned}\text{MSE}(\hat{\Theta}) &= E[(\hat{\Theta} - E(\hat{\Theta}) + (E(\hat{\Theta}) - \theta)]^2 \\ &= E[(\hat{\Theta} - E(\hat{\Theta})]^2 + (E(\hat{\Theta}) - \theta)^2 \\ &= Var(\hat{\Theta}) + (\text{편 향})^2\end{aligned}$$

즉, $\hat{\Theta}$의 평균제곱오차는 $\hat{\Theta}$의 분산과 편향의 제곱의 합으로 나타난다. 만약 $\hat{\Theta}$가 θ의 비편향추정량이면 편 향 $= 0$이므로

$$\text{MSE}(\hat{\Theta}) = Var(\hat{\Theta})$$

이다. 모수 θ에 대한 두 추정량 $\hat{\Theta}_1$, $\hat{\Theta}_2$에 대하여 오차의 제곱에 대한 평균

$$\text{MSE}(\hat{\Theta}_1) \le \text{MSE}(\hat{\Theta}_2)$$

일 때, $\hat{\Theta}_1$이 $\hat{\Theta}_2$보다 더 **유효**(efficient)하다고 한다. 예를 들어 모분산이 σ^2일 때, 모평균 μ의 두 비편향추정량

$$T_1 = \frac{1}{3}(X_1 + X_2 + X_3)$$

$$T_2 = \frac{1}{6}(X_1 + 2X_2 + 3X_3)$$

에 대하여

$$Var[T_1] = \frac{1}{9}(Var[X_1] + Var[X_2] + Var[X_3]) = \frac{1}{3}\sigma^2$$

$$Var[T_2] = \frac{1}{36}(Var[X_1] + 4\,Var[X_2] + 9\,Var[X_3]) = \frac{7}{18}\sigma^2$$

이므로

$$SE(T_1) = \sqrt{\frac{6}{18}}\,\sigma < SE(T_2) = \sqrt{\frac{7}{18}}\,\sigma$$

이다. 따라서 μ에 대한 추정량으로써 T_1이 T_2보다 더 유효하다.

추정량의 일치성

위에서 언급한 비편향성이나 유효성은 표본의 크기가 고정된 상태에서의 성질이다. 바람직한 추정량의 조건으로서 표본의 크기가 커지면 추정량이 모수의 참값이 한없이 가까이 가는 성질을 생각할 수 있다. 크기가 n인 확률표본 $X_1, \cdots, X_n$으로 이루어진 θ의 추정량을 $\hat{\Theta}_n$이라 하자. 표본의 크기 n이 무한히 커질 때, $\hat{\Theta}_n$이 모수 θ에(확률적으로) 수렴하면 $\hat{\Theta}$를 모수 θ에 대한 **일치추정량**(consistent estimator)이라 한다. 이는 상수 $c > 0$을 아무리 작게 선택하더라도, 표본의 크기가 한없이 커지면, $|\hat{\Theta} - \theta|$가 c보다 클 확률 $P(|\hat{\Theta}_n - \theta| > c)$이 0에 수렴한다는 것을 의미한다.

일반적으로 θ의 비편향추정량 중 표본의 크기 n이 무한히 커질 때, $Var(\hat{\Theta})$이 0에 수렴하면 $\hat{\Theta}$는 일치추정량이 된다는 것이 알려져 있다. 예를 들어 제7장에서 살펴본 바와 같이 크기 n인 확률표본의 표본평균 $\overline{X}$는 모평균 μ에 대한 비편향추정량이고 $Var[\overline{X}] = \dfrac{\sigma^2}{n}$이므로 $\overline{X}$는 모평균 μ에 대한 일치추정량이다. 다음이 알려져 있다.

표본평균 $\overline{X}$와 표본분산 S^2, 표본표준편차 $S = \sqrt{S^2}$의 일치성

1. $\overline{X}$는 모평균 μ에 대한 일치추정량이다.
2. S^2은 모분산 σ^2에 대한 일치추정량이다.
3. $S = \sqrt{S^2}$는 σ에 대한 일치추정량이다.

8.1.3 모평균과 모비율의 점추정

표본평균 $\overline{X}$는 모평균 μ를 추정할 때 추정량으로서 여러 가지 바람직한 성질을 가지고 있음을 살펴보았다. 이러한 이유로 모평균의 추정량으로 표본평균이 주로 사용된다.

표본비율 $\hat{P}$는 성공확률이 p인 베르누이 분포를 따르는 모집단으로부터의 확률표본에 대한 표본평균이므로 $\hat{P}$는 모비율 p의 비편향추정량이며 일치추정량이다. 모비율 p의 추정량으로 표본비율 $\hat{P}$를 사용한다.

모평균 μ과 모비율 p, 모분산 σ^2의 점추정

1. 모평균 μ의 추정량으로 표본평균 $\overline{X}$를 사용하고 모비율 p의 추정량으로 표본비율 $\hat{P}$를 사용한다.
2. $\overline{X}$와 $\hat{P}$의 표준오차는 각각 다음과 같다.

$$\mathrm{SE}[\overline{X}] = \sqrt{Var[\overline{X}]} = \frac{\sigma}{\sqrt{n}}$$

$$\mathrm{SE}[\hat{P}] = \sqrt{Var[\hat{P}]} = \sqrt{\frac{p(1-p)}{n}}$$

3. 모표준편차 σ가 알려져 있지 않을 경우에는 $\mathrm{SE}[\overline{X}]$의 추정량으로 σ를 표본표준편차 S로 대체한 다음 통계량을 사용한다.

$$\widehat{SE}[\overline{X}] = \frac{S}{\sqrt{n}}$$

예제 8.1

어떤 공장에서 제품의 불량률을 알아보기 위하여 100개의 제품을 검사하였다. 이들 중 3개가 불량품이었다. 불량률 p에 대한 추정값을 구하라.

풀이 $n = 100$, $x = 3$이므로 p의 추정값은 $\hat{p} = \dfrac{x}{n} = 0.03$ 이다.

8.1.4 모분산의 점추정

앞에서 살펴본 바와 같이 확률표본 $X_1, \cdots, X_n$에 대하여 표본분산 S^2은 σ^2의 비편향추정량이며 일치추정량이다. 한편, 표본표준편차 $S = \sqrt{S^2}$는 모표준편차 σ의 비편향추정량은 아니지만 일치추정량이다. 만약 모평균 μ가 알려져 있을 경우

$$\hat{S}^2 = \frac{1}{n}\sum_{i=1}^{n}(X_i - \mu)^2$$

으로 두면

$$E(\hat{S}^2) = \frac{1}{n}\sum_{i=1}^{n}E\left[(X_i - \mu)^2\right] = \frac{1}{n}\sum_{i=1}^{n}\sigma^2 = \sigma^2$$

이므로 $\hat{S}^2$은 σ^2의 비편향추정량이다.

모분산과 모표준편차의 점추정

모분산 σ^2의 추정량으로 표본분산 S^2을 사용하고, 모표준편차 σ의 추정량으로 $S = \sqrt{S^2}$을 사용한다.

모평균 μ가 알려져 있을 경우에는 σ^2의 추정량으로 $\hat{S}^2$을 사용한다.

예제 8.2

어떤 공장에서 새로운 제품을 개발하고 생산되는 제품 중 임의로 21개를 추출하여 그 수명시간을 기록한 결과가 다음과 같았다.

1020	1067	1001	1098	1030	1062	1009
1003	1097	1062	1025	1052	1069	1006
1004	1023	1005	1014	1032	1054	1076

이 자료를 바탕으로 그 제품의 수명에 대한 평균 μ와 분산 σ^2, 표준편차 σ에 대한 추정값을 각각 구하라. 또한 표본평균의 표준오차에 대한 추정값을 구하라.

풀이 자료로부터 표본평균과 표본표준편차는 각각

$$\bar{x} = \frac{1}{21}\sum_{i=1}^{21} x_i = 1038.5,$$

$$s^2 = \frac{1}{21-1}\sum_{i=1}^{21}(x_i - \bar{x})^2 = 1001.2,$$

$$s = \sqrt{s^2} = 31.64$$

이므로 $\hat{\mu} = 1038.5$, $\hat{\sigma}^2 = 1001.2$, $\hat{\sigma} = 31.64$이다. 또한 표본평균의 표준오차에 대한 추정값은 $31.64/\sqrt{21} = 6.904$이다.

8.2 구간추정

점추정은 표본으로부터 모수의 참값이라고 추측하는 값을 정하는 것이었다. 그러나 추정된 값이 참값과 얼마나 가까운지 알 수 있는 정보는 제공하지 못한다. 예를 들어 앞 예제 8.2에서 얻어진 평균 μ에 대한 추정값 $\hat{\mu} = 1038.5$은 단지 자료로부터 μ의 값이 1038.5일 것이라고 추측할 수 있을 뿐, 이 값을 얼마나 신뢰할 수 있는지는 알 수 없다. 점추정에서 나타나는 이와 같은 문제점을 보완하는 방법으로 모수의 참값이 포함되어 있을 것으로 추측되는 구간과 참값이 그 구간에 포함되어 있으리라는 믿음의 정도를 함께 제시하는 방법을 생각할 수 있다. 이때 참값이 포함될 것으로 추측되는 구간을 신뢰구간이라 하고 참값이 그 구간에 포함될 것을 확신하는 믿음의 정도를 신뢰수준이라고 한다. 이와 같이 신뢰수준과 함께 신뢰구간을 정하는 것을 **구간추정**(interval estimation)이라 한다.

예를 들어 분산이 $\sigma^2 = 4$로 알려져 있으나 평균 μ는 알려져 있지 않은 정규분포를 따르는 모집단을 생각하자. 모평균 μ에 대한 점추정량으로 표본평균 $\overline{X}$를 이용하는 대신 모평균 μ가 속해있을 것으로 예상되는 구간을

$$(\overline{X} - 1,\ \overline{X} + 1)$$

와 같이 정하였다고 하자. (신뢰구간을 정하는 방법은 다음에서 다룬다.) $\overline{X}$가 확률변

수 이므로 이 구간은 표본에 따라 달라질 수 있는 확률구간(random interval)이다. 예를 들어 $\bar{x}=5$이면 이 구간은 $(5-1, 5+1)=(4,6)$이고 $\bar{x}=4.5$이면 이 구간은 $(3.5, 5.5)$이 된다. 따라서 이 구간 $(\overline{X}-1,\ \overline{X}+1)$은 표본에 따라서 μ의 참값을 포함할 수도 있고 그렇지 않을 수도 있다. 그러나 이 확률구간이 μ를 포함할 확률은 정규분포의 성질을 이용하여 구할 수 있다. 만약 표본의 크기가 $n=16$이면 $\overline{X}$는 평균이 $E[\overline{X}]=\mu$이고 분산이 $Var[\overline{X}]=\dfrac{\sigma^2}{n}=\dfrac{4}{16}=0.25$인 정규분포를 따른다. 따라서 미지의 모평균이 구간 $(\overline{X}-1,\ \overline{X}+1)$에 포함될 확률은 다음과 같다.

$$\begin{aligned} P(\mu \in (\overline{X}-1, \overline{X}+1)) &= P(\overline{X}-1<\mu<\overline{X}+1)=P(|\overline{X}-\mu|<1) \\ &= P\left(\left|\frac{\overline{X}-\mu}{0.5}\right|<\frac{1}{0.5}\right)=P(|Z|<2) \\ &= 0.954 \end{aligned}$$

이는 크기가 $n=16$인 표본을 추출하여 구간 $(\bar{x}-1,\ \bar{x}+1)$을 만드는 과정을 여러 번 반복하면 이들 구간 중 μ를 포함하는 구간의 비율이 95.4%라는 것을 의미한다. 예를 들어 $\bar{x}=5$일 경우 실제 평균 μ가 구간 $(5-1, 5+1)=(4,6)$에 포함되는지 여부는 알 수 없으나 위와 같은 과정을 통하여 얻어진 구간 (4, 6)은 μ를 포함하는 구간의 비율이 95.4%인 여러 개의 구간 중 하나로서 μ를 포함할 것으로 신뢰할 수 있다. 이는 명중률 95.4%를 가진 사격선수가 총을 쐈을 때, 총알이 과녁을 명중시켰는지 확인하지 않은 상태에서 과녁을 명중시켰을 것으로 믿는 정도와 유사하다. 실제 이 선수가 쏜 총알이 과녁에 명중되었는지 그렇지 않은지는 과녁을 확인하기 전에는 알 수 없다. 이러한 의미에서 확률구간 $(\overline{X}-1,\ \overline{X}+1)$을 신뢰도가 95.4%인 μ의 신뢰구간이라 한다. 한편 $n=25$개의 표본으로부터 $\bar{x}=3.7$을 얻었다면 $(3.7-1,\ 3.7+1)=(2.7,\ 4.7)$을 신뢰도가 95.4%인 신뢰구간이라고 하기도 한다.

이제 구간추정에 대한 일반적인 절차와 용어에 대하여 살펴보자. 구간추정은 확률표본 $X_1,\cdots,X_n$을 이용하여, 모수 θ의 참값이 속해있을 것으로 예상되는 구간

$$(L(X_1,\cdots,X_n),\ U(X_1,\cdots,X_n))$$

을 나타내는 적당한 통계량 $L(X_1,\cdots,X_n)$과 $U(X_1,\cdots,X_n)$을 정하는 것이다. 앞으로 $L(X_1,\cdots,X_n)$과 $U(X_1,\cdots,X_n)$ 대신 확률표본을 생략하고 간단하게 $L=$

$L(X_1,\cdots,X_n)$과 $U=U(X_1,\cdots,X_n)$로 나타내기로 한다. 통계량 L과 U는 확률변수이므로 확률표본의 관측값에 따라 여러 가지 값을 가질 수 있다. 이 때, 모수가 포함될 것으로 예상되는 구간 (L, U)를 θ에 대한 **신뢰구간**(confidence interval)이라 한다. 확률표본의 관측값 x_1, $x_2,\cdots,x_n$에 의하여 L과 U가 $l=L(x_1,\cdots,x_n)$과 $u=U(x_1,\cdots,x_n)$으로 정해질 때, 구간 (l,u)(이는 확정된 구간이다)를 신뢰구간이라고 부르기도 한다. 모수 θ가 구간 (L, U)에 포함될 확률

$$P(\theta\in(L,\ U))=P(L<\theta<\ U)=1-\alpha$$

를 **신뢰계수**(confidence coefficient) 또는 **신뢰수준**(confidence level)이라 하고 구간 (L, U)를 θ의 **100$(1-\alpha)$% 신뢰구간**이라 한다. 또한 L과 U을 각각 신뢰하한(lower-confidence limit)과 신뢰상한(upper-confidence limit)이라고 부른다.

구간추정을 수행하는 일반적인 방법은 θ가 포함될 확률을 $1-\alpha$(보통 α는 0.1, 0.05, 0.01 등과 같이 매우 작은 수, 따라서 $1-\alpha$는 1에 가까운 수)와 같이 미리 정하고,

$$P(L<\theta<\ U)=1-\alpha$$

가 되도록 신뢰구간 (L, U)를 정한다. 따라서 구간추정에서는 구간 (L, U)가 θ의 참값을 포함할 확률이 높도록 통계량 L과 U를 정해야하며, 신뢰수준이 정해진 경우 추정의 정확도를 높이기 위해서는 신뢰구간의 길이 $U-L$은 가능한 짧을수록 좋은 구간추정이 된다.

이 장에서는 모평균 μ와 모비율 p, 모분산 σ^2에 대한 구간추정 방법을 살펴본다.

8.3 모평균의 구간추정

8.3.1 모분산이 알려진 정규모집단에서 모평균의 추정

모집단의 분포가 정규분포 $N(\mu,\sigma^2)$이고 모분산 σ^2의 값을 알고 있다고 하자. 크기 n인 확률표본의 표본평균 $\overline{X}$에 대하여 $\overline{X}\sim N(\mu,\dfrac{\sigma^2}{n})$이므로(제7장 참조)

$$\frac{\overline{X}-\mu}{\sigma/\sqrt{n}}\sim N(0,1)$$

이 성립한다. 따라서 z_α를 표준정규분포의 $100(1-\alpha)$%백분위수라 할 때, 다음이 성립한다. [그림 8.4]

$$P\left(-z_{\alpha/2} < \frac{\overline{X}-\mu}{\sigma/\sqrt{n}} < z_{\alpha/2}\right) = 1-\alpha$$

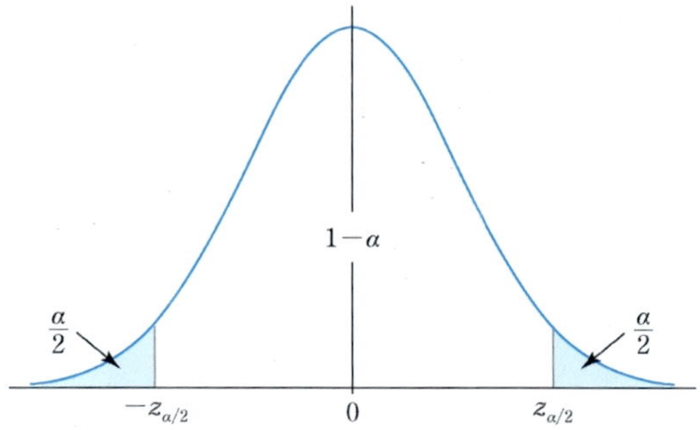

[그림 8.4] 표준정규분포 $N(0,1)$

위 식의 괄호안의 부등식 $-z_{\alpha/2} < \dfrac{\overline{X}-\mu}{\sigma/\sqrt{n}} < z_{\alpha/2}$의 각 항에 $\dfrac{\sigma}{\sqrt{n}}$을 곱한 후 $\overline{X}$를 빼면 다음을 얻는다.

$$-\overline{X}-z_{\alpha/2}\frac{\sigma}{\sqrt{n}} < -\mu < -\overline{X}+z_{\alpha/2}\frac{\sigma}{\sqrt{n}}$$

위 부등식의 각 항에 -1을 곱하면

$$\overline{X}-z_{\alpha/2}\frac{\sigma}{\sqrt{n}} < \mu < \overline{X}+z_{\alpha/2}\frac{\sigma}{\sqrt{n}}$$

이므로 다음이 성립한다.

$$1-\alpha = P\left(\overline{X}-z_{\alpha/2}\frac{\sigma}{\sqrt{n}} < \mu < \overline{X}+z_{\alpha/2}\frac{\sigma}{\sqrt{n}}\right)$$

따라서 신뢰수준 $1-\alpha$에서 모평균 μ의 신뢰하한과 신뢰상한은 각각 다음과 같음을 알 수 있다.

$$L = \overline{X}-z_{\alpha/2}\frac{\sigma}{\sqrt{n}},\quad U = \overline{X}+z_{\alpha/2}\frac{\sigma}{\sqrt{n}}$$

모평균 μ에 대한 신뢰구간은 다음과 같다.

모평균의 구간추정 1

모분산 σ^2이 알려진 정규모집단에서 모평균 μ의 $100(1-\alpha)\%$ 신뢰구간은 다음과 같다.

$$\left(\overline{X}-z_{\alpha/2}\frac{\sigma}{\sqrt{n}},\ \overline{X}+z_{\alpha/2}\frac{\sigma}{\sqrt{n}}\right)$$

단, $z_{\alpha/2}$는 표준정규분포의 $100(1-\alpha/2)\%$ 백분위수이다. 즉, $P(Z>z_{\alpha/2})=\frac{\alpha}{2}$

모평균 μ의 $100(1-\alpha)\%$ 신뢰구간은 다음과 같이 쓰기도 한다.

$$\overline{X}\pm z_{\alpha/2}\frac{\sigma}{\sqrt{n}}$$

이 때, $z_{\alpha/2}\frac{\sigma}{\sqrt{n}}$를 $100(1-\alpha)\%$ **오차한계**라고 한다. 한편 $\overline{X}$의 표준오차는 $\frac{\sigma}{\sqrt{n}}$이므로 신뢰구간은 다음과 같음을 알 수 있다.

$$\overline{X}\pm z_{\alpha/2}SE[\overline{X}]$$

신뢰구간의 길이와 오차한계

모평균의 구간추정에서 신뢰구간의 길이는

$$\overline{X}+z_{\alpha/2}\frac{\sigma}{\sqrt{n}}-\left(\overline{X}-z_{\alpha/2}\frac{\sigma}{\sqrt{n}}\right)=2z_{\alpha/2}\frac{\sigma}{\sqrt{n}}$$

와 같이 오차한계의 2배이다. 모분산 σ^2이 알려진 정규모집단에서 모평균 μ에 대한 신뢰구간에 대하여 다음을 알 수 있다.

1. 신뢰구간의 길이는 모표준편차 σ와 표본의 크기 n, 신뢰수준 $1-\alpha$에 의하여 결정된다.
2. 모표준편차 σ가 클수록 신뢰구간의 길이는 길어진다.
3. 표본의 크기가 클수록 신뢰구간의 길이는 짧아진다. 신뢰구간의 길이는 표본의 크

기 n의 제곱근 $\sqrt{n}$에 반비례한다. 따라서 신뢰구간의 길이를 $\frac{1}{2}$로 줄이기 위해서는 표본의 크기를 4배로 해야 한다.

4. 신뢰수준 $1-\alpha$가 증가할수록(이 때 α는 감소한다) 백분위수 z_α는 증가하므로 신뢰수준이 높을수록 신뢰구간의 길이는 길어진다. 예를 들어 $z_{0.5}=1.645$, $z_{0.025}=1.96$, $z_{0.005}=2.58$이므로 90%, 95%, 99% 신뢰구간의 길이는 각각 다음과 같다.

$$2\times z_{0.05}\frac{\sigma}{\sqrt{n}}=3.29\times\frac{\sigma}{\sqrt{n}}$$
$$2\times z_{0.025}\frac{\sigma}{\sqrt{n}}=3.92\times\frac{\sigma}{\sqrt{n}}$$
$$2\times z_{0.005}\frac{\sigma}{\sqrt{n}}=5.16\times\frac{\sigma}{\sqrt{n}}$$

예제 8.3

어떤 제약회사에서 생산하는 진통제의 약효가 지속되는 시간은 표준편차가 2시간 30분인 정규분포를 따른다고 한다. 25명을 대상으로 약효의 지속시간을 조사한 결과 평균이 12시간이었다. 이 진통제의 약효가 지속되는 시간의 평균 μ에 대한 95% 신뢰구간을 구하라.

풀이 $n=25$, $\sigma=2.5$, $\overline{x}=12.0$이므로 모평균 μ에 대한 95% 신뢰구간은 다음과 같다.

$$\left(12-1.96\times\frac{2.5}{\sqrt{25}},\ 12+1.96\times\frac{2.5}{\sqrt{25}}\right)=(11.02,\ 12.98)$$

참고

$1-\alpha=P\left(a<\frac{\overline{X}-\mu}{\sigma/\sqrt{n}}<b\right)$를 만족하는 실수 a와 b는 여러 개가 있다. 이들 중 $a=-z_{\alpha/2}$, $b=z_{\alpha/2}$일 때, 신뢰수준이 $1-\alpha$인 신뢰구간 중에서 그 길이가 최소가 된다는 것이 알려져 있다.

신뢰구간의 의미

모표준편차 σ와 표본의 크기 n, 신뢰수준 $1-\alpha$가 정해지면 신뢰구간의 길이는 $\overline{X}$에 관계없이 일정함을 알아보았다. 그러나 신뢰구간은 $\overline{X}$의 값에 따라 달라질 수 있다. 예를 들어 갑돌이와 갑순이가 표준편차가 $\sigma=4$인 정규분포를 따르는 모집단에서 $n=36$개의 표본을 추출하여 구한 표본평균 $\overline{X}$의 값을 각각 $\overline{x}=50$, $\overline{x}=48.5$이라 하자. 이 때, 95%신뢰구간은 각각 다음과 같이 다른 구간이 얻어진다.

갑돌이가 구한 신뢰구간 :

$$\left(50-1.96\times\frac{4}{\sqrt{36}},\ 50+1.96\times\frac{4}{\sqrt{36}}\right)=(48.69,\ 51.31)$$

갑순이가 구한 신뢰구간 :

$$\left(48.5-1.96\times\frac{4}{\sqrt{36}},\ 48.5+1.96\times\frac{4}{\sqrt{36}}\right)=(47.19,\ 49.81)$$

갑돌이와 갑순이가 구한 신뢰구간 중 어느 것이 모평균의 참값을 포함하고 있을까? 이 물음에 답하기 전에 신뢰구간의 의미를 생각해보자. 95%신뢰구간의 뜻은 같은 크기의 표본을 여러 번 추출하여 구한 신뢰구간 중 약 95%는 모평균을 포함할 것으로 기대할 수 있다는 것이다. 즉, 같은 크기의 표본을 임의추출하여 95% 신뢰구간을 구하는 작업을 100회 행할 때, 이들 100개의 신뢰구간 중 약 95개 정도의 신뢰구간은 모평균 μ를 포함할 것이라고 기대한다는 것이다. [그림 8.5] 따라서 신뢰수준은 신뢰구간을 구하는 방법에 대한 믿음의 정도를 나타내는 것이다. 모평균의 정확한 값을 모르기 때문에 앞에서 갑돌이가 구한 신뢰구간이나 갑순이가 구한 신뢰구간에 모평균이 포함되는지 여부는 정확하게 알 수 없다. 그러나 갑돌이가 구한 95%신뢰구간 (48.69, 51.31)은 이와 같은 방법으로 구한 신뢰구간 중 하나라는 것이지 μ가 이 구간에 포함될 확률이 0.95라는 것은 아니다.

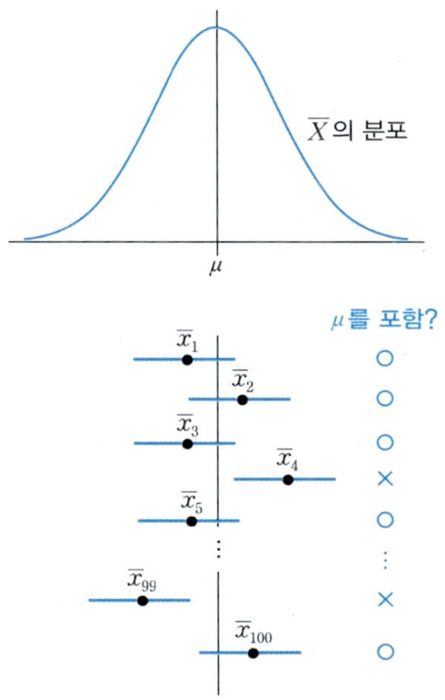

[그림 8.5] 모평균에 대한 100개의 신뢰구간

모평균의 추정에서 표본의 크기 결정

모집단으로부터 표본을 추출할 때, 가장 먼저 고려해야 하는 것이 몇 개의 표본을 추출할 것인가를 결정하는 것이다. 표본의 크기를 결정하는 문제는 조사목적이나 추정결과 요구되는 정밀도에 따라 달라질 수 있다. 구간추정에서 오차한계가 주어진 정밀도 d이하가 되도록 하는 최소의 표본 수를 정하는 방법을 살펴본다.

모표준편차 σ가 알려진 정규모집단의 경우 신뢰수준이 $100(1-\alpha)\%$일 때, 오차한계는 $z_{\alpha/2}\,\sigma/\sqrt{n}$ 임을 알아보았다. 따라서 오차한계가 d이하가 되도록 하려면, 표본의 크기 n은

$$z_{\alpha/2}\frac{\sigma}{\sqrt{n}} \le d \text{ 즉, } n \ge \left(\frac{z_{\alpha/2}\,\sigma}{d}\right)^2$$

을 만족하여야 한다. 모표준편차가 알려지지 않은 경우에는 예비적으로 작은 크기의 표본을 추출하여 구한 표본표준편차 S를 이용하여 σ를 추정하고 위 식을 이용하여 표본의 크기 n을 정한다.

예제 8.4

어떤 제품의 평균수명 μ에 대한 추정의 90% 오차한계가 25시간 이내가 되도록 하려 한다. 이를 위하여 9개의 표본을 예비 추출하여 구한 결과가 $s=69.6$이었다. 몇 개의 표본을 추가로 추출하여야 하겠는가?

풀이 필요한 표본의 크기 n은

$$n \geq (1.645 \times 69.6/25)^2 = 20.9$$

을 만족하여야 하므로 $n=21$이다. 따라서, 21−9=12개의 표본을 추가로 추출하여야 한다.

8.3.2 모분산이 알려지지 않은 정규모집단에서 모평균의 추정

모집단의 분포가 정규분포 $N(\mu, \sigma^2)$이고 모분산 σ^2의 값이 알려져 있지 않은 경우에는 모분산 σ^2의 추정량으로 표본분산 S^2을 사용한다. 이 때, 크기 n인 확률표본의 표본평균 $\overline{X}$에 대하여

$$\frac{\overline{X}-\mu}{S/\sqrt{n}} \sim t(n-1)$$

은 제7장에서 살펴보았다. 따라서 $t(n-1, \alpha)$를 자유도 $n-1$인 t분포의 $100(1-\alpha)\%$ 백분위수라 할 때,

$$P\left(-t(n-1, \alpha/2) < \frac{\overline{X}-\mu}{S/\sqrt{n}} < t(n-1, \alpha/2)\right) = 1-\alpha$$

이다. 한편 부등식

$$-t(n-1, \alpha/2) < \frac{\overline{X}-\mu}{S/\sqrt{n}} < t(n-1, \alpha/2)$$

을 μ에 대하여 풀면

$$\overline{X} - t(n-1, \alpha/2)\frac{S}{\sqrt{n}} < \mu < \overline{X} + t(n-1, \alpha/2)\frac{S}{\sqrt{n}}$$

이므로 다음이 성립함을 알 수 있다.

$$P\left(\overline{X}-t(n-1,\alpha/2)\frac{S}{\sqrt{n}}<\mu<\overline{X}+t(n-1,\alpha/2)\frac{S}{\sqrt{n}}\right)=1-\alpha$$

따라서 다음을 얻는다.

모평균의 구간추정 2

모분산 σ^2이 알려지지 않은 정규모집단에서 모평균 μ의 $100(1-\alpha)\%$ 신뢰구간은 다음과 같다.

$$\left(\overline{X}-t(n-1,\alpha/2)\frac{S}{\sqrt{n}},\ \overline{X}+t(n-1,\alpha/2)\frac{S}{\sqrt{n}}\right)$$

모분산 σ^2이 알려지지 않은 경우 모평균 모평균 μ에 대한 신뢰구간의 길이는 $2\times t(n-1,\alpha/2)\frac{S}{\sqrt{n}}$이다. 이때 표본표준편차 S는 확률변수이므로 표본에 따라 신뢰구간의 길이가 달라질 수 있다. 이는 모분산이 알려진 경우 신뢰구간의 길이가 표본에 의존하지 않는 것과 비교된다.

예제 8.5

어떤 공장에서 생산되는 제품 중 임의로 21개를 추출하여 그 수명시간을 측정한 결과 표본평균과 표본표준편차는 각각 $\overline{x}=1038.5$, $s=\sqrt{s^2}=31.64$이었다. 이 제품의 수명이 정규분포를 따른다고 할 때, μ에 대한 90% 신뢰구간을 구하라.

풀이 자료로부터 얻은 결과는 $n=21$이고, 표본평균과 표본표준편차는 각각 $\overline{x}=1038.5$, $s=\sqrt{s^2}=31.64$이다. 부록의 t분포표로부터 $t(21-1,0.05)=1.725$이므로, μ에 대한 90% 신뢰구간은

$$1038.5\pm1.725\times\frac{31.64}{\sqrt{21}}=(1026.62,\ 1050.43)$$

이다.

8.3.3 정규분포를 따르지 않는 모집단에서 표본의 크기가 큰 경우 모평균의 추정

표본의 크기가 크면 중심극한정리에 의하여 표본평균 $\overline{X}$는 근사적으로 정규분포를 따른다. 따라서 n이 충분히 크면 근사적으로 $\frac{\overline{X}-\mu}{\sigma/\sqrt{n}} \sim N(0,1)$이므로 $100(1-\alpha)\%$ 신뢰구간은 다음과 같다.

$$\overline{X} \pm z_{\alpha/2}\frac{\sigma}{\sqrt{n}}$$

표본의 크기가 크고 σ가 알려져 있지 않은 경우에는 표준오차 $\frac{\sigma}{\sqrt{n}}$이 미지의 모수 σ를 포함하게 되어 신뢰구간을 구할 수 없게 된다. 그러나 제7.4절에서 언급하였듯이 n이 충분히 크면 근사적으로 $\frac{\overline{X}-\mu}{S/\sqrt{n}} \sim N(0,1)$이므로 σ가 알려져 있지 않은 경우 모평균에 대한 $100(1-\alpha)\%$ 신뢰구간은 σ 대신 표본표준편차 S를 사용하여 다음과 같이 구한다.

$$\overline{X} \pm z_{\alpha/2}\frac{S}{\sqrt{n}}$$

위 결과를 정리하면 다음과 같다.

모평균의 구간추정 3

모집단의 분포가 정규분포를 따르지 않지만 표본의 크기 n이 큰 경우, 모평균 μ에 대한 $100(1-\alpha)\%$ 신뢰구간은 다음과 같다.

1. 모표준편차 σ가 알려진 경우 : $\overline{X} \pm z_{\alpha/2}\frac{\sigma}{\sqrt{n}}$
2. 모표준편차 σ가 알려져 있지 않은 경우 : $\overline{X} \pm z_{\alpha/2}\frac{S}{\sqrt{n}}$

위의 결과를 적용하기 위한 표본의 크기는 모집단의 분포에 따라 달라질 수 있다. 그러나 통상적으로 $n \geq 30$일 때, 적용한다.

예제 8.6

어느 지역의 고등학교 3학년 남학생들의 평균 키를 추정하기 위하여 250명을 임의로 추출하여 조사한 결과 $\bar{x}=172.1$, $s=10$이었다. 그 지역 고등학교 3학년 남학생의 평균 키에 대한 95% 근사 신뢰구간을 구하라.

풀이 모집단의 분포가 정규분포를 따르는지 알 수는 없지만 표본크기가 n=250으로 충분히 크므로 $\overline{X}$는 근사적으로 정규분포를 따른다. $z_{0.025}=1.96$이므로 μ에 대한 95% 근사 신뢰구간은 다음과 같다.

$$172.1 \pm 1.96\frac{10}{\sqrt{250}}=(170.9,\ 173.3)$$

8.4 모비율의 구간추정

모비율이 p인 모집단으로부터 n개의 표본을 추출할 때, 특정한 속성을 가진 표본의 수를 X라 하자. 표본비율 $\hat{P}=\dfrac{X}{n}$는 성공확률이 p인 베르누이 분포를 따를 따르는 모집단으로부터의 확률표본에 대한 표본평균과 같다는 것을 제7장에서 살펴보았다. 또한 표본의 크기 n이 충분히 크면 근사적으로 $\dfrac{\hat{P}-p}{\sqrt{\hat{P}(1-\hat{P})/n}} \sim N(0,1)$(제7.5절) 이므로 모비율에 대한 신뢰구간은 다음과 같다.

모비율의 신뢰구간

표본의 크기 n이 큰 경우, 모비율 p의 $100(1-\alpha)\%$ 근사신뢰구간은 다음과 같다.

$$\hat{P} \pm z_{\alpha/2}\sqrt{\frac{\hat{P}(1-\hat{P})}{n}}$$

예제 8.7

어떤 도시의 실업율을 조사하기 위하여 1,600명을 조사한 결과 96명이 실업자였다. 이 도시의 실업률 p를 추정하고 이에 대한 95%신뢰구간을 구하라.

풀이 표본크기가 $n=1600$, $n\hat{p}=96\geq 5$, $n(1-\hat{p})=1504\geq 5$이므로, 정규근사를 이용한다. $\hat{p}$=96/1600=0.06이고, $z_{0.025}=1.96$이므로 p의 95% 근사신뢰구간은 다음과 같다.

$$0.06\pm 1.96\sqrt{\frac{0.06\times 0.94}{1600}}=(0.048,\ 0.072)$$

모비율의 추정에서 표본의 크기 결정

모비율 p에 대한 $100(1-\alpha)\%$ 신뢰구간에서 오차한계가 d이하가 되도록 하려면, 표본의 크기 n은 다음을 만족해야 한다.

$$z_{\alpha/2}\sqrt{\frac{\hat{P}(1-\hat{P})}{n}}\leq d \text{ 즉, } n\geq \hat{P}(1-\hat{P})\left(\frac{z_{\alpha/2}}{d}\right)^2$$

한편 표본추출 전에는 일반적으로 $\hat{P}$의 값을 알지 못하므로 $\hat{P}(1-\hat{P})$의 최댓값인 $\frac{1}{4}$를 이용하여 표본의 크기 n이 다음을 만족하도록 정한다.

$$n\geq \frac{1}{4}\left(\frac{z_{\alpha/2}}{d}\right)^2$$

8.5 정규모집단에서 모분산의 구간추정

모집단의 분포가 정규분포 $N(\mu,\sigma^2)$를 따를 때, 표본분산 S^2에 대하여 다음이 성립한다는 것은 제7장에서 살펴보았다.

$$\frac{(n-1)S^2}{\sigma^2}\sim\chi^2(n-1)$$

따라서 $\chi^2(n-1,\alpha)$를 자유도 $n-1$인 χ^2분포의 $100(1-\alpha)\%$ 백분위수라 하면, 다음이 성립한다.

$$1-\alpha = P\left(\chi^2(n-1,1-\alpha/2) < \frac{(n-1)S^2}{\sigma^2} < \chi^2(n-1,\alpha/2)\right)$$

위 괄호안의 부등식의 각 항의 역수를 취한 후 $(n-1)S^2$를 각 항에 곱하면 σ^2에 대한 다음 부등식을 얻는다.

$$\frac{(n-1)S^2}{\chi^2(n-1,\alpha/2)} < \sigma^2 < \frac{(n-1)S^2}{\chi^2(n-1,1-\alpha/2)}$$

따라서

$$\begin{aligned} 1-\alpha &= P\left(\chi^2(n-1,1-\alpha/2) < \frac{(n-1)S^2}{\sigma^2} < \chi^2(n-1,\alpha/2)\right) \\ &= P\left(\frac{(n-1)S^2}{\chi^2(n-1,\alpha/2)} < \sigma^2 < \frac{(n-1)S^2}{\chi^2(n-1,1-\alpha/2)}\right) \end{aligned}$$

이므로 σ^2의 $100(1-\alpha)\%$ 신뢰구간은 다음과 같다.

정규모집단에서 모분산과 모표준편차의 신뢰구간

1. 정규모집단에서 모분산 σ^2의 $100(1-\alpha)\%$ 신뢰구간

$$\left(\frac{(n-1)S^2}{\chi^2(n-1,\alpha/2)}, \frac{(n-1)S^2}{\chi^2(n-1,1-\alpha/2)}\right)$$

2. 정규모집단에서 모표준편차 σ의 $100(1-\alpha)\%$ 신뢰구간

$$\left(\sqrt{\frac{(n-1)S^2}{\chi^2(n-1,\alpha/2)}}, \sqrt{\frac{(n-1)S^2}{\chi^2(n-1,1-\alpha/2)}}\right)$$

예제 8.8

어떤 공장에서 생산된 제품 10개를 임의로 추출하여 그 크기를 측정한 결과 표본 분산의 값이 $s^2 = 2.7^2 = 7.29$ 이었다. 제품의 크기가 정규분포를 따른다고 할 때, 이 공장에서 생산되는 제품의 크기에 대한 분산과 표준편차에 대한 95% 신뢰구간을 각각 구하여라.

풀이 $n = 10$, $s^2 = 7.29$, $s = 2.7$이고, $\chi^2(10-1, \frac{0.05}{2}) = \chi^2(9, 0.025) = 19.02$,

$\chi^2(10-1, 1-\frac{0.05}{2}) = \chi^2(9, 0.975) = 2.70$ 이므로, 분산 σ^2에 대한 95%

신뢰구간은

$$\left(\frac{(n-1)S^2}{\chi^2(n-1,\alpha/2)}, \frac{(n-1)S^2}{\chi^2(n-1,1-\alpha/2)}\right) = \left(\frac{9\times 7.29}{19.02}, \frac{9\times 7.29}{2.70}\right)$$
$$= (3.45, 24.30)$$

이고 모표준편차에 대한 95% 신뢰구간은 다음과 같다.

$$(\sqrt{3.45}, \sqrt{24.30}) = (1.86, 4.93)$$

모평균의 구간추정에서 엑셀 활용

모평균 μ에 대한 신뢰구간을 구하는 방법을 요약하면 다음과 같다.

모집단의 분포	표본의 크기(n)	모표준편차(σ)	
		σ가 알려진 경우	σ가 알려져 있지 않은 경우
정규분포	대표본	$\overline{X} \pm z_{\alpha/2}\frac{\sigma}{\sqrt{n}}$	$\overline{X} \pm z_{\alpha/2}\frac{S}{\sqrt{n}}$
	소표본	$\overline{X} \pm z_{\alpha/2}\frac{\sigma}{\sqrt{n}}$	$\overline{X} \pm t(n-1, \frac{\alpha}{2})\frac{S}{\sqrt{n}}$
정규분포가 아닌 경우	대표본	$\overline{X} \pm z_{\alpha/2}\frac{\sigma}{\sqrt{n}}$	$\overline{X} \pm z_{\alpha/2}\frac{S}{\sqrt{n}}$
	소표본	기타 방법	기타 방법

따라서 모평균에 대한 $100(1-\alpha)\%$ 신뢰구간은 다음과 같은 형태가 된다.

$$\overline{X} \pm a\frac{b}{\sqrt{n}}$$

엑셀을 이용하여 신뢰구간을 구할 때 다음 함수를 사용한다.

(1) $a = z_{\alpha/2}$이면 엑셀함수 CONFIDENCE.NOM을 사용

(2) $a = t(n-1, \alpha/2)$이면 엑셀함수 CONFIDENCE.T를 사용

[예 1] 모표준편차가 $\sigma = 2.5$인 정규모집단에서 $n = 25$개의 표본을 추출했을 때, $\overline{x} = 12$이었다. μ에 대한 95% 신뢰구간을 구하라.

[풀이] 이 경우는 모표준편차가 알려져 있는 경우이므로 "함수마법사"창에서 CONFIDENCE.NORM을 선택한 후 함수인수 창에서 다음과 같이 입력한다.

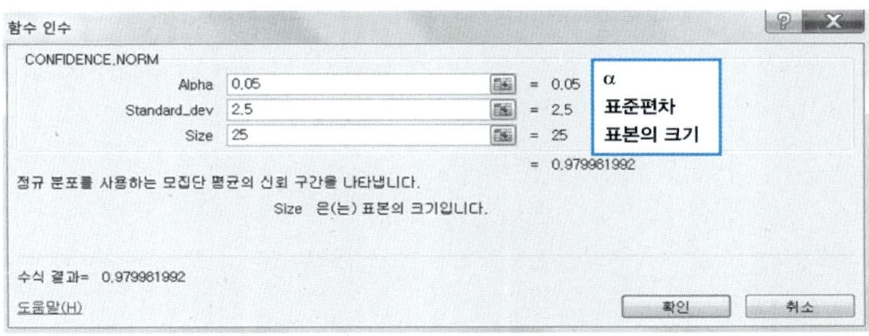

수식 결과 값인 0.979981992는 신뢰수준 95%의 오차한계이다. 따라서 모평균에 대한 95% 신뢰구간은 다음과 같다.

$$12 \pm 0.979981992 = (11.02,\ 12.98)$$

[예 2] 모표준편차가 알려져 있지 않은 정규모집단에서 $n=9$개의 표본을 추출했을 때, $\overline{x}=19.7$, $s=5.6$이었다. 이때, μ에 대한 90% 신뢰구간은 다음과 같이 구한다.

[풀이] 이 경우는 모표준편차가 알려져 있지 않고 표본의 크기도 크지 않은 경우이므로 "함수마법사"창에서 CONFIDENCE.T를 선택한 후 함수인수 창에서 다음과 같이 입력한다.

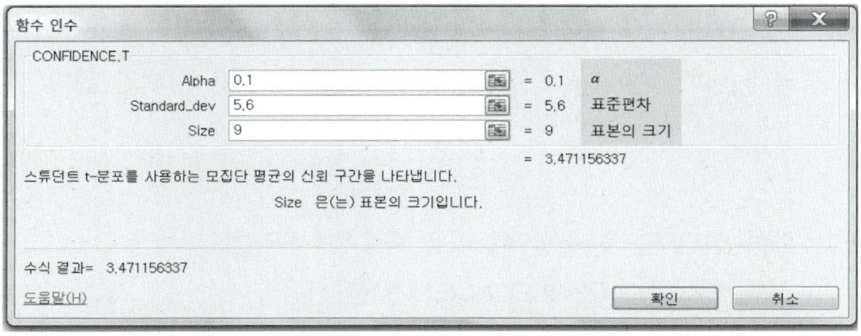

수식 결과 값인 3.471156는 신뢰수준 90%의 오차한계이다. 따라서 모평균에 대한 90% 신뢰구간은 다음과 같다.

$$19.7 \pm 3.47 = (16.23,\ 23.17)$$

제 8 장 연습문제

01 다음 내용에서 추정량과 추정값 중 어느 것을 언급한 것인가? 추정에 대한 언급이라면 점추정과 구간추정 중 어느 것에 해당되는가?

(1) 제8차 인체치수조사(2020.5.~2021.12.)결과 한국인의 평균 키는 남성 172.5cm, 여성 159.6cm를 기록했다.

(2) 지난 이틀간 전국 18살 이상 남녀 1004명을 대상으로 조사한 결과(신뢰수준 95%에 오차범위 ±4.8%포인트), A 후보는 44.0%의 지지를 받았다.

02 확률표본 X_1, X_2, X_3을 이용하여 모평균 μ를 추정하기 위하여 다음 세 가지 방법이 제시되었다.

$$T_1 = \frac{1}{3}(X_1 + X_2 + X_3)$$

$$T_2 = \frac{1}{5}(X_1 + 2X_2 + X_3)$$

$$T_3 = X_2$$

다음 물음에 답하라.

(1) 표본이 $x_1 = 3$, $x_2 = 1$, $x_3 = 4$일 때, 각 방법에 의한 μ의 추정값을 구하라.

(2) 세 가지 방법 중 편향이 없는 방법은 어느 것인가?

(3) 세 가지 방법 중 분산이 가장 작은 방법은 어느 것인가?

(4) 모평균 μ에 대한 평균제곱오차 $E\left[(T_i - \mu)^2\right]$가 가장 작은 추정량은 어느 것인가?

(5) 모평균 μ를 추정하기위하여 위의 세 가지 방법 중 하나를 선택한다면 어떤 방법을 선택하겠는가? 선택한 이유를 설명하라.

03 확률표본에 대한 표본평균을 이용하여 모평균 μ를 점추정하려고 한다. n개의 확률표본을 이용하는 방법과 $2n$개의 확률표본을 이용하는 방법 중 어느 방법이 더 좋은지 정하고 그 이유를 설명하여라.

04 표준편차가 $\sigma = 4$로 알려진 정규모집단에서 16개의 표본을 추출하여 모평균 μ에 대한 신뢰구간을 다음과 같이 얻었다. 각 경우 신뢰수준은 무엇인지 구하라.

(1) $\overline{x} \pm 2.0$ (2) $\overline{x} \pm 2.5$ (3) $\overline{x} \pm 3.0$

05 정규모집단에서 추출한 표본에 대한 표본평균을 구한 다음 이것을 이용하여 모평균 μ에 대한 2개의 신뢰구간 (3.1, 5.3)과 (3.9, 4.5)를 구하였다.

(1) 표본평균의 값은 얼마인가?

(2) 둘 중 하나는 95%신뢰구간이고 다른 하나는 90%신뢰구간이라 할 때, 어느 것이 90%신뢰구간인지 답하라.

06 특정 집단에서 50명을 임의로 추출하여 어떤 특정한 한 주 동안 TV시청시간을 조사한 결과 평균 24.4시간, 표준편차 7.4시간 이었다. 이 집단의 1주 동안 TV시청시간은 정규분포를 따른다고 할 때, 다음 두 가지 방법으로 TV 시청시간의 평균에 대한 95%신뢰구간을 구하라.

(1) t분포를 이용하는 방법

(2) 정규분포를 이용하는 방법

(3) 위의 두 가지 방법에 대한 차이가 크지 않다면 그 이유는 무엇이라고 생각하는가?

07 특수공법을 이용하여 제품을 생산하는 어느 업체에서 500개의 부품을 임의로 추출하여 조사한 결과 15개의 불량품이 발견되었다. 이 회사 제품의 불량률에 대한 점추정 값과 표준오차를 구하라.

08 어느 대학 남학생들의 키는 정규분포 $N(\mu, \sigma^2)$를 따른다고 한다. 이 대학 남학생들 중 임의로 10명을 뽑아 키를 측정한 결과가 다음과 같다.

173.4, 173.7, 162.0, 170.7, 171.8,

174.2, 175.9, 176.8, 177.1, 169.5

(1) μ와 σ에 대한 추정값을 구하라.

(2) 표본평균 $\overline{X}$의 표준오차에 대한 추정값을 구하라.

(3) μ에 대한 95% 신뢰구간을 구하라.

(4) σ에 대한 95% 신뢰구간을 구하라.

09 모비율 p에 대한 95% 근사신뢰구간을 구한 결과(0.4, 0.6)을 얻었다. 다음의 각 명제가 참인지 거짓인지 판정하고 그 이유를 말하라.

(1) 모비율 p가 구간(0.4, 0.6)에 포함될 확률은 대략 0.95이다.

(2) 모비율 p가 구간(0.4, 0.6)에 포함되는지 여부는 알 수 없다.

10 어느 공장에서 생산하는 볼베어링의 지름은 표준편차가 0.5mm인 정규분포를 따른다고 한다. 볼 베어링의 평균 지름을 추정할 때, 추정값과 참값의 차이가 0.1mm 이내로 정확한지 95% 확신하려면 표본의 크기가 얼마나 되어야 하는가?

11 어느 공장의 품질관리부서에서는 새로운 공정에 의하여 생산되는 특정 제품 100개를 임의로 추출하여 정해진 규격을 만족하는지 조사하였다. 그 결과 12개의 제품이 규격을 만족하지 않는 것으로 나타났다.

(1) 이 공정에서 생산되는 제품의 불량률 p에 대한 95%신뢰구간을 구하라.

(2) 불량률 p에 대한 95%신뢰구간의 오차한계가 0.05보다 작게 하려면 몇 개의 표본을 추가로 더 조사해야 하겠는가?

제 9 장 가설검정

이 장에서는 통계적 추론의 중요한 주제 중 하나인 가설검정을 다룬다. 가설검정에서 가설은 두 개의 상반되는 가설로 구성된다. 하나는 알려진 사실이나 주장, 믿음 등으로 특별한 사유가 없는 한 받아들이는 가설로 귀무가설이라 한다. 다른 하나는 지금까지 알려진 것과 다른 주장으로 이를 뒷받침할 확실한 근거 혹은 증거가 있어야 인정되는 가설로 대립가설이라 한다. 가설검정은 귀무가설과 대립가설 중 어느 것을 인정할 것인지를 판단하는 규칙을 정하고 표본으로부터 결론을 이끌어 내는 것이다. 어떠한 규칙이나 기준을 정하여 결론은 내리더라도 표본의 우연성에 의하여 그 결론은 실제와 다를 수도 있다. 통계적 가설검정은 실제와 다른 결론에 도달하는 오류의 가능성을 최소화할 수 있도록 규칙이나 기준을 정하는 방법을 찾아서 적용하는 것이다. 이 장에서는 이와 관련한 논의를 진행하고 모평균과 모비율, 모분산에 대한 검정방법을 다룬다.

9.1 가설검정의 원리

9.1.1 기본개념

생각해보기 1

감자칩을 생산하는 어떤 제과회사에서는 포장용기에 감자칩의 용량을 100g으로 표기하여 판매를 하고 있다. 소비자로부터 실제 용량이 표기된 용량보다 작다는 주장이 제기 되었다. 포장용기의 용량은 제품의 평균 용량을 나타낸 것이라고 생각한다. 회사에서는 제기된 소비자의 주장을 확인하기 위하여 다음과 같은 계획을 세웠다.

> 시중에 나와 있는 제품 130개를 무작위로 선택하여 무게를 측정하고 그 평균이 97g이하이면 소비자의 주장을 받아들인다.

위 내용에 대하여 다음을 생각해보자.

1. 감자칩 용량에 관한 회사의 주장과 제기된 소비자의 주장은 각각 무엇인가?
2. 제기된 주장의 인정 여부를 정하는데 사용된 통계량은 무엇인가?
3. 제기된 주장을 인정하는 기준은 무엇인가?

통계적 가설

위의 **생각해보기** 1에서 시중에 판매되는 이 회사 제품의 평균용량을 μ라 하면, 감자칩 용량에 관한 회사의 주장은 $\mu = 100$이라는 것이고 새롭게 제기된 소비자의 주장은 $\mu < 100$이라는 것이다. 소비자의 주장을 뒷받침할 만한 근거가 제시되면 회사는 소비자의 주장을 받아들여 포장용지의 용량표시를 바꾸든지 용량을 조절해야 하겠지만 근거가 확실하지 않다면 회사는 현재의 방식을 그대로 유지할 것이다.

이와 같이 모수 또는 좀 더 일반적으로 모집단의 분포와 같은 모집단의 특성에 대한 주장 혹은 예상을 **통계적가설**(statistical hypothesis) 또는 간단히 **가설**이라 한다. 가설을 인정할 것인지 여부를 결정을 하는 과정을 **가설검정**(hypothesis testing) 혹은 간단히 **검정**이라 한다.

생각해보기 1 예의 회사주장과 소비자의 주장과 같이 통계적 가설의 검정에서 가설은 두 개의 상반되는 가설로 구성된다. 하나는 귀무가설이고 다른 하나는 대립가설이다. **귀무가설**(null hypothesis)은 지금까지 알려진 사실이나 주장, 믿음 등으로 특별한 사유가 없는 한 받아들이는 가설이다. 앞으로는 귀무가설을 H_0으로 나타내기로 한다. 반면에 **대립가설**(alternative hypothesis)은 지금까지 알려진 것과 다른 주장으로 이를 뒷받침 할 확실한 근거 혹은 증거가 있어야 인정되는 가설이다. 보통 연구자들이 연구결과 기존의 것과 새로운 사실을 제시할 때 입증해야 할 가설을 대립가설로 설정한다. 앞으로는 대립가설을 H_1으로 나타내기로 한다.

생각해보기 1 예에서 회사의 주장과 소비자의 주장은 다음과 같이 나타낼 수 있다.

$$H_0 : \mu = 100$$
$$H_1 : \mu < 100$$

가설의 형태

모집단의 특성은 보통 확률분포를 이용하여 표현하므로 통계적 가설은 확률분포에 대한 주장이나 추측 등으로 표현된다. 또한 확률분포는 많은 경우 평균이나 분산 등 모수에 의하여 정해지므로 통계적 가설은 표본이 아닌 모집단의 특성을 나타내는 모수로 표현되는 경우가 많다.

일반적으로 모평균 μ에 대한 가설은 앞의 예에서 $\mu_0 = 100$와 같이 특정한 값 μ_0로 표현되는 귀무가설

$$H_0 : \mu = \mu_0$$

에 대하여 다음과 같은 대립가설을 생각할 수 있다.

$$(1)\ H_1 : \mu > \mu_0$$
$$(2)\ H_1 : \mu < \mu_0$$
$$(3)\ H_1 : \mu \neq \mu_0$$

위 가설의 μ_0 와 같이 귀무가설에서 나타나는 모수 대한 특정 값은 (1) 과거의 경험이나 지식 또는 선행실험 (2) 어떤 이론이나 모형 (3) 대립가설의 상반되는 영역의 경계값 등으로 정해진다. 위의 (1)과 (2)와 같이 대립가설이 특정한 값 μ_0보다 크거나 작은 형태로 나타나는 가설을 단측가설, (3)과 같은 형태의 가설은 양측가설이라 한

다. 단측가설의 경우 귀무가설은 대립가설을 부정하는 방식으로 다음과 같이 설정하기도 한다.

$$(1')\ H_0 : \mu \le \mu_0 \quad H_1 : \mu > \mu_0$$

$$(2')\ H_0 : \mu \ge \mu_0 \quad H_1 : \mu < \mu_0$$

검정의 전제와 결론

가설검정은 귀무가설과 대립가설 중 어느 것을 인정할 것인지를 판단하는 규칙을 정하고 표본으로부터 결론을 이끌어 내는 것이다.

이 규칙을 정하는 기본적인 생각은 귀무가설이 옳다는 전제하에서는 발생할 가능성이 작은 관측값이 얻어졌다면 귀무가설을 포기하고 그것을 대신하는 가설(대립가설)을 채택하자는 것이다. 즉, 확실한 증거에 의하여 참이 아님이 입증되기 전까지는 잠정적으로 '귀무가설은 참'이라는 가정 하에서 검정을 실시한다.

이런 전제하에서 만약 표본으로부터 얻어진 자료가 대립가설이 사실로 인정될 만큼 충분히 대립가설을 지지할 경우, **'귀무가설을 기각한다'** 또는 **'대립가설을 채택한다'**고 한다. 표본으로부터 이끌어낸 결론은 항상 오류의 가능성을 포함하고 있으므로 이 경우 귀무가설이 사실이 아님을 증명한 것은 아니다. 또한 대립가설이 참이라는 것을 증명한 것도 아니다. 다만 표본의 결과(증거)가 귀무가설이 사실이 아니라고 보기에 충분한 타당성을 제시하고 있어 대립가설이 통계적으로 의미가 있다는 것을 뜻한다. 이런 의미에서 대립가설이(통계적으로) **유의하다**(significant)고 한다.

반면에 대립가설을 인정할 수 있을 만큼 증거가 충분하지 않을 때, **'귀무가설을 기각하지 않는다'** 또는 **'귀무가설을 채택한다'**고 한다. 그러나 검정결과 귀무가설을 채택한다는 것은 대립가설을 인정할 만한 확실한 증거가 없음을 의미하는 것이지 귀무가설이 참임을 입증하는 것은 아니다. 따라서 귀무가설을 채택한다는 것은 귀무가설에 대하여 아무런 확신도 할 수 없음을 의미하는 것이다.

검정통계량과 기각역

생각해보기 1에서 시중에 판매되는 제품 무게에 대한 확률표본의 표본평균 $\overline{X}$의 값이 작을수록 대립가설 $H_1 : \mu < 100$에 대한 신빙성이 높을 것이다. 예를 들어

$$\overline{X} \le 97$$

이면 회사의 주장(귀무가설)을 기각하고 소비자의 주장(대립가설)을 채택하기로 하였

다고 하자. 즉, 130개의 표본에 의하여 구한 자료가 $x_1, \cdots, x_{130}$일 때, $\overline{X}$의 값 $\overline{x}$가 $\overline{x} \le 97$을 만족하면 귀무가설을 기각한다는 것이다. 만약 표본평균의 값이 $\overline{x} = 96$이면 이 기준에 따라 '귀무가설을 기각'한다. 반면에 $\overline{x} = 98$이면 귀무가설을 기각하는 기준을 만족하지 못하므로 귀무가설을 기각하지 않는다.

위의 예에서 $\overline{X}$와 같이 대립가설과 귀무가설 중 어느 하나를 채택할 때 사용되는 통계량을 **검정통계량**(test statistic)이라 한다. 또한 $\overline{X} \le 97$와 같이 귀무가설을 기각하는 검정통계량의 관측값의 영역을 **기각역**(critical region, rejection region)이라 한다. 즉, 기각역은 대립가설을 택하는 기준을 의미한다. 이 때, 기준이 되는 값 97을 **임곗값**(critical value) 또는 기각값이라 한다. 앞에서 설명한 용어를 정리하면 다음과 같다.

검정통계량(test statistic)

귀무가설을 기각할지 여부를 결정하는 데 사용되는 통계량

기각역(rejection region, critical region)

귀무가설을 기각하는 검정통계량의 관측값의 영역

임곗값(critical value)

기각역을 구분 짓는 검정통계량의 경계선상의 값

예제 9.1

어떤 제약회사에서 기존에 생산하는 진통제의 약효가 지속되는 시간은 평균이 8시간인 정규분포를 따른다고 한다. 이 회사의 연구진은 새롭게 개발한 진통제의 약효가 지속되는 시간의 평균은 기존 진통제보다 길다고 주장한다. 만약 25명에게 임상실험을 하여 그 평균이 9이상이면 연구진의 주장을 인정하려고 한다. 다음 물음에 답하라.

(1) 연구원의 주장을 검정하기 위한 가설을 세워라.

(2) 검정통계량과 기각역을 나타내어라.

(3) 임곗값은 무엇인가?

풀이 (1) 새로운 증거로 입증하고자 하는 가설은 $\mu > 8$이므로, 귀무가설과 대립가설은 각각 다음과 같다.

$$H_0 : \mu = 8$$

$$H_1 : \mu > 8$$

(2) 검정통계량은 표본평균 $\overline{X}$이다. 표본평균 $\overline{X}$이 9보다 크면 귀무가설을 기각하므로 기각역은

$$\overline{X} \geq 9$$

이다. 이는 임상실험을 통하여 얻어진 자료가 $x_1, \cdots, x_{25}$일 때, $\overline{X}$의 값 $\overline{x}$가 $\overline{x} \geq 9$을 만족하면 귀무가설을 기각한다는 것이다. 따라서 기각역은

$$C = \left\{ (x_1, x_2, \cdots, x_{25}) : \overline{x} = \frac{1}{25} \sum_{i=1}^{25} x_i \geq 9 \right\}$$

와 같이 나타내기도 한다.

(3) 임곗값은 9이다.

통계적 가설이 참인지 그렇지 않은지를 판단하는 가장 정확한 방법은 모집단 전체를 모두 조사하는 것이다. 위의 **생각해보기 1**에서 소비자의 주장이 옳은지 확인하기 위해서는 시중의 모든 제품에 대한 무게를 측정해야 할 것이다. 이와 같이 모집단 전체를 조사하는 것은 현실적이지 않거나 때로는 불가능한 경우도 있어 대부분의 가설에 대한 검정은 표본조사를 통하여 이루어진다.

앞에서도 언급한 바와 같이 가설검정은 확률표본을 이용하여 귀무가설과 대립가설 중 어느 것을 인정할 것인지를 판단하는 규칙을 정하고 관측된 표본으로부터 결론을 이끌어 내는 것이다. 검정의 규칙을 정하는 것은 운전 면허증이나 공인중개사 자격증과 같은 자격증을 발급하는 과정과 유사한 면이 있다. 자동차운전면허증 취득을 위해서는 신체검사, 학과시험, 장내 기능시험, 도로주행시험의 모든 단계를 통과해야 하며 부동산중개사 자격증 취득을 위해서는 2단계에 걸친 필기시험을 모두 통과해야 한다. 운전면허증의 학과시험과 부동산중개사자격증의 1차 시험 통과과정을 가설검정의 용어와 관련지어 설명하면 다음과 같다.

(1) **가설** : 자격증 시험 응시자는 그 분야의 자격이 있음을 주장한다. 이 주장을 다음과 같이 귀무가설과 대립가설로 설정한다.

H_0 : 응시자는 그 분야의 자격을 갖추고 있지 않다.

H_1 : 응시자는 그 분야의 자격을 갖추고 있다.

(2) **검정통계량** : 자격을 갖추고 있는지 여부를 결정하기 위하여 어떤 방식(필기, 실기)과 시험 내용을 어떻게 정할 것인가?
자동차 운전면허증의 경우 교통법규나 안전운전 등에 대한 지식에 대한 문제를 포함하고 부동산중개사자격증의 경우 부동산 중개와 관련된 법률에 대한 지식에 대한 문제를 포함한다.

(3) **기각역의 형태와 임곗값** : 커트라인 점수를 얼마로 할 것인가?
자동차운전면허시험의 경우 1종 보통면허는 70점 이상, 2종 보통면허는 60점 이상을 취득해야 한다. 부동산중개사자격증의 경우에는 각 과목 40점 이상이며 전과목 평균이 60점 이상이어야 한다.

이와 같이 검정의 규칙을 정하는 주요 요소는 검정통계량과 기각역, 임곗값 세 가지이다. 어떠한 규칙을 정하여 결론은 내리더라도 표본의 우연성에 의하여 그 결론은 실제와 다를 수도 있다. 통계적 검정은 실제와 다른 결론에 도달하는 오류의 가능성을 최소화할 수 있도록 위의 세 가지 요소를 정하는 것이다. 이와 관련한 논의를 아래에서 진행한다.

9.1.2 가설검정의 원리

생각해보기 2

어떤 제약회사의 연구진은 특정한 질병에 대한 치료제로서 새로 개발된 약의 치유율 p는 기존 약의 치유율 $p=0.6$보다 높다고 주장한다. 이 주장에 대하여 검정하려는 가설은 다음과 같다.

$$H_0 : p = 0.6$$
$$H_1 : p > 0.6$$

25명의 환자를 대상으로 임상실험을 하여 치료된 환자 수를 X라고 하자. 치료된 환자 수가 많을수록 치유율이 높을 것이므로 기각역을

$$X \geq c$$

와 같이 정하였다. 즉, 25명 중 치료된 환자 수가 c명 이상일 때 H_0를 기각한다.

1. $c=17$로 정하여 가설검정을 한다고 할 때,
   (1) H_0가 참임에도 불구하고, H_0를 기각할 가능성이 있는가?
   (2) H_1이 참임에도 불구하고, H_1를 기각할 가능성이 있는가?
2. $c=17, 18, 19$등과 같이 증가할 때, 위의 (1)과 (2)의 가능성이 증가할 것인지 감소할 것인지 예상하여 보아라.

가설검정에서 나타나는 오류

통계적 가설검정의 결과는 '귀무가설 H_0를 기각한다' 또는 'H_0를 기각하지 않는다'와 같이 두 가지 중 하나로 나타난다. 가설검정은 추출된 표본을 바탕으로 결정을 내리기 때문에 실제와 다른 결론을 내릴 가능성이 존재한다.

위의 생각해보기 2에서 가설을 검정하기 위한 기각역을 '$X \geq 17$'로 정하였다고 하자. 실제 치유율이 $p=0.6$와 같이 H_0가 참임에도 불구하고 임상실험 결과가 $x=18$이 될 수 있을 것이다. 이 경우는 H_0가 참임에도 불구하고 H_0를 기각하게 되어 실제와 다른 결론을 내리게 된다. 이와 같이 H_0가 참임에도 불구하고 H_0를 기각하는 오류를 **제1종 오류(Type I error)**라고 한다. 만약 실제 확률은 $p=0.7(H_1$이 참$)$임에도 불구하고 임상실험 결과가 $x=15<17$이면 H_1를 채택할 수 없게 된다. 이와 같이 H_0가 참이 아님에도 H_0를 기각하지 않는 오류 즉, H_1을 채택하지 않는 오류를 **제2종 오류(Type II error)**라고 한다. 이들을 요약하면 다음과 같다.

표 9.1 제1종 오류와 제2종오류

검정결과 / 미지의 실제현상	H_0를 채택	H_0를 기각 (H_1을 채택)
H_0가 사실	옳은 결정	제1종 오류
H_1이 사실	제2종 오류	옳은 결정

제1종 오류와 제2종 오류를 범할 확률

위의 예에서 임곗값 c를 어떤 값으로 하는 것이 가장 좋겠는가? 가장 이상적인 검정방법은 제1종 오류가 발생할 확률과 제2종 오류가 발생할 확률을 동시에 최소화시키는 것이다.

각각의 환자가 치유될 확률은 p이고 각 환자의 치료 결과는 환자별로 독립이므로 25명의 환자 중 치료된 환자 수 X는 이항분포 $B(25,p)$를 따른다. 따라서 신약의 실제 치유율이 p일 때, H_0를 기각할 확률은 다음과 같다.

$$r(c,p)=P(X\ge c)=\sum_{k=c}^{25}\binom{25}{k}p^k(1-p)^{25-k}$$

제1종 오류를 범할 확률은 H_0가 참일 때, 즉, $p=0.6$일 때, 임상실험결과 치유된 환자 수가 c명 이상이 되어 H_0를 기각하게 될 확률

$$\begin{aligned}\text{제1종 오류의 확률} &= P(H_0\text{를 기각}|H_0\text{가 참})\\ &= P(X\ge c|p=0.6)\\ &= r(c,0.6)\end{aligned}$$

이고 제2종 오류를 범할 확률은 H_1가 참일 때, 즉, $p>0.6$일 때, (예를 들어 $p=0.7$)일 때, H_0를 기각하지 않을 확률

$$\begin{aligned}\text{제2종 오류의 확률} &= P(H_0\text{를 기각하지 않음}|H_1\text{이 참})\\ &= P(X<c|p=0.7)\\ &= 1-r(c,0.7)\end{aligned}$$

이다. 다음 [그림 9.1]은 c값의 변화에 따른 제1종 오류와 제2종 오류의 확률을 나타낸 것이다.

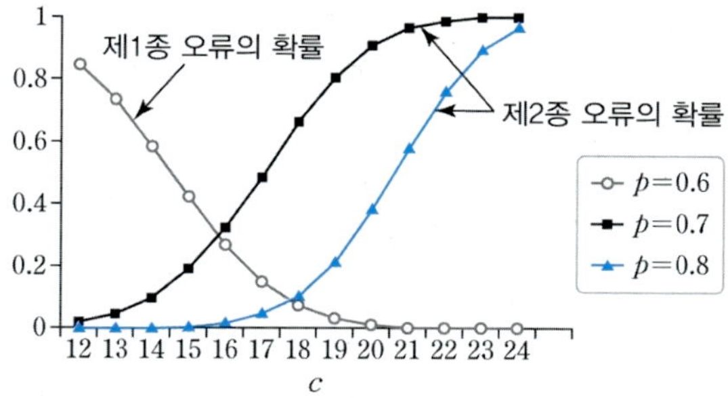

[그림 9.1] 임곗값 c에 따른 제1종 오류와 제2종 오류의 확률

[그림 9.1]로부터 알 수 있듯이 c가 증가하면 제1종 오류의 확률은 감소하나 제2종 오류의 확률은 증가한다. 이와 같이 표본의 크기가 고정된 상태에서 두 종류의 오류를 동시에 줄여주는 검정방법은 없는 것으로 알려져 있다. 따라서 검정결과가 실제적

으로 중요한 의미를 줄 때, 두 종류의 오류 중에서 더욱 중요시하는 오류를 범할 확률을 미리 지정한 값 이하가 되도록 관리하면서 다른 오류를 범할 확률을 최소로 하는 검정법을 모색해야 한다.

가설검정의 관례

일반적인 통계적 검정의 관례는 제1종 오류를 범할 확률을 미리 주어진 값 이하가 되도록 하면서 제2종 오류의 확률을 최소화할 수 있는 검정방법을 사용한다. 이 때, 제1종 오류를 범할 확률의 허용한계를 **유의수준**(significance level)이라 한다. 유의수준은 보통 그리스문자 α(알파)로 나타내며 $\alpha=0.01(1\%)$, $\alpha=0.05(5\%)$, $\alpha=0.10(10\%)$ 등이 주로 사용된다. 제1종 오류를 범할 확률이 α이하인 검정법을 간단히 **유의수준 α인 검정법**이라고 한다. 이 것을 요약하면 다음과 같다.

> 가설검정의 관례
> 제1종 오류를 범할 확률을 미리 주어진 값 이하가 되도록 하면서 제2종 오류를 범할 확률을 최소화할 수 있는 검정방법을 사용한다.
>
> 유의수준(significance level)
> 제1종 오류를 범할 확률의 허용한계
>
> 유의수준 α인 검정법
> 제1종 오류를 범할 확률이 α이하인 검정법

생각해보기 2에서 기각역의 형태가 $X \geq c$와 같을 때, 유의수준 α인 검정 중 제2종 오류를 범할 확률을 최소화하는 임곗값 c는 다음 두 조건을 만족하도록 선택한다.

제1단계 : 제1종 오류를 범할 확률을 통제(유의수준 조건)

$$P(X \geq c|p=0.6) \leq \alpha$$

제2단계 : 제2종 오류를 범할 확률 통제
제1단계의 조건을 만족하는 c중에서 각각의 $p>0.6$에 대하여 제2종오류를 범할 확률 $P(X<c)$을 최소화하는 c값을 구한다.

[그림 9.1]로부터 c가 증가함에 따라 제2종 오류를 범할 확률은 증가함을 알 수 있다. 따라서 위 두 조건을 만족하는 임곗값 c는 $P(X \geq c|p = 0.6) \leq \alpha$을 만족하는 최소의 정수가 된다.

예를 들어 $\alpha = 0.05$인 검정법을 구해보자. 제1종 오류의 확률이 0.05이하가 되도록 하는 c의 영역은 $P(X \geq c \,|\, p = 0.6) \leq \alpha = 0.05$를 만족하는 c이다. 컴퓨터를 이용하여 구해보면 c는 20이상이어야 한다. 즉,

$$20 \leq c \leq 25$$

[그림 9.1]에서 알 수 있듯이 c가 증가함에 따라 제2종 오류를 범할 확률은 증가하므로 $20 \leq c \leq 25$을 만족하는 c의 값 중에서 제 2종 오류를 범할 확률이 최소가 되도록 하는 값은 $c = 20$임을 알 수 있다. 따라서 유의수준 $\alpha = 0.05$이면서 제2종 오류를 범할 확률을 최소로 하는 검정법의 기각역은

$$X \geq 20$$

이다. 즉, 25명의 환자에게 신약을 투여한 결과 치료된 환자 수가 20명 이상이면 치유율이 0.6보다 크다는 주장을 인정한다는 것이다. 또한 이 검정법에서 제1종 오류를 범할 확률은 기껏해야 0.05이내가 된다는 것이다. 만약 X의 관측값이 17이면 유의수준 $\alpha = 0.05$에서 귀무가설 $H_0 : p = 0.6$을 기각하지 못한다. 이것은 신약의 치유율이 0.6이라는 것을 의미하는 것은 아니다. 다만 $p > 0.6$이라는 확실한 증거가 없다는 것을 의미한다.

유의수준 α의 의미

표본을 추출하여 검정을 한 번 시행했을 때, 그 검정의 결과가 올바른 결정인지 그렇지 않은지는 확인할 수 없다. 유의수준이 $\alpha = 0.05$인 검정법이라는 것은 위와 같은 과정의 검정을 수없이 반복할 때, 전체 검정의 횟수 중 제1종 오류를 범하는 횟수의 비율이 5%를 넘지 않는다는 의미이다. 이는 앞 장에서 언급한 신뢰구간의 의미와도 유사하다.

유의수준의 선택

검정에서 유의수준을 얼마로 선택하는 것이 적합한지에 대한 일반적인 기준은 없다. 일반적으로 제1종 오류를 범할 확률을 작게 할수록 제2종 오류를 범할 확률은 커지므로 두 종류의 오류 중 어느 것을 중요시 할지를 정하여 유의수준을 정한다. 유의수준

이 작을수록 제1종 오류를 범할 확률이 작아지므로 대립가설을 인정하는데 보수적인 경향을 띠게 된다. 예를 들어 앞의 예에서 $\alpha = 0.05$인 검정의 기각역은 $X \geq 20$이고 $\alpha = 0.1$인 검정의 기각역은 '$X \geq 19$'가 됨을 알 수 있다. 유의수준 $\alpha = 0.1$인 검정에서는 25명의 환자 중 신약으로 치료된 환자 수가 19명 이상이면 귀무가설을 기각하지만($p > 0.6$ 인정), $\alpha = 0.05$인 검정에서는 치료된 환자 수가 20명 이상이어야 귀무가설을 기각한다.

따라서 제1종의 오류를 중요시 한다면 유의수준을 작게 선택하고 제2종의 오류가 중요시 된다면 유의수준을 크게 잡는다. 흔히 사용하는 유의수준으로는 $\alpha = 0.05$ (5%)가 많이 사용되며 제1종의 오류를 중요시할 때는 $\alpha = 0.01$을 제2종의 오류를 중요시 할 때는 $\alpha = 0.10$이 주로 사용된다.

유의수준에 기초한 검정법의 의미

앞에서 언급한 바와 같이 일반적인 통계적 검정의 관례는 '귀무가설이 참'이라는 것을 전제로 하여 대립가설을 지지하는 증거가 충분할 때, 대립가설을 인정하는 것이다. 이와 같은 대립가설과 귀무가설의 비대칭적인 설정은 가급적 귀무가설을 유지하려는 보수적인 생각을 바탕으로 한다. 이와 같은 바탕에서 제1종 오류를 중요시하여 제1종 오류를 우선적으로 관리한다.

통계적 검정의 보수성은 종종 재판에서의 보수성과 관련하여 설명된다. 형사재판정에서 판사는 피고에게 유죄 혹은 무죄를 선고하게 된다. 검사는 피고가 유죄라는 것을 주장하며 그 죄를 입증하기 위한 증거를 제시한다. 판사는 유죄라는 증거가 충분하지 않다고 판단되면 검사의 주장을 받아들이지 않는다. 이럴 경우 무죄추정의 원칙에 의하여 피고는 무죄로 선고된다. 이때 무죄 선고는 유죄라는 충분한 증거를 제시하지 못했다는 것이지 피고가 무죄라는 것을 증명한 것을 의미하는 것은 아니다. 이를 귀무가설과 대립가설로 나타내면 다음과 같다.

H_0: 피고는 무죄이다

H_1: 피고는 유죄이다.

이 때, 제1종 오류는 피고가 무죄임에도 불구하고 유죄로 판결하는 오류이고, 제2종 오류는 유죄임에도 불구하고 무죄로 판결하는 오류이다. 극단적으로 모든 피고에게 무죄를 선고한다면 제1종오류의 확률은 0이나 제2종 오류의 확률은 1이 되고, 모든 피고에게 유죄를 선고한다면 제2종 오류의 확률은 0이나 제1종 오류의 확률은 1이 된다.

검정력

대립가설이 참일 때, 귀무가설을 기각할 확률을 그 검정의 **검정력**(power of a test)이라 한다.

위의 예에서 검정력은

$$P(H_0 \text{기각} \mid H_1 \text{참}) = P(X \geq c \mid H_1)$$

이고 제2종 오류의 확률은 대립가설이 참임에도 불구하고 귀무가설을 기각하지 않을 확률 $P(X < c \mid H_1)$이다. 한편

$$\text{검정력} + \text{제2종 오류의 확률} = P(X < c \mid H_1) + P(X \geq c \mid H_1) = 1$$

이므로

$$\text{검정력} = 1 - \text{제2종 오류의 확률}$$

이다. 따라서 검정력이 클수록 제2종 오류를 범할 확률은 작아진다. 유의주준이 α이하인 검정법 중에서 검정력이 가장 큰(제2종 오류를 범할 확률이 가장 작은) 검정법을 **최강력검정**(most powerful test)이라 한다.

표본의 크기와 제2종 오류의 확률

생각해보기 2에서 $p_1 > p$를 만족하는 p_1에 대하여 가설

$$H_0 : p = 0.6$$
$$H_1 : p = p_1$$

에 대한 검정의 기각역을 $X \geq c$와 같이 정하였다. [그림 9.2]는 유의수준이 $\alpha = 0.05$인 검정에서 $p_1 = 0.7$과 $p_1 = 0.8$일 때, 표본의 크기 n에 따라 제 2종 오류의 확률이 어떻게 변하는지를 나타낸 것이다.

[그림 9.2]로부터 주어진 유의수준을 만족하는 검정에서 표본의 크기가 증가함에 따라 제2종 오류의 확률은 감소하는 것을 알 수 있다. 또한 표본의 크기가 같을 때, 제2종 오류의 확률은 $p_1 = 0.7$일 경우가 $p_1 = 0.8$일 경우 보다 큰 것을 알 수 있다. 즉, p_1의 값이 귀무가설에 설정된 값 $p_0 = 0.6$에 가까이 갈수록 제2종 오류의 확률이 증가하는 것을 알 수 있다.

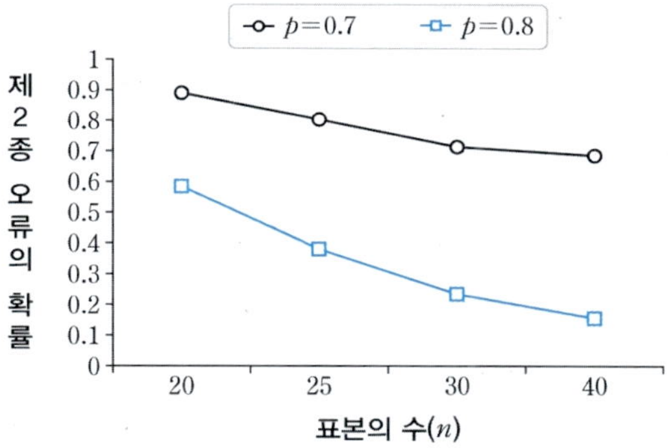

[그림 9.2] 표본의 크기와 제2종 오류의 확률

유의수준이 주어진 경우 검정의 절차

유의수준이 미리 주어진 경우 검정은 일반적으로 다음과 같은 절차를 따라 진행한다.

유의수준 α가 주어진 경우 검정의 일반적인 절차

검정절차	예
1. 귀무가설 H_0와 대립가설 H_1을 정한다.	$H_0 : p = 0.6 \quad H_1 : p > 0.6$
2. 검정통계량을 선택한다.	25명의 환자 중 치료된 환자 수 X
3. 유의수준을 만족하는 기각역을 정한다.	$\alpha = 0.05$일 때, 기각역 $X \geq 20$
4. 검정통계량의 값이 기각역에 속하는지 여부를 관찰하여 유의성을 판정하고 결과를 해석한다.	임상실험 결과 얻어진 X의 값이 x일 때, $x \geq 20$이면 H_0를 기각하고 그렇지 않으면 H_0를 기각하지 않는다.

9.1.3 유의확률

생각해보기 3

주머니 속에 흰 바둑돌과 검은 바둑돌이 들어 있는데 그 수를 정확히 알지는 못한다고 하자. 흰 돌의 수가 검은 돌의 수보다 많은지 알아보기 위하여 임의로 30개의 바둑돌을 복원추출 하였더니 23개의 흰 돌이 나왔다.

1. 흰 돌의 수와 검은 돌의 수가 같다면, 우연에 의하여 23개 이상의 흰 돌이 나올 확률은 얼마인가?
2. 이 실험의 결과를 바탕으로 바구니 속에 있는 흰 바둑돌의 수와 검은 바둑돌의 수가 같다는 주장에 대하여 얼마나 믿을 수 있는지 생각해 보아라.

유의확률

위의 **생각해보기** 3에서 흰 돌의 수가 검의 돌의 수보다 많은지를 검정하기 위하여 다음과 같은 가설을 설정하자.

$$H_0 : p = 0.5 \quad \text{대} \quad H_1 : p > 0.5$$

추출결과 나온 흰 돌의 수를 X라 하면 X의 값이 클수록 대립가설을 지지하는 정도가 강할 것이다. 따라서 현재 얻어진 관측값이 $x = 23$일 때, 귀무가설을 기각하기로 하였다면 관측값이 23보다 큰 값이 나올 경우에도 귀무가설을 기각해야 할 것이다.

귀무가설이 참이면, $X \sim B(30, 0.5)$이므로 우연에 의하여 23개 이상의 흰 돌이 나올 확률은

$$P(X \geq 23 | p = 0.5) = 0.0026$$

이다. 즉, 30개의 표본을 추출하는 실험을 수없이 반복할 때, 실시된 실험 중에서 X의 값이 23이상이 나타나는 비율은 0.0026이라는 것이다. 이는 귀무가설($p = 0.5$) 하에서 우연에의하여 X의 관측값이 23이거나 대립가설을 지지하는 쪽으로 더 극단적인 결과가 나올 가능성은 0.0026으로 매우 작다는 것을 보여준다. 그럼에도 불구하고 $x = 23$인 사건이 실제 일어났다면 귀무가설 $p = 0.5$가 사실이 아니라는 것을 강하게 시사한다고 할 수 있다.

이와 같이 검정통계량의 관측값이 하나 주어졌을 때, 귀무가설이 참이라는 가정 하에서 검정 통계량이 대립가설을 지지하는 쪽으로 이미 얻어진 관측값과 같거나 더 극단적인 값을 가질 확률을 **유의확률** 또는 P값(P-value)이라고 한다.

유의확률이 작을수록 관측된 결과 이상의 극단적인 사건은 더욱 희귀한 사건(발생할 확률이 극히 작은 사건)이 된다. 따라서 유의확률이 매우 작을 경우, 귀무가설 하에서는 발생가능성이 매우 낮은 극단적인 사건이 발생하였다는 것이므로 귀무가설에 대한 반증의 정도가 강한 것으로 볼 수 있다.

앞의 **생각해보기** 3에서 가설 $H_0 : p = 0.5$ 대 $H_1 : p > 0.5$의 검정에서 관측값(30개의 표본 중 흰 돌의 수)이 x일 때 유의확률

$$\hat{\alpha}(x) = P(X \geq x | p = 0.5)$$

을 〈표 9.2〉에 나타내었다.

표 9.2 유의 확률

x	19	20	21	22	23	24
유의확률	0.1002	0.0494	0.0214	0.0081	0.0026	0.0007

유의확률과 유의수준 α인 검정법과의 관계

유의수준을 미리 정해놓고 가설검정을 하는 경우에는 유의수준에 따라 기각역이 정해지며, 관측값이 기각역에 속하는지 여부에 따라 귀무가설의 기각 여부가 결정된다. 이 경우, 유의수준을 정할 때마다 기각역의 임곗값을 변경해야 하는 번거로움이 있다. 또한 귀무가설의 기각 혹은 채택과 같은 이분법적인 결론은 검정통계량의 관측값이 제시하는 통계적 유의성(귀무가설에 대한 반증의 정도)에 대한 정보는 제공하지 못한다.

유의수준은 귀무가설이 참일 때, 우연에 의하여 귀무가설을 반증하는 관측값이 얻어질 확률을 미리 정해놓은 것으로 귀무가설을 반증하는 정도에 대한 기준값으로 볼 수 있다. 유의확률이 작을수록 귀무가설에 대한 반증의 정도가 강하므로 유의수준보다 유의확률이 작거나 같으면 귀무가설을 기각하는 것이 합리적일 것이다.

앞의 **생각해보기 3**에서 유의수준 α인 검정의 기각역 $X \geq c$에서 임곗값 c는

$$P(X \geq c|p=0.5) \leq \alpha$$

를 만족하는 최소의 정수이다. 검정통계량 X의 관측값이 x일 때, $x \geq c$이면 귀무가설을 기각한다. 한편 x가 증가함에 따라 $P(X \geq x|p=0.5)$는 감소하므로 다음이 성립한다.

$$\begin{aligned}&\text{귀무가설을 기각}\\ &\Leftrightarrow x \geq c\\ &\Leftrightarrow \hat{\alpha}(x) = P(X \geq x|p=0.5) \leq P(X \geq c|p=0.5) \leq \alpha\end{aligned}$$

따라서 관측값이 x일 때, 유의수준 α인 검정법에서 $\hat{\alpha}(x) \leq \alpha$이면 귀무가설 H_0를 기각하고 그렇지 않으면 H_0를 기각하지 않는다. 따라서 검정통계량의 관측값 x에 대한 유의확률 $\hat{\alpha}(x)$는 귀무가설을 기각할 수 있는 최소의 유의수준이다. 앞의 예에서 $x=20$이면 유의확률은 0.0494이므로 유의수준이 0.0494이상인 모든 검정에 대하여 귀무가설을 기각한다.

유의확률(P값)을 이용한 가설검정

1. 유의확률(P값)은 귀무가설이 참이라는 가정하에서 검정통계량의 관측값과 같거나 대립가설을 지지하는 방향으로 더 극단적인 값을 가질 확률이다.
2. 유의확률은 검정통계량의 관측값을 기각역의 임곗값으로 했을 때, 제1종의 오류를 범할 확률과 같다.
3. 유의확률은 검정통계량의 관측값에 대하여 귀무가설을 기각할 수 있는 최소의 유의수준이다. 즉, 관측값 x에 대한 유의확률이 $\hat{\alpha}(x)$일 때, 유의수준 α에서 귀무가설 H_0를 기각할 필요충분조건은 다음과 같다.

$$\hat{\alpha}(x) \le \alpha$$

예제 9.2

유통화장품의 실제 내용량은 표시량의 97% 이상이어야 한다고 한다. 용기에 110ml로 표시된 어느 화장품이 이 기준을 위반했는지 여부를 조사하기 위하여 시중에 유통되는 동일 상표의 화장품 25개를 임의로 추출하여 조사하기로 하였다. 조사결과 표본평균의 값이 일정한 값 c이하이면 즉 $\overline{X} \le c$이면 이 표기는 상품표기기준을 위반한 것으로 판정하려고 한다. 실제 표본을 추출하여 조사한 결과 표본평균 $\overline{X}$의 값이 $\overline{x} = 105.7$ml이었다. 내용물의 용량은 표준편차가 $\sigma = 3$ml인 정규분포를 따른다고 하자. 이 결과로부터 유의수준을 얼마로 할 때, 이 상품이 규정을 위반했다고 판정할 수 있겠는가?

풀이 표기된 용량 110의 97%는 106.7ml이다. 따라서 확실한 증거에 의하여 입증하고자 하는 것은 실제 내용물의 평균용량 μ가 106.7미만이 되는가 하는 것이다. 따라서 다음과 같은 가설을 설정하였다.

$$H_0 : \mu = 106.7 \text{ (표시기준을 위반하지 않았다)}$$
$$H_1 : \mu < 106.7 \text{ (표시기준을 위반하였다)}$$

이 때 $\overline{X} \sim N\left(\mu, \dfrac{9}{25}\right)$ 이고 기각역의 형태는 $\overline{X} \le c$이므로 P값은

$$
\begin{aligned}
P(\overline{X} \le \overline{x}) &= P(\overline{X} \le 105.7) \\
&= P\left(\frac{\overline{X} - 106.7}{\sqrt{9/25}} \le \frac{105.7 - 106.7}{\sqrt{9/25}}\right) \\
&= P(Z \le -1.667) = 0.048
\end{aligned}
$$

이다. 따라서 유의수준이 0.048이상인 검정에서는 귀무가설을 기각하고 상품 표시기준을 위반했다고 판정한다.

9.2 모평균에 대한 검정

9.2.1 모분산이 알려진 정규모집단에서 모평균에 대한 검정

모집단의 분포가 $N(\mu, \sigma^2)$이고 모분산 σ^2이 알려져있을 때, 모평균 μ에 대한 가설의 검정에 대하여 알아보자.

단측검정(우측검정)

상수 μ_0가 주어졌을 때, 가설

$$
\begin{aligned}
H_0 &: \mu = \mu_0 \\
H_1 &: \mu > \mu_0
\end{aligned}
$$

에 대한 유의수준 α의 기각역을 구하는 방법을 살펴보자. 이와 같은 형태의 가설에 대한 검정을 **우측검정**이라고 한다. 이 가설의 검정에서 표본평균 $\overline{X}$의 값이 클수록 H_1이 사실이라는 증거가 강할 것이므로 기각역은 다음과 같은 형태가 된다.[6)]

$$\text{기각역} : \overline{X} \ge c$$

---

6) 정규모집단의 모평균에 대한 가설 $H_0 : \mu \le \mu_0$ 대 $H_1 : \mu > \mu_0$에 대한 검정에서 이와 같은 형태의 기각역을 사용하는 검정법이 주어진 유의수준 하에서 제2종 오류를 최소화한다는 것이 알려져 있다. 즉, 이 검정법은 최강력검정이다.

한편 표본의 크기가 n일 때,

$$Z = \frac{\overline{X} - \mu}{\sigma / \sqrt{n}} \sim N(0, 1)$$

이므로 제1종 오류를 범할 확률은 다음과 같다.

$$\begin{aligned} P(\overline{X} \geq c \mid H_0) &= P(\overline{X} \geq c \mid \mu = \mu_0) \\ &= P\left(\frac{\overline{X} - \mu_0}{\sigma / \sqrt{n}} \geq \frac{c - \mu_0}{\sigma / \sqrt{n}}\right) = P\left(Z_0 \geq \frac{c - \mu_0}{\sigma / \sqrt{n}}\right) \end{aligned}$$

단,

$$Z_0 = \frac{\overline{X} - \mu_0}{\sigma / \sqrt{n}} \sim N(0, 1)$$

그러므로 유의수준이 α가 되도록 하는 임곗값 c는

$$P\left(Z_0 \geq \frac{c - \mu_0}{\sigma / \sqrt{n}}\right) = \alpha \quad 즉, \quad \frac{c - \mu_0}{\sigma / \sqrt{n}} = z_\alpha$$

를 만족하여야 한다. [그림 9.3]

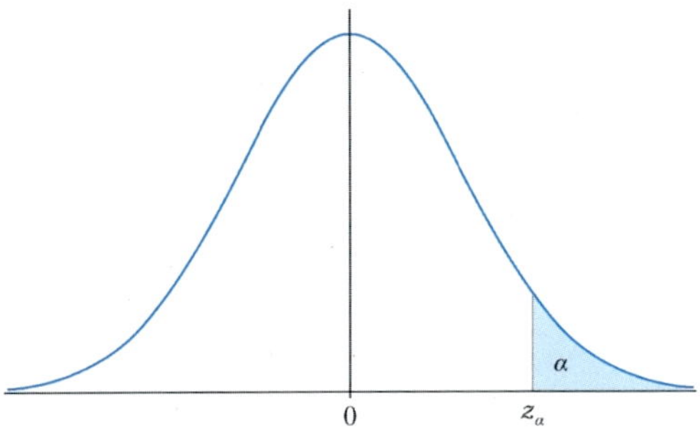

[그림 9.3] 표준정규분포의 백분위수

따라서 임곗값 c는

$$c = \mu_0 + z_\alpha \frac{\sigma}{\sqrt{n}}$$

이고 유의수준 α인 검정의 기각역은 다음과 같다.

$$\overline{X} \geq \mu_0 + z_\alpha \frac{\sigma}{\sqrt{n}} \quad 즉, \quad Z_0 = \frac{\overline{X} - \mu_0}{\sigma / \sqrt{n}} \geq z_\alpha$$

참고

귀무가설을 $H_0 : \mu = \mu_0$ 대신 대립가설을 부정하는 것 $\mu \le \mu_0$으로 설정할 때, 즉 가설

$$H_0 \;:\; \mu \le \mu_0$$
$$H_1 \;:\; \mu > \mu_0$$

에 대한 검정의 기각역은 가설

$$H_0 \;:\; \mu = \mu_0$$
$$H_1 \;:\; \mu > \mu_0$$

에 대한 검정의 기각역과 같다.

증명 귀무가설이 $H_0 \;:\; \mu \le \mu_0$일 때, 제1종 오류를 범할 확률은

$$g(\mu) = P(\overline{X} \ge c) = P\left(Z \ge \frac{c-\mu}{\sigma/\sqrt{n}}\right),\ \mu \le \mu_0$$

이다. 확률 $P(Z \ge x)$는 x에 대하여 감소함수이다. 또한 μ가 증가하면 $\frac{c-\mu}{\sigma/\sqrt{n}}$은 감소하므로 $g(\mu)$는 μ에 대하여 증가함수이다. 따라서 $\mu \le \mu_0$일 때, $g(\mu)$는 $\mu = \mu_0$에서 최댓값을 갖는다. 그러므로 유의수준이 α가 되도록 하는 임곗값 c는

$$g(\mu_0) = P\left(Z \ge \frac{c-\mu_0}{\sigma/\sqrt{n}}\right) = \alpha \quad \text{즉,} \quad \frac{c-\mu_0}{\sigma/\sqrt{n}} = z_\alpha$$

를 만족하여야 한다. 따라서 임곗값 c는 $c = \mu_0 + z_\alpha \frac{\sigma}{\sqrt{n}}$이다. 이것은 귀무가설이 $H_0 \;:\; \mu = \mu_0$에 대한 대립가설 $H_1 \;:\; \mu > \mu_0$의 검정에 대한 기각역과 같다.

단측검정(좌측검정)

가설

$$H_0 \ : \ \mu = \mu_0$$
$$H_1 \ : \ \mu < \mu_0$$

에 대한 유의수준 α의 기각역을 구하는 방법을 살펴보자. 이와 같은 형태의 가설에 대한 검정을 **좌측검정**이라고 한다. 이 가설의 검정에서는 표본평균 $\overline{X}$의 값이 작을수록 H_1이 사실이라는 증거가 강할 것이므로 기각역은 다음과 같은 형태가 된다.

$$\text{기각역} \ : \ \overline{X} \le c$$

우측검정의 과정을 반복하면 유의수준 α의 기각역은 다음과 같음을 알 수 있다.

$$\overline{X} \le \mu_0 - z_\alpha \frac{\sigma}{\sqrt{n}} \ \text{즉,} \ \frac{\overline{X} - \mu_0}{\sigma / \sqrt{n}} \le -z_\alpha$$

> **참고**
>
> 가설 $H_0 : \mu \ge \mu_0$, $H_1 : \mu < \mu_0$에 대한 검정의 기각역은 위에서 구한 가설 $H_0 : \mu = \mu_0$, $H_1 : \mu < \mu_0$에 대한 기각역과 같다.

양측검정(Two sided test)

가설

$$H_0 \ : \ \mu = \mu_0$$
$$H_1 \ : \ \mu \neq \mu_0$$

에 대한 유의수준 α의 기각역을 구하는 방법을 살펴보자. 이 가설에서는 $|\overline{X} - \mu_0|$가 클수록 H_1이 사실이라는 증거가 강할 것이므로 기각역은 다음과 같다.

$$\text{기각역} \ : \ |\overline{X} - \mu_0| \ge c.$$

이 때, 제1종 오류를 범할 확률은

$$P(|\overline{X}-\mu_0| \geq c) = P\left(\frac{|\overline{X}-\mu_0|}{\sigma/\sqrt{n}} \geq \frac{c}{\sigma/\sqrt{n}}\right)$$
$$= P\left(|Z_0| \geq \frac{c}{\sigma/\sqrt{n}}\right)$$

이다. 따라서 유의수준 α인 검정법에서 임곗값 c는 다음을 만족하여야 한다.

$$P\left(|Z_0| \geq \frac{c}{\sigma/\sqrt{n}}\right) = \alpha \text{ 즉, } \frac{c}{\sigma/\sqrt{n}} = z_{\alpha/2}$$

따라서 유의수준 α의 기각역은 다음과 같다.

$$|\overline{X}-\mu_0| \geq z_{\alpha/2}\frac{\sigma}{\sqrt{n}} \text{ 즉, } |Z_0| = \frac{|\overline{X}-\mu_0|}{\sigma/\sqrt{n}} \geq z_{\alpha/2}$$

위의 결과를 정리하면 다음과 같다.

모분산 σ^2이 알려진 정규모집단에서 모평균 μ에 대한 가설 검정

귀무가설(H_0)	$\mu = \mu_0$	
검정통계량	$Z_0 = \frac{\overline{X}-\mu_0}{\sigma/\sqrt{n}}$	
유의수준이 α인 검정의 기각역(단, $Z \sim N(0,1)$)		
대립가설(H_1)	기각역	$Z_0 = z$일 때, P값 (단, $Z \sim N(0,1)$)
$\mu > \mu_0$	$Z_0 \geq z_\alpha$	$P(Z \geq z)$
$\mu < \mu_0$	$Z_0 \leq -z_\alpha$	$P(Z \leq z)$
$\mu \neq \mu_0$	$\lvert Z_0\rvert \geq z_{\alpha/2}$	$P(\lvert Z\rvert \geq \lvert z\rvert)$

양측검정에서 유의확률은 표준정규분포의 성질에 의하여

$$P(|Z| \geq |z|) = 2P(Z \geq |z|)$$

와 같이 구할 수 있다.

위와 같이 정규분포의 백분위수 z_α를 이용한 가설검정을 **정규검정** 또는 z**검정**이라고 한다.

예제 9.3

어떤 제약회사에서 기존에 생산하는 진통제의 약효가 지속되는 시간은 평균이 12시간이고 표준편차가 2시간30분인 정규분포를 따른다고 한다. 이 회사의 연구진은 새롭게 개발한 진통제의 약효지속시간은 기존 진통제보다 길다고 주장한다. 이 주장을 확인하기 위하여 25명을 대상으로 약효의 지속시간을 조사한 결과 평균이 13.5시간이었다.

(1) 새롭게 개발한 진통제의 약효가 지속되는 평균시간 μ가 기존의 것보다 길다고 할 수 있는지 유의수준 5%로 검정하라.

(2) 만약 약효의 지속시간을 조사한 결과 $\bar{x} = 13.0$이었다면 연구진의 주장을 받아들일 수 있는 최소의 유의수준은 얼마인가?

풀이 (1) 다음 절차에 따라 검정을 시행한다.

① 새로운 증거로 입증하고자 하는 가설은 $\mu > 12$이므로, 귀무가설과 대립가설은 각각 다음과 같다.

$$H_0 : \mu \le 12 \text{ 대 } H_1 : \mu > 12$$

② $n = 25$이고 $\sigma = 2.5$이므로 검정통계량은

$$Z_0 = \frac{\overline{X} - 12}{2.5/\sqrt{25}} = \frac{\overline{X} - 12}{0.5}$$

③ 유의수준 $\alpha = 0.05$인 검정의 기각역

$$Z_0 = \frac{\overline{X} - 12}{0.5} \ge z_{0.05} = 1.645$$

④ $\bar{x} = 13.5$이므로 검정통계량의 값은

$$z = \frac{13.5 - 12}{0.5} = 3.0$$

이고 $z = 3.0 > z_{0.05} = 1.645$이므로 유의수준 5%에서 H_0를 기각한다. 즉, 새로 개발된 진통제의 약효가 지속되는 시간은 12시간보다 크다고 할 수 있다.

(2) 관측값이 $\bar{x} = 13.0$일 때 검정통계량의 값은

$$z = \frac{13.0 - 12}{2.5/\sqrt{25}} = 2.0$$

이므로 유의확률은 $Z \sim N(0,1)$에 대하여

$$P(Z \geq 2.0) = 0.0228$$

이 되어 유의수준이 0.0228이상인 검정에서 H_0를 기각한다. 예를 들어 유의수준 5%인 검정에서는 H_0를 기각하지만 유의수준 1%인 검정에서는 H_0를 기각하지 않는다.

예제 9.4

어떤 제품에 사용되는 어떤 베어링의 지름은 평균이 3.81cm이고 표준편차는 0.03cm이어야 한다. 이 제품을 생산하는 공장에 납품되는 베어링 중 25개의 제품을 조사한 결과 지름의 평균은 $\bar{x} = 3.80$cm이었다.

(1) 이 제품이 규격기준을 만족하는지 유의수준 $\alpha = 0.01$로 검정하라.

(2) 이 제품을 합격품으로 판정하기 위한 최소의 유의수준은 얼마인가?

풀이 (1) 다음 절차에 따라 검정을 시행한다.

① 귀무가설과 대립가설은 각각 다음과 같다.

$$H_0 : \mu = 3.81 \text{ 대 } H_1 : \mu \neq 3.81$$

② $n = 25$이고 $\sigma = 0.03$이므로 검정통계량은

$$Z_0 = \frac{\overline{X} - 3.81}{0.03/\sqrt{25}} = \frac{\overline{X} - 3.81}{0.006}$$

③ 유의수준 $\alpha = 0.01$인 검정의 기각역

$$|Z_0| \geq z_{0.005} = 2.576$$

④ $\bar{x} = 3.804$이므로 검정통계량의 값은

$$z = \frac{3.80 - 3.81}{0.006} = -1.667$$

이고 $|z| = 1.667 < z_{0.005} = 2.576$이므로 유의수준 1%에서 H_0를 기각하지 않는다. 즉, 유의수준 1%에서 이 베어링의 크기가 기준을 만족하지 못한다는 근거는 없다.

(2) 관측값이 $\bar{x} = 3.80$일 때 검정통계량의 값은 $z = -1$ 이므로 유의확률은 $Z \sim N(0,1)$에 대하여

$$P(|Z| \geq |-1.667|) = 2P(Z \geq 1.667) = 0.0955$$

이므로 유의수준이 0.0955이상인 검정에서는 H_0를 기각한다. 예를 들어 유의수준 5%인 검정에서는 H_0를 기각하지만 유의수준 10%인 검정에서는 H_0를 기각하지 않는다.

구간추정과 가설검정

모평균에 대한 구간추정과 가설검정을 위하여 사용하는 통계량은 같은 형태임을 알 수 있다. 모평균 μ_0에 대한 $100(1-\alpha)\%$ 신뢰구간은

$$\left(\overline{X} - z_{\alpha/2}\frac{\sigma}{\sqrt{n}},\ \overline{X} + z_{\alpha/2}\frac{\sigma}{\sqrt{n}}\right)$$

이다(제8장 참조). 한편 가설 $H_0 : \mu = \mu_0$, $H_1 : \mu \neq \mu_0$에 대한 유의수준 α인 검정의 기각역은

$$\frac{|\overline{X} - \mu_0|}{\sigma/\sqrt{n}} \geq z_{\alpha/2}$$

즉,

$$\overline{X} \leq \mu_0 - z_{\alpha/2}\frac{\sigma}{\sqrt{n}} \quad \text{또는} \quad \overline{X} \geq \mu_0 + z_{\alpha/2}\frac{\sigma}{\sqrt{n}}$$

이다. 이것은

$$\mu_0 \notin \left(\overline{X} - z_{\alpha/2}\frac{\sigma}{\sqrt{n}},\ \overline{X} + z_{\alpha/2}\frac{\sigma}{\sqrt{n}}\right)$$

과 동치이다. 따라서 양측검정에서 유의수준 α인 검정의 기각역과 모평균 μ_0가

$100(1-\alpha)\%$ 신뢰구간을 벗어나는 것은 동치임을 알 수 있다. 이와 같은 현상은 모분산이 알려져 있지 않은 경우 모평균의 추론이나 모분산, 두 모집단의 평균차에 대한 추론 등에 공통적으로 나타난다.

9.2.2 모분산이 알려져 있지 않은 정규모집단에서 모평균에 대한 검정

모집단의 분포가 정규분포 $N(\mu,\sigma^2)$이고 모분산 σ^2의 값이 알려져 있지 않은 경우에 모분산의 추정량으로 표본분산 S^2을 사용하면, 크기 n인 확률표본의 표본평균 $\overline{X}$에 대하여 다음이 성립함은 제7장에서 살펴보았다.

$$T = \frac{\overline{X}-\mu}{S/\sqrt{n}} \sim t(n-1)$$

이 경우 검정통계량 T를 사용하여 검정한다. 이와 같이 t분포를 이용한 검정을 t검정이라고 한다.

단측검정(우측검정)

상수 μ_0가 주어졌을 때, 가설

$$H_0 : \mu = \mu_0$$
$$H_1 : \mu > \mu_0$$

에 대한 유의수준 α의 기각역을 구하는 방법을 살펴보자. 이 가설의 기각역은 모분산이 알려진 경우와 같이 다음과 같은 형태가 된다.

$$\text{기각역} : \overline{X} \geq c$$

한편 표본의 크기가 n일 때,

$$T = \frac{\overline{X}-\mu}{S/\sqrt{n}} \sim t(n-1)$$

이므로 제1종 오류를 범할 확률은 다음과 같다.

$$\begin{aligned} P(\overline{X} \geq c \mid H_0) &= P(\overline{X} \geq c \mid \mu = \mu_0) \\ &= P\left(\frac{\overline{X}-\mu_0}{S/\sqrt{n}} \geq \frac{c-\mu_0}{S/\sqrt{n}}\right) = P\left(T_0 \geq \frac{c-\mu_0}{S/\sqrt{n}}\right) \end{aligned}$$

단, 귀무가설 하에서

$$T_0 = \frac{\overline{X} - \mu_0}{S/\sqrt{n}} \sim t(n-1)$$

이므로 유의수준이 α가 되도록 하는 임곗값 c는

$$P\left(T_0 \geq \frac{c - \mu_0}{S/\sqrt{n}}\right) = \alpha$$

를 만족하여야한다. 따라서

$$\frac{c - \mu_0}{\sigma/\sqrt{n}} = t(n-1, \alpha)$$

이고 임곗값 c는

$$c = \mu_0 + t(n-1, \alpha)\frac{S}{\sqrt{n}}$$

이다. 유의수준 α인 검정의 기각역은 다음과 같다.

$$\overline{X} \geq \mu_0 + t(n-1, \alpha)\frac{S}{\sqrt{n}} \text{ 즉, } T_0 = \frac{\overline{X} - \mu_0}{S/\sqrt{n}} \geq t(n-1, \alpha)$$

통계량 $T = \dfrac{\overline{X} - \mu}{S/\sqrt{n}} \sim t(n-1)$에 대하여 모분산이 알려진 경우와 유사한 과정을 반복하면 다음을 얻을 수 있다.

모분산이 알려져 있지 않은 정규모집단에서 모평균에 대한 가설 검정

귀무가설(H_0)	$\mu = \mu_0$	
검정통계량	$T_0 = \dfrac{\overline{X} - \mu_0}{S/\sqrt{n}}$ (단 $S = \sqrt{S^2}$ 은 표본표준편차)	
유의수준이 α인 검정의 기각역(단, $Z \sim N(0,1)$)		
대립가설(H_1)	기각역	$T_0 = t$일 때, P값 (단, $T \sim t(n-1)$)
$\mu > \mu_0$	$T_0 \geq t(n-1, \alpha)$	$P(T \geq t)$
$\mu < \mu_0$	$T_0 \leq -t(n-1, \alpha)$	$P(T \leq t)$
$\mu \neq \mu_0$	$\lvert T_0 \rvert \geq t(n-1, \alpha/2)$	$P(\lvert T \rvert \geq \lvert t \rvert)$

참고

1. t검정은 정규분포를 따르는 모집단에서 모분산이 알려져 있지 않고 표본의 크기가 작은 경우에 적용한다.
2. t검정에서 가설 $H_0 : \mu \le \mu_0$ 대 $H_1 : \mu > \mu_0$에 대한 검정의 기각역은 가설 $H_0 : \mu = \mu_0$ 대 $H_1 : \mu > \mu_0$에 대한 검정의 기각역과 같다.
3. t검정에서 가설 $H_0 : \mu \ge \mu_0$ 대 $H_1 : \mu < \mu_0$에 대한 검정의 기각역은 가설 $H_0 : \mu = \mu_0$ 대 $H_1 : \mu < \mu_0$에 대한 검정의 기각역과 같다.

예제 9.4

건강식품을 생산하는 어떤 회사에서는 그 제품 한 포에 특정한 성분이 1mg씩 포함되도록 관리를 하고 있다. 이 회사의 품질관리부서에서는 제품의 공정에 이상이 있는지 알아보기 위하여 9개의 제품을 임의로 추출하여 특정 성분의 양을 조사한 결과 평균과 표준편차가 각각 $\overline{x} = 0.95$, $s = 0.06$이었다. 제품 한 포에 들어 있는 특정한 성분의 양은 정규분포를 따른다고 할 때, 다음 물음에 답하라.

(1) 생산 공정에 이상이 있는지 (1mg이 아닌지) 유의수준 5%로 검정하라.
(2) 유의확률을 구하라.

풀이 (1) 다음 절차에 따라 검정을 시행한다.

① 검정하려는 모수는 특정성분의 평균 함량 μ이다. 생산공정에 이상이 있다는 것은 기준함량보다 적거나 많은 경우이므로 검정하려는 가설은 다음과 같다.

$$H_0 : \mu = 1.0, \ H_1 : \mu \ne 1.0$$

② 모집단의 분포는 정규분포이고 모분산이 알려져 있지 않으므로 t검정을 한다. $n = 9$, $s = 0.06$이므로 검정통계량은

$$T_0 = \frac{\overline{X} - 1.0}{0.06/\sqrt{9}}$$

③ 유의수준 $\alpha = 0.05$인 검정의 기각역은 양측검정이므로

$$|T_0| \ge t(9-1, 0.05/2) = 2.306$$

④ $\overline{X}$의 관측값이 $\overline{x}=0.95$일 때, 검정통계량의 값은

$$|T_0| = \left| \frac{0.95-1.0}{0.06/\sqrt{9}} \right| = |-2.5| = 2.5 > \ t(8, 0.025) = 2.306$$

이므로 유의수준 5%에서 H_0를 기각한다. 따라서 공정에 이상이 있다고 할 수 있다.

(2) $\overline{X}$의 관측값이 $\overline{x}=0.95$일 때 검정통계량의 값이 $t=-2.5$이므로 유의확률은 다음과 같다.

$$\begin{aligned} P(|T| \geq |-2.5|) &= 2P(T \geq 2.5) \\ &= 2 \times 0.0185 = 0.037 \end{aligned}$$

예를 들어 유의수준 5%인 검정에서는 귀무가설을 기각하지만 유의수준 1%에서는 기각하지 못한다.

9.2.3 표본의 크기가 클 경우 모평균에 대한 검정

표본의 크기 n이 충분히 클 경우에는 $Z=\dfrac{\overline{X}-\mu}{\sigma/\sqrt{n}}$와 $Z=\dfrac{\overline{X}-\mu}{S/\sqrt{n}}$의 분포는 모집단의 분포에 상관없이 근사적으로 $N(0,1)$를 따른다는 것을 제7장에서 살펴보았다. 따라서 9.2.1절과 같이 정규분포를 이용하여 모평균에 대한 가설검정을 다음과 같이 할 수 있다. 이 때, 표본의 크기는 모집단의 분포에 따라 달라질 수 있으나 통상적으로 $n \geq 30$일 경우에 적용한다.

표본의 크기가 큰 경우 모평균 μ에 대한 가설 검정

귀무가설(H_0)	$\mu=\mu_0$	
검정통계량	$Z_0=\dfrac{\overline{X}-\mu_0}{\sigma/\sqrt{n}}$ (σ가 알려져 있는 경우) $Z_0=\dfrac{\overline{X}-\mu_0}{S/\sqrt{n}}$ (σ가 알려져 있지 않은 경우)	
유의수준이 α인 검정의 기각역 (단, $Z\sim N(0,1)$)		
대립가설(H_1)	기각역	$Z_0=z$일 때, P값 (단, $Z\sim N(0,1)$)
$\mu>\mu_0$	$Z_0 \geq z_\alpha$	$P(Z\geq z)$
$\mu<\mu_0$	$Z_0 \leq -z_\alpha$	$P(Z\leq z)$
$\mu\neq\mu_0$	$\lvert Z_0\rvert \geq z_{\alpha/2}$	$P(\lvert Z\rvert \geq \lvert z\rvert)$

주목

표본의 크기가 큰 경우에는 모집단의 분포가 정규분포를 따르지 않더라도 위와 같이 모평균에 대한 정규검정을 할 수 있다.

모평균에 대한 검정 요약

앞의 검정결과를 요약하면 다음과 같다.

모집단의 분포	표본의 크기(n)	검정통계량 및 검정방법	
		σ가 알려진 경우	σ가 알려지지 않은 경우
		검정통계량 $\dfrac{\overline{X}-\mu_0}{\sigma/\sqrt{n}}$	검정통계량 $\dfrac{\overline{X}-\mu_0}{S/\sqrt{n}}$
정규분포	대표본	z검정	z검정
	소표본	z검정	t검정
정규분포가 아닌 경우	대표본	z검정	z검정
	소표본	기타방법	기타방법

9.3 모비율에 대한 검정

특정한 성질을 갖는 개체의 비율(모비율)이 p인 모집단에서 크기 n인 확률표본을 $X_1, \cdots, X_n$이라 할 때, 표본 중 특정한 성질을 갖는 개체수 $X=\sum_{i=1}^{n} X_i$는 이항분포 $B(n, p)$를 따른다는 것을 살펴보았다. 또한 표본의 크기가 큰 경우 중심극한정리에 의하여

$$Z=\frac{X-np}{\sqrt{np(1-p)}}=\frac{\hat{P}-p}{\sqrt{p(1-p)/n}}$$

는 근사적으로 표준정규분포 $N(0,1)$를 따른다. 모비율에 대한 검정은 이 결과를 바탕으로 X 또는 표본비율 $\hat{P}=\dfrac{X}{n}$을 이용한다.

9.3.1 모비율에 대한 검정(표본의 크기가 큰 경우)

우측검정

표본의 크기가 큰 경우 가설

$$H_0 : p = p_0$$
$$H_1 : p > p_0$$

에 대한 검정 방법을 알아본다. 표본의 크기가 큰 경우 중심극한정리에 의하여

$$Z = \frac{X - np_0}{\sqrt{np_0(1-p_0)}} = \frac{\hat{P} - p_0}{\sqrt{p_0(1-p_0)/n}}$$

는 근사적으로 표준정규분포를 따른다. 따라서 임곗값 c는 근사적으로 다음 식을 만족하도록 정한다.

$$P\left(\frac{X - np_0}{\sqrt{np_0(1-p_0)}} \geq \frac{c - np_0}{\sqrt{np_0(1-p_0)}}\right) = \alpha$$

즉,

$$\frac{c - np_0}{\sqrt{np_0(1-p_0)}} = z_\alpha$$

따라서 표본의 크기가 큰 경우 유의수준 α인 검정의 기각역은

$$X \geq np_0 + z_\alpha \sqrt{np_0(1-p_0)}$$

또는 이와 동치적으로

$$Z = \frac{X - np_0}{\sqrt{np_0(1-p_0)}} \geq z_\alpha$$

이다. 이와 같은 방법을 사용하여 모비율에 대하여 다음과 같은 정규검정을 한다.

모비율에 대한 가설 검정(표본의 크기가 큰 경우)

귀무가설(H_0)	$p = p_0$	
검정통계량	$Z_0 = \dfrac{X - np_0}{\sqrt{np_0(1-p_0)}} = \dfrac{\hat{P} - p_0}{\sqrt{p_0(1-p_0)/n}}$	
유의수준이 α인 검정의 기각역(단, $Z \sim N(0,1)$)		
대립가설(H_1)	기각역	$Z_0 = z$일 때, P값 (단, $Z \sim N(0,1)$)
$p > p_0$	$Z_0 \ge z_\alpha$	$P(Z \ge z)$
$p < p_0$	$Z_0 \le -z_\alpha$	$P(Z \le z)$
$p \ne p_0$	$\lvert Z_0 \rvert \ge z_{\alpha/2}$	$P(\lvert Z \rvert \ge \lvert z \rvert)$

주목

위의 검정에서 가설 $H_0 : p \ge p_0$ 대 $H_1 : p > p_0$에 대한 검정의 기각역은 가설 $H_0 : p = p_0$ 대 $H_1 : p > p_0$에 대한 검정의 기각역과 같다. 또한 가설 $H_0 : p \ge p_0$ 대 $H_1 : p < p_0$에 대한 검정의 기각역은 가설 $H_0 : p = p_0$ 대 $H_1 : p < p_0$에 대한 검정의 기각역과 같다.

예제 9.5

한 부품제조 회사에서는 자사 제품의 불량률이 3% 미만이라고 주장한다. 그 회사 제품 350개를 임의로 선택해 조사한 결과 10개가 불량품이었다. 그 회사의 주장이 타당하다고 볼 수 있는지를 유의수준 5%로 검정하라.

풀이 (1) 가설의 설정 : 모비율 p가 0.03 미만인 경우에 관심이 있으므로 귀무가설과 대립가설은 각각 다음과 같이 설정한다.

$$H_0 : p = 0.03 \text{ 대 } H_1 : p < 0.03$$

(2) 검정통계량 : 모비율 p의 추정량인 $\hat{p}$의 값은

$$\hat{p} = \frac{10}{350} = 0.0286$$

이므로, 검정통계량의 값은

$$Z=\frac{\hat{p}-p_0}{\sqrt{\frac{p_0(1-p_0)}{n}}}=\frac{0.0286-0.03}{\sqrt{\frac{0.0286\times 0.914}{350}}}=-0.1571$$

(3) 검정 : $Z=-0.1571>-z_{0.05}=-1.645$이므로 귀무가설은 기각되지 않는다. 즉, 유의수준 5%에서 그 회사 제품의 불량률이 3%보다 작다고 할 수 없다.

9.3.2 모비율에 대한 검정(표본의 크기가 작은 경우)

단측검정

표본의 크기가 작은 경우 가설

$$H_0 : p=p_0 \text{ 대 } H_1 : p>p_0$$

에 대한 검정방법을 알아본다. 이 경우 표본비율 $\hat{P}=\frac{X}{n}$의 값이 클수록 H_1이 사실이라는 증거가 강할 것이므로 기각역은 다음과 같다. 적당한 상수 a에 대하여

$$\hat{P}=\frac{X}{n}\geq a \text{ 또는 동치적으로 } X\geq c \ (c=na)$$

한편 $X\sim B(n,p)$이므로, 제1종 오류를 범할 확률은 다음과 같다.

$$P(X\geq c\,|\,H_0)=\sum_{k=c}^{n}\binom{n}{k}p_0^k(1-p_0)^{n-k}$$

따라서 유의수준이 α가 되도록 하는 임곗값 c는

$$P(X\geq c)=\sum_{k=c}^{n}\binom{n}{k}p_0^k(1-p_0)^{n-k}\leq \alpha$$

를 만족하는 최소의 정수이어야 한다. 임곗값 c를 정하는 방법은 표본의 크기가 작은 경우는 이항분포의 확률을 직접 계산하여 구할 수 있다.

표본의 크기가 작은 경우 모비율의 검정은 유의확률(P값)을 이용하는 것이 편리하

다. 즉, X의 관측값이 x일 때, 이항분포표나 컴퓨터 프로그램을 이용하여 유의확률

$$\hat{\alpha}(x) = P(X \geq x) = \sum_{k=x}^{n} \binom{n}{k} p_0^k (1-p_0)^{n-k}$$

을 구한 다음 유의수준 α와 비교한다. 이 때, $\hat{\alpha}(x) \leq \alpha$일 경우에만 귀무가설 H_0를 기각한다. 같은 방법으로 가설 $H_1 : p < p_0$에 대한 검정법을 얻을 수 있다.

양측검정

표본의 크기가 작을 때, 가설

$$H_0 : p = p_0 \text{ 대 } H_1 : p \neq p_0$$

에 대한 검정에서 표본비율 $\hat{P}$의 값이 p_0보다 과도하게 작거나 과도하게 크면 $p \neq p_0$이 사실이라는 증거가 강할 것이다. 이와 동치적으로 X의 값이 np_0보다 과도하게 작거나 과도하게 크면 $p \neq p_0$이 사실이라는 증거가 강할 것이다. 따라서 기각역은 다음과 같다.

$$\text{기각역} : X \leq c_1 \text{ 또는 } X \geq c_2$$

이 때, 유의수준이 α가 되도록 하는 임곗값 c는 다음을 만족하여야 한다.

$$\begin{aligned} P(H_0 \text{기각} | H_0 \text{참}) &= P(X \leq c_1 \text{또는} X \geq c_2 | p = p_0) \\ &= P(X \leq c_1 | p = p_0) + P(X \geq c_2 | p = p_0) \\ &\leq \alpha \end{aligned}$$

이 식을 만족하는 c_1과 c_2는 여러 가지가 있으나 일반적으로 다음 조건을 만족하도록 정한다.

(1) c_1은 $P(X \leq c_1 | p = p_0) \leq \frac{\alpha}{2}$을 만족하는 최대의 정수

(2) c_2는 $P(X \geq c_2 | p = p_0) \leq \frac{\alpha}{2}$를 만족하는 최소의 정수

이와 같은 방식에 의하여 임곗값 c_1과 c_2가 정해지면 유의수준 α인 검정의 기각역 $X \leq c_1$ 또는 $X \geq c_2$이 정해진다. 즉, 위의 두 가지 조건 중 하나만 만족하면 H_0를 기각한다. 한편 X의 관측값이 x일 때

$$x \leq c_1 \Leftrightarrow 2P(X \leq x | p = p_0) \leq \alpha$$

$$x \ge c_2 \Leftrightarrow 2P(X \ge x | p = p_0) \le \alpha$$

이므로 유의확률은 다음과 같다.

$$\hat{\alpha}(x) = \min\{2P(X \le x | p = p_0),\ 2P(X \ge x | p = p_0)\}$$

한편 $X_0 \sim B(n, p_0)$라고 하면 $P(X \le x | p = p_0) = P(X_0 \le x)$이므로

$$\hat{\alpha}(x) = \min\{2P(X_0 \le x),\ 2P(X_0 \ge x)\}$$

와 같이 나타낼 수 있다. 또한 이항분포의 성질에 의하여

$$x < np_0 \text{이면 } P(X_0 \le x) \le P(X_0 \ge x)$$
$$x \ge np_0 \text{이면 } P(X_0 \ge x) \le P(X_0 \le x)$$

이므로 관측값이 x일 때, 다음 중 하나를 만족하면 H_0를 기각한다.

$$P(X_0 \le x) \le \frac{\alpha}{2},\ x < np_0$$

$$P(X_0 \ge x) \le \frac{\alpha}{2},\ x \ge np_0$$

위의 결과를 정리하면 표본의 크기가 작을 때, 모비율에 대한 다음 검정법을 얻는다.

모비율에 대한 가설 검정(표본의 크기가 작은 경우)

귀무가설	$H_0 : p = p_0$	
검정통계량	$X = \sum_{i=1}^{n} X_i$(단, $X_1, \cdots, X_n$은 $B(1, p)$의 확률표본)	
유의수준이 α인 검정의 기각역(아래에서 $X_0 \sim B(n, p_0)$)		
H_1	$X = x$일 때 P값 $\hat{\alpha}(x)$	기각역
$p > p_0$	$P(X_0 \ge x)$	$\hat{\alpha}(x) \le \alpha$
$p < p_0$	$P(X_0 \le x)$	$\hat{\alpha}(x) \le \alpha$
$p \ne p_0$	$x \ge np_0$일 때, $2P(X_0 \ge x)$ $x < np_0$일 때, $2P(X_0 \le x)$	$\hat{\alpha}(x) \le \alpha$

예제 9.6

한 연구보고서에 따르면 가임여성의 25%가 흡연을 한다고 알려져 있다. 과학자들은 자궁외임신을 한 여성중 흡연자의 비율이 이와 같은지 알아보기 위하여 120명을 대상으로 흡연여부를 조사한 결과 48명이 흡연자인 것으로 조사되었다. 자궁외임신한 여성들의 흡연율과 전체 가임여성의 흡연율이 같은지 유의수준 5%에서 검정하라.[7)]

풀이 표본의 수 $n = 120$은 충분히 큰 수이므로 정규분포를 이용하여 검정을 할 수 있다. 여기서는 정규분포로 근사하는 대신 이항분포를 이용하여 근사하는 방법을 보인다.

(1) 가설의 설정 : 모비율 p가 0.25와 같은지에 관심이 있으므로 다음과 같이 가설을 정한다.

$$H_0 : p = 0.25 \qquad H_1 : p \neq 0.25$$

(2) 검정통계량과 유의확률 : 조사대상자 중 흡연하는 여성의 수를 X라 하면 귀무가설하에서 $X \sim B(120, 0.25)$이다.

$np_0 = 120 \times 0.25 = 30 < x = 48$이므로 유의확률은 다음과 같다.

$$P\text{값} = 2P(X \geq 48) = 2 \times 0.0002 = 0.0004$$

(3) 검정 : $P\text{값} < \alpha = 0.05$이므로 유의수준 5%에서 귀무가설은 기각된다. 즉, 이 자료로부터 자궁외임신한 여성의 흡연율은 일반 가임여성의 흡연율과 다르다는 주장은 통계적으로 유의하다.

이 문제에 대하여 정규검정을 실시하면 $\hat{p} = \dfrac{48}{120} = 0.4$ 이므로, 귀무가설 하에서의 검정통계량의 값은

$$Z = \frac{\hat{p} - p_0}{\sqrt{\dfrac{p_0(1-p_0)}{n}}} = \frac{0.4 - 0.25}{\sqrt{\dfrac{0.25 \times 0.75}{120}}} = 3.7947$$

이고 $z_{0.025} = 1.96$이므로 $|Z| > z_{0.025}$가 되어 귀무가설을 기각한다. 이 경우 유의확률은 $P(|Z| > 3.7947) = 0.0001$이다.

7) S. Ross, Introductory Statistics, 3rd ed. , Elsevier, 2010 (p.433).

9.4 정규모집단에서 모분산에 대한 검정

단측검정

모평균 μ와 모분산 σ^2이 알려져 있지 않은 정규모집단 $N(\mu, \sigma^2)$에서 σ^2에 대한 다음 가설의 검정에 대하여 알아보자.

$$H_0 : \sigma^2 = \sigma_0^2$$
$$H_1 : \sigma^2 > \sigma_0^2$$

이 가설에서는 표본분산 S^2의 값이 클수록 H_1이 사실이라는 증거가 강할 것이므로 기각역은 다음과 같다.[8)]

$$\text{기각역} : S^2 \geq c$$

한편 확률표본의 크기가 n일 때, 다음이 알려져 있음은 제7장에서 살펴보았다.

$$V = \frac{(n-1)S^2}{\sigma^2} \sim \chi^2(n-1)$$

따라서 제1종 오류를 범할 확률은 다음과 같다.

$$P(S^2 \geq c \mid \sigma^2 = \sigma_0^2) = P\left(V_0 \geq \frac{(n-1)c}{\sigma_0^2}\right)$$

여기서 $V_0 = \dfrac{(n-1)S^2}{\sigma_0^2}$. 따라서 유의수준이 α인 검정의 임곗값 c는

$$P\left(V_0 \geq \frac{(n-1)c}{\sigma_0^2}\right) = \alpha \quad \text{즉,} \quad \frac{(n-1)c}{\sigma_0^2} = \chi^2(n-1, \alpha)$$

를 만족한다. 그러므로 유의수준 α인 검정의 기각역은 다음과 같다.

$$S^2 \geq \chi^2(n-1, \alpha)\frac{\sigma_0^2}{n-1}$$

---

8) 정규모집단에서 위 가설에 대한 검정에서 $S^2 \geq c$ 와 같은 형태의 기각역을 사용하는 검정은 주어진 유의수준을 만족하면서 제2종 오류를 최소화하는 검정(최강력검정)이라는 것이 알려져 있다.

또는 동치적으로

$$V_0 = \frac{(n-1)S^2}{\sigma_0^2} \geq \chi^2(n-1, \alpha)$$

같은 방법으로, 가설

$$H_0 : \sigma^2 = \sigma_0^2$$
$$H_1 : \sigma^2 < \sigma_0^2$$

에 대한 유의수준 α의 기각역은 다음과 같음을 알 수 있다.

$$V_0 = \frac{(n-1)S^2}{\sigma_0^2} \leq \chi^2(n-1, 1-\alpha).$$

양측검정

가설

$$H_0 : \sigma^2 = \sigma_0^2$$
$$H_1 : \sigma^2 \neq \sigma_0^2$$

에 대한 유의수준 α인 검정방법을 알아보자. 이 가설에서는 표본분산 S^2의 값이 σ_0^2 보다 현저히 작거나 클수록 H_1이 사실이라는 증거가 강할 것이므로 기각역은 다음과 같다.

$$\text{기각역} : S^2 \leq c_1 \text{ 또는 } S^2 \geq c_2$$

한편 귀무가설이 참일 때,

$$V_0 = \frac{(n-1)S^2}{\sigma_0^2} \sim \chi^2(n-1)$$

이므로 제1종 오류를 범할 확률은 다음과 같다.

$$\begin{aligned} P(S^2 \leq c_1 \text{ 또는 } S^2 \geq c_2) &= P(S^2 \leq c_1) + P(S^2 \geq c_2) \\ &= P\left(V_0 \leq \frac{(n-1)c_1}{\sigma_0^2}\right) + P\left(V_0 \geq \frac{(n-1)c_2}{\sigma_0^2}\right) \end{aligned}$$

유의수준이 α가 되도록 하는 검정의 임곗값 c_1과 c_2는

$$P\left(V_0 \le \frac{(n-1)c_1}{\sigma_0^2}\right) + P\left(V_0 \ge \frac{(n-1)c_2}{\sigma_0^2}\right) = \alpha$$

를 만족하도록 정한다. 통상적으로 다음과 같이 정한다. [그림 9.4]

$$P\left(V_0 \le \frac{(n-1)c_1}{\sigma_0^2}\right) = \frac{\alpha}{2}, \quad P\left(V_0 \ge \frac{(n-1)c_2}{\sigma_0^2}\right) = \frac{\alpha}{2}$$

즉,

$$\frac{(n-1)c_1}{\sigma_0^2} = \chi^2\left(n-1, 1-\frac{\alpha}{2}\right), \quad \frac{(n-1)c_2}{\sigma_0^2} = \chi^2\left(n-1, \frac{\alpha}{2}\right).$$

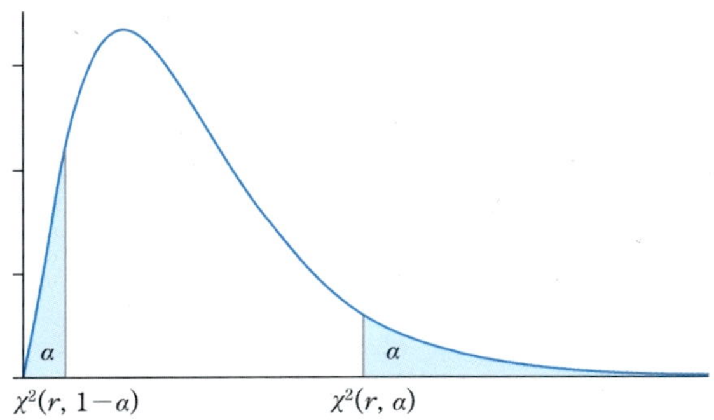

[그림 9.4] $\chi^2(n-1)$의 백분위수

따라서 유의수준 α인 검정의 기각역은 다음과 같다.

$$S^2 \le \chi^2\left(n-1, 1-\frac{\alpha}{2}\right)\frac{\sigma_0^2}{n-1} \text{ 또는 } S^2 \ge \chi^2\left(n-1, \frac{\alpha}{2}\right)\frac{\sigma_0^2}{n-1}$$

또는 동치적으로

$$V_0 = \frac{(n-1)S^2}{\sigma_0^2} \ge \chi^2\left(n-1, \frac{\alpha}{2}\right) \text{ 또는 } V_0 = \frac{(n-1)S^2}{\sigma_0^2} \le \chi^2\left(n-1, 1-\frac{\alpha}{2}\right)$$

위의 결과를 정리하면 다음과 같다.

정규모집단에서 모분산 σ^2에 대한 가설 검정

귀무가설	H_0 : $\sigma^2 = \sigma_0^2$	
검정통계량	$V_0 = \dfrac{(n-1)S^2}{\sigma_0^2}$	
유의수준이 α인 검정의 기각역		
H_1	기각역	$V_0 = v$일 때 P값 단, $V \sim \chi^2(n-1)$
$\sigma^2 > \sigma_0^2$	$V_0 \geq \chi^2(n-1, \alpha)$	$P(V \geq v)$
$\sigma^2 < \sigma_0^2$	$V_0 \leq \chi^2(n-1, 1-\alpha)$	$P(V \leq v)$
$\sigma^2 \neq \sigma_0^2$	$V_0 \geq \chi^2(n-1, \alpha/2)$ 또는 $V_0 \leq \chi^2(n-1, 1-\alpha/2)$	$\min\left\{\begin{matrix} 2P(V \geq v), \\ 2P(V \leq v) \end{matrix}\right\}$

참고

1. 모평균에 대한 가설검정은 표본의 크기가 클 때에는 중심극한정리에 의하여 정규모집단이라는 가정이 어느 정도 무시될 수 있다. 그러나 모분산에 대한 카이제곱검정법은 정규모집단이라는 가정에 강하게 의존한다는 점에 유의해야 한다.
2. 모분산에 대한 검정에서 가설 H_0 : $\sigma^2 \leq \sigma_0^2$ 대 H_1 : $\sigma^2 > \sigma_0^2$에 대한 검정의 기각역은 가설 H_0 : $\sigma^2 = \sigma_0^2$ 대 H_1 : $\sigma^2 > \sigma_0^2$에 대한 검정의 기각역과 같다. 또한 가설 H_0 : $\sigma^2 \geq \sigma_0^2$ 대 H_1 : $\mu < \mu_0$에 대한 검정의 기각역은 가설 H_0 : $\sigma^2 = \sigma_0^2$ 대 H_1 : $\sigma^2 < \sigma_0^2$에 대한 검정의 기각역과 같다.

예제 9.7

어떤 공장의 품질관리 부서에서는 그 공장에서 생산되는 제품의 규격에 대한 분산이 5보다 크면 공정에 이상이 있다고 판단한다. 공정에 이상이 있는지 알아보기 위하여 10개의 제품을 조사한 결과 표본분산이 $s^2 = 8.3$이었다. 제품 규격의 분포가 정규분포를 따른다고 할 때, 다음 물음에 답하라.

(1) 주어진 자료에 의하면 공정에 이상이 있다고 할 수 있는지를 유의수준 5%로 검정하여라.

(2) 유의확률을 구하고 유의수준 1%로 검정하라.

풀이 (1) 검정하려는 모수는 제품규격의 모분산 σ^2에 대한 것이다.

① 가설 : 공정에 이상이 있다는 것은 분산이 5보다 큰 경우 이므로 검정하려는 가설은 다음과 같다.

$$H_0 : \sigma^2 = 5 \text{ 대 } H_1 : \sigma^2 > 5$$

② 귀무가설 하에서 검정통계량의 분포 :

$$V_0 = \frac{(n-1)S^2}{\sigma_0^2} = \frac{(10-1)S^2}{5} \sim \chi^2(10-1)$$

③ 유의수준 $\alpha = 0.05$인 검정의 기각역

$$V_0 \geq \chi^2(9, 0.05) = 16.92$$

④ 통계량 계산 : 표본분산이 $s^2 = 8.3$이므로

$$v = \frac{(10-1)S^2}{5} = \frac{9 \times 8.3}{5} = 14.94$$

⑤ 검정 : $v = 14.94 < \chi^2(9, 0.05) = 16.92$ 이므로, 유의수준 5%에서 귀무가설은 기각되지 않는다. 따라서 유의수준 5%에서 공정에 이상이 있다고 할 수 없다.

(2) 유의확률: 검정통계량의 관측값이 $v = 14.94$이므로 $V \sim \chi^2(9)$에 대하여

$$P\text{값} = P(V \geqq 15.94) = 0.093$$

이다. 따라서 유의수준이 0.093이상인 검정에서 귀무가설을 기각한다. 유의수준 $\alpha = 0.05$에서는 귀무가설은 기각되지 않지만 유의수준 $\alpha = 0.1$에서는 귀무가설은 기각된다.

제9장 연습문제

01 어떤 제약회사의 연구진은 자신들이 새롭게 개발한 진통제는 약효가 나타나는 시간이 10분 이내라고 주장한다. 다음 물음에 답하라.

(1) 연구진의 주장을 검정하기 위한 적절한 가설을 설정하라.

(2) 위의 (1)에서 설정한 가설에 대하여 제1종 오류와 제2종 오류는 무엇인지 설명하라.

02 모평균 μ에 대한 가설 $H_0 : \mu \le 1.0$ 대 $H_1 : \mu > 1.0$을 유의수준 5%로 검정하였다. 다음 명제의 참. 거짓을 판정하라.

(1) 만약 H_0가 기각되었다면 다음 가설에서 H_0가 기각되지 않는다는 것을 의미한다.

$$H_0 : \mu \ge 1.0 \text{ 대 } H_1 : \mu < 1.0$$

(2) 만약 H_0가 기각되지 않았다면 다음 가설에서 H_0을 기각된다는 것을 의미한다.

$$H_0 : \mu \ge 1.0 \text{ 대 } H_1 : \mu < 1.0$$

03 모평균 μ에 대한 가설 $H_0 : \mu = 1.0$ 대 $H_1 : \mu \ne 1.0$을 유의수준 5%로 검정한 결과 H_0가 기각되었다. 이 결과에 대한 다음 해석 중 가장 적합한 것은 무엇인가?

(1) 자료는 모평균이 1이 아니라는 것을 증명한 것이다.

(2) 자료는 모평균이 1이 아니라는 것에 대한 충분한 증거가 된다.

(3) 모평균이 1이 아닐 확률이 0.95이다.

04 흰 공과 검은 공이 들어 있는 바구니에서 흰 공의 비율 p에 대한 다음 가설을 검정하고자 한다.

$$H_0 : p = \frac{1}{3} \text{ 대 } H_1 : p = \frac{2}{3}$$

이를 위하여 3개의 공을 복원추출하여 세 번 모두 흰 공이 나오면 H_0을 기각하려고 한다. 이 방법으로 위의 가설을 검정할 때 다음 물음에 답하라.

(1) 기각역을 구하라.

(2) 제1종 오류를 범할 확률을 구하라.

(3) 제2종 오류를 범할 확률을 구하라.

(4) 검정력을 구하라.

05 전기자동차를 생산하는 어떤 자동사 회사는 1회 충전(완충 기준)시 평균주행거리가 500km를 넘기는 플랫폼을 개발하였다고 주장하였다. 이를 검정하기 위하여 9개의 확률표본의 표본평균 $\overline{X}$가 적당한 상수 c이상이면 즉, $\overline{X} \geq c$이면 회사의 주장을 인정하기로 하였다. 주행거리의 분포는 평균이 μ이고 표준편차가 $\sigma = 15$인 정규분포를 따른다고 할 때, 다음 물음에 답하라.

(1) 회사의 주장을 검정하기 위한 가설을 설정하라.

(2) 위 가설에서 기각역의 형태를 써라.

(3) 각각의 $c = 495$, 500, 505, 510, 515에 대하여 제1종 오류를 범할 확률을 구하여 다음 표를 완성하라.

c	495	500	505	510	515
제1종 오류의 확률					

(4) 주행시험 결과 표본평균이 $\overline{x} = 510$일 때, 유의 확률을 구하라.

(5) 유의수준이 $\alpha = 0.05$가 되도록 c의 값을 구하라.

(6) $\overline{X} \geq 508$이면 회사의 주장을 인정하기로 하였다고 하자. 이 경우 실제 평균이 $\mu = 505$, 510, 515일 때, 제2종 오류를 범할 확률과 검정력을 구하여 다음 표를 완성하라.

μ	505	510	515	520
제2종 오류				
검정력				

06 정규모집단에서모평균 μ에 대한 다음 가설 $H_0 : \mu = 10$ 대 $H_1 : \mu > 10$을 검정하기 위하여 16개의 표본을 추출하여 구한 표본평균의 값이 $\overline{x} = 12$이었다.

(1) 표준편차가 $\sigma = 4$로 알려진 경우 다음을 구하라.

① 유의확률을 구하라.

② 유의수준 $\alpha = 0.05$에서 귀무가설을 기각할 수 있는지 답하라.

③ 유의수준 $\alpha = 0.03$에서 귀무가설을 기각할 수 있는지 답하라.

④ 유의수준 $\alpha = 0.01$에서 귀무가설을 기각할 수 있는지 답하라.

(2) 모표준편차가 알려져 있지 않아서 표본표준편차 $s = 4$를 사용한 경우 위의 문제 (1) 각 문항 ①, ②, ③에 답하고 (1)의 결과와 같은지 비교하여라.

07 산업통상자원부에서 2022년 발표한 제8차 인체치수조사 결과 한국인의 평균 키는 남성 172.5cm라고 한다. 어느 대학의 남학생들 중 임의로 10명을 뽑아 키를 측정한 결과가 다음과 같다.

169.7	174.1	181.7	174.9	173.6
175.8	186.8	176.4	169.8	178.8

이 대학 남학생들의 키는 정규분포를 따른다고 할 때, 위의 자료로 부터 이 대학 남학생들의 키는 남성의 평균 키보다 크다고 할 수 있는지 유의수준 $\alpha = 0.05$에서 검정하라.

08 기상청 자료에 의하면 서울지역의 평년기온(지난 30년 평균기온)은 12.8℃로 알려져 있다. 지난 10년간(2012년~2021년)의 서울지역 연평균기온을 조사한 결과가 다음과 같았다.

연도	2012	'13	'14	'15	'16	'17	'18	'19	'20	'21
평균기온	12.2	12.5	13.4	13.6	13.6	13	12.9	13.5	13.2	13.7

평균기온이 정규분포를 따른다는 가정하에 이 자료로부터 지난 10년간의 평균기온이 평년기온보다 높다고 할 수 있는지 유의수준 $\alpha = 0.05$로 검정하라.

09 사람의 체온은 겨드랑이에서 측정할 때 평균 36.5℃이지만 낮에는 체온이 증가한다고 한다. 100명의 건강한 사람을 임의로 추출하여 하루 중 체온이 가장 높을 때인 오후 5~8시 사이에 조사한 결과 평균 $\bar{x} = 37.07$ 표준편차 $s = 1.98$℃이었다. 이 결과는 낮에 체온이 증가한다는 주장과 일치하는지 유의수준 $\alpha = 0.05$로 검정하라. 또한 유의수준 $\alpha = 0.01$로 검정하라.

10 어떤 도시의 시장은 새로운 정책을 발표하면서 시민의 60%이상이 찬성하면 시행하겠다고 하였다. 이를 위하여 n명을 임의추출하여 조사를 한 결과 새로운 정책에 찬성하는 사람의 수를 X라 하자. 다음 각 경우에 시장의 정책은 시행될 수 있는지 유의수준 $\alpha = 0.05$로 판정하여라.

(1) $n = 100,\ x = 65$ (2) $n = 200,\ x = 130$

(3) $n = 300,\ x = 195$ (4) $n = 300,\ x = 190$

(5) $n = 100,\ x = 70$

11 무좀약을 생산하는 어떤 제약업체에서 새로 개발한 손발톱무좀 치료제의 치료율은 기존의 60%보다 높다고 발표하였다. 이 주장을 확인하기 위하여 환자 100명을 대상으로 새로운 치료제를 처방한 결과 치료된 환자 수를 X라 하자. 정규분포를 이용한 이항분포의 근사방법을 이용하여 $X=66$, $X=68$, $X=70$일 때, 각 경우에 대하여 유의확률을 구하고 회사의 주장을 인정할 것인지 유의수준 $\alpha=0.05$로 검정한 후 다음 표를 완성하라.

x	66	68	70
유의확률			
검정결과			

12 위의 문제 11번에서 정규분포를 이용한 근삿값 대신에 귀무가설 하에서 X의 분포 $B(100,0.6)$를 이용하여 유의확률을 구하고 회사의 주장을 인정할 것인지 유의수준 $\alpha=0.05$로 검정한 후 다음 표를 완성한 후 문제 10번의 결과와 비교하라.

x	66	68	70
유의확률			
검정결과			

13 음료병에 음료수를 자동으로 주입하는 설비를 갖춘 음료생산업체에서 주입되는 음료수 양의 표준편차가 $1cm^3$를 넘으면 공정에 이상이 있는 것으로 판단한다. 이 공장에서 생산되는 제품 10개를 임의로 추출하여 주입된 양을 측정한 결과 분산이 $s^2=1.8$이었다. 음료수 주입량은 정규분포를 따른다고 할 때, 이 결과로부터 공정에 이상이 있다고 할 수 있는지 유의수준 $\alpha=0.05$에서 검정 하여라.

통 계 학

제 10 장 두 모집단에 대한 추론

하나의 모집단에서 모수의 추정과 검정방법은 제8장(추정)과 제9장(가설의 검정)에서 알아보았다. 이 장에서는 다음 예와 같이 두 모집단에서 모평균과 모분산, 모비율 등 모집단의 특성을 비교하는 방법에 대하여 알아본다.

(1) 두 종류의 기계로 베어링을 생산하는 공장에서 각 기계에서 생산된 제품 중 일부를 임의로 추출하여 베어링의 크기를 조사하였다. 이 결과를 이용하여 두 기계에서 생산하는 베어링의 크기(지름)의 평균이나 분산에 차이가 있는지 알아보려고 한다.

(2) 감기에 비타민 C 처방이 효과가 있는지를 알아보려고 한다. 이를 위하여 비슷한 상태에 있는 환자를 짝지은 다음 각각 비타민 C와 위약으로 일정기간 처방을 한 후, 각 환자의 상태변화를 조사하였다. 이 결과로부터 비타민 C가 감기에 효과가 있는지 알아보려고 한다.

10.1 독립표본에서 두 모평균의 차에 대한 추론

이 절에서는 정규분포를 따르는 두 모집단의 평균차에 대한 추론에 대하여 알아본다. 두 모집단을 각각 모집단 1과 모집단 2라 하고 모집단 1과 2의 분포는 각각 정규분포 $N(\mu_1, \sigma_1^2)$과 $N(\mu_2, \sigma_2^2)$를 따른다고 하자. 정규분포를 따르는 두 모집단 $N(\mu_1, \sigma_1^2)$과 $N(\mu_2, \sigma_2^2)$에서 크기가 각각 n_1, n_2인 확률표본 X_i, $i = 1, 2, \cdots, n_1$와 Y_j, $j = 1, 2, \cdots, n_2$을 독립적으로 추출하였다고 하자. 즉,

(1) $X_1, X_2, \cdots, X_{n_1}$을 모집단 $N(\mu_1, \sigma_1^2)$으로부터 크기 n_1인 확률표본

(2) $Y_1, Y_2, \cdots, Y_{n_2}$을 모집단 $N(\mu_2, \sigma_2^2)$으로부터 크기 n_2인 확률표본

(3) $X_1, X_2, \cdots, X_{n_1}$과 $Y_1, Y_2, \cdots, Y_{n_2}$는 서로 독립

이 때, $X_1, X_2, \cdots, X_{n_1}$과 $Y_1, Y_2, \cdots, Y_{n_2}$의 표본평균을 각각 $\overline{X}$와 $\overline{Y}$라하고 표본분산을 각각 S_1^2과 S_2^2이라 하자. 즉,

$$S_1^2 = \frac{1}{n_1 - 1}\sum_{i=1}^{n_1}(X_i - \overline{X})^2, \quad S_2^2 = \frac{1}{n_2 - 1}\sum_{i=1}^{n_2}(Y_i - \overline{Y})^2.$$

10.1.1 모분산이 알려진 경우 모평균의 차에 대한 추론

(1) 모평균의 차에 대한 구간추정

모평균의 차 $\mu_1 - \mu_2$에 대한 구간추정은 제8장의 모분산이 알려진 정규모집단에서 모평균에 대한 구간추정 방법과 같은 절차를 따라 실시한다. $\overline{X} - \overline{Y}$의 분포는 다음과 같음을 제7장에서 살펴보았다.

$$\overline{X} - \overline{Y} \sim N\left(\mu_1 - \mu_2,\ \frac{\sigma_1^2}{n_1} + \frac{\sigma_2^2}{n_2}\right)$$

즉,

$$Z = \frac{(\overline{X} - \overline{Y}) - (\mu_1 - \mu_2)}{\sqrt{\sigma_1^2/n_1 + \sigma_2^2/n_2}} \sim N(0, 1)$$

따라서

$$P\left(-z_{\alpha/2} < \frac{(\overline{X}-\overline{Y})-(\mu_1-\mu_2)}{\sqrt{\sigma_1^2/n_1+\sigma_2^2/n_2}} < z_{\alpha/2}\right) = 1-\alpha$$

이다. 괄호안의 부등식

$$-z_{\alpha/2} < \frac{(\overline{X}-\overline{Y})-(\mu_1-\mu_2)}{\sqrt{\sigma_1^2/n_1+\sigma_2^2/n_2}} < z_{\alpha/2}$$

을 $\mu_1-\mu_2$에 대하여 풀면

$$(\overline{X}-\overline{Y})-z_{\alpha/2}\sqrt{\frac{\sigma_1^2}{n_1}+\frac{\sigma_2^2}{n_2}} < \mu_1-\mu_2 < (\overline{X}-\overline{Y})+z_{\alpha/2}\sqrt{\frac{\sigma_1^2}{n_1}+\frac{\sigma_2^2}{n_2}}$$

이므로 $\mu_1-\mu_2$의 $100(1-\alpha)\%$ 신뢰구간은 다음과 같다.

모분산 σ_1^2과 σ_2^2이 알려진 두 정규모집단에서 모평균의 차 $\mu_1-\mu_2$의 $100(1-\alpha)\%$ 신뢰구간

$$\left((\overline{X}-\overline{Y})-z_{\alpha/2}\sqrt{\frac{\sigma_1^2}{n_1}+\frac{\sigma_2^2}{n_2}},\ (\overline{X}-\overline{Y})+z_{\alpha/2}\sqrt{\frac{\sigma_1^2}{n_1}+\frac{\sigma_2^2}{n_2}}\right)$$

(2) 모평균의 차에 대한 가설검정

두 모평균의 차 $\mu_1-\mu_2$가 특정한 상수 δ_0와 같다는 귀무가설 $H_0:\mu_1-\mu_2=\delta_0$에 대하여 대립가설은 다음 중 하나의 형태로 나타난다.

$$H_1 : \mu_1-\mu_2 > \delta_0$$
$$H_1 : \mu_1-\mu_2 < \delta_0$$
$$H_1 : \mu_1-\mu_2 \neq \delta_0$$

먼저 $H_1 : \mu_1-\mu_2 > \delta_0$에 대한 검정의 방법에 대하여 살펴본다. 가설 $H_0 : \mu_1-\mu_2=\delta_0$ 대 $H_1 : \mu_1-\mu_2 > \delta_0$의 검정에서는 표본평균의 차 $\overline{X}-\overline{Y}$의 값이 클수록 H_1이 사실이라는 증거가 강할 것이므로 기각역은 다음과 같은 형태가 된다.

$$\text{기각역 : } \overline{X} - \overline{Y} \geq c$$

이것은 다음과 동치이다.

$$Z = \frac{(\overline{X} - \overline{Y}) - (\mu_1 - \mu_2)}{\sqrt{\sigma_1^2/n_1 + \sigma_2^2/n_2}} \geq \frac{c - (\mu_1 - \mu_2)}{\sqrt{\sigma_1^2/n_1 + \sigma_2^2/n_2}}$$

한편 귀무가설 하에서 $\mu_1 - \mu_2 = \delta_0$이므로

$$Z_0 = \frac{(\overline{X} - \overline{Y}) - \delta_0}{\sqrt{\sigma_1^2/n_1 + \sigma_2^2/n_2}} \sim N(0,1)$$

이다. 따라서 유의수준이 α가 되도록 하는 임곗값 c는

$$P\left(Z_0 \geq \frac{c - \delta_0}{\sqrt{\sigma_1^2/n_1 + \sigma_2^2/n_2}}\right) = \alpha$$

를 만족한다. 그러므로

$$c = \delta_0 + z_\alpha \sqrt{\sigma_1^2/n_1 + \sigma_2^2/n_2}$$

이고 유의수준 α인 검정의 기각역은 다음과 같다.

$$\overline{X} - \overline{Y} \geq \delta_0 + z_\alpha \sqrt{\sigma_1^2/n_1 + \sigma_2^2/n_2}$$

또는 동치적으로

$$Z = \frac{(\overline{X} - \overline{Y}) - \delta_0}{\sqrt{\sigma_1^2/n_1 + \sigma_2^2/n_2}} \geq z_\alpha$$

귀무가설 $H_0 : \mu_1 - \mu_2 = \delta_0$에 대한 대립가설 $H_1 : \mu_1 - \mu_2 < \delta_0$과 대립가설 $H_1 : \mu_1 - \mu_2 \neq \delta_0$에 대한 검정방법도 이와 같은 과정을 따라서 구하면 $\mu_1 - \mu_2$에 대한 다음 가설검정방법을 얻는다.

모분산 σ_1^2과 σ_2^2이 알려진 두 정규모집단에서 모평균의 차 $\mu_1 - \mu_2$에 대한 가설 검정

귀무가설(H_0)	$\mu_1 - \mu_2 = \delta_0$	
검정통계량	$Z_0 = \dfrac{(\overline{X} - \overline{Y}) - \delta_0}{\sqrt{\sigma_1^2/n_1 + \sigma_2^2/n_2}}$	
유의수준이 α인 검정의 기각역(아래에서 $Z \sim N(0,1)$)		
H_1	기각역	$Z_0 = z$일 때 P값
$\mu_1 - \mu_2 > \delta_0$	$Z_0 \geq z_\alpha$	$P(Z \geq z)$
$\mu_1 - \mu_2 < \delta_0$	$Z_0 \leq - z_\alpha$	$P(Z \leq z)$
$\mu_1 - \mu_2 \neq \delta_0$	$\lvert Z_0 \rvert \geq z_{\alpha/2}$	$P(\lvert Z \rvert \geq \lvert z \rvert)$

참고

제9장에서와 같은 방법으로 단측검정

$$H_0 : \mu_1 - \mu_2 \leq \delta_0 \text{ 대 } H_1 : \mu_1 - \mu_2 > \delta_0$$
$$H_0 : \mu_1 - \mu_2 \geq \delta_0 \text{ 대 } H_1 : \mu_1 - \mu_2 < \delta_0$$

에 대한 기각역은 $H_0 : \mu_1 - \mu_2 = \delta_0$에 대한 대립가설 $H_1 : \mu_1 - \mu_2 > \delta_0$과 $H_1 : \mu_1 - \mu_2 < \delta_0$대한 검정의 기각역과 같음을 보일 수 있다.

예제 10.1

어떤 공장에서 같은 제품을 두 가지 방식으로 생산한다고 할 때, 생산방식에 따라 제품의 평균 수명에 차이가 있는지 알아보기 위하여 수명검사를 실시한 결과가 다음 표와 같았다.

	방법1	방법2
표본크기	9	7
평균(단위:100시간)	62.24	58.27

방법1과 방법2에 의하여 생산되는 제품의 수명은 각각 평균이 μ_1, μ_2이고 표준편차가 $\sigma_1 = 3$, $\sigma_2 = 4$인 정규분포를 따른다고 할 때, 다음 물음에 답하라.

(1) $\mu_1 - \mu_2$에 대한 95% 신뢰구간을 구하라.

(2) 생산방식에 따른 제품의 수명에 차이가 있는지 유의수준 5%에서 검정하라.

(3) 유의확률을 구하라.

풀이 (1) 방법1과 2에 의하여 생산되는 제품의 표본평균을 각각 $\overline{X}$와 $\overline{Y}$라 하면 $\overline{x}=62.24$, $\overline{y}=58.27$, $n_1=9$, $n_2=7$, $\sigma_1=3$, $\sigma_2=4$이므로 $\mu_1-\mu_2$에 대한 95% 신뢰구간의 오차한계는

$$z_{0.025}\sqrt{\frac{\sigma_1^2}{n_1}+\frac{\sigma_2^2}{n_2}}=1.96\sqrt{\frac{3^2}{9}+\frac{4^2}{7}}=3.55$$

따라서 $\mu_1-\mu_2$에 대한 95% 신뢰구간은 다음과 같다.

$$(\overline{x}-\overline{y})\pm 3.55=3.97\pm 3.55=(0.42, 7.52)$$

(2) 검정하려는 가설은 다음과 같다.

$$H_0:\mu_1=\mu_2 \text{ 대 } H_1:\mu_1\neq\mu_2$$

이는 $H_0:\mu_1-\mu_2=0$ 대 $H_1:\mu_1-\mu_2\neq 0$ 이므로 $\delta_0=0$이다. 모분산이 알려져 있으므로 검정통계량은

$$Z_0=\frac{(\overline{X}-\overline{Y})-\delta_0}{\sqrt{3^2/9+4^2/7}}=\frac{\overline{X}-\overline{Y}}{\sqrt{23/7}}$$

이다. 유의수준 5%의 기각역은 $|Z_0|>z_{0.025}=1.96$이다.

한편 검정통계량 Z_0의 값은

$$z=\frac{62.24-58.27}{\sqrt{23/7}}=2.19$$

이므로 $|z|=2.19>z_{0.025}=1.96$이 되어 귀무가설을 기각한다. 즉 생산방법에 따른 제품의 수명은 다르다고 할 수 있다.

(3) 유의확률은 $Z\sim N(0,1)$에 대하여

$$P(|Z|>|z|)=2P(Z>2.19)=0.0285$$

이다. 따라서 유의수준이 0.0285이상인 검정에서는 귀무가설은 기각된다.

10.1.2 모분산이 알려져 있지 않은 경우 모평균의 차에 대한 추론

(1) 두 모분산이 서로 같은 경우

먼저 두 모집단의 분산이 알려져 있지 않으나 두 모분산이 서로 같은 경우를 생각하자. 즉, $\sigma_1^2 = \sigma_2^2 = \sigma^2$이고 σ^2은 알려져 있지 않다고 가정하자. 그러면

$$\overline{X} - \overline{Y} \sim N\left(\mu_1 - \mu_2,\ \sigma^2\left(\frac{1}{n_1} + \frac{1}{n_2}\right)\right)$$

이므로

$$Z = \frac{(\overline{X} - \overline{Y}) - (\mu_1 - \mu_2)}{\sigma\sqrt{1/n_1 + 1/n_2}} \sim N(0, 1).$$

이 때, 미지의 공통분산 σ^2의 합동추정량(pooled estimator)

$$S_p^2 = \frac{\sum_{i=1}^{n_1}(X_i - \overline{X})^2 + \sum_{i=1}^{n_2}(Y_i - \overline{Y})^2}{(n_1 - 1) + (n_2 - 1)} = \frac{(n_1 - 1)S_1^2 + (n_2 - 1)S_2^2}{n_1 + n_2 - 2}$$

을 사용하면 다음이 성립한다는 것은 제7장에서 알아보았다.

$$T = \frac{(\overline{X} - \overline{Y}) - (\mu_1 - \mu_2)}{S_p\sqrt{1/n_1 + 1/n_2}} \sim t(n_1 + n_2 - 2)$$

제8장과 제9장의 단일모집단에 대한 추론의 방법을 따르면 $\mu_1 - \mu_2$에 대한 구간추정과 가설검정에 대한 다음 결과를 얻는다.

공통의 모분산 $\sigma_1^2 = \sigma_2^2 = \sigma^2$을 가지는 정규모집단에서 모분산 σ^2이 알려져 있지 않을 때 모평균의 차 $\mu_1 - \mu_2$에 대한 구간추정과 가설검정

100(1−α)%신뢰구간	$(\overline{X} - \overline{Y}) \pm t(n_1 + n_2 - 2, \alpha/2) S_p \sqrt{\frac{1}{n_1} + \frac{1}{n_2}}$
가설검정	
귀무가설(H_0)	$\mu_1 - \mu_2 = \delta_0$
검정통계량	$T_0 = \frac{(\overline{X} - \overline{Y}) - \delta_0}{S_p\sqrt{1/n_1 + 1/n_2}}$

유의수준이 α인 검정의 기각역		
H_1	기각역	$T_0 = t$일 때 P값 (단 $T \sim t(n_1+n_2-2)$)
$\mu_1 - \mu_2 > \delta_0$	$T_0 \geq t(n_1+n_2-2, \alpha)$	$P(T \geq t)$
$\mu_1 - \mu_2 < \delta_0$	$T_0 \leq -t(n_1+n_2-2, \alpha)$	$P(T \leq t)$
$\mu_1 - \mu_2 \neq \delta_0$	$\lvert T_0 \rvert \geq t(n_1+n_2-2, \alpha/2)$	$P(\lvert T \rvert \geq \lvert t \rvert)$

예제 10.2

위약의 효과를 알아보기 위하여 한 연구소에서는 감기에 걸린 22명의 지원자를 대상으로 다음과 같은 실험을 하였다. 지원자 중 10명을 임의로 뽑아서 감기약을 복용하도록 하고 나머지 12명에게는 위약을 먹도록 한 후 감기가 지속되는 기간(단위: 일)을 측정하여 다음과 같은 자료를 얻었다.

	감기약	위약
표본크기	10	12
평균	6.45	7.125
표본분산	0.581	0.778

감기약을 복용한 집단과 위약을 처방받은 집단의 감기 지속시간은 각각 평균이 μ_1과 μ_2인 정규분포를 따르고 분산은 처방에 관계없이 서로 동일하다고 하자.

(1) $\mu_1 - \mu_2$에 대한 95% 신뢰구간을 구하라.

(2) 감기약 처방을 받은 사람의 감기 지속시간이 위약을 처방받은 사람보다 작다고 할 수 있는가? 유의수준 5%에서 검정하라.

(3) 위의 (2)번과 같은 검정을 하기위한 유의확률을 구하라.

풀이 (1) 감기약 처방을 받은 집단과 위약을 처방받은 집단이 감기 지속시간의 표본평균을 각각 $\overline{X}$와 $\overline{Y}$라 하자. 조사한 표본의 크기가 각각 $n_1 = 10$, $n_2 = 12$이고 각각의 표본분산은 $s_1^2 = 0.581$, $s_2^2 = 0.778$이므로 공통의 분산에 대한 합동추정량은 다음과 같다.

$$s_p^2 = \frac{(10-1)s_1^2 + (12-1)s_2^2}{(10+12)-2} = 0.689$$

한편 $\bar{x}=6.45$, $\bar{y}=7.125$이고 한편 $t(10+12-2, 0.025)=2.086$이므로 95%신뢰구간의 오차한계는

$$t(20, 0.025)\sqrt{0.689\left(\frac{1}{10}+\frac{1}{12}\right)}=0.741$$

이므로 $\mu_1-\mu_2$에 대한 95% 신뢰구간은 다음과 같다.

$$(\bar{x}-\bar{y})\pm 0.741=(-0.675)\pm 0.741=(-1.416,\ 0.066)$$

(2) 검정하려는 가설은 다음과 같다.

$$H_0:\mu_1=\mu_2,\ H_1:\mu_1<\mu_2$$

따라서 기각역은

$$T_0=\frac{(\overline{X}-\overline{Y})-0}{\sqrt{S_p^2(1/n_1+1/n_2)}}<-t(20, 0.05)=-1.7242$$

이다. 자료로부터 검정통계량의 값이

$$t=\frac{6.450-7.125}{\sqrt{0.689\left(\frac{1}{10}+\frac{1}{12}\right)}}=-1.899$$

이고 $t=-1.899<-t(20, 0.05)=-1.7242$이므로 H_0를 기각한다. 즉, 감기약을 복용한 사람의 감기지속기간이 짧다고 할 수 있다.

(2) 유의확률 : $T\sim t(20)$에 대하여 $P(T\le -1.899)=0.0361$이므로 P값은 0.0361이다.

(2) 모분산이 서로 같지 않은 경우

모집단의 분포가 정규분포이지만 $\sigma_1^2\neq\sigma_2^2$인 경우

$$T_0=\frac{(\overline{X}-\overline{Y})-\delta_0}{\sqrt{S_1^2/n_1+S_2^2/n_2}}$$

은 근사적으로 자유도가 ν인 t분포를 따른다는 것이 알려져 있다. 단, 자유도 ν는 다음과 같다.

$$\nu = \frac{\left(\dfrac{s_1^2}{n_1} + \dfrac{s_2^2}{n_2}\right)^2}{\dfrac{(s_1^2/n_1)^2}{n_1 - 1} + \dfrac{(s_2^2/n_2)^2}{n_2 - 1}}$$

만약 ν가 정수가 아닌 경우에서 ν의 정수부분을 자유도로 사용한다. 따라서 t분포를 이용한 추정과 검정을 실시할 수 있다.

10.2 표본의 크기가 큰 경우 모평균의 차에 대한 추론

표본의 크기 n_1과 n_2가 큰 경우(보통 $n_1 \geq 30$, $n_2 \geq 30$)는 모집단의 분포가 정규분포라는 가정이 없더라도 중심극한정리에 의하여 $\overline{X}$와 $\overline{Y}$는 각각 근사적으로 $N(\mu_1,\ \sigma_1^2/n_1)$과 $N(\mu_2,\ \sigma_2^2/n_2)$을 따르므로

$$Z = \frac{(\overline{X} - \overline{Y}) - (\mu_1 - \mu_2)}{\sqrt{\sigma_1^2/n_1 + \sigma_2^2/n_2}}$$

는 근사적으로 $N(0,1)$를 따른다. 만약 모분산 σ_1^2과 σ_2^2을 모를 경우에도 표본의 크기가 크면

$$Z = \frac{(\overline{X} - \overline{Y}) - (\mu_1 - \mu_2)}{\sqrt{S_1^2/n_1 + S_2^2/n_2}}$$

도 근사적으로 $N(0,1)$을 따른다. 모분산이 알려진 경우와 같은 방법과 절차를 따르면 $\mu_1 - \mu_2$에 대한 다음 결과를 얻는다.

표본의 크기가 큰 경우 $\mu_1 - \mu_2$에 대한 추정과 가설 검정

<table>
<tr><td>100(1−α)%신뢰구간</td><td colspan="2">$(\overline{X}-\overline{Y}) \pm z_{\alpha/2}\sqrt{\frac{S_1^2}{n_1}+\frac{S_2^2}{n_2}}$</td></tr>
<tr><td colspan="3">가설검정</td></tr>
<tr><td>귀무가설(H_0)</td><td colspan="2">$\mu_1 - \mu_2 = \delta_0$</td></tr>
<tr><td>검정통계량</td><td colspan="2">$Z_0 = \frac{(\overline{X}-\overline{Y})-\delta_0}{\sqrt{S_1^2/n_1+S_2^2/n_2}}$</td></tr>
<tr><td colspan="3">유의수준이 α인 검정의 기각역(아래에서 $Z \sim N(0,1)$)</td></tr>
<tr><td>H_1</td><td>기각역</td><td>$Z_0 = z$일 때 P값</td></tr>
<tr><td>$\mu_1 - \mu_2 > \delta_0$</td><td>$Z_0 \geq z_\alpha$</td><td>$P(Z \geq z)$</td></tr>
<tr><td>$\mu_1 - \mu_2 < \delta_0$</td><td>$Z_0 \leq -z_\alpha$</td><td>$P(Z \leq z)$</td></tr>
<tr><td>$\mu_1 - \mu_2 \neq \delta_0$</td><td>$|Z_0| \geq z_{\alpha/2}$</td><td>$P(|Z| \geq |z|)$</td></tr>
</table>

예제 10.3

두 지역 A, B 중학교 1학년 학생들의 수학과목에 대한 학력을 비교하기 위하여 각 지역에서 100명과 120명의 학생들을 임의로 추출하여 같은 시험을 실시한 결과가 다음과 같았다.

	A 지역	B지역
표본크기	100	120
평균	75.2	79.6
표본표준편차	4.7	5.6

(1) 두 지역 학생들간의 수학과목의 평균점수차에 대한 95% 신뢰구간을 구하라.

(2) 두 지역학생들간의 수학과목의 평균점수간에 차이가 있는지 유의수준 5%에서 검정하라.

(3) 위의 (2)번과 같은 검정을 하기위한 유의확률을 구하라.

풀이 두 지역 A, B 중학교 1학년 학생들 전체의 수학과목에 대한 평균을 각각 μ_1과 μ_2라 하자. 표본의 수가 충분히 크므로 표본평균의 분포는 근사적으로 정규분포를 따르는 것으로 보고 추정과 검정을 진행할 수 있다.

(1) $\mu_1-\mu_2$에 대한 95% 신뢰구간은

$$\begin{aligned}(\overline{x}-\overline{y})\pm z_{0.05/2}\sqrt{\frac{s_1^2}{n_1}+\frac{s_2^2}{n_2}} &= (75.2-79.6)\pm 1.96\sqrt{\frac{4.7^2}{100}+\frac{5.6^2}{120}} \\ &= (-4.4)\pm 1.36\end{aligned}$$

이것을 구간으로 표기하면 $(-5.76, -3.04)$이다.

(2) 평균점수간에 차이가 있는지 여부를 검정하기위한 것이므로 귀무가설과 대립가설은 각각 다음과 같다.

$$H_0 \ : \ \mu_1-\mu_2=0$$
$$H_1 \ : \ \mu_1-\mu_2\neq 0$$

유의수준 5%에서의 기각역은

$$|Z_0|=\left|\frac{(\overline{X}-\overline{Y})-0}{\sqrt{S_1^2/n_1+S_2^2/n_2}}\right|>z_{0.025}=1.96$$

이다. 검정통계량의 값은

$$|z|=\left|\frac{75.2-79.6}{\sqrt{4.7^2/100+5.6^2/120}}\right|=|-6.34|=6.34$$

이고 $|z|=6.34>z_{0.025}=1.96$이므로 귀무가설을 기각한다. 따라서 두 지역 중학교 1학년 학생들의 수학성적 평균점수에 차이가 있다고 볼 수 있다.

10.3 두 모비율의 차에 대한 추론

(1) 구간추정

모비율은 베르누이 분포를 따르는 모집단의 모평균이 됨을 제6장에서 살펴보았다. 따라서 모비율의 차에 대한 추론은 모집단의 분포가 정규분포를 따르지 않는 모집단에서 모평균의 차에 대한 추론을 하는 경우에 해당된다. 이 경우 표본의 크기가 크면 중심극한정리에 의하여 표본평균의 분포는 근사적으로 정규분포를 따르므로 정규분

포를 이용한 추정이나 검정을 실시할 수 있음을 앞에서 살펴보았다.

베르누이 분포를 따르는 모집단에서 $B(1,p_1)$과 $B(1,p_2)$를 따르는 두 모집단 에서 각각 n_1, n_2개의 표본을 서로 독립적으로 추출할 때 성공의 횟수를 각각 X, Y라 하자. X와 Y는 서로 독립이고 $X \sim B(n_1,p_1)$, $Y \sim B(n_2,p_2)$이다. 또한 p_1과 p_2의 추정량은 각각

$$\hat{P}_1 = \frac{X}{n_1},\ \hat{P}_2 = \frac{Y}{n_2}$$

이고 $p_1 - p_2$의 추정량으로는

$$\hat{P}_1 - \hat{P}_2 = \frac{X}{n_1} - \frac{Y}{n_2}$$

를 사용한다. 이 때,

$$E[\hat{P}_1 - \hat{P}_2] = \frac{E[X]}{n_1} - \frac{E[Y]}{n_2} = p_1 - p_2,$$

$$Var[\hat{P}_1 - \hat{P}_2] = \frac{Var[X]}{n_1^2} + \frac{Var[Y]}{n_2^2} = \frac{p_1(1-p_1)}{n_1} + \frac{p_2(1-p_2)}{n_2}$$

이다. 한편, n_1, n_2가 충분히 크면, 근사적으로

$$Z = \frac{(\hat{P}_1 - \hat{P}_2) - (p_1 - p_2)}{\sqrt{\hat{P}_1(1-\hat{P}_1)/n_1 + \hat{P}_1(1-\hat{P}_2)/n_2}} \sim N(0,\ 1)$$

이므로 $p_1 - p_2$의 신뢰구간을 다음과 같이 얻는다.

모비율차 $p_1 - p_2$에 대한 100(1-α)% 신뢰구간: 표본의 크기가 큰 경우

$$(\hat{P}_1 - \hat{P}_2) \pm z_{\alpha/2}\sqrt{\frac{\hat{P}_1(1-\hat{P}_1)}{n_1} + \frac{\hat{P}_2(1-\hat{P}_2)}{n_2}}$$

(2) 두 모비율 차에 대한 검정

두 모비율의 차에 대하여 귀무가설이

$$H_0 : p_1 = p_2$$

인 가설의 검정에 대하여 알아보자. 두 모집단의 모비율이 서로 같을 때는 공통의 모비율 $p_1 = p_2 = p$에 대한 추정량으로

$$\hat{P} = \frac{X+Y}{n_1+n_2}$$

을 사용한다. 귀무가설 하에서

$$E[\hat{P_1} - \hat{P_2}] = \frac{E[X]}{n_1} - \frac{E[Y]}{n_2} = p_1 - p_2 = 0,$$

$$Var[\hat{P_1} - \hat{P_2}] = \frac{Var[X]}{n_1^2} + \frac{Var[Y]}{n_2^2} = p(1-p)\left(\frac{1}{n_1} + \frac{1}{n_2}\right)$$

이다. 따라서 $p_1 = p_2 = p$일 때, n_1, n_2가 충분히 크면, 근사적으로

$$Z = \frac{\hat{P_1} - \hat{P_2}}{\sqrt{\hat{P}(1-\hat{P})(1/n_1 + 1/n_2)}} \sim N(0,\ 1)$$

이므로 $p_1 - p_2$에 대한 가설검정은 다음과 같이 한다.

귀무가설: $H_0 : p_1 = p_2$에 대한 모비율차에 대한 가설 검정(표본의 크기가 큰 경우)

귀무가설	$H_0 : p_1 = p_2$	
검정통계량	$Z_0 = \dfrac{\hat{P_1} - \hat{P_2}}{\sqrt{\hat{P}(1-\hat{P})\left(\dfrac{1}{n_1} + \dfrac{1}{n_2}\right)}}$	
유의수준이 α인 검정의 기각역(단, $Z \sim N(0,1)$)		
H_1	기각역	$Z_0 = z$일 때, P값
$p_1 - p_2 > 0$	$Z_0 \geq z_\alpha$	$P(Z \geq z)$
$p_1 - p_2 < 0$	$Z_0 \leq -z_\alpha$	$P(Z \leq z)$
$p_1 \neq p_2$	$\lvert Z_0 \rvert \geq z_{\alpha/2}$	$P(\lvert Z \rvert \geq \lvert z \rvert)$

예제 10.4

A, B 두 가지 방식으로 제품을 생산하는 공장에서 생산방식에 따른 불량률을 알아보기 위하여 일정기간 동안 생산된 제품을 검사하였다. A방법으로 생산된 제품 1500개 중 75개가 불량품이었고 B방법으로 생산된 제품 2000개 중에서 80개가 불량품이었다. A방법의 불량률을 p_1, B방법의 불량률을 p_2라고 할 때, 다음 물음에 답하라.

(1) $p_1 - p_2$에 대한 95% 신뢰구간을 구하라.

(2) 두 방식의 불량률이 다른지 유의수준 5%로 검정하라.

(3) 기계의 불량률이 다른지 여부를 검정하기 위한 P값을 구하라.

풀이 (1) 모비율 p_1과 p_2 의 추정값이 각각

$$\hat{p_1} = 75/1500 = 0.05$$
$$\hat{p_2} = 80/2000 = 0.04$$

이므로, $p_1 - p_2$의 추정값은 $\hat{p_1} - \hat{p_2} = 0.05 - 0.04 = 0.01$이다. 이 추정값의 표준오차는

$$\sqrt{\frac{\hat{p_1}(1-\hat{p_1})}{1500} + \frac{\hat{p_2}(1-\hat{p_2})}{2000}} = 0.0071$$

이므로 $p_1 - p_2$의 95% 신뢰구간은 다음과 같다.

$$(\hat{p_1} - \hat{p_2}) \pm z_{\alpha/2}\sqrt{\frac{\hat{p_1}(1-\hat{p_1})}{n_1} + \frac{\hat{p_2}(1-\hat{p_2})}{n_2}}$$
$$= 0.01 \pm (1.96 \times 0.0071) = (-0.0039,\ 0.0239)$$

(2) ① 가설의 설정 : A방법의 불량률과 B방법의 불량률이 동일한가에 대한 검정을 실시하고자 하므로 귀무가설과 대립가설은 각각 다음과 같다.

$$H_0 : p_1 = p_2 \text{ 대 } H_1 : p_1 \neq p_2$$

② 기각역 :

$$|Z_0| = \left| \frac{\hat{P_1} - \hat{P_2}}{\sqrt{\hat{P}(1-\hat{P})\left(\frac{1}{n_1} + \frac{1}{n_2}\right)}} \right| \geq z_{0.025} = 1.96$$

③ 검정 : 두 기계의 불량률 추정값은 각각 $\hat{p}_1 = 0.05$, $\hat{p}_2 = 0.04$ 이고 표본 전체의 불량률은

$$\hat{p} = \frac{X_1 + X_2}{n_1 + n_2} = \frac{75 + 80}{1500 + 200} = \frac{155}{2500} = 0.062$$

이므로 귀무가설하에서 검정통계량의 값은

$$z = \frac{0.05 - 0.04}{\sqrt{0.062 \times 0.938\left(\frac{1}{1500} + \frac{1}{2000}\right)}} = \frac{0.01}{0.0082} = 1.22$$

이다. 따라서 $|z| = 1.22 < z_{0.025} = 1.96$이므로 유의수준 5%에서 귀무가설은 기각되지 않는다. 따라서 두 방식의 불량률이 다르다는 확실한 증거는 없다.

(3) 유의확률은 $Z \sim N(0,1)$에 대하여

$$\begin{aligned} P(|Z| \geq 1.22) &= 2P(Z \geq 1.22) \\ &= 2(1 - 0.8888) = 0.2225 \end{aligned}$$

이다. 이 경우 유의수준이 0.2225이상인 검정에서 귀무가설은 기각된다.

10.4 대응표본에서 모평균의 차에 대한 추론

앞에서는 두 모집단으로부터의 독립적으로 추출된 표본을 이용하여 두 모집단의 평균에 대한 추론에 대하여 살펴보았다. 그러나 다이어트의 효과, 운동의 효과 등과 같이 동질인 각각의 쌍에 대하여 서로 다른 처리를 할 경우 처리효과 등을 알아보기 위해서는 짝지어진 표본에 대한 추론을 할 필요가 있게 된다.

예를 들어 다이어트 프로그램의 효과를 알아보기 위하여 다이어트 프로그램 참가 10명에 대하여 프로그램에 참여하기 전과 프로그램을 이수한 후의 몸무게를 측정하려고 한다. 각각의 참가자 i에 대하여 X_i를 프로그램 시작 전에 측정한 몸무게, Y_i를 프로그램 참여 후의 몸무게라고 하자. [그림 10.1] 참가자 i의 프로그램 참여 전

과 후의 몸무게 X_i와 Y_i는 서로 독립이 아니다. 그러나 개개인의 몸무게는 서로 독립이므로 확률변수의 쌍들$(X_1, Y_1),\cdots,(X_{10}, Y_{10})$은 서로 독립이다.

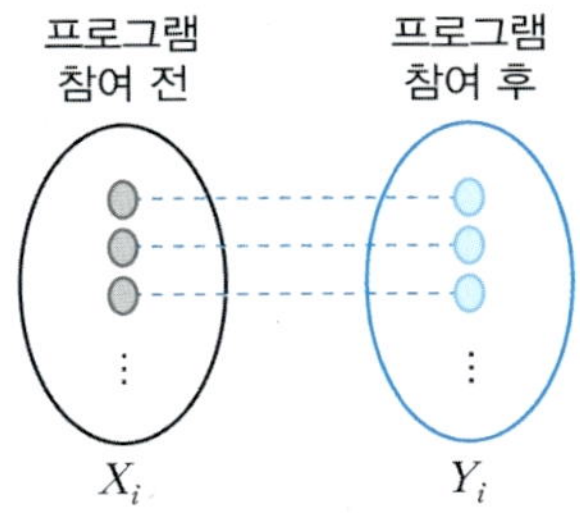

[그림 10.1] 짝지어진 표본

이와 같이 동질적인 실험단위끼리 짝을 이루어 한쪽에는 처리 1을 다른 쪽에는 처리 2를 적용한 후 각 쌍에서 얻은 관측값의 차를 이용하여 처리효과 등을 분석하는 실험계획법을 **대응비교**(paired comparison) 또는 **쌍체비교**라고 한다.

이 절에서는 짝지어진 표본에 대하여 평균의 차에 대한 추정과 검정방법을 알아본다. 대응비교에서의 자료구조와 통계량은 〈표 10.1〉과 같다.

표 10.1 짝지어진 표본의 자료구조와 통계량

짝번호	처리1	처리2	차이
1	X_1	Y_1	$D_1 = X_1 - Y_1$
2	X_2	Y_2	$D_2 = X_2 - Y_2$
⋮	⋮	⋮	⋮
n	X_n	Y_n	$D_n = X_n - Y_n$
독립성	$(X_i, Y_i),\ i=1,2,\cdots,n$은 서로 독립		
통계량	$\overline{D} = \frac{1}{n}\sum_{i=1}^{n} D_i,\ S_D^2 = \frac{1}{n-1}\sum_{i=1}^{n}(D_i - \overline{D})^2$		

짝지어진 표본 $(X_i, Y_i),\ i=1,2,\cdots,n$에서 두 짝의 차 $D_i = X_i - Y_i,\ i=1,2,\cdots,n$는 서로 독립이며 각각은 평균이 δ이고 분산이 σ^2인 정규분포를 따른다고 가정하자. 즉, $D_i \sim N(\delta,\sigma^2),\ i=1,2,\cdots,n$. 그러면 D_i의 표본평균 $\overline{D}$에 대하여 다음이 성립한다.

$$Z = \frac{\overline{D} - \delta}{\sigma/\sqrt{n}} \sim N(0,1)$$

분산 σ^2이 알려진 경우에는 정규분포를 이용한 추론을 할 수 있으나 σ^2값이 알려져 있지 않는 경우가 많다. 이 때 σ^2 대신 D_i의 표본분산 S_D^2을 사용하면 다음이 성립한다(제7장 참조).

$$T = \frac{\overline{D} - \delta}{S_D / \sqrt{n}} \sim t(n-1)$$

처리1과 처리2에 대한 모평균을 각각 μ_1과 μ_2라고 할 때, 평균차 $\delta = \mu_1 - \mu_2$에 대한 구간추정과 가설검정은 확률변수 T를 이용하여 단일 모집단의 추론과 같은 방법으로 구한다. 다음은 $\delta = \mu_1 - \mu_2$에 대한 추정 및 검정의 방법을 나타낸 것이다.

짝지어진 표본에 대한 모평균의 차 $\delta = \mu_1 - \mu_2$에 대한 추론

100(1−α)%신뢰구간	$\overline{D} \pm t(n-1,\, \alpha/2)\dfrac{S_D}{\sqrt{n}}$	
가설검정		
귀무가설(H_0)	$\delta = \delta_0$	
검정통계량	$T_0 = \dfrac{\overline{D} - \delta_0}{S_D / \sqrt{n}}$	
유의수준이 α인 검정의 기각역(아래에서 $T \sim t(n-1)$)		
H_1	기각역	$T_0 = t$일 때 P값
$\delta > \delta_0$	$T_0 \ge t(n-1,\, \alpha)$	$P(T \ge t)$
$\delta < \delta_0$	$T_0 \le -t(n-1,\, \alpha)$	$P(T \le t)$
$\delta \ne \delta_0$	$\lvert T_0 \rvert \ge t\left(n-1,\, \dfrac{\alpha}{2}\right)$	$P(\lvert T \rvert \ge \lvert t \rvert)$

표본의 크기가 큰 경우($n \ge 30$)에는 D_i의 분포가 정규분포를 따른 다는 가정이 없이도 근사적으로

$$Z = \frac{\overline{D} - \delta}{S_D / \sqrt{n}} \sim N(0,1)$$

이므로 $\delta = \mu_1 - \mu_2$에 대하여 정규분포를 이용한 추정과 검정을 할 수 있다.

예제 10.5

한 다이어트 프로그램에 참여한 10명에 대하여 프로그램에 참여하기 전과 프로그램을 이수한 후의 몸무게를 측정한 결과가 아래 표와 같다. 다이어트프로그램의 효과가 있는지 유의수준 5%에서 검정하라.

번호	1	2	3	4	5	6
참여전 몸무게	72.1	106.2	86.7	81.9	93.5	99.6
참여후 몸무게	68.1	98.2	84.7	79.9	93.5	94.6
D_i	4	8	2	2	0	5

풀이 ① 가설 : 프르그램 참여전과 후의 평균 몸무게를 각각 μ_1과 μ_2라고 하자. 판정하고자 하는 것은 가설은 $\mu_1 > \mu_2$이라고 할 수 있는지 여부이므로 검정하려는 가설은 다음과 같다.

$$H_0 : \mu_1 = \mu_2 \quad H_1 : \mu_1 > \mu_2$$

② 검정통계량 : $T_0 = \dfrac{\overline{D} - 0}{S_D / \sqrt{n}} = \dfrac{\overline{D}}{S_D / \sqrt{6}}$

③ 유의수준 $\alpha = 0.05$의 기각역 : $T_0 > t(6-1, 0.05) = 2.015$

④ 검정통계량의 값

$$\overline{d} = \frac{1}{6}(4+8+2+2+0+5) = 3.5$$

$$s_d^2 = \frac{1}{6-1}((4-3.5)^2 + \cdots + (5-3.5)^2) = 7.9$$

이므로 검정통계량의 값은

$$t = \frac{\overline{d}}{\sqrt{s_d^2/n}} = \frac{3.5}{\sqrt{7.9/6}} = 3.05$$

이다. $t = 3.05 > t(5, 0.05) = 2.015$이므로 H_0를 기각한다. 즉, 다이어트프로그램의 효과가 있다고 할 수 있다.

10.5 두 정규모집단에서 모분산비에 대한 추론

다음은 두 모집단의 산포를 나타내는 분산에 대한 비교를 필요로 하는 예이다.

생산현장이나 측정과정 등에서 두 모집단의 평균뿐만 아니라 두 모집단의 분산을 비교할 필요가 있는 경우가 종종 나타난다. 예를 들어 두 대의 기계 A, B를 가지고 볼베어링에 들어가는 쇠 구슬을 생산하는 공장에서 기계에 따라 제품 크기(지름)에 대한 평균이 같다고 하더라도 분산에 차이가 있다면 볼베어링을 사용하는 제품에 심각한 문제를 초래할 수 있다. 다른 예로 두 가지 방법으로 수질오염을 측정한다고 할 때, 두 방법의 정밀도가 같은지 알아볼 필요가 있다. 한편 정규분포를 따르는 두 모집단에서 모평균의 차에 대한 추정 및 검정에서 두 모집단의 분산이 같을 때와 그렇지 않을 때, 추정 및 검정 방법이 다르다. 어떤 방법을 적용할지 결정하기 위하여 두 모집단의 분산이 같은지 여부를 알아볼 필요가 있다.

이 절에서는 정규분포를 따르는 두 모집단에서 분산에 대한 추론방법을 알아본다. 두 모집단 $N(\mu_1, \sigma_1^2)$과 $N(\mu_2, \sigma_2^2)$로부터 독립적으로 추출한 확률표본 $X_1, X_2, \dots, X_{n_1}$과 $Y_1, Y_2, \dots, Y_{n_2}$의 표본분산을 각각 S_1^2과 S_2^2이라 하자. 그러면 제7장에서 다음이 성립함을 살펴보았다.

$$V = \frac{\sigma_2^2}{\sigma_1^2}\frac{S_1^2}{S_2^2} = \frac{S_1^2/\sigma_1^2}{S_2^2/\sigma_2^2} \sim F(n_1 - 1, n_2 - 1)$$

이를 바탕으로 $\dfrac{\sigma_1^2}{\sigma_2^2}$에 대한 구간추정은 제8장 단일모집단에서 분산의 추정과 같은 방법으로 시행하고 검정은 제9장 모분산의 검정과 같은 방법으로 실시한다.

(1) 모분산비 σ_1^2/σ_2^2에 대한 구간추정

$\dfrac{\sigma_2^2}{\sigma_1^2}\dfrac{S_1^2}{S_2^2} \sim F(n_1-1, n_2-1)$이므로 다음이 성립한다.

$$P\left(F(n_1-1, n_2-1, 1-\frac{\alpha}{2}) < \frac{\sigma_2^2}{\sigma_1^2}\frac{S_1^2}{S_2^2} < F(n_1-1, n_2-1, \frac{\alpha}{2}) \right) = 1-\alpha$$

단, $F(n_1-1, n_2-1, \frac{\alpha}{2})$는 모수가 (n_1-1, n_2-1)인 F분포의 상위 $100(1-\frac{\alpha}{2})\%$ 백분위수이다.

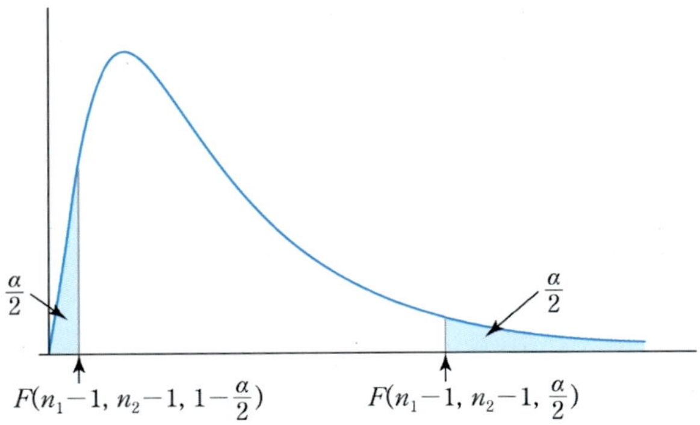

[그림 10.2] F분포의 백분위수

괄호안의 부등식에서 각 항의 역수를 취한다음 각 항에 $\dfrac{S_1^2}{S_2^2}$을 곱하면 $\dfrac{\sigma_1^2}{\sigma_2^2}$에 대한 다음 부등식을 얻는다.

$$\frac{S_1^2}{S_2^2}\frac{1}{F(n_1-1, n_2-1, \frac{\alpha}{2})} < \frac{\sigma_2^1}{\sigma_2^2} < \frac{S_1^2}{S_2^2}\frac{1}{F(n_1-1, n_2-1, 1-\frac{\alpha}{2})}$$

따라서

$$P\left(\frac{S_1^2}{S_2^2}\frac{1}{F(n_1-1, n_2-1, \frac{\alpha}{2})} < \frac{\sigma_2^1}{\sigma_2^2} < \frac{S_1^2}{S_2^2}\frac{1}{F(n_1-1, n_2-1, 1-\frac{\alpha}{2})} \right) = 1-\alpha$$

이고 $\frac{\sigma_1^2}{\sigma_2^2}$에 대한 $100(1-\alpha)\%$ 신뢰구간은 다음과 같다.

$$\left(\frac{S_1^2}{S_2^2}\frac{1}{F(n_1-1, n_2-1, \frac{\alpha}{2})}, \frac{S_1^2}{S_2^2}\frac{1}{F(n_1-1, n_2-1, 1-\frac{\alpha}{2})}\right)$$

한편 F분포의 성질에 의하여

$$\frac{1}{F(n_1-1, n_2-1, 1-\frac{\alpha}{2})} = F(n_2-1, n_1-1, \frac{\alpha}{2})$$

이므로 $\frac{\sigma_1^2}{\sigma_2^2}$에 대한 $100(1-\alpha)\%$ 신뢰구간은 다음과 같다.

$$\left(\frac{S_1^2}{S_2^2}\frac{1}{F(n_1-1, n_2-1, \frac{\alpha}{2})}, \frac{S_1^2}{S_2^2}F(n_2-1, n_1-1, \frac{\alpha}{2})\right)$$

위의 결과를 정리하면 다음과 같다.

두 정규모집단 $N(\mu_1, \sigma_1^2)$과 $N(\mu_2, \sigma_2^2)$의 분산비 $\frac{\sigma_1^2}{\sigma_2^2}$에 대한 $100(1-\alpha)\%$ 신뢰구간

$$\left(\frac{S_1^2}{S_2^2}\frac{1}{F(n_1-1, n_2-1, \frac{\alpha}{2})}, \frac{S_1^2}{S_2^2}F(n_2-1, n_1-1, \frac{\alpha}{2})\right)$$

(2) 모분산비 σ_1^2/σ_2^2에 대한 검정

귀무가설과 대립가설이

$$H_0 : \sigma_1^2 = \sigma_2^2$$
$$H_1 : \sigma_1^2 > \sigma_2^2$$

일 때, 표본분산의 비 S_1^2/S_2^2의 값이 클수록 H_1이 사실이라는 증거가 강할 것이므로 기각역을 다음과 같이 정한다.

$$\text{기각역 : } \frac{S_1^2}{S_2^2} \ \geq \ c$$

한편 귀무가설이 참일 때, 즉 $\sigma_1^2 = \sigma_2^2$일 때,

$$F_0 = \frac{S_1^2}{S_2^2} \sim F(n_1 - 1, n_2 - 1)$$

이므로 유의수준 α에 대하여

$$P\left(\frac{S_1^2}{S_2^2} \ \geq \ c\right) = \alpha$$

을 만족하는 임계값 c는 $c = F(n_1 - 1, n_2 - 1, \alpha)$가 된다. 따라서 가설 $H_0 : \sigma_1^2 = \sigma_2^2$ 대 $H_1 : \sigma_1^2 > \sigma_2^2$ 에 대한 유의수준 α 검정의 기각역은 다음과 같다.

$$\frac{S_1^2}{S_2^2} \ \geq \ F(n_1 - 1, n_2 - 1, \alpha)$$

검정통계량 F_0의 값이 x일 때, $F \sim F(n_1 - 1, n_2 - 1)$에 대하여 유의확률($P$값)은 $P(F \geq x)$이고 P 값 $\leq \alpha$이면 유의수준 α에서 귀무가설을 기각한다. 이와 같은 방법으로 다음과 같은 검정법을 얻는다. 이와 같이 F분포의 백분율을 이용하는 검정법을 F검정이라 한다.

정규모집단에서 모분산비에 대한 가설검정

귀무가설	H_0: $\sigma_1^2 = \sigma_2^2$	
검정통계량	$F_0 = \dfrac{S_1^2}{S_2^2}$	
유의수준이 α인 검정의 기각역		
H_1	기각역	$F_0 = x$일 때 P값 단, $F \sim F(n_1 - 1, n_2 - 1)$
$\sigma_1^2 > \sigma_2^2$	$F_0 \ge F(n_1 - 1, n_2 - 1, \alpha)$	$P(F \ge x)$
$\sigma_1^2 < \sigma_2^2$	$F_0 \le F(n_1 - 1, n_2 - 1, 1 - \alpha)$	$P(F \le x)$
$\sigma_1^2 \ne \sigma_2^2$	$F_0 \ge F(n_1 - 1, n_2 - 1, \alpha/2)$ 또는 $F_0 \le F(n_1 - 1, n_2 - 1, 1 - \alpha/2)$	$\min\begin{Bmatrix} 2P(F \ge x), \\ 2P(X \le x) \end{Bmatrix}$

예제 10.6

어떤 공장에서 두 대의 기계를 가지고 볼베어링에 들어갈 쇠구슬을 생산한다고 할 때, 기계에 따라 제품 크기(지름)의 분산에 차이가 있는지 알아보기 위하여 각 기계에서 생산된 제품을 임의추출하여 그 크기를 측정한 결과가 다음 표와 같았다.

	기계1	기계2
표본크기(n_i)	9	7
표본표준편차(s_i)	0.02	0.01

각 기계에서 생산되는 볼베어링의 크기는 각각 정규분포를 따른다고 한다.

(1) 위 자료로부터 두 기계에서 생산되는 볼베어링의 크기의 분산이 다르다고 할 수 있는지 유의수준 5%로 검정하라.

(2) 두 기계의 모분산비에 대한 95%신뢰구간을 구하라.

풀이 (1) ① 가설 설정 : 기계1과 기계2에서 생산되는 볼베어링의 지름에 대한 분산을 각각 σ_1^2과 σ_2^2이라고 하면 검정하려는 가설은 다음과 같다.

$$H_0: \sigma_1^2 = \sigma_2^2 \text{ 대 } H_1: \sigma_1^2 \ne \sigma_2^2$$

② 기각역 :

$$F_0 = \frac{S_1^2}{S_2^2} \le F(9-1, 7-1, 1-0.025) = 0.215 \text{ 또는}$$

$$F_0 = \frac{S_1^2}{S_2^2} \ge F(9-1, 7-1, 0.025) = 5.6$$

③ 검정 : 검정통계량의 값은

$$f = \frac{s_1^2}{s_2^2} = \frac{0.02^2}{0.01^2} = 4$$

이고 $F(8,6,0.975) < f < F(5,6,0.025)$이므로 유의수준 5%에서 귀무가설은 기각되지 않는다. 따라서 유의수준 5%에서 두 기계에서 생산되는 볼베어링의 크기의 분산이 다르다고 할 수 없다.

(2) $\frac{\sigma_1^2}{\sigma_2^2}$에 대한 $100(1-\alpha)\%$ 신뢰구간은 $\frac{s_1^2}{s_2^2} = \frac{0.02^2}{0.01^2} = 4$이므로

$$\left(\frac{s_1^2}{s_2^2}\frac{1}{F(9-1, 7-1, \frac{0.05}{2})},\ \frac{s_1^2}{s_2^2}F(7-1, 9-1, \frac{0.05}{2})\right)$$

$$= \left(\frac{4}{5.6},\ 4 \times 4.65\right) = (0.71,\ 18.6)$$

두 모집단의 분석에서 엑셀 활용

1. 두 모집단에서 모평균의 비교

1.1 통계 데이터분석 도구를 이용하는 방법

모평균의 비교에 대한 검정은 데이터"⇒ "데이터 분석"을 클릭한 후 통계 데이터 분석 창에서 적절한 분석방법을 선택하여 사용한다.

(1) 독립표본

① 분산이 알려진 경우 또는 표본의 크기가 큰 경우

z검정: 평균에 대한 두 집단

② 분산이 알려져 있지 않으나 모분산이 같은 경우

t검정: 등분산 가정 두 집단

③ 분산이 알려져 있지 않고 모분산이 같지 않은 경우

t검정: 이분산 가정 두 집단

(2) 대응비교 : t검정: 쌍체비교

예를 통하여 엑셀이용 방법을 설명한다. 예제10.2와 관련하여 다음과 같은 자료를 얻었다고 하자.[9]

처방약(x_i)	5.5, 6, 7, 7.5, 6, 7.5, 5.5, 7, 6.5, 6
위약(y_i)	6.5, 6, 8.5, 7, 6.5, 8, 7.5, 6.5, 7.5, 6, 8.5, 7

두 모집단의 분산이 같다고 할 때, 가설은 $H_0 : \mu_1 = \mu_2$, $H_1 : \mu_1 < \mu_2$에 대하여 유의수준 5%에서 검정하라.

(1) 데이터분석 창에서 원하는 검정을 선택하고 검정을 진행한다.

입력부분에서 '가설 평균차(E)'는 $H_0 : \mu_1 - \mu_2 = \delta_0$에서 δ_0의 값을 입력한다.

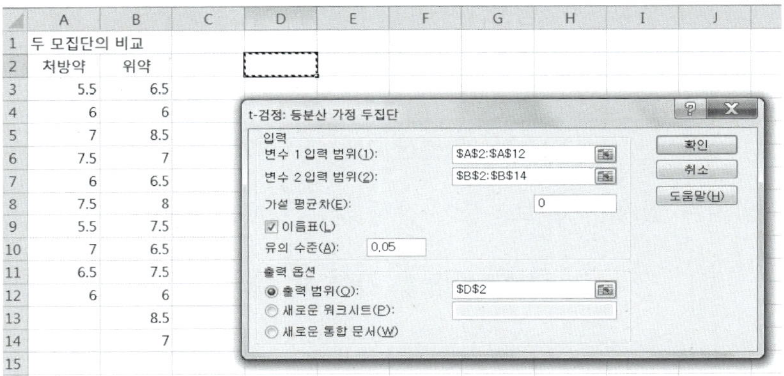

(2) 입력을 마친 후 확인을 클릭하면 아래 〈표 10.1〉과 같은 결과가 나타난다.

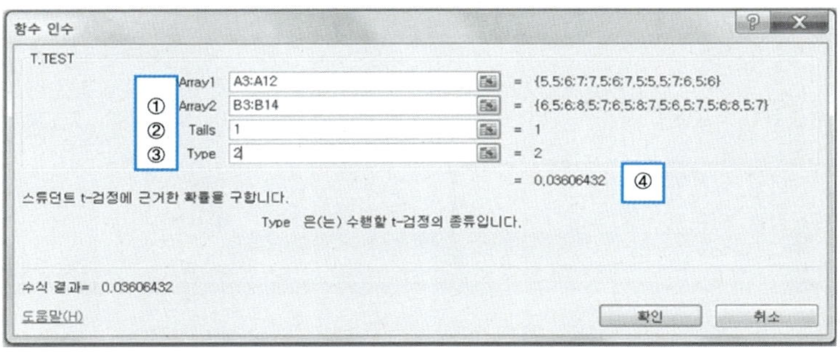

9) 자료출처 : S. Ross, Introductory Statistics, 3rd ed., Elsevier 2010 (pp 466−468)

표 10.1 엑셀수행 결과

t검정: 등분산 가정 두 집단		
	처방약	위약
평균	6.450	7.125
분산	0.581	0.778
관측수	10	12
공동(Pooled) 분산	0.689	
가설 평균차	0.0	
자유도	20	
t 통계량	−1.8987	
P(T<=t) 단측 검정	0.0361	
t 기각치 단측 검정	1.7247	
P(T<=t) 양측 검정	0.0721	
t 기각치 양측 검정	2.0860	

표 10.2 엑셀수행 결과의 의미

모형의 가정: $\sigma_1^2 = \sigma_2^2$ 가설 $H_0 : \mu_1 = \mu_2$, $H_1 : \mu_1 < \mu_2$	
처방약	위약
$\bar{x}$	$\bar{y}$
s_1^2	s_2^2
n_1	n_2
s_p^2	
$\mu_1 - \mu_2$	
$n_1 + n_2 - 2$	
T_0: $t = \dfrac{(\bar{x} - \bar{y})}{s_p\sqrt{1/n_1 + 1/n_2}}$	
P값 : $P(T(n_1 + n_2 - 2) \le t)$	
$t(n_1 + n_2 - 2, \alpha)$	
$P(\lvert T\rvert \ge \lvert t\rvert)$	
$t(n_1 + n_2 - 2, \alpha/2)$	

1.2 함수 T.TEST(자료1,자료2,tails,type)을 이용하는 방법

(1) 함수마법사 창에서 T.TEST를 선택하고 확인을 클릭한다.

(2) 함수인수 창에서 다음과 같이 입력한다.

① Array1 과 Array2 : 두 모집단으로부터의 자료를 각각 입력하는 부분이다.

② Tails : 단측검정은 1을 양측검정은 2를 입력한다.

③ Types : 대응표본에 대한 검정은 1,
분산이 같은 두 표본에 대한 검정은 2,
분산이 다른 두 표본에 대한 검정은 3을 입력한다.

④ 입력을 마친 후 확인을 클릭하면 P값 0.03606432가 나타난다. P값이 유의수준 $\alpha = 0.05$보다 작으므로 귀무가설은 기각된다.

2. 두 정규 모집단의 분산비에 대한 F검정

(1) 함수 'F.TEST'를 이용하거나 (2) 통계 데이터분석 창에서 'F검정:분산에 대한 두 집단'을 이용할 수 있다. 사용방법은 t검정과 같다.

제 10 장 연 습 문 제

01 모표준편차가 각각 $\sigma_1 = 5$, $\sigma_2 = 6$인 정규모집단 1,2에서 표본을 추출하여 조사한 결과가 다음과 같았다.

모집단의 분포	표본의 크기(n_i)	표본평균
모집단1 ~ $N(\mu_1, 5^2)$	10	$\bar{x} = 9.3$
모집단2 ~ $N(\mu_2, 6^2)$	12	$\bar{y} = 5.2$

(1) 모평균의 차 $\mu_1 - \mu_2$에 대한 95% 신뢰구간을 구하라.

(2) 가설 $H_0 : \mu_1 = \mu_2$ 대 $H_1 : \mu_1 > \mu_2$을 유의수준 $\alpha = 0.05$로 검정하라.

(3) 가설 $H_0 : \mu_1 - \mu_2 = 1$ 대 $H_1 : \mu_1 - \mu_2 > 1$을 유의수준 $\alpha = 0.05$로 검정하라.

(4) 위의 (3)에서 주어진 가설을 검정하기 위한 유의확률(P값)을 구하라.

02 모표준편차는 $\sigma_1^2 = \sigma_2^2 = \sigma^2$으로 서로 같지만 그 값을 알지 못하는 두 정규모집단 1,2에서 표본을 추출하여 조사한 결과가 다음과 같았다.

모집단의 분포	표본의 크기(n_i)	표본평균	표본표준편차(s_i)
모집단1 ~ $N(\mu_1, \sigma^2)$	10	$\bar{x} = 9.3$	5.0
모집단2 ~ $N(\mu_2, \sigma^2)$	12	$\bar{y} = 5.2$	6.0

(1) 모평균의 차 $\mu_1 - \mu_2$에 대한 95% 신뢰구간을 구하라.

(2) 가설 $H_0 : \mu_1 = \mu_2$ 대 $H_1 : \mu_1 > \mu_2$을 유의수준 $\alpha = 0.05$로 검정하라.

(3) 위의 (2)에서 주어진 가설을 검정하기 위한 유의확률(P값)을 구하라.

03 다음 표는 2013년 문화체육관광공사에서 실시한 연령별 성인남성의 몸무게 측정결과 이다.

연령	사례수	평균	표준편차
19~24세	219	72.2	11.22
35~39세	169	75.3	8.81

(1) 이 자료로부터 30대 후반 연령의 평균 몸무게(μ_2)가 20대 초반 연령의 평균 몸무게(μ_1)보다 크다고 할 수 있는지 유의수준 $\alpha = 0.05$로 검정하라.

(2) 위의 (1)번과 같은 검정을 하기위한 유의확률을 구하라.

04 모집단의 분포를 각각 $N(\mu_1, \sigma_1^2)$과 $N(\mu_2, \sigma_2^2)$인 두 모집단으로부터 독립적으로 추출한 표본이 다음과 같았다.

모집단1	2.8	6.5	2.9	6.8	4.6	3.9	5.2	4.3	1.3	4.3
모집단2	8.2	1.5	6.8	0.5	7.3	3.6	12.8	5.0	0.7	

(1) $\sigma_1^2 = \sigma_2^2$이라는 가정하에서 $\mu_1 - \mu_2$에 대한 95%신뢰구간을 구하라.

(2) $\sigma_1^2 = \sigma_2^2$이라는 가정하에서 가설 $H_0 : \mu_1 = \mu_2$ 대 $H_1 : \mu_1 \neq \mu_2$을 유의수준 $\alpha = 0.05$에서 검정하라.

(3) $\sigma_1^2 \neq \sigma_2^2$이라는 가정하에서 $\mu_1 - \mu_2$에 대한 95%신뢰구간을 구하라.

(4) $\sigma_1^2 \neq \sigma_2^2$이라는 가정하에서 가설 $H_0 : \mu_1 = \mu_2$ 대 $H_1 : \mu_1 \neq \mu_2$을 유의수준 $\alpha = 0.05$에서 검정하라.

(5) $\dfrac{\sigma_1^2}{\sigma_2^2}$에 대한 95%신뢰구간을 구하라.

(6) 두 모집단의 분산이 같은지 유의수준 5%에서 검정하라.

05 2012년부터 2021년까지 10년간 서울과 부산의 연평균 기온은 다음 표와 같다. 연평균 기온은 정규분포를 따른다고 할 때, 다음 물음에 답하라.

연도	2012	'13	'14	'15	'16	'17	'18	'19	'20	'21
서울	12.2	12.5	13.4	13.6	13.6	13	12.9	13.5	13.2	13.7
부산	14.5	15.3	15.1	15.4	15.7	15.2	15.1	15.7	15.2	15.7

(1) 서울과 부산의 기온에 대한 분산이 같은지 유의수준 $\alpha = 0.05$로 검정하라.

(2) 부산의 연평균기온이 서울보다 높다고 할 수 있는지 유의수준 로 검정하라. (1)번의 검정결과에 따라 검정방법(등분산 또는 이분산)을 선택하여라.

(3) 위의 (2)번과 같은 검정을 위한 유의확률을 구하라.

06 식약청에서 발표한 코로나19 바이러스 확진자의 2022년 2월 기준 예방접종력에 따른 중증화율은 다음과 같다.

구분	확진자	중증화 수	중증화율
미접종	389466	14644	3.76%
2차 접종	367927	2720	0.74%

이 자료로부터 중증화율[10)]을 감소시키는데 2차 예방접종의 효과가 있다고 할 수 있는지 유의수준 $\alpha = 0.05$로 검정하라.

10) 여기서 미접종 확진군은 코로나19 백신 미접종 또는 1차접종 후 14일 미경과 후 확진된 경우, 2차 접종 확진군은 코로나19 백신 2차 접종 후 14일 이상 경과 후 확진된 경우, 중증화 수는 확진자 중 확진 후 28일 이내에 위중증 또는 사망한 경우를 나타낸다.

07 첨가제가 자동차의 연비에 효과가 있는지를 알아보기 위하여 10종류의 자동차에 첨가제를 넣기 전과 후에 1리터당 주행거리를 측정한 결과가 다음과 같았다.

번호	1	2	3	4	5	6	7	8	9	10
사용전	8.4	17.3	17.7	18.2	17.8	13.8	17.3	18.2	18.8	16.2
사용후	22.9	10.3	12.3	28.0	19.2	13.8	16.7	17.5	18.4	17.4

첨가제의 사용전과 후의 주행거리의 차가 정규분포를 따른다고 할 때, 다음을 구하라.

(1) 첨가제의 사용전과 후의 평균 주행거리의 차에 대한 95%신뢰구간을 구하라.

(2) 첨가제가 자동차의 연비에 효과가 있다(연비가 증가한다)고 할 수 있는지 검정하려고 한다. 유의확률(P값)을 구하고 유의수준 $\alpha = 0.05$에서 결론을 내려라.

08 모분산이 각각 σ_1^2과 σ_2^2인 정규분포를 따르는 두 모집단에서 표본을 추출한 결과가 다음과 같다.

	모집단1	모집단2
표본크기(n_i)	7	10
표본분산(s_i^2)	20.2	27.3

(1) $\dfrac{\sigma_1^2}{\sigma_2^2}$에 대한 95% 신뢰구간을 구하라.

(2) 유의수준 $\alpha = 0.05$에서 가설 H_0: $\sigma_1^2 = \sigma_2^2$ 대 H_1 : $\sigma_1^2 < \sigma_2^2$을 검정하여라.

(3) 가설 H_0: $\sigma_1^2 = \sigma_2^2$ 대 H_1 : $\sigma_1^2 \neq \sigma_2^2$에 대한 검정의 유의확률을 구하고 유의수준 $\alpha = 0.05$에서 가설을 검정하여라.

09 다음 각 경우에 엑셀에서 제공하는 두 모집단에 대한 다음 추론 방법 중 어떤 방법이 가장 적합한지 선택하여라. 추론 방법을 선택한 이유 또는 선택한 방법을 적용할 경우 필요한 가정을 설명하라.

> t검정 : 쌍체비교
> t검정 : 등분산 가정 두 집단
> t검정 : 이분산 가정 두 집단
> z검정 : 평균에 대한 두 집단
> F검정 : 분산에 대한 두 집단

(1) 특정한 질병의 치료제로 새로 개발된 약의 효과를 알아보기 위하여 100명의 처리군과 110명의 대조군을 설정하여 각각 신약과 위약으로 처방을 하고 일정기간이 경과한 후, 상태가 호전된 환자 수를 조사하였다. 이 결과로 신약의 효과가 있다고 할 수 있는지 판정하려고 한다.

(2) 어떤 기업에서는 10명의 사원을 임의로 추출하여 사내 교육을 실시한 후 교육 전과 후의 작업능률을 평가하였다. 평가 결과를 가지고 사내 교육이 사원의 능률향상에 도움이 되는지 알아보려고 한다.

(3) A, B 두 개의 공장을 운영하는 어떤 기업에서 두 공장에서 생산되는 제품의 수명에 차이가 있는지 알아보려고 한다. 이를 위하여 공장A와 B에서 각각 13개, 17개의 제품을 임의로 추출하여 수명을 측정하였다. 이 측정결과를 가지고 두 공장에서 생산한 제품의 수명에 차이가 있는지 검정하고자 한다.

(4) 혈중 알코올 농도 측정 방법에는 혈액을 채취하여 측정하는 방법(혈액측정법)과 내쉬는 숨을 이용하여 측정하는 방법(호흡측정법) 두 가지가 있다. 두 방법의 정밀도를 알아보기 위하여 임의로 50명을 추출하여 일정량의 술을 마시게 한 후 두 방법으로 혈중 알코올 농도를 측정하였다. 이 결과로부터 두 가지 측정방식의 측정 결과에 대한 변동성이 같은지를 검정하고자 한다.

제 11 장 분산분석

화학약품의 합성공정에서 촉매의 양이 반응량에 미치는 영향을 알아보기 위하여 촉매의 양을 10그램, 15그램, 20그램과 같이 변경하면서 각 경우에 반응량을 조사하는 경우를 생각해보자. 이 경우 촉매의 각 조건하에서 나타나는 결과(반응량)를 서로 다른 모집단으로 보면 모집단에서 모평균의 차이가 있는지 여부를 검정하는 문제가 된다. 이와 같이 세 개 이상의 모집단에 대하여 평균이 같은지 여부를 검정하는 방법으로 분산분석이 있다. 분산분석은 촉매의 양과 같이 요인의 조건을 변경함으로 인하여 나타나는 속성의 변동(모집단 간의 변동)이 같은 조건임에도 나타나는 변동(같은 집단내의 변동)에 비하여 충분히 클 때, 속성은 요인의 영향을 받는다고 결론 내리는 검정방법이다. 이 장에서는 분산분석의 개념과 방법을 살펴본다.

11.1 서론

다음 예를 생각해보자.

[예 1] 콩을 재배하는 농가에서 세 종류의 비료 A, B, C 가 있을 때, 비료의 종류에 따라 콩 생산량에 영향을 미치는지 알아보려고 한다.

[예 2] 어떤 화학약품의 합성공정에서 촉매의 양과 반응온도가 합성수율에 미치는 영향을 조사하려고 한다.

위의 예에서 수확량과 반응량 같은 속성이 비료의 종류, 촉매의 양과 반응온도 등과 같은 특정한 요인에 의하여 어떻게 영향을 받는지를 알아내기 위해서는 일반적으로 실험을 실시한 후에 얻은 자료를 바탕으로 그 효과를 분석한다. 실험의 목적을 달성하기 위해서는 철저한 실험의 계획과 준비가 필요하다. 실험계획은 실험을 실시하는 방법과 절차, 자료를 모으는 방법, 모아진 자료를 통계적으로 분석하는 방법 등 실험을 실시하는데 필요한 제반 계획을 세우고 그 결과를 분석하는 방법을 포함한다.

먼저 실험계획에서 자주 사용되는 몇 가지 용어를 살펴보자. 위의 [예 1]에서 비료의 종류와 같이 생산량에 영향을 미치는 조건을 **인자**(factor) 또는 **요인**이라고 하며 인자의 여러 가지 조건을 **인자수준**(factor level) 또는 **처리**(treatment)라고 한다. [예 1]에서는 비료가 처리가 되면 비료의 종류 A,B,C가 인자수준이다. [예 2]에서 촉매의 양이 양이 10g, 15g, 20g, 25g 4가지와 반응온도 90°C, 100°C, 110°C 3가지를 선택하고 압력이나, 반응시간 등 다른 요소들은 일정하게 유지하며 합성수율을 조사할 경우 촉매와 반응온도는 요인이며 각 요인에 대한 인자수준은 각각 4와 3가지이다.

앞의 [예 1]에서와 같이 반응량에 미치는 영향으로 비료 한 가지 요인만 생각하였다. 이와 같이 한 가지 인자가 특성값에 미치는 영향을 조사하는 분산분석법을 **일원배치법**(one−way layout) 또는 **일원분류 분산분석** 이라 한다. [예 2]는 반응량에 영향을 미치는 요인으로 촉매의 양과 반응온도의 영향을 조사하려고 하는 경우이다. 이와 같이 2개의 인자가 특성값에 미치는 영향을 조사하는 분산분석법을 **이원배치법**(two−way layout) 또는 **이원분류 분산분석**이라 한다.

실험계획에서 실험순서 등과 같이 인자이외의 요소가 특성값에 미치는 영향을 최소화하기 위한 방법 중 하나가 임의로 선택된 순서로 실험을 진행하는 방법이다. 이와 같이 각 인자 수준에서 무작위적인 순서에 따라 실험을 실시하는 방법을 **완전확률화계획법**(completely randomized design)이다. 예를 들어 [예 1]에서 세 종류의 비료 A, B, C 가 콩 생산량에 영향을 미치는지 알아보기 위하여 밭을 오른 쪽 그림과 같이 몇 개의 구역으로 나누고 각 구역마다 세 종류의 비료 중 하나를 무작위로 선택하여 준 다음 각 구역에서 수확량을 조사한다.

A	C	B
C	B	C
B	C	A
A	B	C
B	C	A

[예 2]에서 촉매의 양이 양이 10g, 15g, 20g, 25g 4가지와 반응온도 90°C, 100°C, 110°C 3가지 경우를 조합한 12가지 경우에 대하여 합성수율을 조사하려고 한다. 이 때, 12가지 조합에 번호를 부여하고 제비뽑기나 난수표를 사용하여 먼저 나오는 번호 순서대로 실험을 진행한다.

실험계획법에서 흔히 사용하는 분석 방법으로는 **분산분석**, **회귀분석** 등이 있다. 회귀분석은 변수들 간의 함수적인 관계를 가정하고 측정된 변수들의 자료로부터 함수관계를 추론하는 통계적 분석방법이다. 분산분석은 실험계획법에서 가장 많이 사용하는 분석방법으로서, 인자가 특성값의 변동(분산)에 미치는 영향을 분석하여 인자의 영향 여부를 판정하는 분석방법이다. 이 장에서는 분산분석의 원리와 방법에 대하여 살펴보고 회귀분석은 다음 장에서 살펴본다.

11.2 분산분석의 원리

생각해보기

콩을 재배하는 농가에서 세 종류의 비료 A, B, C 가 있을 때, 비료의 종류에 따라 콩 생산량에 영향을 미치는지 알아보기 위하여 밭을 15개의 구역으로 나누었다. 각 구역의 토양상태(비옥도, 토양성분)는 동일하도록 조정하였다. 각 구역에 세 종류의 비료 중 하나를 무작위로 선택하여 주고 수확량을 조사한 결과가 아래와 같았다.

비료	비료 A	비료 B	비료 C
수확량	5.1	13.9	12.1
	10.2	17.1	5.9
	6.1	8.0	18.3
	9.2	16.5	13.9
		13.2	8.1
			12.0
자료수(n_i)	4	5	6
비료 종류에 따른 생산량 평균($\bar{y}_i$)	7.6	13.8	11.7
총평균($\bar{y}$)	11.3		

1. 비료A를 준 구역의 생산량이 5.1, 10.2, 6.1, 9.2와 같이 서로 달랐다. 같은 비료를 주었음에도 불구하고 생산량이 다른 원인은 무엇이라고 설명하겠는가?
2. 생산량의 총평균($\bar{y}$)과 서로 다른 비료를 준 구역의 생산량의 평균($\bar{y}_i$)이 다른 원인은 무엇이라고 설명 하겠는가?

변동의 원인

위 **생각해보기** 예에서 같은 비료를 주었어도 수확량에 차이가 나타나는 것은 우리가 미처 알지 못하는 토양속 미생물의 상태나, 토질이나 비옥도의 미세한 차이, 씨앗의 차이 등 그 원인을 명확하게 설명할 수 없는 여러 요인이 복합적으로 작용한 것으로 볼 수 있다. 이와 같이 명확하게 설명하기 어려운 원인(이런 경우 보통은 우연에 의한 것이라고 한다)에 의하여 나타나는 변동을 **오차변동**(우연에 의한 변동)이라 한다. 이에 반하여 비료의 종류에 따라 생산량의 차이가 현격하게 나타났다면 이러한 차이는 비료의 종류에 의한 효과에서 오는 차이로 설명할 수 있으며, 이러한 변동을 **처리에 의한 변동**이라 한다. 우연에 의한 변동에 비하여 처리에 의한 변동이 상대적으로 충분히 클 경우 즉, 적당한 상수 c에 대하여

$$\frac{\text{처리에 의한 변동}}{\text{오차에 의한 변동}} \geq c$$

이면 처리(위의 예에서는 비료)의 효과가 있다고 결론을 내리는 것이 분산분석의 기본적인 원리이다.

변동의 측도

자료에 대한 변동의 측도로는 분산과 같이 편차(각 자료와 평균과의 차이)들을 제곱하여 합한 값을 편차들의 자유도(독립된 편차의 수)로 나누어준 양이 사용된다. 즉,

$$\text{평균변동량} = \frac{\text{편차들의 제곱합}}{\text{편차들의 자유도}}$$

분산분석의 원리와 방법을 위의 **생각해보기** 예를 이용하여 구체적으로 알아보자. 비료 A를 주었을 때 수확량을 y_{11}, y_{12}, y_{13},y_{14} 라 하자. 즉,

$$y_{11} = 5.1,\ y_{12} = 10.2,\ y_{13} = 6.1,\ y_{14} = 9.2$$

같은 방법으로 비료 B와 C를 주었을 때 수확량을 각각 y_{21}, y_{22}, $\cdots$,y_{25} 와 y_{31}, y_{32}, $\cdots$,y_{36}라 하자. 이 때, 각 비료에 따른 수확량의 평균 $\overline{y}_i$, $i = 1,2,3$은 다음과 같다.

비료 A를 주었을 때 수확량의 평균: $\overline{y}_1 = \dfrac{1}{4}\sum_{j=1}^{4} y_{1j} = 7.6$,

비료 B를 주었을 때 수확량의 평균: $\overline{y}_2 = \dfrac{1}{5}\sum_{j=1}^{5} y_{2j} = 13.8$

비료 C를 주었을 때 수확량의 평균: $\overline{y}_3 = \dfrac{1}{6}\sum_{j=1}^{6} y_{3j} = 11.7$

또한 전체 구역에 대한 수확량의 평균은 다음과 같다.

$$\begin{aligned}\overline{y} &= \frac{1}{15}\left(\sum_{j=1}^{4} y_{1j} + \sum_{j=1}^{5} y_{2j} + \sum_{j=1}^{6} y_{3j}\right)\\ &= \frac{1}{15}\left(4\overline{y}_1 + 5\overline{y}_2 + 6\overline{y}_3\right)\\ &= 11.3\end{aligned}$$

이 때, $y_{1j} - \overline{y}_1$ 는 같은 비료 A를 주었음에도 불구하고 나타나는 편차로 분명하게 설명할 수 없는 요인에 의하여 발생하는 편차로 생각할 수 있다. 이와 같이 오차(우연)에 의한 편차를 **잔차**라고 한다. 마찬가지로, 편차 $y_{2j} - \overline{y}_2$, $y_{3j} - \overline{y}_3$도 각각 비료 B와 C일 때 우연성에 의하여 나타나는 편차로 생각할 수 있다. 반면에 $\overline{y_1} - \overline{y}$, $\overline{y}_2 - \overline{y}$,

$\bar{y}_3 - \bar{y}$는 비료의 종류에 따른 편차로 생각할 수 있다.

비료 A를 주었을 때 수확량과 전체 평균과의 편차 $y_{1j} - \bar{y}$는 다음과 같이 잔차 $y_{1j} - \bar{y}_1$와 처리에 따른 편차 $\overline{y_1} - \bar{y}$의 합으로 나타낼 수 있다.

$$y_{1j} - \bar{y} = (y_{1j} - \bar{y}_1) + (\bar{y}_1 - \bar{y}), \ \ j = 1, 2, \cdots, 4$$

위 식의 양변을 제곱한 후 합하면 다음과 같이 비료 A를 주었을 때 수확량과 전체 평균과의 편차제곱의 합은 같은 처리를 했음에도 나타나는 우연에 의한 편차제곱(잔차제곱)의 합과 비료종류에 의한 편차제곱(처리제곱)의 합으로 다음과 같이 나타낼 수 있다. (일반적인 경우 식의 유도는 뒤에서 다룬다.)

$$\sum_{j=1}^{4}(y_{1j} - \bar{y})^2 = \sum_{j=1}^{4}(y_{1j} - \bar{y}_1)^2 + 4(\bar{y}_1 - \bar{y})^2$$

같은 방법으로 비료 B와 C를 주었을 때 수확량과 전체 평균과의 편차

$$y_{2j} - \bar{y} = (y_{2j} - \bar{y}_2) + (\bar{y}_2 - \bar{y}), \ \ j = 1, 2, \cdots, 5$$
$$y_{3j} - \bar{y} = (y_{3j} - \bar{y}_3) + (\bar{y}_3 - \bar{y}), \ \ j = 1, 2, \cdots, 6$$

의 양변을 제곱하여 한 후 모두 합하면 다음을 얻는다.

$$\sum_{j=1}^{5}(y_{2j} - \bar{y})^2 = \sum_{j=1}^{5}(y_{1j} - \bar{y}_2)^2 + 5(\bar{y}_2 - \bar{y})^2$$
$$\sum_{j=1}^{6}(y_{3j} - \bar{y})^2 = \sum_{j=1}^{6}(y_{3j} - \bar{y}_3)^2 + 6(\bar{y}_3 - \bar{y})^2$$

따라서 각각의 자료와 전체평균과의 편차(총편차)제곱의 합은 같은 조건하에서 생기는 편차제곱의 합(잔차제곱합)과 처리에 따른 편차제곱의 합(처리제곱합)으로 분해된다.

$$\begin{aligned} &\sum_{j=1}^{4}(y_{1j} - \bar{y})^2 + \sum_{j=1}^{5}(y_{2j} - \bar{y})^2 + \sum_{j=1}^{6}(y_{3j} - \bar{y})^2 \\ &= \left(\sum_{j=1}^{4}(y_{1j} - \bar{y}_1)^2 + \sum_{j=1}^{5}(y_{2j} - \bar{y}_2)^2 + \sum_{j=1}^{6}(y_{3j} - \bar{y}_3)^2\right) \\ &+ \left(4(\bar{y}_1 - \bar{y})^2 + 5(\bar{y}_2 - \bar{y})^2 + 6(\bar{y}_3 - \bar{y})^2\right) \end{aligned}$$

이 때, 처리제곱합

$$4(\bar{y}_1 - \bar{y})^2 + 5(\bar{y}_2 - \bar{y})^2 + 6(\bar{y}_3 - \bar{y})^2$$

은 비료종류에 따른 변동으로 설명이 가능하지만, 오차제곱합

$$\sum_{j=1}^{4}(y_{1j} - \bar{y}_1)^2 + \sum_{j=1}^{5}(y_{2j} - \bar{y}_2)^2 + \sum_{j=1}^{6}(y_{3j} - \bar{y}_3)^2$$

은 우연과 같이 통제할 수 없는 요인에 의한 변동으로 설명이 가능하지 않은 변동(오차변동)을 나타낸다. 위 생각해보기 자료에 대한 편차제곱합을 표로 나타내면 다음과 같다.

편차제곱합	오차제곱합	처리제곱합	총편차제곱합
처리	$\sum_{j=1}^{n_i}(y_{ij} - \bar{y}_i)^2$	$n_i(\bar{y}_i - \bar{y})^2$	$\sum_{j=1}^{n_i}(y_{ij} - \bar{y})^2$
비료 A	17.8	53.5	71.3
비료 B	52.2	29.6	81.8
비료 C	95.2	1.0	96.3
합	165.2	84.1	249.3

변동의 측도로서 분산은 편차제곱합을 자유도로 나누어 준 것이므로 다음을 얻는다(자유도에 대한 설명은 다음 절에서 자세히 다룰 예정이다).

$$\text{오차에 의한 평균 변동} = \frac{\text{오차제곱합}}{\text{잔차의 자유도}} = \frac{165.2}{12} = 13.8$$

$$\text{처리에 의한 평균 변동} = \frac{\text{처리제곱합}}{\text{처리에 의한 편차의 자유도}} = \frac{84.1}{2} = 42.0$$

각 변동에 대한 상대적 크기는

$$\frac{\text{처리에 의한 평균 변동}}{\text{오차에 의한 평균 변동}} = \frac{42.0}{13.8} = 3.04$$

이다. 이 값이 매우 큰 값으로 여겨지면(설정된 기준값에 비하여 크면) 수확량은 비료의 종류에 영향을 받는다는 강한 증거로 인정할 수 있을 것이다. 이 값이 큰 값인지 여부를 판정하는 방법은 다음 절에서 다룬다.

분산분석(Analysis of Variance, ANOVA)은 이와 같이 개별 관측값(y_{ij})과 전체 자료의 평균($\overline{y}$) 사이의 편차($y_{ij}-\overline{y}$)들의 제곱합을 처리에 의한 편차($\overline{y}_i-\overline{y}$)들의 제곱합과 그 원인을 알 수 없는 오차에 의한 편차($y_{ij}-\overline{y}_i$)들의 제곱합으로 분해한 후 처리에 의한 평균 변동(분산)이 오차에 의한 평균 변동(분산)에 비하여 충분히 클 경우 처리효과가 있다고 결론을 내리는 분석방법이다.

11.3 일원배치법

일원배치법의 모집단 모형

일원배치법은 한 가지 인자가 특성값에 미치는 영향을 조사하기 위한 방법임은 앞서 밝힌바 있다. 어떤 실험에서 k개의 인자 수준이 A_1, A_2, $\cdots$, A_k로 k개이고 각각에 $n_i(i=1,2,\cdots,k)$번의 실험을 반복한다고 하자. 완전확률화계획법에서는 총 $n=n_1+n_2+\cdots+n_k$개의 실험 단위를 임의의 순서에 따라 시행하는 것이다.

k개의 처리효과에 차이가 있는지를 통계적으로 검정하기 위해서는 각 처리에 대한 모집단의 모형이 필요하다. 처리 A_i에서 n_i번의 실험을 행한다고 할 때, j번째 실험에서 얻어지는 특성값을 Y_{ij}하자. 일원배치법의 자료배열 다음 〈표 11.1〉과 같다.

표 11.1 일원배치법의 자료배열

인자수준	A_1	A_2	$\cdots$	A_k	
표본	Y_{11} Y_{12} $\vdots$ Y_{1n_1}	Y_{21} Y_{22} $\vdots$ Y_{2n_2}	$\cdots$ $\cdots$ $\vdots$ $\cdots$	Y_{k1} Y_{k2} $\vdots$ Y_{kn_k}	
표본수	n_1	n_2	$\cdots$	n_k	$n=\sum_{i=1}^{k} n_i$
평균	$\overline{Y}_1$	$\overline{Y}_2$	$\cdots$	$\overline{Y}_k$	총평균 $\overline{Y}$

〈표 11.1〉에서 표본의 총 수는 $n=n_1+n_2+\cdots+n_k$이고

$$\overline{Y}_i = \frac{1}{n_i}\sum_{j=1}^{n_i} Y_{ij},\ \ i = 1,2,\cdots,k$$

는 각 인자수준 A_i에 대응하는 표본의 평균이고

$$\overline{Y} = \frac{1}{n}\sum_{i=1}^{k}\sum_{j=1}^{n_i} Y_{ij} = \frac{1}{n}\sum_{i=1}^{k} n_i \overline{Y}_i$$

는 표본전체에 대한 평균을 나타낸다.

각각의 처리 A_i에 대하여 오차가 없다면 Y_{ij}의 값은 매번의 실험에서 μ_i와 같이 일정한 값이 나올 것이다. 그러나 실험에서 오차는 피할 수 없는 요소이며 실제 얻어지는 Y_{ij}의 값은 오차를 포함하고 있게 된다. 따라서 Y_{ij}를 오차가 없을 때의 반응량 μ_i와 처리 A_i에 대하여 j번째 실험의 오차 ϵ_{ij}(엡실론(epsilon))을 이용하여 다음과 같이 나타낸다.

$$Y_{ij} = \mu_i + \epsilon_{ij},\ \ j = 1,2,\cdots,n_i$$

일반적으로 오차 ϵ_{ij}는 평균이 0인 정규분포를 따르며 분산은 인자의 수준과 실험의 반복에 관계없이 일정하며 서로 독립이라고 가정한다.
한편 각 수준을 모두 고려한 전체 모집단의 모평균을 μ라 할 때, μ와 μ_i의 차

$$\alpha_i = \mu_i - \mu,\ \ i = 1,2,\cdots,k$$

를 처리 A_i의 **처리효과** 또는 **주효과**라고 한다. 위의 결과를 정리하면 일원배치법의 모집단모형은 다음과 같이 전체 모집단의 모평균 μ와 처리효과 α_i 및 오차항 ϵ_{ij}로 나타낼 수 있다.

$$Y_{ij} = \mu + \alpha_i + \epsilon_{ij},\ j = 1,2,\cdots,n_i,\ i = 1,2,\cdots,k$$

일원배치법의 모집단 모형에서 오차항에 대한 가정을 구체적으로 언급하면 다음과 같다.

(1) 정규성 : 오차항은 정규분포를 따른다.
(2) 독립성 : 모든 오차항은 서로 독립이다.
(3) 비편향성 : 오차항의 평균은 0이다.
(4) 등분산성 : 모든 오차항의 분산은 요인의 수준과 실험의 반복에 관계없이 일정하다.

이 가정으로부터 $Y_{i1}, Y_{i2}, \cdots, Y_{in_i}$는 정규모집단 $N(\mu_i, \sigma^2)$에서 추출한 크기 n_i인 확률표본으로 생각할 수 있다. 또한 $\{Y_{ij}, j=1,2,\cdots,n_i\}$, $i=1,2,\cdots,k$는 서로 독립이다. 즉, $\{Y_{ij}, j=1,2,\cdots,n_i\}$, $i=1,2,\cdots,k$는 k개의 정규모집단으로부터 독립적으로 추출된 확률표본이다. $k=2$일 때는 제10장에서 살펴본 모분산이 같은 두 정규모집단으로부터 독립적으로 추출한 확률표본에 해당한다.

일원배치법의 가설

k개의 처리효과에 차이가 있는지를 검정하고자 하는 가설은 다음과 같이 나타낼 수 있다.

$$H_0 : \alpha_1 = \alpha_2 = \cdots = \alpha_k = 0$$

H_1 : H_0가 아니다. 즉, 적어도 하나의 α_i는 0이 아니다.

한편 $\alpha_1 = \alpha_2 = \cdots = \alpha_k = 0$은 $\mu_1 = \mu_2 = \cdots = \mu_k$과 동치이므로 이는 모평균 사이에 차이가 있는지를 검정하는 것과 같다.

분산분석 방법

앞 절에서 언급한 바와 같이 분산분석은 (1) 총편차를 편차제곱합과 처리제곱합으로 분해하고 (2) 제곱합의 평균(분산)을 구한 다음 (3) 두 분산의 비를 바탕으로 처리효과의 유무를 판단한다.

(1) 총편차제곱의 분할

각 실험결과로부터 얻어지는 결과와 전체 평균 사이의 총편차 $Y_{ij} - \overline{Y}$를

$$Y_{ij} - \overline{Y} = (Y_{ij} - \overline{Y}_i) - (\overline{Y}_i - \overline{Y})$$

와 같이 실험의 불확실성으로부터 생기는 오차(편차) $Y_{ij} - \overline{Y}_i$와 처리효과에 기인하는 오차(편차) $\overline{Y}_i - \overline{Y}$로 분해할 수 있다. 이때 오차 $Y_{ij} - \overline{Y}_i$를 **잔차**라 한다. 이 때 각 편차의 제곱합을 각각

$$SST = \sum_{i=1}^{k}\sum_{j=1}^{n_i}(Y_{ij} - \overline{Y})^2 \ : \text{총제곱합 또는 총변동}$$

$$SSA = \sum_{i=1}^{k} n_i (\overline{Y}_i - \overline{Y})^2 \ : \text{처리제곱합 또는 처리방법 간 변동}$$

$$SSE = \sum_{i=1}^{k} \sum_{j=1}^{n_i} (Y_{ij} - \overline{Y}_i)^2 \ : \text{잔차제곱합 또는 처리방법 내 변동}$$

이라 한다. 분해된 총편차의 양변을 제곱하여 더하면 다음을 얻는다.

$$\begin{aligned}\sum_{i=1}^{k} \sum_{j=1}^{n_i} (Y_{ij} - \overline{Y})^2 = & \sum_{i=1}^{k} \sum_{j=1}^{n_i} (Y_{ij} - \overline{Y}_i)^2 + \sum_{i=1}^{k} \sum_{j=1}^{n_i} (\overline{Y}_i - \overline{Y})^2 \\ & + 2 \sum_{i=1}^{k} \sum_{j=1}^{n_i} (Y_{ij} - \overline{Y}_i)(\overline{Y}_i - \overline{Y})\end{aligned}$$

한편

$$\sum_{i=1}^{k} \left[\sum_{j=1}^{n_i} (Y_{ij} - \overline{Y}_i)(\overline{Y}_i - \overline{Y}) \right] = \sum_{i=1}^{k} (\overline{Y}_i - \overline{Y}) \left[\sum_{j=1}^{n_i} (Y_{ij} - \overline{Y}_i) \right] = 0$$

이므로

$$\underbrace{\sum_{i=1}^{k} \sum_{j=1}^{n_i} (Y_{ij} - \overline{Y})^2}_{SST} = \underbrace{\sum_{i=1}^{k} n_i (\overline{Y}_i - \overline{Y})^2}_{SSA} + \underbrace{\sum_{i=1}^{k} \sum_{j=1}^{n_i} (Y_{ij} - \overline{Y}_i)^2}_{SSE}$$

와 같이 총변동(총제곱합)은 처리방법 간 변동(처리제곱합)과 처리방법 내 변동(잔차제곱합)으로 분해된다. 즉,

$$SST = SSA + SSE$$

분산분석에서는 처리제곱합과 잔차제곱합을 직접 비교하는 대신 각각의 제곱합의 자유도로 나누어준 제곱의 평균을 비교한다. 이제 제곱합의 자유도를 구해보자.

(2) 자유도

각 제곱합의 자유도는 독립인 편차들의 개수로서 제곱을 한 편차의 개수에서 선형제약조건의 개수를 뺀 것이다. 즉,

제곱합의 자유도 = 제곱을 한 편차의 개수 − 선형제약조건의 개수

총제곱합의 자유도

총제곱합 $SST = \sum_{i=1}^{k}\sum_{j=1}^{n_i}(Y_{ij} - \overline{Y})^2$는 모든 자료에 대하여 총평균과의 편차 $Y_{ij} - \overline{Y}$, $j = 1,2,\cdots,n_i$, $i = 1,2,\cdots,k$를 제곱하여 합한 것이므로 제곱한 편차의 수는 총 자료의 수 $n_1 + \cdots + n_k = n$이다. 한편 선형제약조건은

$$\sum_{i=1}^{k}\sum_{j=1}^{n_i}(Y_{ij} - \overline{Y}) = 0$$

한 개이므로 SST의 자유도는 $n-1$(총 자료수-1)이다.

처리제곱합의 자유도

처리제곱합 $SSA = \sum_{i=1}^{k} n_i(\overline{Y}_i - \overline{Y})^2$는 k개의 편차 $\overline{Y}_i - \overline{Y}$, $i = 1,2,\cdots,k$를 제곱한 것이고 선형제약조건은

$$\sum_{i=1}^{k} n_i(\overline{Y}_i - \overline{Y}) = \sum_{i=1}^{k} n_i \overline{Y}_i - \overline{Y}\sum_{i=1}^{k} n_i = 0$$

한 개이므로 SSA의 자유도는 $k-1$(수준 수-1)이다.

잔차제곱합의 자유도

잔차제곱합 SSE에서 제곱한 편차의 개수는 n개 이며 선형제약조건은

$$\sum_{j=1}^{n_i}(Y_{ij} - \overline{Y}_i) = 0,\ \ i = 1,2,\cdots,k$$

로 k개 이므로 SSE의 자유도는 $n-k$(총 표본의 수$-$수준 수)이다.

따라서 다음이 성립함을 알 수 있다.

SST의 자유도$(n-1)$=SSA의 자유도$(k-1)$ + SSE의 자유도$(n-k)$

(3) 평균제곱합과 검정통계량

제곱의 평균은 제곱합을 자유도로 나눈 것을 의미하며 **평균제곱합**이라 한다. 즉,

평균제곱합 = 제곱합/자유도

처리에 대한 평균제곱합과 잔차에 대한 평균제곱합을 각각

$$MSA = \frac{1}{k-1} SSA$$

$$MSE = \frac{1}{n-k} SSE$$

로 나타낸다. 평균제곱합에 대한 다음 사실이 알려져 있다.

평균제곱합의 성질

(1) 잔차평균제곱합 MSE는 오차의 분산 σ^2의 비편향추정량이다. 즉,

$$E[MSE] = \sigma^2$$

(2) 처리에 의한 평균제곱합 MSA의 평균은 다음과 같다.

$$E[MSA] = \sigma^2 + \frac{1}{k-1}\sum_{i=1}^{k} n_i \alpha_i^2$$

(3) 귀무가설 H_0 : $\alpha_1 = \alpha_2 = \cdots = \alpha_k = 0$이 참이면,

$$F_0 = \frac{MSA}{MSE} \sim F(k-1, n-k)$$

평균제곱합의 성질 (2)에 의하여 귀무가설이 참이 아니면 α_i 중 0이 아닌 것이 존재하므로 MSA의 평균이 MSE의 평균 σ^2보다 크게 된다. 따라서 평균제곱의 비

$$F_0 = \frac{MSA}{MSE} = \frac{SSA/(k-1)}{SSE/(n-k)}$$

가 커질수록 대립가설에 대한 믿음의 정도가 강할 것이므로 기각역은

$$F_0 \geq c$$

와 같다. 이 때, 유의수준 α일 때, 임곗값 c는

$$\alpha = P(F_0 \geq c \mid H_0\text{가 참})$$

를 만족하여야 한다. 따라서 유의수준 α인 기각역은 다음과 같다.

$$F_0 = \frac{MSA}{MSE} \geq F(k-1, n-k, \alpha).$$

즉, $F_0 \geq F(k-1, n-k, \alpha)$이면 귀무가설을 기각하고 처리가 특성값에 유의한 영향을 미친다고 결론을 내린다. 즉, 인자의 수준에 따라 평균값의 차이가 있다고 할 수 있다. 처리효과에 대한 검정방법을 요약하면 다음과 같다.

처리효과에 대한 검정

가설 : H_0 : $\alpha_1 = \alpha_2 = \cdots = \alpha_k = 0$ 대 H_1 : H_0가 아니다.

검정통계량 : $F_0 = \dfrac{MSA}{MSE} = \dfrac{SSA/(k-1)}{SSE/(n-k)}$

유의수준 α인 기각역 : $F_0 \geq F(k-1, n-k, \alpha)$

검정통계량 F_0의 관측값이 x일 때 유의확률 : P값 $= P(F \geq x)$,

단 $F \sim F(k-1, n-k)$

(4) 분산분석표(ANOVA table)

앞에서 다룬 총제곱합과 자유도의 분할, 평균제곱, 평균제곱의 비를 표로 나타낸 것을 분산분석표(ANOVA table)라 하며 다음과 같다.

표 11.2 분산분석표

요인	제곱합	자유도	평균제곱	F비
처리	SSA	$k-1$	$MSA = SSA/(k-1)$	$F = \dfrac{MSA}{MSE}$
잔차	SSE	$n-k$	$MSE = SSE/(n-k)$	
전체	SST	$n-1$		

예제 11.1

11.2절의 **생각해보기** 예제에 있는 자료로부터 비료의 종류에 따라 수확량에 차이가 있다고 할 수 있는지 유의수준 5%에서 검정하라.

풀이 사용의 편의를 위하여 자료를 다시 쓰면 다음과 같다.

비료	비료 A	비료 B	비료 C
수확량	5.1 10.2 6.1 9.2	13.9 17.1 8.0 16.5 13.2	12.1 5.9 18.3 13.9 8.1 12.0
자료수(n_i)	4	5	6
$\bar{y}_i$	7.6	13.8	11.7
총평균($\bar{y}$)		11.3	

이 예제에서는 수준 수는 $k=3$이고 각 수준에서 관측값의 수는 $n_1=4$, $n_2=5$, $n_3=6$인 일원배치법의 모형으로 비료의 종류에 대한 효과의 유의성을 판단하기 위한 가설은 다음과 같다.

$$H_0 : \alpha_1 = \alpha_2 = \alpha_3 = 0$$

$$H_1 : \text{적어도 한 } \alpha_i \text{는 0이 아니다}$$

(1) 제곱합

$$SST = (11.3-5.1)^2 + \cdots + (11.3-12.0)^2 = 249.3$$

$$SSA = 4(7.6-11.3)^2 + 5(13.8-11.3)^2 + 6(11.7-11.8)^2 = 84.1$$

$$SSE = (5.1-7.6)^2 + \cdots + (9.2-7.6)^2 + (13.9-13.8)^2 + \cdots + (13.9-13.8)^2 + (12.1-11.7)^2 + (12-11.7)^2 = 84.1$$

(2) 평균제곱합

SSA의 자유도=$k-1=3-1=2$

SSE의 자유도=$n-k=15-3=12$

이므로 평균제곱은 각각 다음과 같다.

$$MSA = \frac{SSA}{2} = 42.0$$

$$MSE = \frac{SSE}{12} = 13.8$$

(3) 유의수준 $\alpha = 0.05$인 기각역

$$F_0 = \frac{MSA}{MSE} \geq F(2, 12, 0.05) = 3.89$$

(4) 검정 : 검정통계량의 관측값은

$$F_0 = \frac{MSA}{MSE} = \frac{42.0}{13.8} = 3.04$$

이고 $F_0 = 3.04 < F(2, 12, 0.05) = 3.89$이므로 귀무가설은 기각되지 않는다. 즉, 유의수준 5%에서 비료에 따라 수확량에 유의한 차이가 있다고 할 수 없다. 유의확률은 $P(F(2, 12) \geq 3.04) = 0.085$이다. 이 결과를 분산분석표로 나타내면 다음 〈표 11.3〉과 같다.

표11.3 예제11.1의 분산분석표

요인	제곱합	자유도	제곱 평균	F 비
처리	84.1	2	42.0	3.04
잔차	165.2	12	13.8	
전체	249.3	14		

참고 1 **분산분석과 t검정**

처리 수가 $2(k = 2)$일 때, 가설 $H_0 : \mu_1 = \mu_2$대 $H_1 : \mu_1 \neq \mu_2$에 대한 t검정과 분산분석의 F검정은 일치한다. 제10장에서 위 가설에 대한 t검정의 검정통계량과 유의수준 α인 기각역은 각각 다음과 같음을 알아보았다.

$$\text{검정통계량 : } T_0 = \frac{\overline{Y}_1 - \overline{Y}_2}{S_p / \sqrt{\frac{1}{n_1} + \frac{1}{n_2}}}$$

$$\text{기각역 : } |T_0| > t(n_1 + n_2 - 2, \frac{\alpha}{2})$$

단, 수준 A_i에 대응하는 표본 $Y_{i1}, Y_{i2}, \cdots, Y_{in_i}$의 표본분산을 S_i^2이라 할 때, S_p^2은 공통분산 σ^2에 대한 합동추정량으로

$$S_p^2 = \frac{(n_1 - 1)S_1^2 + (n_2 - 1)S_2^2}{(n_1 - 1) + (n_2 - 1)}$$

이다. 이제 분산분석의 검정통계량은 $F_0 = \frac{MSA}{MSE} = T_0^2$임을 보이자.

총평균은 $\overline{Y} = \frac{n_1 \overline{Y}_1 + n_2 \overline{Y}_2}{n_1 + n_2}$이므로

$$\overline{Y}_i - \overline{Y} = \frac{n_2(\overline{Y}_1 - \overline{Y}_2)}{n_1 + n_2}$$

이다. 따라서

$$\begin{aligned} MSA &= \frac{1}{2-1} \sum_{i=1}^{2} n_i (\overline{Y}_i - \overline{Y})^2 \\ &= \frac{(n_1 n_2^2 + n_1^2 n_2)(\overline{Y}_1 - \overline{Y}_2)^2}{(n_1 + n_2)^2} = \frac{(\overline{Y}_1 - \overline{Y}_2)^2}{\frac{1}{n_1} + \frac{1}{n_2}} \end{aligned}$$

또한

$$MSE = \frac{1}{n-2} \sum_{i=1}^{2} \sum_{j=1}^{n_i} (Y_{ij} - \overline{Y}_i)^2 = \frac{(n_1 - 1)S_1^2 + (n_2 - 1)S_2^2}{(n_1 - 1) + (n_2 - 1)} = S_p^2$$

따라서

$$F_0 = \frac{MSA}{MSE} = \frac{(\overline{Y}_1 - \overline{Y}_2)^2}{S_p^2 / (\frac{1}{n_1} + \frac{1}{n_2})} = \left(\frac{\overline{Y}_1 - \overline{Y}_2}{S_p / \sqrt{\frac{1}{n_1} + \frac{1}{n_2}}} \right)^2 = T_0^2$$

이므로 검정의 기각역은

$$F_0 \geq C \Leftrightarrow T_0^2 \geq C \Leftrightarrow |T_0| \geq C'$$

이므로 두 검정은 일치한다.

참고 2 여러 모집단의 검정에서 t검정의 한계

모분산이 σ^2으로 동일한 k개의 정규모집단 $N(\mu_i, \sigma^2)$, $i = 1, 2, \cdots, k$에 대하여 가설

$$H_0 : \mu_1 = \mu_2 = \cdots = \mu_k$$
$$H_1 : \ H_0\text{는 참이 아니다}$$

에 대한 검정을 하기 위하여 분산분석 대신 모집단을 두 개씩 짝지어 $c = \binom{k}{2} = \dfrac{k(k-1)}{2}$개의 가설 $H_0 : \mu_i = \mu_j$ 대 $H_1 : \mu_i \neq \mu_j$, $i \neq j$에 대하여 t 검정을 실시한다고 하자. 만약 $H_0 : \mu_1 = \mu_2 = \cdots = \mu_k$가 참이면 모든 모집단의 짝 (i, j), $i \neq j$에 대하여 $H_0 : \mu_i = \mu_j$는 참이다. 유의수준 α인 t검정을 실시할 경우 제1종 오류를 범하지 않을 확률은 $1-\alpha$이다. 즉, $H_0 : \mu_1 = \mu_2 = \cdots = \mu_k$가 참일 때, t검정에서 $H_0 : \mu_i = \mu_j$가 참이라고 결정할 확률은 $1-\alpha$이다. 각각의 (i, j), $i \neq j$에 대하여 검정이 독립적으로 이루어진다고 가정하면 모든 (i, j), $i \neq j$에 대하여 $H_0 : \mu_i = \mu_j$가 참이라고 결정할 확률은 $(1-\alpha)^c$이다. 즉, 어느 하나라도 잘못된 결론을 내릴 확률은 $1-(1-\alpha)^c$이다. 예를 들어 $k=5$이고 $\alpha = 0.05$이면, $c = 10$이므로 t검정에 의하여 잘못된 결론을 내릴 확률(제1종오류의 확률)은

$$1 - 0.95^{10} = 0.401$$

로 매우 큰 값이 된다. 이는 모집단의 수(수준의 수)가 증가할수록 제1종오류의 확률은 증가하게 된다. 한편, c개의 t검정이 독립적으로 이루어지지 않을 경우에는 전체의 유의수준을 제어하는 것이 매우 어렵게 된다.

참고 3

분산분석에서는'평균이 모두 같다(H_0)'거나 '모두 같은 것은 아니다(H_1)'는 결론만을 제공한다. 만약 귀무가설 이 기각된다면 평균의 차이가 어디에서 발생하는 지는 알려주지 않는다. 이와 같은 문제에 대하여 대비, 다중비교 등과 같은 여러 가지 방법이 알려져 있으나 여기서는 생략한다.

11.4 반복이 없는 이원배치법

이원배치법은 특성값에 영향을 주는 2개의 인자에 대하여 그 영향을 조사하고자 할 때 사용하는 분산분석법이다. 이 절에서는 2개의 인자를 A, B로 표시하고

$$\text{인자 } A\text{의 수준을 } A_1,\ A_2,\ \cdots,\ A_p$$
$$\text{인자 } B\text{의 수준을 } B_1,\ B_2,\ \cdots,\ B_q$$

로 나타내기로 한다. 이원배치법에서는 인자 A의 한 수준과 인자 B의 한 수준의 조합이 한 처리가 된다. 따라서 전체는 pq개의 처리가 있다. 여기서는 각 처리에 대하여 한 번의 실험을 하는 경우만 생각한다.

인자 A의 수준 A_i와 인자 B의 수준 B_j에 대응하는 실험 결과를 Y_{ij}로 나타내면 반복수가 $r=1$인 이원배치법의 자료구조는 다음 〈표 11.4〉와 같다.

표 11.4 반복이 없는 이원배치법의 자료구조

인자 B의 수준 / 인자 A의 수준	$B_1 \cdots B_j \cdots B_q$	평균
A_1	$Y_{11} \cdots Y_{1j} \cdots Y_{1q}$	$\overline{Y}_{1\cdot}$
$\vdots$	$\vdots \quad \vdots \quad \vdots$	$\vdots$
A_i	$Y_{i1} \cdots Y_{ij} \cdots Y_{iq}$	$\overline{Y}_{i\cdot}$
$\vdots$	$\vdots \quad \vdots \quad \vdots$	$\vdots$
A_p	$Y_{p1} \cdots Y_{pj} \cdots Y_{pq}$	$\overline{Y}_{p\cdot}$
평균	$\overline{Y}_{\cdot 1} \cdots \overline{Y}_{\cdot j} \cdots \overline{Y}_{\cdot q}$	$\overline{Y}$

이 때, 자료의 총 개수는 $n=pq$이고 각 인자수준에 대한 자료의 평균은 다음과 같이 나타낸다.

$$\overline{Y}_{i\cdot} = \frac{1}{q}\sum_{j=1}^{q} Y_{ij},\ \ i=1,2,\cdots,p,$$

$$\overline{Y}_{\cdot j} = \frac{1}{p}\sum_{i=1}^{p} Y_{ij},\ \ j=1,2,\cdots,q,$$

$$\overline{Y} = \frac{1}{n}\sum_{i=1}^{p}\left(\sum_{j=1}^{q} Y_{ij}\right)$$

처리(A_i, B_j)에 대한 모집단의 모형에 대하여 다음을 가정한다.

$$Y_{ij} = \mu + \alpha_i + \beta_j + \epsilon_{ij},\ j = 1,2,\cdots,n_i,\ i = 1,2,\cdots,k$$

여기서 α_i는 수준 A_i의 효과, β_j는 수준 B_j의 효과를 나타내고 ϵ_{ij}는 오차항으로서 $\epsilon_{ij} \sim N(0,\, \sigma^2),\ i = 1,2,\cdots,p,\ j = 1,2,\cdots,q$이고 서로 독립이다.

이원배치법의 가설은 다음과 같다.

인자 A에 대한 가설

H_0 : 인자 A의 각 수준에서의 효과가 같다. 즉 $\alpha_1 = \alpha_2 = \cdots = \alpha_p = 0$

$H_1 : H_0$가 아니다. 즉 모든 α_i가 0인 것은 아니다.

인자 B에 대한 가설

H_0 : 인자 B의 각 수준에서의 효과가 같다. 즉 $\beta_1 = \beta_2 = \cdots = \beta_q = 0$

$H_1 : H_0$가 아니다. 즉 모든 β_i가 0인 것은 아니다.

이와 같은 가설에 대한 검정을 위하여 일원배치법에서와 마찬가지로 총 편차의 제곱합을 인자 A의 제곱합, 인자 B의 제곱합, 오차제곱합으로 분해한다. 그 다음 인자 A와 B의 제곱합을 각각 오차제곱합과 비교하여 충분히 크다고 인정되면 각각에 대한 귀무가설을 기각한다. 이원배치법의 검정절차는 다음과 같다.

(1) 총변동의 분할

먼저 관측값 전체의 평균 $\overline{y}$와 각 실험결과로부터 얻어지는 결과 사이의 총편차를

$$Y_{ij} - \overline{Y} = (\overline{Y}_{i\cdot} - \overline{Y}) + (\overline{Y}_{\cdot j} - \overline{Y}) + (Y_{ij} - \overline{Y}_{i\cdot} - \overline{Y}_{\cdot j} + \overline{Y})$$

와 같이 인자 A_i의 효과에 의한 편차 $\overline{Y}_{i\cdot} - \overline{Y}$, 인자 B_j의 효과에 의한 편차 $\overline{Y}_{\cdot j} - \overline{Y}$, 불확실성으로부터 생기는 오차(총 편차에서 인자 A_i의 효과에 의한 편차와 인자 B_j의 효과에 의한 편차를 제외한 부분)

$$(Y_{ij} - \overline{Y}) - \left[(\overline{Y}_{i\cdot} - \overline{Y}) + (\overline{Y}_{\cdot j} - \overline{Y})\right] = Y_{ij} - \overline{Y}_{i\cdot} - \overline{Y}_{\cdot j} + \overline{Y}$$

로 분해한다. 각 편차의 제곱합을 각각

$$SST = \sum_{i=1}^{p}\sum_{j=1}^{q}(Y_{ij} - \overline{Y})^2 \ : \text{총제곱합 또는 총변동}$$

$$SSA = q\sum_{i=1}^{p}(\overline{Y}_{i.} - \overline{Y})^2 \ : \text{인자 } A\text{의 제곱합}$$

$$SSB = p\sum_{j=1}^{q}(\overline{Y}_{.j} - \overline{Y})^2 \ : \text{인자 } B\text{의 제곱합}$$

$$SSE = \sum_{i=1}^{p}\sum_{j=1}^{q}(Y_{ij} - \overline{Y}_{i.} - \overline{Y}_{.j} + \overline{Y})^2 \ : \text{잔차제곱합}$$

이라 하자. 분해된 총편차의 양변을 제곱하여 더하면

$$SST = SSA + SSB + SSE$$

와 같이 총제곱합은 인자 A의 제곱합과 인자 B의 제곱합, 잔차제곱합으로 분해된다.

(2) 자유도

각 제곱합의 자유도는 제곱을 한 편차의 수에서 선형제약조건의 개수를 뺀 것이다.

총제곱합의 자유도

총제곱합 SST는 제곱한 편차의 수는 pq이다. 한편 선형제약조건은 $\sum_{i=1}^{p}\sum_{j=1}^{q}(Y_{ij} - \overline{Y}) = 0$ 한 개이므로 SST의 자유도는 $pq-1$이다.

인자 A의 제곱합의 자유도

인자 A의 제곱합 SSA에서 제곱한 편차의 수는 p개 이고 선형제약조건은 $\sum_{i=1}^{p}(\overline{Y}_{i.} - \overline{Y}) = 0$ 한 개이므로 SSA의 자유도는 $p-1$이다.

인자 B의 제곱합의 자유도

같은 방법으로 인자 B의 제곱합 SSB의 자유도는 $q-1$이다.

잔차제곱합의 자유도

잔차제곱합 SSE에서 제곱한 편차의 개수는 pq개 이다. 이 때, 선형제약조건은 다음과 같다.

$$\sum_{i=1}^{p}\sum_{j=1}^{q}(Y_{ij}-\overline{Y}_{i\cdot}-\overline{Y}_{\cdot j}+\overline{Y})=0 \qquad (1)$$

$$\sum_{j=1}^{q}(Y_{ij}-\overline{Y}_{i\cdot}-\overline{Y}_{\cdot j}+\overline{Y})=0,\ i=1,2,\cdots,p \qquad (2)$$

$$\sum_{i=1}^{p}(Y_{ij}-\overline{Y}_{i\cdot}-\overline{Y}_{\cdot j}+\overline{Y})=0,\ j=1,2,\cdots,q \qquad (3)$$

한편 제약조건 (2) 중 $p-1$개를 만족하면 제약조건 (1)에 의하여 나머지 한 개는 자동으로 만족되므로 실질적인 조건의 수는 $p-1$개다. 같은 이유로 제약조건 (2)의 실질적인 제약조건의 수는 $q-1$개다. 따라서 위의 $p+q+1$개의 제약조건 중 실질적인 제약조건은 $p+q-1$이다. 따라서 SSE의 자유도는

$$pq-(p+q-1)=(p-1)(q-1)$$

이다.

(3) 평균제곱합과 검정통계량

처리 A와 처리 B에 대한 평균제곱합과 잔차에 대한 평균제곱합을 각각

$$MSA=\frac{1}{p-1}SSA,$$

$$MSB=\frac{1}{q-1}SSB,$$

$$MSE=\frac{1}{(p-1)(q-1)}SSE$$

로 나타낸다. 이 결과를 요약하면 다음 분산분석표를 얻는다.

표 11.5 분산분석표: 반복이 없는 이원배치법

요인	제곱합	자유도	평균제곱합	F비
인자A	SSA	$p-1$	$MSA=SSA/(p-1)$	$F_A=\frac{MSA}{MSE}$
인자B	SSB	$q-1$	$MSB=SSB/(q-1)$	$F_B=\frac{MSB}{MSE}$
잔차	SSE	$(p-1)(q-1)$	$MSE=SSE/[(p-1)(q-1)]$	
전체	SST	$pq-1$		

(4) 검정

반복이 없는 이원배치법에서 평균제곱합에 대한 다음 사실이 알려져 있다.

> **반복이 없는 이원배치법에서 평균제곱합의 성질**
>
> (1) 잔차평균제곱합 MSE는 오차의 분산 σ^2의 비편향추정량이다. 즉,
>
> $$E[MSE]=\sigma^2$$
>
> (2) 다음이 성립한다.
>
> $$E[MSA]=\sigma^2+\frac{q}{p-1}\sum_{i=1}^{p}\alpha_i^2$$
>
> $$E[MSB]=\sigma^2+\frac{p}{q-1}\sum_{j=1}^{q}\beta_j^2$$
>
> (3) 귀무가설 H_0 : $\alpha_1=\alpha_2=\cdots=\alpha_p=0$이 참이면, 다음이 성립한다.
>
> $$F_A=\frac{MSA}{MSE}\sim F(p-1,(p-1)(q-1))$$
>
> (4) 귀무가설 H_0 : $\beta_1=\beta_2=\cdots=\beta_q=0$이 참이면, 다음이 성립한다.
>
> $$F_B=\frac{MSB}{MSE}\sim F(q-1,(p-1)(q-1))$$

성질 (2)에 의하여 인자 A에 대한 귀무가설이 참이 아니면 α_i 중 0이 아닌 것이 존재하므로 MSA의 평균이 SSE의 평균 σ^2보다 크게 된다. 따라서 평균제곱의 비

$$F_A=\frac{MSA}{MSE}=\frac{SSA/(p-1)}{SSE/((p-1)(q-1))}$$

가 커질수록 대립가설에 대한 믿음의 정도가 강할 것이므로 인자 A에 대한 귀무가설의 기각역은

$$F_A\ge c_1$$

와 같은 형태가 된다. 위의 성질 (3)에 의하여 인자 A의 효과에 대한 유의수준 α인 검정의 기각역은 다음과 같음을 알 수 있다.

$$F_A = \frac{MSA}{MSE} \geq F(p-1,(p-1)(q-1),\alpha)$$

같은 방법으로 위의 성질 (2)와 (4)에 의하여 인자 B의 효과에 대한 유의수준 α인 검정에서 기각역은 다음과 같음을 알 수 있다.

$$F_B = \frac{MSB}{MSE} \geq F(q-1,(p-1)(q-1),\alpha)$$

반복이 없는 이원배치법에서 처리효과에 대한 검정방법을 요약하면 다음과 같다.

반복이 없는 이원배치법에 대한 검정

(1) 요인 A의 효과에 대한 검정

가설 : H_0 : $\alpha_1 = \alpha_2 = \cdots = \alpha_k = 0$ 대 H_1 : H_0가 아니다.

검정통계량 : $F_A = \frac{MSA}{MSE}$

유의수준 α인 기각역 : $F_A \geq F(p-1,(p-1)(q-1),\alpha)$

검정통계량 F_A의 관측값이 x일 때 유의확률 :

P값 $= P(F) \geq x)$ 단, $F \sim F(p-1,(p-1)(q-1))$

(2) 요인 B의 효과에 대한 검정

가설 : H_0 : $\beta_1 = \beta_2 = \cdots = \beta_q = 0$ 대 H_1 : H_0가 아니다.

검정통계량 : $F_B = \frac{MSB}{MSE}$

유의수준 α인 기각역 : $F_B \geq F(q-1,(p-1)(q-1),\alpha)$

검정통계량 F_B의 관측값이 x일 때 유의확률 :

P값 $= P(F) \geq x)$ 단, $F \sim F(p-1,(p-1)(q-1))$

예제 11.2

4종류의 비료와 3종류의 토질이 생산량에 끼치는 효과를 비교하기 위하여 3종류의 토질 (A1,A2,A3)을 가진 밭을 각각 4개의 균일한 구역으로 나누고 4종류의 비료 (B1,B2,B3,B4)를 임의로 배치하여 수확량을 조사하였다. 그 결과가 다음 표와 같다. 비료와 토질이 생산량에 영향을 미치는지 유의수준 5%로 검정하라.

토질 \ 비료	B1	B2	B3	B4	평균($\bar{y}_{i\cdot}$)
A1	14.9	10.4	15.3	13.8	$\bar{y}_{1\cdot}=13.6$
A2	15.3	12.2	13.1	16.4	$\bar{y}_{2\cdot}=14.3$
A3	18.1	15.1	19.2	17.5	$\bar{y}_{3\cdot}=17.5$
평균($\bar{y}_{\cdot j}$)	16.1	12.6	15.9	15.9	$\bar{y}=15.1$

풀이 인자 A(토지)와 인자 B(비료)의 유의성을 판단하기 위한 가설은 각각 다음과 같다.

$$H_0:\alpha_1=\alpha_2=\alpha_3=0,\ H_1: \text{적어도 한 } \alpha_i\text{는 0이 아니다}$$

$$H_0:\beta_1=\cdots=\beta_4=0,\ H_1: \text{적어도 한 } \beta_i\text{는 0이 아니다}$$

제곱합을 계산하면

$$SSA=4\{(13.6-15.1)^2+(14.3-15.1)^2+(17.5-15.1)^2\}=34.45$$

$$SSB=3\{(16.1-15.1)^2+(12.6-15.1)^2+\cdots+(15.9-15.1)^2\}=25.94$$

$$SST=(14.9-15.1)^2+\cdots+(17.5-15.1)^2=69.57$$

$$SSE=SST-SSA-SSB=9.18$$

이고, 각각의 자유도는 다음과 같다.

SSA의 자유도 $3-1=2$, SSB의 자유도 $4-1=3$,
SSE의 자유도 $(3-1)(4-1)=6$, SST의 자유도 $3\times 4-1=11$

따라서, 평균제곱합과 검정통계량의 값은 다음과 같다.

$$MSA=\frac{SSA}{2}=173.23,\ MSB=\frac{SSB}{3}=8.65,\ MSE=\frac{SSE}{6}=1.53,$$

$$F_A=\frac{MSA}{MSE}=11.26,\ F_B=\frac{MSB}{MSE}=5.65$$

다음은 P값과 임곗값을 포함한 분산분석표다.

요인	제곱합	자유도	제곱 평균	F 비	P값	임곗값
인자 A(토질)	34.45	2	17.23	11.26	0.009	5.14
인자 B(비료)	25.94	3	8.65	5.65	0.035	4.76
잔차	9.18	6	1.53			
전체	69.57	11				

한편 $F_A = 11.26 > F(2,6,0.05) = 5.14$이므로 귀무가설 $H_0 : \alpha_1 = \alpha_2 = \alpha_3 = 0$은 기각된다. 따라서 유의수준 5%에서 토질의 종류에 따라서 수확량에 유의한 차이가 있다는 결론을 내릴 수 있다. 또한 $F_B = 5.65 > F(3,6,0.05) = 4.76$이므로 귀무가설 $H_0 : \beta_1 = \cdots = \beta_4 = 0$은 기각된다. 따라서 유의수준 5%에서 비료의 종류에 따라서도 수확량이 유의하게 다르다는 결론을 내릴 수 있다.

11.5 반복이 있는 이원배치법

앞 절에서는 2개의 인자 A, B에 대하여 인자 A의 한 수준과 인자 B의 한 수준의 조합에서 한 번의 실험을 실시하여 얻은 표본을 이용하여 인자 A와 인자 B의 효과를 판단하는 방법에 대하여 살펴보았다. 많은 경우 실험결과의 신뢰성을 높이고 두 인자사이의 조합에 의하여 발생할 수 있는 상호작용효과를 살펴보기 위해서는 각 수준의 조합에서 2회 이상 반복적인 실험을 실시한다. 이 절에서는 2개의 인자 A, B의 각 수준의 조합에서 2회 이상 반복실험을 통하여 얻어진 표본을 이용하여 인자의 효과 등을 분석하는 방법에 대하여 알아본다.

앞 절과 같이 2개의 인자 A, B의 수준을 다음과 같이 나타내자.

$$\text{인자 } A\text{의 수준} : A_1,\ A_2,\ \cdots,\ A_p$$
$$\text{인자 } B\text{의 수준} : B_1,\ B_2,\ \cdots,\ B_q$$

이 때, 인자 A의 한 수준 A_i과 인자 B의 한 수준 B_j의 조합 (A_i, B_j)이 하나의 처리가 된다. 따라서 전체는 pq개의 처리가 있다. 여기서는 각 처리에 대하여 r번의 실험을 실시한다고 하자. 그러면 실험의 총 횟수는 pqr이 된다. 이원배치법에서 확률화의 원칙은 pqr회의 실험을 무작위로 선택된 순서에 의하여 시행하는 것이다. 앞에서도 언급하였듯이 반복이 없는 이원배치법과 달리 반복이 있는 이원배치법에서는 인자수준의 조합에서 생기는 효과를 분리하여 구할 수 있다. 이 때, 인자수준의 조합에서 생기는 효과를 **상호작용 또는 교호작용**(interaction)이라고 한다. 예를 들어 화학약품 제조공정에서 반응 시간과 온도가 반응량에 미치는 효과를 분석하기 위하여 반응시간은 세 개의 수준 A_1(0.5시간), A_2(1시간), A_3(1.5시간), 온도는 세 개의 수준 B_1(60℃), B_2(80℃), B_3(90℃)의 각 조합에 대하여 실험을 한다고 하자. 각 인자 수준의 조합 (A_i, B_j)에 대한 반응량의 평균을 μ_{ij}라 하자. 인자 B의 수준이 B_1일 때 (A_1, B_1)과 (A_3, B_1)의 반응량의 차이는 $\mu_{11} - \mu_{31}$이다. [그림 11.1]의 (a)와 같이 각각의 서로 다른 A의 수준 $i \neq k$에 대하여 $\mu_{i1} - \mu_{k1}$, $\mu_{i2} - \mu_{k2}$, $\mu_{i3} - \mu_{k3}$이 서로 같을 때, A, B는 상호작용 효과가 없다고 한다. 한편 [그림 11.1]의 (b)에서는 $\mu_{11} < \mu_{21}$인 반면 $\mu_{12} > \mu_{22}$이다. 즉, B의 수준이 B_1(60℃)일 때는 반응시간이 A_2(1시간)일 때가 A_1(0.5시간)일 때보다 반응량이 컸으나, B의 수준이 B_2(80℃)일 때는 반응시간이 A_1(0.5시간)일 때가 A_2(1시간)일 때보다 컸다. 이와 같이 A의 각 수준에서의 기댓값의 차이가 B의 수준에 따라 변할 때, 인자 A와 인자 B 사이에는 교호작용(상호작용)이 있다고 한다.

다른 예로 세 명의 남자선수 A_1, A_2, A_3와 세 명의 여자선수 B_1, B_2, B_3가 혼합팀 (A_i, B_j)를 구성하여 특정한 다른 혼합팀과 경기를 한다고 할 때, 혼합 조$(A_2,\ B_1)$일 때의 승률이 $(A_1,\ B_1)$일 때보다 높지만, 여자선수가 B_3일 경우는 $(A_1,\ B_3)$조의 승률이 $(A_2,\ B_3)$조의 승률보다 높은 경우가 나타나면 A와 인자 B 사이에는 상호작용(교호작용)이 있다고 한다.

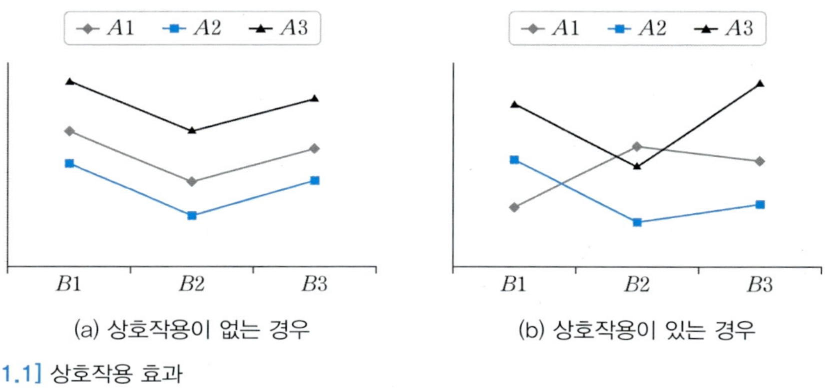

(a) 상호작용이 없는 경우　　(b) 상호작용이 있는 경우

[그림 11.1] 상호작용 효과

인자 A의 수준 A_i와 인자 B의 수준 B_j에 대응하는 처리(A_i, B_j)에 대한 실험을 r번 실시할 때, 실험 결과를 Y_{ijk}, $i=1,2,\cdots,p$, $j=1,2,\cdots,q$, $k=1,2,\cdots,r$로 나타내면 반복수가 r인 이원배치법의 자료구조는 다음 〈표 11.6〉과 같다.

표 11.6 반복이 있는 이원배치법의 표본구조

<table>
<tr><th colspan="2" rowspan="2">인자 B / 인자 A</th><th>인자 B의 수준</th><th rowspan="2">평균</th></tr>
<tr><th>B_1 ⋯ B_j ⋯ B_q</th></tr>
<tr><td rowspan="7">인자 A의 수준</td><td rowspan="2">A_1</td><td>Y_{111} ⋯ Y_{1j1} ⋯ Y_{1q1}
⋮ ⋮ ⋮
Y_{11k} ⋯ Y_{1jk} ⋯ Y_{1qk}
⋮ ⋮ ⋮
Y_{11r} ⋯ Y_{1jr} ⋯ Y_{1qr}</td><td rowspan="2">$\overline{Y}_{1\cdot\cdot}$</td></tr>
<tr><td>$\overline{Y}_{11\cdot}$ ⋯ $\overline{Y}_{1j\cdot}$ ⋯ $\overline{Y}_{1q\cdot}$</td></tr>
<tr><td rowspan="2">A_2</td><td>Y_{211} ⋯ Y_{2j1} ⋯ Y_{2q1}
⋮ ⋮ ⋮
Y_{21k} ⋯ Y_{2jk} ⋯ Y_{2qk}
⋮ ⋮ ⋮
Y_{21r} ⋯ Y_{2jr} ⋯ Y_{2qr}</td><td rowspan="2">$\overline{Y}_{2\cdot\cdot}$</td></tr>
<tr><td>$\overline{Y}_{21\cdot}$ ⋯ $\overline{Y}_{2j\cdot}$ ⋯ $\overline{Y}_{2q\cdot}$</td></tr>
<tr><td></td><td>⋮ ⋮ ⋮</td><td></td></tr>
<tr><td rowspan="2">A_p</td><td>Y_{p11} ⋯ Y_{pj1} ⋯ Y_{pq1}
⋮ ⋮ ⋮
Y_{p1k} ⋯ Y_{pjk} ⋯ Y_{pqk}
⋮ ⋮ ⋮
Y_{p1r} ⋯ Y_{pjr} ⋯ Y_{pqr}</td><td rowspan="2">$\overline{Y}_{p\cdot\cdot}$</td></tr>
<tr><td>$\overline{Y}_{p1\cdot}$ ⋯ $\overline{Y}_{pj\cdot}$ ⋯ $\overline{Y}_{pq\cdot}$</td></tr>
<tr><td colspan="2">평균</td><td>$\overline{Y}_{\cdot 1\cdot}$ ⋯ $\overline{Y}_{\cdot j\cdot}$ ⋯ $\overline{Y}_{\cdot q\cdot}$</td><td>$\overline{Y}$</td></tr>
</table>

이 때, 각 인자수준에 대한 표본의 평균은 다음과 같이 나타낸다.

처리(A_i, B_j)에 대한 표본의 평균:

$$\overline{Y}_{ij\cdot} = \frac{1}{r}\sum_{k=1}^{r} Y_{ijk}, \ i=1,2,\cdots,p,$$

인자 A의 수준 A_i에 대한 표본의 평균:

$$\overline{Y}_{i\cdot\cdot} = \frac{1}{qr}\sum_{j=1}^{q}\sum_{k=1}^{r} Y_{ijk},\ i=1,2,\cdots,p,$$

인자 B의 수준 B_j에 대한 표본의 평균:

$$\overline{Y}_{\cdot j\cdot} = \frac{1}{pr}\sum_{i=1}^{p}\sum_{k=1}^{r} Y_{ijk},\ i=1,2,\cdots,p,$$

전체표본의 평균:

$$\overline{Y} = \frac{1}{pqr}\sum_{i=1}^{p}\sum_{j=1}^{q}\sum_{k=1}^{r} Y_{ijk}$$

반복이 있는 이원배치법에서 처리$(A_i,\ B_j)$에 대한 모집단으로부터의 표본 Y_{ijk}, $k=1,2,\cdots,r$에 대하여 다음을 가정한다.

$$Y_{ijk} = \mu + \alpha_i + \beta_i + \gamma_{ij} + \epsilon_{ijk},\ i=1,2,\cdots,p,\ j=1,2,\cdots,q,\ k=1,2,\cdots,r$$

단, μ : 전체 모집단의 총평균

α_i : 수준 A_i의 처리효과로서 $\sum_{i=1}^{p}\alpha_i = 0$

β_j : 수준 B_j의 처리효과로서 $\sum_{j=1}^{q}\beta_j = 0$

γ_{ij} : A_i와 B_j의 상호작용효과로서 $\sum_{i=1}^{p}\gamma_{ij} = 0,\ j=1,2,\cdots,q,$

$\sum_{j=1}^{q}\gamma_{ij} = 0,\ i=1,2,\cdots,p$

ϵ_{ijk} : 오차항으로서 $\epsilon_{ij} \sim N(0,\ \sigma^2)$이고 서로 독립인 확률변수

반복이 있는 이원배치법의 가설은 다음과 같다.

인자 A에 대한 가설

H_0 : 인자 A의 각 수준에서의 효과가 같다. 즉 $\alpha_1 = \alpha_2 = \cdots = \alpha_p = 0$

H_1 : H_0 이 아니다.

인자 B에 대한 가설

H_0 : 인자 B의 각 수준에서의 효과가 같다. 즉 $\beta_1 = \beta_2 = \cdots = \beta_q = 0$

H_1 : H_0이 아니다.

인자 A와 B의 상호작용에 대한 가설

H_0 : 인자 A와 B의 각 수준에서 상호작용의 효과가 없다. 즉,

$\gamma_{ij} = 0,\ i = 1, 2, \cdots, p,\ j = 1, 2, \cdots, q$

H_1 : H_0이 아니다.

이와 같은 가설에 대한 검정을 위하여 총 편차의 제곱합을 인자 A의 제곱합, 인자 B의 제곱합, 상호작용효과에 의한 편차의 제곱합, 오차제곱합으로 분해한다. 반복이 있는 이원배치법의 검정절차는 다음과 같다.

(1) 총변동의 분할

먼저 표본 전체의 평균 $\overline{Y}$와 각 실험결과로부터 얻어지는 결과 사이의 총편차를

$$Y_{ij} - \overline{Y} = (\overline{Y}_{i\cdot\cdot} - \overline{Y}) + (\overline{Y}_{\cdot j\cdot} - \overline{Y}) + (Y_{ij\cdot} - \overline{Y}_{i\cdot\cdot} - \overline{Y}_{\cdot j\cdot} + \overline{Y}) + (Y_{ijk} - \overline{Y}_{ij\cdot})$$

와 같이 분해된다. 이 때,

$\overline{Y}_{i\cdot\cdot} - \overline{Y}$는 인자 A_i의 효과에 의한 편차,

$\overline{Y}_{\cdot j\cdot} - \overline{Y}$는 인자 B_j의 효과에 의한 편차,

$Y_{ijk} - \overline{Y}_{ij\cdot}$는 잔차

이다. 한편

$$Y_{ij\cdot} - \overline{Y}_{i\cdot\cdot} - \overline{Y}_{\cdot j\cdot} + \overline{Y} = (Y_{ij\cdot} - \overline{Y}) - ((\overline{Y}_{i\cdot\cdot} - \overline{Y}) + (\overline{Y}_{\cdot j\cdot} - \overline{Y}))$$

는 (A_i, B_j)의 효과에 의한 편차에서 각각 수준 A_i와 수준 B_j의 효과에 대한 편차의 합 $(\overline{Y}_{i\cdot\cdot} - \overline{Y}) + (\overline{Y}_{\cdot j\cdot} - \overline{Y})$를 뺀 것으로 상호작용효과에 의한 편차이다.

총편차의 양변을 제곱하여 합하면 총제곱합은 다음과 같이 분해 된다.

$$SST = SSA + SSB + SS_{A \times B} + SSE$$

여기서

$$SST = \sum_{i=1}^{p}\sum_{j=1}^{q}\sum_{k=1}^{r}(Y_{ijk} - \overline{Y})^2$$: 총제곱합

$$SSA = qr\sum_{i=1}^{p}(\overline{Y}_{i\cdot\cdot} - \overline{Y})^2$$: 인자 A에 대한 편차의 제곱합

$$SSB = pr\sum_{j=1}^{q}(\overline{Y}_{\cdot j \cdot} - \overline{Y})^2$$: 인자 B에 대한 편차의 제곱합

$$SS_{A \times B} = r\sum_{i=1}^{p}\sum_{j=1}^{q}(Y_{ij\cdot} - \overline{Y}_{i\cdot\cdot} - \overline{Y}_{\cdot j\cdot} + \overline{Y})^2$$: 상호작용 효과에 의한 편차의 제곱합

$$SSE = \sum_{i=1}^{p}\sum_{j=1}^{q}\sum_{k=1}^{r}(Y_{ijk} - \overline{Y}_{ij\cdot})^2$$: 잔차제곱합

이다. 반복이 없는 분산분석법과 같은 방법을 사용하면 각 제곱합의 자유도를 구할 수 있으며 다음과 같은 분산분석표를 얻는다.

표 11.7 분산분석표: 반복이 있는 이원배치법

요인	제곱합	자유도	평균제곱합	F비
인자A	SSA	$p-1$	$MSA = SSA/(p-1)$	$F_A = \frac{MSA}{MSE}$
인자B	SSB	$q-1$	$MSB = SSB/(q-1)$	$F_B = \frac{MSB}{MSE}$
상호작용	$SS_{A\times B}$	$(p-1)(q-1)$	$MS_{A\times B} = \frac{SS_{A\times B}}{(p-1)(q-1)}$	$F_{A\times B} = \frac{MS_{A\times B}}{MSE}$
잔차	SSE	$pq(r-1)$	$MSE = SSE/[pq(r-1)]$	
전체	SST	$pqr-1$		

(4) 검정

반복이 있는 이원배치법에서 처리효과와 상호작용효과에 대한 검정방법을 요약하면 다음과 같다.

효과	가설	기각역
요인A	$H_0:\alpha_1=\alpha_2=\cdots=\alpha_p=0$ $H_1:H_0$가 아니다.	$F_A \ge F(p-1, pq(r-1), \alpha)$
요인B	$H_0:\beta_1=\beta_2=\cdots=\beta_q=0$ $H_1:H_0$가 아니다.	$F_B \ge F(q-1, pq(r-1), \alpha)$
상호 작용	$H_0:\gamma_{ij}=0,\ i=1,2,\cdots,p,$ $j=1,2,\cdots,q$ $H_1:H_0$가 아니다.	$F_{A\times B} \ge F((p-1)(q-1), pq(r-1), \alpha)$

예제 11.3

어떤 작물 시험장에서 4종류의 비료(B_1, B_2, B_3, B_4)와 3종류의 품종 (A_1, A_2, A_3)이 수확량에 미치는 효과를 비교하기 위하여 밭을 36개의 균일한 구역으로 나누고 각 조합을 임의로 3곳씩 배치하여 수확량을 조사하였다. 그 결과가 다음 표와 같다. 비료와 품종이 수확량에 영향을 미치는지 유의수준 5%로 검정하라. 비료와 품종 사이에 상호작용이 있는지 조사하여라.

품종 \ 비료	B_1	B_2	B_3	B_4
A_1	14	10	15	13
	13	9	10	12
	12	13	14	14
A_2	15	12	13	16
	17	15	16	17
	13	11	15	15
A_3	18	15	19	17
	19	16	20	14
	20	14	17	15

풀이 (1) 가설 : 다음 3개의 가설에 대한 검정을 실시한다.

① 인자 A (품종)에 대한 가설

H_0 : 인자 A의 각 수준에서의 효과가 같다.

H_1 : H_0 이 아니다.

② 인자 B (비료)에 대한 가설

H_0 : 인자 B의 각 수준에서의 효과가 같다.

H_1 : H_0 이 아니다.

③ 인자 A와 B의 상호작용에 대한 가설

H_0 : 인자 A와 B의 각 수준에서 상호작용의 효과가 없다. 즉,

$\gamma_{ij} = 0,\ i = 1,2,\cdots,p,\ j = 1,2,\cdots,q$

H_1 : H_0 이 아니다.

(2) 제곱합

인자 A의 수준 수 $p = 3$, 인자 B의 수준 수 $q = 4$, 반복횟수 $r = 3$이므로 다음을 얻는다.

처리(A_1, B_1)에 대한 표본의 평균: $\overline{Y}_{11\cdot} = \frac{1}{3}(14 + 13 + 12) = 13$

인자 A의 수준 A_1에 대한 표본의 평균:

$$\overline{Y}_{1\cdot\cdot} = \frac{1}{3 \times 4}(14 + 10 + \cdots + 14) = \frac{149}{12} = 12.42$$

인자 B의 수준 B_1에 대한 표본의 평균:

$$\overline{Y}_{\cdot 1\cdot} = \frac{1}{3 \times 3}(14 + 13 + \cdots + 19 + 20) = \frac{141}{9} = 15.67$$

전체표본의 평균:

$$\overline{Y} = \frac{1}{3 \times 4 \times 3}(14 + 10 + \cdots + 17 + 15) = \frac{528}{36} = 14{,}67$$

이와 같은 방법으로 자료의 평균에 대하여 다음 표와 같은 결과를 얻는다.

	B1	B2	B3	B4	$\bar{y}_{i\cdot\cdot}$
A1	13	10.67	13	13	12.42
A2	15	12.67	14.67	16	14.58
A3	19	15	18.67	15.33	17
$\bar{y}_{\cdot j \cdot}$	15.67	12.78	15.44	14.78	$\bar{y}=14.67$

$$SSA = 4 \times 3 \times \{(12.42-14.67)^2+(14.58-14.67)^2+(17-14.67)^2\} \\ = 126.17$$

$$SSB = 3 \times 3 \times \{(15.67-14.67)^2+\cdots+(14.78-14.67)^2\} = 46.67$$

$$SS_{A \times B} = 3 \times \{(13-15.67-12.42+14.67)^2 \\ +\cdots+(15.33-14.78-17+14.67)^2\} \\ = 23.83$$

$$SSE = (14-13)^2+(13-13)^2+(12-13)^2 \\ +\cdots+(17-15,33)^2+(14-15,33)^2+(15-15,33)^2 \\ = 63.33$$

$$SST = (14-14.67)^2+(13-14.67)^2+(12-14.67)^2 \\ +\cdots+(17-14.67)^2+(14-14.67)^2+(15-14.67)^2 \\ = 260$$

(3) 분산분석표

제곱합에 대한 결과로부터 분산분석표를 구하면 다음과 같다. 이 표의 P 값과 임곗값은 컴퓨터를 이용하여 구하였다.

분산 분석표

요인	제곱합	자유도	제곱 평균	F 비	P값	임곗값
인자 A(품종)	126.17	2	63.08	23.91	2×10^{-6}	3.40
인자 B(비료)	46.67	3	15.56	5.89	0.0037	3.01
상호작용	23.83	6	3.97	1.51	0.2189	2.51
잔차	63.33	24	2.64			
전체	260	35				

(4) 가설검정

요인A(품종) 효과 : $F_A = 23.91 > F(2,24,0.05) = 3.40$이므로 귀무가설은 기각된다. 따라서 유의수준 5%에서 품종에 따라 수확량에 차이가 있다고 결론을 내린다. 유의확률이 2×10^{-6}이므로 유의수준이 이보다 큰 경우에 귀무가설을 기각한다.

요인B(비료) 효과 : $F_B = 5.89 > F(3,24,0.05) = 3.01$이므로 귀무가설은 기각된다. 따라서 유의수준 5%에서 비료의 종류에 따라 수확량에 차이가 있다고 결론을 내린다. 유의확률이 0.0037이므로 유의수준이 이보다 큰 경우에 귀무가설을 기각한다.

품종과 비료의 상호작용 효과 : $F_{A \times B} = 1.51 < F(6,24,0.05) = 2.51$이므로 귀무가설은 기각되지 않는다. 따라서 유의수준 5%에서 품종과 비료의 상호작용 효과가 있다는 뚜렷한 증거가 없다. 유의확률이 0.2189이므로 유의수준이 이보다 큰 경우에 귀무가설을 기각한다.

분산분석에서 엑셀 활용

1. 일원배치법

(1) 데이터⇒데이터 분석을 선택한 후 '통계 데이터분석'창에서 "분산분석 : 일원 배치법"을 선택하고 확인을 클릭한다.

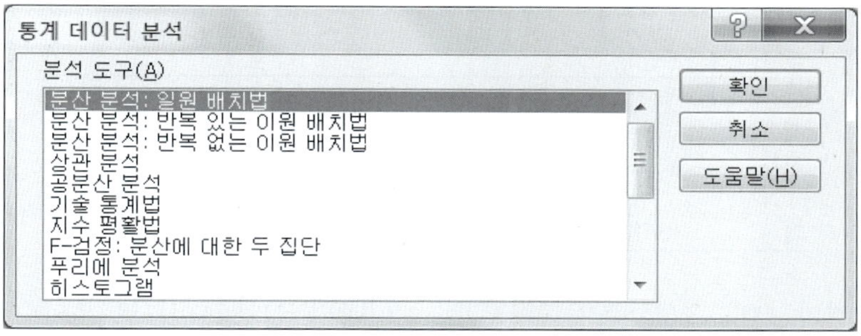

(2) 데이터가 있는 범위를 지정해준다. 첫 번째 행에 자료의 이름이 있는 경우 "첫째 행 이름표 사용"을 선택한다. 출력범위를 원하는 곳으로 지정하고 확인을 클릭한다.

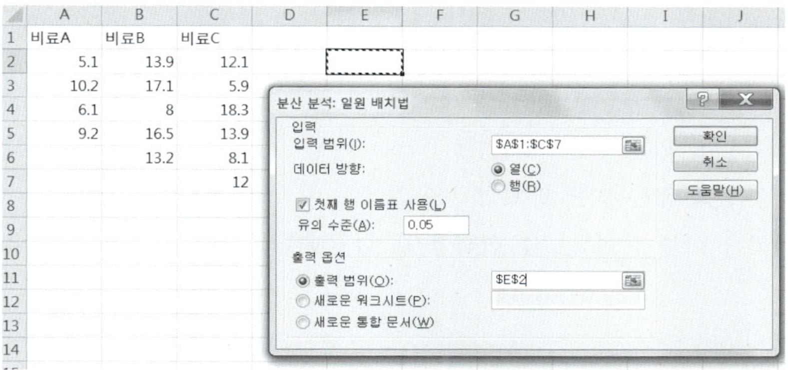

(3) 다음과 같은 출력결과를 얻는다.

분산 분석: 일원 배치법						
요약표						
인자의 수준	관측수	합	평균	분산		
비료A	4	30.6	7.65	5.936667		
비료B	5	68.7	13.74	13.043		
비료C	6	70.3	11.71667	19.04967		
분산 분석						
변동의 요인	제곱합	자유도	제곱 평균	F 비	P-값	F 기각치
처리	84.099	2	42.0495	3.053882	0.084703	3.885294
잔차	165.2303	12	13.76919			
계	249.3293	14				

분산분석 결과 F비$=3.05>F$기각치$=F(2,12,0.05)=3.885$이므로 유의수준 5%에서 귀무가설은 기각된다. 한편 P값이 0.0847이므로 유의수준이 0.0847이상인 경우 귀무가설을 기각한다.

2. 이원 배치법

데이터⇒데이터 분석⇒통계 데이터분석 창에서
"분산분석 : 반복 있는 이원 배치법"
"분산분석 : 반복 없는 이원 배치법"
중 사용하고자 하는 분석도구를 선택한 후 일원배치법과 같은 절차를 따라서 분석을 수행한다.

제 11 장 연습문제

01 다음은 일원배치법에 대한 분산분석표를 나타낸 것이다.

요인	제곱합	자유도	제곱평균	F 비	P값
처리	90.0	2	45.0	3.03	0.0858
잔차	178.0	12	14.8		
전체	268.0	14			

다음 물음에 답하라.

(1) 인자수준의 수는 몇 개인가?

(2) 관측된 자료 수는 몇 개인가?

(3) 각 인자 수준에서 동일한 횟수로 반복실험을 했을 경우 반복실험 횟수는 얼마인가?

(4) 유의수준 $\alpha = 0.05$에서 각 수준별 평균의 차이가 있다고 할 수 있는가?

(5) 유의수준 $\alpha = 0.1$에서 각 수준별 평균의 차이가 있다고 할 수 있는가?

02 인자 A에서 4수준을 택하여 각 수준마다 반복 7회의 실험을 실시하여 얻어진 결과로부터 분산분석표의 일부를 작성한 결과 다음과 같았다.

요인	제곱합	자유도	제곱평균	F 비	P값
처리	100.0	①	④	⑥	⑦
잔차	253.0	②	⑤		
전체	353.0	③			

(1) 빈칸①~⑦을 채워라.

(2) 이 실험에 대하여 일원배치법의 모형을 적용할 때 귀무가설 H_0와 대립가설 H_1은 무엇인가?

(3) 유의수준 $a = 0.05$로 분산분석을 할 때, 임곗값을 구하라.

03 평균은 각각 μ_1, μ_2, μ_3이고 분산은 σ^2으로 같은 세 개의 정규모집단으로부터 각각 독립적으로 표본을 추출한 결과가 다음과 같았다.

모집단1	모집단2	모집단3
3.4	5.6	6.1
2.4	1.2	4.3
4.5	3.9	8.3
6.6		3.0
7.4		3.4
		7.0

일원배치법 모형을 적용하려 이 자료를 분석하려고한다. 다음 물음에 답하라.

(1) 분산분석표를 작성하라.

(2) 세 모집단의 모평균이 같다고 할 수 있는지 유의수준 $\alpha = 0.05$로 검정하라.

(3) 세 개의 모집단을 (모집단1, 모집단2), (모집단1, 모집단3), (모집단2, 모집단3)과 같이 두 개씩 짝을 지은 후 각 쌍에 대하여 모집단의 평균이 같은지 유의수준 5%에서 t검정을 실시 하고 위의 (2)에서 검정한 결과가 같은지 답하라.

04 시중에 판매되는 네 종류의 진통제에 대하여 복용후 진통효과가 나타는 시간(분)을 조사한 결과가 다음과 같았다.

A	B	C	D
16	24	25	14
29	27	24	14
26	18	18	15
18	31	30	25
23	28	20	12

(1) 이 자료에 대하여 일원배치법의 모형을 적용할 때, 진통효과가 나타나는 평균시간이 진통제에 따라 다르다고 할 수 있는지 유의수준 $a = 0.05$로 검정하라.

(2) 분산분석결과 귀무가설이 기각되었다면 어느 진통제의 진통효과가 다른 것과 다르다고 할 수 있는가? 두 개씩 짝을 지어서 (6가지 경우) t검정을 실시하라.

05 두 가지 요인 A, B에 대한 효과를 알아보기 위하여 실험한 결과 다음과 같은 자료를 얻었다.

요인A \ 요인B	B1	B2	B3	B4
A1	16.1	16.7	14.8	25.4
A2	19.1	16.9	25.1	15.0
A3	13.3	6.2	24.4	15.7

이 자료를 이원배치법의 모형을 적용하여 분석하려고 한다. 다음 물음에 답하라.

(1) 분산분석표를 작성하라.

(2) 이 자료로부터 요인A의 수준에 따른 효과가 다르다고 할 수 있는지 유의수준 5%로 검정하라.

(3) 이 자료로부터 요인B의 수준에 따른 효과가 다르다고 할 수 있는지 유의수준 5%로 검정하라.

06 두 가지 요인 A, B에 대한 효과를 알아보기 위하여 각 수준의 조합에 대하여 두 번씩 실험한 결과 다음과 같은 자료를 얻었다.

요인A \ 요인B	B1	B2	B3	B4
A1	14.0	10.3	12.0	8.9
	11.3	4.9	10.9	7.1
A2	14.1	13.4	15.9	6.4
	10.2	12.3	13.2	12.4
A3	8.3	13.1	8.2	11.7
	2.6	10.0	12.3	14.3

이 자료를 이원배치법의 모형을 적용하여 분석하려고 한다. 다음 물음에 답하라.

(1) 분산분석표를 작성하라.

(2) 이 자료로부터 요인A의 수준에 따른 효과가 다르다고 할 수 있는지 유의수준 5%로 검정하라.

(3) 이 자료로부터 요인B의 수준에 따른 효과가 다르다고 할 수 있는지 유의수준 5%로 검정하라.

(4) 이 자료로부터 요인A와 B의 상호작용효과가 있다고 할 수 있는지 유의수준 5%로 검정하라.

통 계 학

제 12 장 회귀분석

제3장에서 두 변수 사이의 연관성(직선관계) 정도를 측정하는 방법에 대하여 알아보았다. 그러나 화학실험에서 반응에 첨가되는 첨가제의 양(x)과 반응량(y)의 관계나, 대학수학능력시험 성적(x)과 대학평점(y)의 관계와 같이 변수들 간의 함수적인 관계를 알아볼 필요가 있는 경우가 있다. 이와 같이 측정된 변수들의 자료로부터 함수관계를 추론하는 통계적 분석방법을 회귀분석이라 한다. 이 장에서는 독립변수와 종속변수 사이의 직선관계를 가정할 때, 계수를 추정하는 방법과 추정된 계수나 함수에 대한 통계적 분석방법에 대하여 알아본다.

12.1 서론

12.1.1 회귀분석

제11장에서는 합금을 만드는 공장에서 재료의 혼합비율과 공정시간이 합금의 강도에 미치는 영향, 비료의 종류가 농산물의 수확량에 미치는 영향 등과 같이 여러 가지 조건 하에서 어떤 속성이 영향을 받는지를 검정하는 방법을 알아보았다. 그러나 두 변수 사이의 관련성을 수학적인 함수의 형태로 나타내면 두 변수 사이의 관계를 보다 명확히 알 수 있으며 한 변수의 값으로부터 다른 변수의 값을 편리하게 예측할 수 있다. 다음 예를 생각해보자.

[예 1] 어떤 화학반응에서 생성되는 반응량(y)이 반응에 첨가되는 첨가제의 양(x)에 따라 어떻게 변화하는가를 알아보기 위하여 무작위 순서로 실험한 후 결과를 정리하여 다음 표와 같은 자료를 얻었다.

첨가제(x)	1	1	2	3	3	4	5	5	5	6	6
반응량(y)	2	2.5	3.1	3.7	2.8	3.8	4.5	3.8	4.0	4.8	5.5

위 자료에 대한 산점도를 그려보면 아래 [그림 12.1]과 같다. 이 그림으로부터 x의 값이 증가하면 y의 값이 증가한다는 것을 알 수 있다. 또한 두 변수 사이의 관계는 대략 직선인 것으로 추측할 수 있다. 만약 x와 y의 관계식이 $y = \beta_0 + \beta_1 x$이고 β_0와 β_1의 값이 알려져 있다면 촉진제의 양이 $x = 3.5$일 때, 반응량은 $y = \beta_0 + 3.5\beta_1$일 것

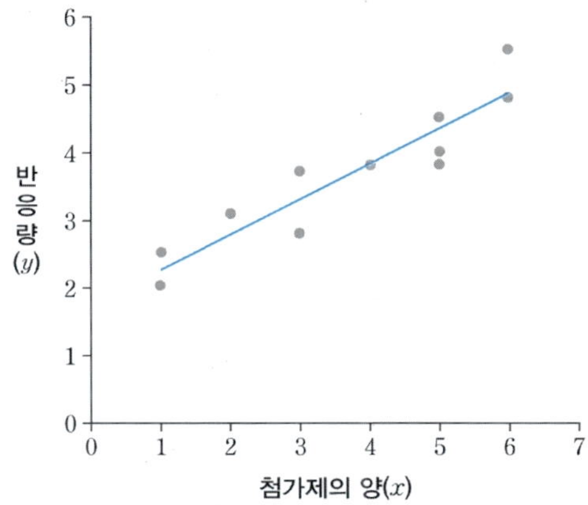

[그림 12.1] 첨가제의 양과 반응량의 산점도

으로 예측할 수 있을 것이다.

[예 2] 어떤 제품에 들어있는 특수한 화학물질은 시간이 경과함에 따라 감소한다고 한다. 다음은 경과된 기간(x)과 하나의 제품에 포함된 이 화학물의 함량(y)에 대한 자료이다.

경과기간(x)	5	10	15	20	25	30	35	40
잔여함량(y)	0.47	0.35	0.25	0.16	0.10	0.06	0.03	0.02
		0.40	0.20	0.14	0.09	0.08	0.01	0.01
		0.32	0.12			0.04		

위 자료에 대한 산점도를 그려보면 아래 [그림 12.2]와 같다. 이 그림으로부터 x와 y의 관계가 직선보다는 곡선으로 나타내는 것이 타당할 것으로 추측할 수 있다.

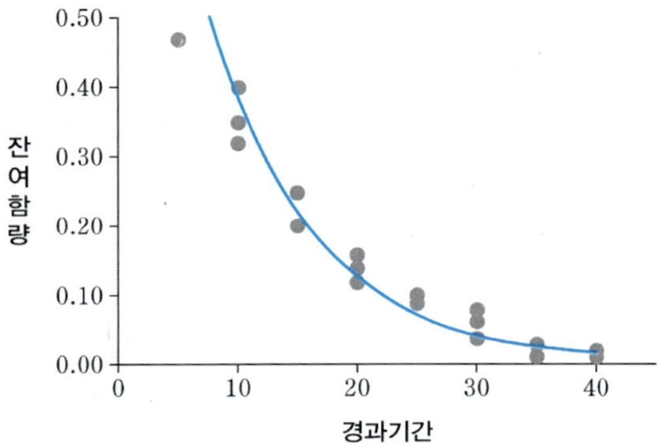

[그림 12.2] 경과기간(x)과 잔여함량(y)의 산점도

위의 예와 같이 변수들 간의 함수적인 관계를 가정하고 측정된 변수들의 자료로부터 함수관계를 추론하는 통계적 분석방법을 **회귀분석**(regression analysis)이라 한다. 위의 예에서 반응량이나 화학물질의 잔여함량과 같이 다른 변수의 영향을 받는 변수를 **종속변수**(dependent variable) 또는 **반응변수**(response variable)라 하고 촉진제의 양이나 경과시간과 같이 다른 변수에 영향을 주는 변수를 **독립변수**(independent variable) 또는 **설명변수**(explanatory variable)라 한다. 독립변수는 일반적으로 사전에 통제할 수 있는 변수로서 확률변수로 생각하지 않는다. 위의 [예 1]에서 보듯이 독립변수의 값이 $x=3$로 일정하더라도 종속변수의 값이 $y=3.7$과 $y=2.8$와 같이 다르게 나타날 수 있음을 알 수 있다. 회귀분석에서 독립변수는 실험자에 의하여 조절될 수 있지만 이에 대응되는 종속변수의

값은 측정오차나, 기재오류, 실험환경변화 등과 같은 각종 오차를 포함할 수 있다. 오차는 예측할 수 없는 확률변수로 생각하며 앞으로 그리스문자 ε으로 나타낸다. 따라서 독립변수 x에 대응하는 종속변수 y가 함수 $y=f(x)$로 나타난다 하더라도 측정되는 자료는 오차를 포함하는 확률변수로 볼 수 있다. 따라서 앞으로 회귀분석을 위한 수학적모형에서 종속변수는 오차(ε)를 포함하여

$$Y=f(x)+\varepsilon$$

와 같이 대문자를 사용한다. 예를 들어 독립변수의 값 $x_1,x_2,\cdots,x_n$ 에 대응하는 종속변수의 확률표본은 $Y_1,Y_2,\cdots,Y_n$와 같이 대문자를 사용하여 나타내고 실험이나 관측을 통하여 얻어진 구체적인 값을 나타낼 때에는 소문자 $y_1,y_2,\cdots,y_n$을 사용한다.

12.1.2 회귀모형

회귀분석의 첫 번째 단계는 변수들 간의 함수적인 관계를 가정하는 것이다. 이를 위해서는 산점도를 그려보는 것이 좋다. 아래 그림은 몇 가지 산점도를 나타낸 것이다. [그림 12.3]의 (a)와 (b)는 x와 y의 관계를 직선으로 나타내는 것이 타당해 보이며 (c)와 (d)는 직선보다는 2차 곡선이 더 타당할 것으로 보인다.

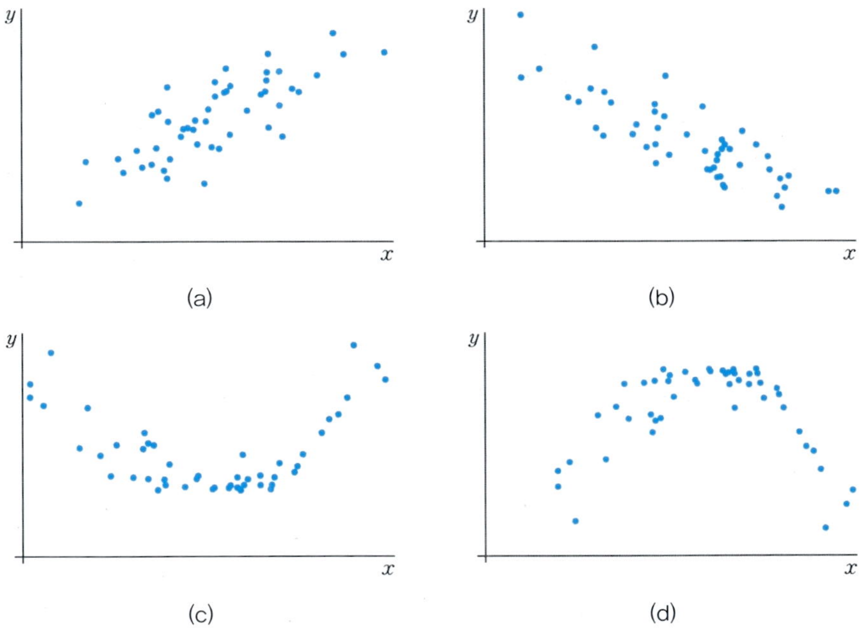

[그림 12.3] 산점도의 여러 형태

이와 같이 변수들간의 함수적인 관련성을 규명하기 위하여 가정한 수학적 모형을 **회귀모형**(regression model)이라고 한다. 회귀분석에서 독립변수가 1개이고 종속변수와의 관계가 $y = \beta_0 + \beta_1 x$와 같이 일차식으로 가정하는 모형을 **단순선형회귀모형**(simple linear regression model)또는 간단히 단순회귀모형이라 한다. 독립변수가 2개 이상이고 종속변수와의 관계를 $y = \beta_0 + \beta_1 x_1 + \cdots + \beta_k x_k$와 같이 선형식으로 가정한 모형을 **중회귀모형**(multiple regression model)이라고 한다. 다음 표는 몇 가지 회귀모형의 종류와 특징을 나타낸 것이다.

종류	특징
단순선형회귀	• 독립변수의 수 : 1개 • 독립변수와 종속변수의 관계 : 선형(1차식) • 모형 : $Y = \beta_0 + \beta_1 x + \varepsilon$
중선형회귀	• 독립변수의 수 : 2개 이상 • 독립변수와 종속변수의 관계 : 선형(1차식) • 모형: $Y = \beta_0 + \beta_1 x_1 + \cdots + \beta_k x_k + \varepsilon$
다항회귀	• 독립변수의 수 : 1개 이상 • 독립변수와 종속변수의 관계 : 다항식 • 모형: $k = 2$인 경우 • $Y = \beta_0 + \beta 1 x_1 + \beta_2 x_2 + \beta_{11} x_1^2 + \beta_{22} x_2^2 + \beta_{12} x_1 x_2 + \varepsilon$
비선형회귀	• 독립변수와 종속변수가 선형이 아닌 관계 • 예를 들어 지수함수 관계 $Y = \beta_0 e^{\beta_1 x} + \varepsilon$

이외에도 여러 가지 회귀모형을 생각할 수 있다. 여기서는 단순선형회귀모형에 대해서만 다룬다.

12.2 단순선형회귀모형

단순선형회귀모형은

$$Y = \beta_0 + \beta_1 x + \varepsilon$$

과 같이 나타낼 수 있다. 이 때, β_0와 β_1은 자료를 통하여 정해야 할 미지의 모수이다. 이들 모수를 구하는 방법 중 가장 널리 사용되는 방법은 오차 제곱의 합이 최소가 되도록 모수를 정하는 것이다. 이와 같은 방법을 최소제곱법이라 한다.

최소제곱법 독립변수 x의 값 $x_1,\cdots,x_n$에 각각 대응하는 종속변수가 $Y_1,\cdots,Y_n$일 때, 단순선형회귀모형에서 x와 Y의 관계식은 다음과 같이 나타낼 수 있다.

$$Y_i = \beta_0 + \beta_1 x_i + \varepsilon_i,\ i = 1,2,\cdots,n$$

단, ε_i는 Y_i가 포함하고 있는 오차를 나타낸다. 다음 [그림 12.4]는 위의 **[예 1]**에서 단순선형회귀모형을 가정할 경우 오차를 나타낸 것이다.

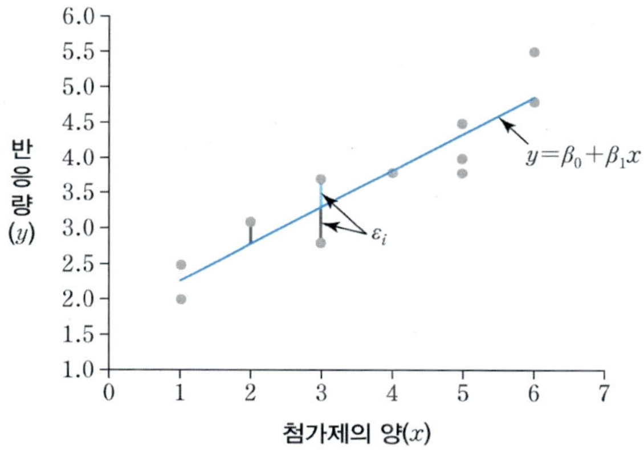

[그림 12.4] 회귀직선과 오차

오차의 제곱합

$$Q(\beta_0,\beta_1) = \sum_{i=1}^{n}\varepsilon_i^2 = \sum_{i=1}^{n}(Y_i - \beta_0 - \beta_1 x_i)^2$$

이 최소가 되도록 β_0와 β_1을 정하는 방법을 **최소제곱법**(method of least squares)이라 한다. 최소제곱법에 의하여 정해지는 β_0와 β_1의 추정량 $\hat{\beta}_0$와 $\hat{\beta}_1$을 **최소제곱추정량**이라 한다. 최소제곱법에 대한 설명을 위하여 다음 기호를 도입한다.

$$\overline{x} = \frac{1}{n}\sum_{i=1}^{n}x_i,\quad \overline{Y} = \frac{1}{n}\sum_{i=1}^{n}Y_i,$$

$$S_{(xx)} = \sum_{i=1}^{n}(x_i - \overline{x})^2 = \sum_{i=1}^{n} x_i^2 - n\overline{x}^2,$$

$$S_{(xy)} = \sum_{i=1}^{n}(x_i - \overline{x})(Y_i - \overline{Y}) = \sum_{i=1}^{n} x_i Y_i - n\overline{x}\,\overline{Y}$$

오차제곱합 $Q(\beta_0, \beta_1)$을 β_0와 β_1로 각각 편미분[11)]한 후 0으로 두면 다음을 얻는다.

$$\frac{\partial Q}{\partial \beta_0} = -2\sum_{i=1}^{n}(Y_i - \beta_0 - \beta_1 x_i) = 0$$

$$\frac{\partial Q}{\partial \beta_1} = -2\sum_{i=1}^{n}(Y_i - \beta_0 - \beta_1 x_i)x_i = 0$$

이 두 식을 만족하는 β_0와 β_1을 각각 $\hat{\beta}_0$와 $\hat{\beta}_1$으로 두고 위 식을 정리하면 다음과 같은 두 개의 방정식을 얻는다.

$$\hat{\beta}_0 + \hat{\beta}_1 \overline{x} = \overline{Y},$$

$$\hat{\beta}_0 n\overline{x} + \hat{\beta}_1 \sum_{i=1}^{n} x_i^2 = \sum_{i=1}^{n} x_i Y_i$$

이 방정식을 단순선형회귀모형의 **정규방정식**(normal equations)이라 한다. 이 방정식을 풀면 다음의 최소제곱추정량을 얻는다.

$$\widehat{\beta_1} = \frac{S_{(xy)}}{S_{(xx)}},$$

$$\hat{\beta}_0 = \overline{Y} - \hat{\beta}_1 \overline{x}.$$

이 때

$$\hat{Y} = \hat{\beta}_0 + \hat{\beta}_1 x$$

를 **최소제곱회귀직선**이라 부른다. 최소제곱회귀직선에서 $\hat{\beta}_0 = \overline{Y} - \hat{\beta}_1 \overline{x}$을 대입하면 다음을 얻는다.

---

11) 이변수함수 $Q(\beta_0, \beta_1)$ 에서 β_0만을 변수로 보고 β_1은 상수로 취급하여 β_0로 미분하는 것을 β_0로 편미분한다고 한다. 일변수함수의 미분에서는 $\frac{dy}{dx}$와 같이 나타내는 반면 편미분은 $\frac{\partial Q}{\partial \beta_0}$와 같은 기호를 사용한다.

$$\hat{Y} = \overline{Y} + \hat{\beta}_1 (x - \overline{x})$$

따라서 최소제곱회귀직선은 점 $(\overline{x}, \overline{y})$를 지남을 알 수 있다.

예제 12.1

12.1절의 **[예 1]**의 자료에 대하여 단순회귀모형을 가정할 때 직선회귀식 $\hat{y} = \hat{\beta}_0 + \hat{\beta}_1 x$을 최소제곱법에 의하여 구하여라.

풀이 주어진 자료로부터 다음을 얻는다.

$$\overline{x} = \frac{1}{n}\sum_{i=1}^{n} x_i = \frac{41}{11} = 3.73,\ \overline{y} = \frac{1}{n}\sum_{i=1}^{n} y_i = \frac{40.5}{11} = 3.68,$$

$$\sum_{i=1}^{n} x_i^2 = 187,\ \sum_{i=1}^{n} x_i y_i = 168.7,$$

$$S_{(xx)} = \sum_{i=1}^{n}(x_i - \overline{x})^2 = \sum_{i=1}^{n} x_i^2 - n\overline{x}^2 = 187 - 11 \times 3.73^2 = 34.18$$

$$\begin{aligned} S_{(xy)} &= \sum_{i=1}^{n}(x_i - \overline{x})(y_i - \overline{y}) = \sum_{i=1}^{n} x_i y_i - n\overline{x}\,\overline{y} \\ &= 168.7 - 11 \times 3.73 \times 3.68 = 17.75 \end{aligned}$$

따라서 β_0와 β_1의 최소제곱추정값은

$$\hat{\beta}_1 = \frac{S_{(xy)}}{S_{(xx)}} = \frac{17.75}{34.18} = 0.52,$$

$$\hat{\beta}_0 = \overline{y} - \hat{\beta}_1 \overline{x} = 3.68 - (0.52)(3.73) = 1.75$$

이고, 최소제곱회귀직선은

$$\hat{y} = 1.75 + 0.52x$$

가 된다. 이 직선을 산점도 위에 그려보면 [그림 12.5]와 같다.

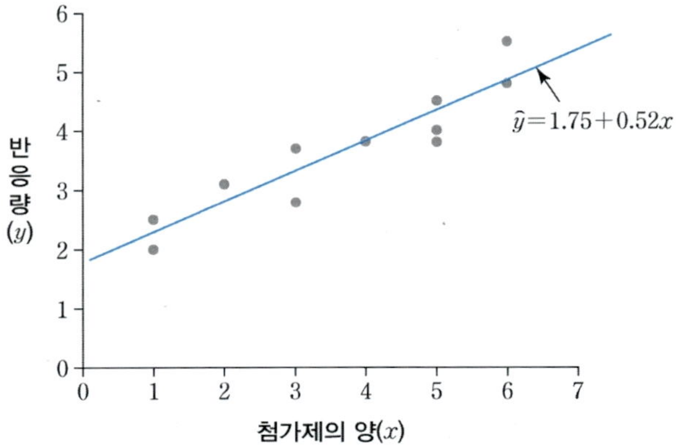

[그림 12.5] 최소제곱 회귀직선

12.3 단순선형회귀모형의 유의성

앞에서 구한 최소제곱법은 오차의 분포에 대한 가정이 없이도 적용하는 방법이다. 그러나 이 결과만 가지고는 실제 적합된 직선의 통계적 성질을 아는데 한계가 있다. 이 절에서는 최소제곱법으로 구한 회귀직선에서 회귀모수와 종속변수의 추정값에 대한 추정 및 검정방법을 살펴본다. 이를 위해서는 오차에 대한 가정이 필요하다.

단순회귀모형에서 다음을 가정하자.

단순선형회귀모형의 가정

(1) 선형성 : 독립변수 x의 값이 $x_1, \cdots, x_n$일 때, 반응변수 Y의 값은 각각 다음과 같다.

$$Y_i = \beta_0 + \beta_1 x_i + \varepsilon_i,\ i = 1, 2, \cdots, n$$

(2) 오차항의 분포와 독립성 : 오차항 $\varepsilon_1, \varepsilon_2, \cdots, \varepsilon_n$은 독립변수의 값에 관계없이 서로 독립이며 각각은 평균이 0이고 분산이 σ^2인 정규분포를 따른다. 즉, $\varepsilon_i \sim N(0, \sigma^2),\ i = 1, 2, \cdots, n$이다.

단순선형회귀모형에 대한 가정으로부터

$$Y_i = \beta_0 + \beta_1 x_i + \varepsilon_i \sim N(\beta_0 + \beta_1 x_i,\ \sigma^2),\ \ i = 1, 2, \cdots, n$$

이며 서로 독립인 확률변수임을 알 수 있다. 이는 하나의 x_i값에 대하여 여러 번 실험을 할 경우 얻어지는 Y_i값은 평균이 $\mu(x_i) = E[Y_i] = \beta_0 + \beta_1 x_i$이고 분산이 $Var[Y_i] = \sigma^2$인 정분포로부터의 표본이라는 것이다. [그림 12.6] 최소제곱 회귀직선 $\hat{Y} = \hat{\beta}_0 + \hat{\beta}_1 x$는 Y의 평균 $E[Y] = \beta_0 + \beta_1 x$에 대한 추정값이라는 것을 유의하여야 한다.

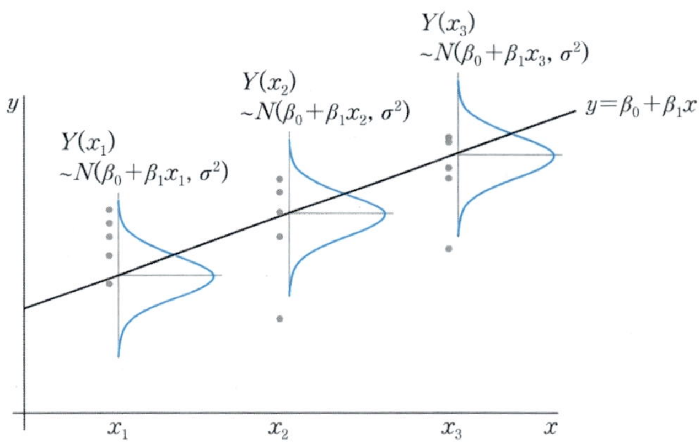

[그림 12.6] 단순선형회귀모형에서 x와 Y의 관계

12.3.1 잔차의 성질

단순선형회귀모형에서 Y_i와 $E[Y_i]$의 추정량 $\hat{Y}_i = \hat{\beta}_0 + \hat{\beta}_1 x_i$의 차

$$e_i = Y_i - \hat{Y}_i$$

를 잔차(residual)라고 한다. [그림 12.7] 이 때, $\hat{Y}_i = \overline{Y} + \hat{\beta}_1(x - \overline{x})$이용하여 잔차를 나타내면

$$e_i = Y_i - \hat{Y}_i = (Y_i - \overline{Y}) - \hat{\beta}_1(x_i - \overline{x})$$

이다.

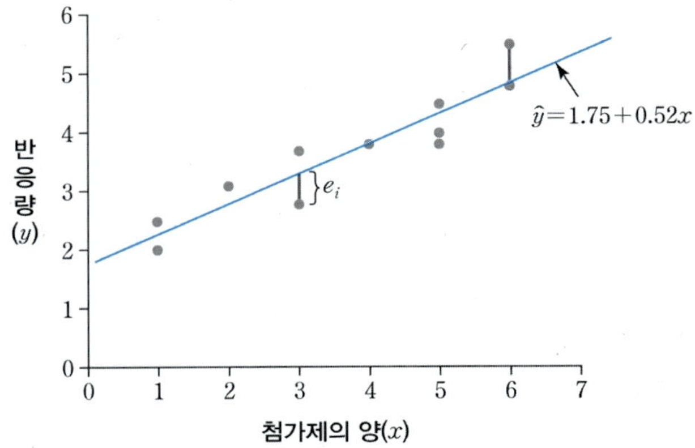

[그림 12.7] 예제 12.1의 잔차

잔차는 오차항의 분산 σ^2의 크기에 따라 나타나는 것이므로 잔차는 오차항의 분산에 대한 정보를 제공해준다. 잔차들의 제곱합을 **잔차제곱합** 또는 **오차제곱합**이라 하며

$$SSE = \sum_{i=1}^{n}(Y_i - \hat{Y}_i)^2 = \sum_{i=1}^{n}(Y_i - \hat{\beta}_0 - \hat{\beta}_1 x_i)^2$$

로 나타낸다. 식 $e_i = (Y_i - \overline{Y}) - \hat{\beta}_1(x_i - \overline{x})$의 양변을 제곱하여 합한 후 $\hat{\beta}_1 = S_{(xy)}/S_{(xx)}$을 대입하면 다음을 얻는다.

$$\begin{aligned} SSE &= \sum_{i=1}^{n}(Y_i - \overline{Y})^2 - 2\sum_{i=1}^{n}\hat{\beta}_1(x_i - \overline{x})(Y_i - \overline{Y}) + \hat{\beta}_1^2\sum_{i=1}^{n}(x_i - \overline{x})^2 \\ &= S_{(yy)} - 2\hat{\beta}_1 S_{(xy)} + \hat{\beta}_1^2 S_{(xx)} \\ &= S_{(yy)} - \frac{S_{(xy)}^2}{S_{(xx)}} \end{aligned}$$

참고

잔차들 $e_i = Y_i - \hat{Y}_i,\ i = 1,2,\cdots,n$에서 Y_i에 대한 추정량 $\hat{Y}_i$를 구하기 위해서는 β_0와 β_1를 추정하기 위한 2개의 제약식(정규방정식)이 존재한다. 따라서 잔차들 $e_i = Y_i - \hat{Y}_i,\ i = 1,2,\cdots,n$의 자유도는 $n-2$가 된다.

잔차제곱합을 자유도로 나누어준

$$MSE = \frac{SSE}{n-2}$$

을 **잔차평균제곱**(residual mean square)이라 한다. 잔차제곱합에 대한 다음 성질이 알려져 있다.

단순회귀모형에서 잔차제곱합의 성질

(1) 잔차평균제곱 $MSE = \frac{SSE}{n-2}$는 오차의 분산 σ^2의 비편향추정량이다. 즉,

$$E[MSE] = \sigma^2$$

(2) 잔차제곱합의 분포는 다음과 같다.

$$\frac{SSE}{\sigma^2} = \sum_{i=1}^{n}\left(\frac{Y_i - \hat{Y}_i}{\sigma}\right)^2 \sim \chi^2(n-2)$$

예제 12.2

12.1절의 **[예 1]**의 자료에 대하여 단순회귀모형을 가정할 때, 오차항의 분산 σ^2에 대한 추정값을 구하라.

풀이 자료로부터 다음을 얻는다.

$$\sum_{i=1}^{n} y_i^2 = 159.81,$$

$$S_{(yy)} = \sum_{i=1}^{n}(y_i - \overline{y})^2 = \sum_{i=1}^{n} y_i^2 - n\overline{y}^2 = 130.05 - 10 \times 3.51^2 = 6.85$$

따라서

$$SSE = S_{(yy)} - \frac{S_{(xy)}^2}{S_{(xx)}} = 10.70 - \frac{17.75^2}{34.18} = 1.48$$

$$MSE = \frac{SSE}{n-2} = \frac{1.48}{11-2} = 0.16$$

이므로 σ^2에 대한 추정값은 $\hat{\sigma}^2 = 0.16$이다.

참고

최소제곱회귀직선에 의한 잔차는 다음과 같은 성질을 갖는다.

(1) $\sum_{i=1}^{n} e_i = 0$ 즉, 잔차의 합은 0이다.

편차의 합은 0이므로 다음은 명백하다.

$$\sum_{i=1}^{n} e_i = \sum_{i=1}^{n} (Y_i - \overline{Y}) - \hat{\beta}_1 \sum_{i=1}^{n} (x_i - \overline{x}) = 0$$

(2) $\sum_{i=1}^{n} x_i e_i = 0$ 즉, 잔차들의 x_i에 대한 가중합은 0이다.

다음을 주목하자.

$$\begin{aligned} x_i e_i &= (x_i - \overline{x}) e_i + \overline{x} e_i \\ &= (x_i - \overline{x})(Y_i - \overline{Y}) - \hat{\beta}_1 (x_i - \overline{x})(x_i - \overline{x}) + \overline{x} e_i \end{aligned}$$

잔차의 성질 (1)과 $\hat{\beta}_1 = S_{(xy)}/S_{(xx)}$에 의하여 다음이 성립한다.

$$\begin{aligned} \sum_{i=1}^{n} x_i e_i &= \sum_{i=1}^{n} (x_i - \overline{x})(Y_i - \overline{Y}) - \hat{\beta}_1 \sum_{i=1}^{n} (x_i - \overline{x})(x_i - \overline{x}) + \overline{x} \sum_{i=1}^{n} e_i \\ &= S_{(xy)} - \hat{\beta}_1 S_{(xx)} = 0 \end{aligned}$$

(3) $\sum_{i=1}^{n} \hat{Y}_i e_i = 0$ 즉, 잔차들의 $\hat{Y}_i$에 대한 가중합은 0이다.

잔차의 성질 (1)과 (2)에 의하여 다음이 성립한다.

$$\sum_{i=1}^{n} \hat{Y}_i e_i = \sum_{i=1}^{n} (\hat{\beta}_0 + \hat{\beta}_1 x_i) e_i = \hat{\beta}_0 \sum_{i=1}^{n} e_i + \hat{\beta}_1 \sum_{i=1}^{n} x_i e_i = 0$$

12.3.2 분산분석

최소제곱법에 의하여 추정한 회귀직선이 주어진 자료를 설명하는 정도를 판정하는 방법을 살펴본다. 주어진 자료를 추정된 모형이 설명하는 정도는 종속변수의 변동에 회귀모형의 변동이 기여하는 정도를 가지고 판정한다. 변동의 정도를 판정하는 방법으로 제11장의 분산분석 방법을 사용한다. 오차에 의한 변동(원인을 알 수 없는 변동)에 비하여 회귀모형에 의한 변동이 상대적으로 클 때 회귀직선은 의미가 있는 것으로 판단한다.

종속변수 Y의 표본 Y_i와 그 평균 $\overline{Y}$의 편차 $Y_i - \overline{Y}$를

$$Y_i - \overline{Y} = (Y_i - \hat{Y}_i) + (\hat{Y}_i - \overline{Y})$$

와 같이 잔차 $e_i = Y_i - \hat{Y}_i$와 추정된 회귀식과의 편차 $\hat{Y}_i - \overline{Y}$로 분해한다. [그림 12.8] 여기서 $\hat{Y}_i - \overline{Y}$는 독립변수가 x_i일 때, 회귀모형으로 추정된 값 $\hat{Y}_i$과 전체 표본의 평균 $\overline{Y}$와의 차를 나타내므로 이 편차는 회귀식에 의하여 설명되는 편차이다

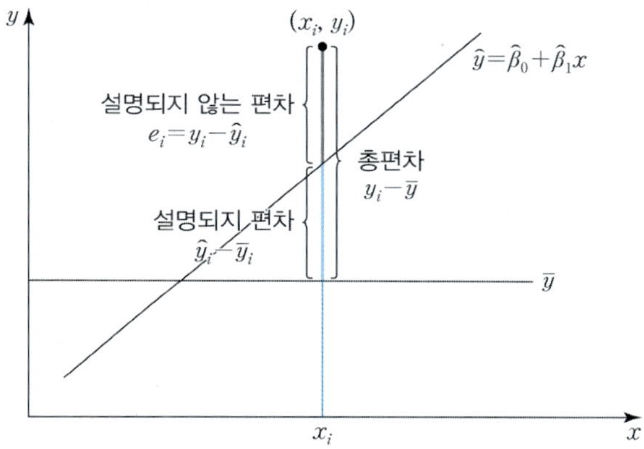

[그림 12.8] 편차의 분해

$Y_i - \overline{Y}$의 양변을 제곱하여 더하면 잔차의 성질(1)과 (3)에 의하여 다음이 성립함을 알 수 있다.

$$\sum_{i=1}^{n}(Y_i - \overline{Y})^2 = \sum_{i=1}^{n}(Y_i - \hat{Y}_i)^2 + \sum_{i=1}^{n}(\hat{Y}_i - \overline{Y})^2$$

이 때,

$$SST = \sum_{i=1}^{n}(Y_i - \overline{Y})^2 = S_{(yy)} \ : \text{총제곱합}$$

$$SSE = \sum_{i=1}^{n}(Y_i - \hat{Y}_i)^2 = S_{(yy)} - \frac{S_{(xy)}^2}{S_{(xx)}} \ : \text{잔차제곱합}$$

$$SSR = \sum_{i=1}^{n}(\hat{Y}_i - \overline{Y})^2 = SST - SSE = \frac{S_{(xy)}^2}{S_{(xx)}} \ : \text{회귀제곱합}$$

이라 한다. 총제곱합의 자유도는 $n-1$이며 잔차제곱합의 자유도는 $n-2$가 됨은 이미 살펴보았다. 한편 최소제곱회귀식으로부터 $\hat{Y}_i - \overline{Y} = \hat{\beta}_1(x_i - \overline{x})$이므로 하나의 $\hat{Y}_i - \overline{Y}$값을 알면 $\hat{\beta}_1$의 값을 알게 된다. 그러면 다른 $\hat{Y}_j - \overline{Y}$의 값이 정해진다. 따라서 회귀식에 의하여 설명되는편차 $\hat{Y}_i - \overline{Y} = \hat{\beta}_1(x_i - \overline{x})$, $i = 1, 2, \cdots, n$의 자유도는 1이다. 제곱합을 각각의 자유도로 나눈 값을 평균제곱합이라 한다. 회귀제곱합의 자유도는 1이므로 회귀평균제곱합 MSR은 회귀제곱합과 같음을 알 수 있다. 즉,

$$MSR = SSR/1 = SSR.$$

총제곱합 SST는 종속변수(y)의 전체변동을 나타내며 SSR은 회귀직선에 의하여 설명되어지는 부분, 즉 독립변수(x)에 의하여 설명되어지는 변동을 나타낸다. SSE는 오차에 의한 변동을 나타낸다. 따라서 SSE에 비하여 SSR이 클수록 독립변수(x)가 종속변수(y)에 미치는 영향이 크다는 것을 의미한다. 회귀식 $y = \beta_0 + \beta_1 x$에서 변수 x가 y에 영향을 미치는 것은 $\beta_1 \neq 0$일 때만 가능하다. 따라서 SSE에 비하여 SSR이 클수록 $\beta_1 \neq 0$이라는 증거가 강하다고 할 수 있다. 한편 $\beta_1 = 0$이면

$$F = \frac{MSR}{MSE} = \frac{SSR/1}{SSE/(n-2)} \sim F(1, n-2)$$

임이 알려져 있다. 따라서 다음 검정을 얻는다.

회귀직선의 유의성 검정

단순회귀모형 $Y_i = \beta_0 + \beta_1 x_i + \varepsilon_i$, $i = 1, 2, \cdots, n$에서

가설 $H_0 : \beta_1 = 0$, $H_1 : \beta_1 \neq 0$

검정통계량 : $F_0 = \dfrac{MSR}{MSE}$

유의수준 α인 기각역 : $F_0 \geq F(1, n-2, \alpha)$

$F_0 = x$일 때 유의확률 : $P(F \geq x)$ 단, $F \sim F(1, n-2)$

다음과 같은 분산분석표를 이용하면 위의 검정을 편리하게 할 수 있다.

표 12.1 단순선형회귀모형의 분산분석표

요인	제곱합	자유도	평균제곱	F비
회귀	SSR	1	$MSR = SSR$	$F = \dfrac{MSR}{MSE}$
잔차	SSE	$n-2$	$MSE = SSE/(n-2)$	
전체	SST	$n-1$		

결정계수 총제곱합 SST가

$$SST = SSR + SSE$$

와 같이 회귀제곱합과 잔차제곱합으로 분해된다는 것은 앞에서 살펴보았다. 이 때 총제곱합 중에서 회귀제곱합이 차지하는 비율

$$R^2 = \frac{SSR}{SST} = \frac{S_{(xy)}^2}{S_{(xx)}S_{(yy)}}$$

을 **결정계수**(coefficient of determination) 또는 회귀직선의 기여율이라 한다. 결정계수는 명백하게 $0 \le R^2 \le 1$을 만족한다. 만약 모든 측정값이 하나의 직선위에 있다면 $Y_i = \widehat{Y}_i$이므로 $SSE = 0$이다. 이 경우 $SST = SSR$이므로 $R^2 = 1$이 된다. 만약 $\hat{\beta}_1 = 0$이면 $\widehat{Y}_i = \overline{Y} + \hat{\beta}_1(x_i - \overline{x}) = \overline{Y}$이므로 $SSR = 0$이고 $R^2 = 0$이 된다. 따라서 R^2이 1에 가까울수록 총변동 중 회귀직선이 기여하는 변동의 비율이 커진다는 것을 의미하므로 회귀직선이 두 변수의 관계를 잘 설명한다고 할 수 있다. 참고로 결정계수는 이변량자료 $(x_1, y_1), \cdots, (x_n, y_n)$에 대한 상관계수 r의 제곱과 같은 모양이 됨을 알 수 있다.

예제 12.3

12.1절의 **[예 1]**의 자료에 대하여 단순회귀모형을 적합시킬 때 다음을 구하라.

(1) 분산분석표를 작성하고 유의수준 $\alpha = 0.05$에서 회귀직선의 유의성검정을 하여라.

(2) 결정계수 R^2을 구하라.

풀이 (1) 가설은 다음과 같다.

$$H_0 : \beta_1 = 0 \text{ 대 } H_1 : \beta_1 \neq 0$$

이 가설에 대한 유의수준 5%인 검정의 기각역은

$$F_0 = \frac{MSR}{MSE} \geq F(1, 11-2, 0.05) = 5.12$$

이다. 한편 **예제 1**과 **예제 2**에서

$$S_{(xx)} = 34.18, \ S_{(xy)} = 17.75, \ SSE = 1.48, \ MSE = 0.16$$

임을 알아보았다. 따라서

$$SSR = \frac{S_{(xy)}^2}{S_{(xx)}} = \frac{17.75^2}{34.18} = 9.21$$

$$SST = SSR + SSE = 9.21 + 1.48 = 10.69$$

회귀모형에 대한 분산분석표는 아래와 같다.

요 인	제곱합	자유도	평균제곱	F비
회 귀	9.21	1	9.21	55.88
잔 차	1.48	9	0.16	
전 체	10.70	10		

분산분석표에서 $F_0 = 55.88 \geq F(1, 9; 0.05) = 5.12$이므로 유의수준 5%에서 귀무가설 $H_0 : \beta_1 = 0$은 기각된다. 즉, 회귀직선은 유의하다. 참고로 유의확률은 $P(F(1,9) \geq 55.88) = 3.79 \times 10^{-5}$으로 매우 작다.

(2) 결정계수 R^2의 값은

$$R^2 = \frac{SSR}{SST} = \frac{9.21}{10.70} = 0.861$$

이므로, 총변동 중에서 회귀직선에 의하여 설명되는 부분이 86%이다.

12.4 단순선형회귀모형에 관한 추론

단순선형회귀모형의 가정에 의하여

$$Y_i = \beta_0 + \beta_1 x_i + \varepsilon_i \sim N(\beta_0 + \beta_1 x_i,\ \sigma^2),\ \ i = 1,2,\cdots,n$$

이고 $Y_i,\ i = 1,2,\cdots,n$는 서로 독립이다. 이 때 회귀모형의 모수는 다음과 같다.

(1) 회귀직선의 기울기 β_1

(2) Y절편 β_0

(3) Y_i의 평균 $\mu(x_i) = \beta_0 + \beta x_i$

(4) 오차항의 분산 σ^2

이 절에서는 회귀모형의 모수에 대한 구간추정과 검정에 대하여 알아본다.

12.4.1 기울기에 대한 추론

β_1에 대한 추론에 앞서 설명의 편의를 위하여 다음 기호를 도입하자.

$$w_i = \frac{1}{S_{(xx)}}(x_i - \overline{x}),\ \ i = 1,2,\cdots,n$$

다음을 쉽게 알 수 있다.

(1) $\displaystyle\sum_{i=1}^{n} w_i = \frac{1}{S_{(xx)}}\sum_{i=1}^{n}(x_i - \overline{x}) = 0$

(2) $\displaystyle\sum_{i=1}^{n} w_i^2 = \frac{1}{S_{(xx)}^2}\sum_{i=1}^{n}(x_i - \overline{x})^2 = \frac{1}{S_{(xx)}^2}S_{(xx)} = \frac{1}{S_{(xx)}}$

(3) $\displaystyle\sum_{i=1}^{n} w_i x_i = \sum_{i=1}^{n} w_i(x_i - \overline{x}) + \overline{x}\sum_{i=1}^{n} w_i = \frac{1}{S_{(xx)}}\sum_{i=1}^{n}(x_i - \overline{x})^2 = 1$

회귀직선의 기울기 β_1에 대한 최소제곱추정량은 다음과 같이 서로 독립인 정규확률변수 Y_i의 일차결합으로 나타난다.

$$\begin{aligned}\hat{\beta}_1 &= \frac{S_{(xy)}}{S_{(xx)}} = \sum_{i=1}^{n} \frac{x_i - \overline{x}}{S_{(xx)}}(Y_i - \overline{Y}) = \sum_{i=1}^{n} w_i Y_i - \overline{Y}\sum_{i=1}^{n} w_i \\ &= \sum_{i=1}^{n} w_i Y_i\end{aligned}$$

$\hat{\beta}_1$은 서로 독립인 정규확률변수의 합은 정규분포를 따르므로 $\hat{\beta}_1$은 정규분포를 따른다. 한편 모형의 가정에 의하여 $E(Y_i) = \beta_0 + \beta_1 x_i$이므로 w_i의 성질 (1)과 (3)에 의하여

$$\begin{aligned}E(\hat{\beta}_1) &= \sum_{i=1}^{n} w_i E(Y_i) = \sum_{i=1}^{n} w_i(\beta_0 + \beta_1 x_i) \\ &= \beta_0 \sum_{i=1}^{n} w_i + \beta_1 \sum_{i=1}^{n} w_i x_i = \beta_1\end{aligned}$$

이다. 따라서 $\hat{\beta}_1$은 β_1에 대한 비편향추정량이다.

또한 분산의 성질에 의하여

$$Var(\hat{\beta}_1) = \sum_{i=1}^{n} w_i^2 \, Var(Y_i) = \sum_{i=1}^{n} w_i^2 \sigma^2 = \frac{\sigma^2}{S_{(xx)}}$$

따라서 다음을 얻는다.

$$\hat{\beta}_1 \sim N\left(\beta_1, \frac{\sigma^2}{S_{(xx)}}\right)$$

정규분포의 성질에 의하여

$$\frac{\hat{\beta}_1 - \beta_1}{\sqrt{\sigma^2 / S_{(xx)}}} \sim N(0,1)$$

이다. 오차의 분산 σ^2이 알려져 있지 않은 경우 MSE가 σ^2의 비편향추정량이므로이므로 $MSE/S_{(xx)}$는 $Var(\hat{\beta}_1)$의 비편향추정량이다. 제8장 모평균의 추정과 유사하게 다음이 성립한다는 것이 알려져 있다.

$$\frac{\hat{\beta}_1 - \beta_1}{\sqrt{MSE / S_{(xx)}}} \sim t(n-2)$$

위 결과를 요약하면 다음과 같다.

β_1의 최소제곱추정량 $\hat{\beta}_1$의 성질

(1) $\hat{\beta}_1 = \sum_{i=1}^{n} w_i Y_i$는 Y_i들의 선형결합이다.

(2) $\hat{\beta}_1 \sim N\left(\beta_1, \frac{\sigma^2}{S_{(xx)}}\right)$

(3) $MSE/S_{(xx)}$는 $Var(\hat{\beta}_1)$의 비편향추정량이다.

(4) $\frac{\hat{\beta}_1 - \beta_1}{\sqrt{MSE/S_{(xx)}}} \sim t(n-2)$

이 결과로부터 제8장과 제9장의 모평균에 대한 추정과 검정과정을 반복하면 다음 〈표 12.2〉의 결과를 얻는다.

표 12.2 회귀직선에서 기울기 β_1에 대한 추정과 검정

β_1의 100(1−α)% 신뢰구간		
$\hat{\beta}_1 \pm t(n-2, \alpha/2)\sqrt{\frac{MSE}{S_{xx}}}$		
가설검정		
귀무가설	H_0 : $\beta_1 = b$	
검정통계량	$T_0 = \frac{\hat{\beta}_1 - b}{\sqrt{MSE/S_{(xx)}}}$	
유의수준 α인 검정의 기각역		
H_1	기각역	$T_0 = t$일 때, P값
$\beta_1 > b$	$T_0 \geq t(n-2, \alpha)$	$P(T(n-2) \geq t)$
$\beta_1 < b$	$T_0 \leq -t(n-2, \alpha)$	$P(T(n-2) \leq t)$
$\beta_1 \neq b$	$\lvert T_0 \rvert \geq t(n-2, \alpha/2)$	$P(\lvert T(n-2) \rvert \geq \lvert t \rvert)$

12.4.2 절편에 대한 추론

$\hat{\beta}_1 = \sum_{i=1}^{n} w_i Y_i$을 이용하면 회귀직선의 기울기 β_0에 대한 최소제곱추정량은 다음과 같이 서로 독립인 정규확률변수 Y_i의 일차결합으로 나타남을 알 수 있다.

$$\hat{\beta}_0 = \overline{Y} - \hat{\beta}_1 \overline{x} = \sum_{i=1}^{n} \frac{1}{n} Y_i - \overline{x} \sum_{i=1}^{n} w_i Y_i = \sum_{i=1}^{n} \left(\frac{1}{n} - \overline{x} w_i \right) Y_i$$
$$= \sum_{i=1}^{n} v_i Y_i$$

여기서

$$v_i = \frac{1}{n} - \overline{x} w_i, \ \ i = 1, 2, \cdots, n$$

이다. v_i는 다음 성질을 만족한다.

(1) $\sum_{i=1}^{n} v_i = \sum_{i=1}^{n} \frac{1}{n} - \overline{x} \sum_{i=1}^{n} w_i = 1$

(2) $\sum_{i=1}^{n} v_i^2 = \sum_{i=1}^{n} \frac{1}{n^2} + \overline{x}^2 \sum_{i=1}^{n} w_i^2 - 2 \frac{\overline{x}}{n} \sum_{i=1}^{n} w_i = \frac{1}{n} + \frac{\overline{x}^2}{S_{(xx)}}$

(3) $\sum_{i=1}^{n} v_i x_i = \sum_{i=1}^{n} \frac{x_i}{n} - \overline{x} \sum_{i=1}^{n} w_i x_i = \overline{x} - \overline{x} = 0$

$\hat{\beta}_0 = \sum_{i=1}^{n} v_i Y_i$은 서로 독립인 정규확률변수의 합이므로 정규분포의 성질에 의하여 $\hat{\beta}_0$은 정규분포를 따른다. 한편 모형의 가정에 의하여 $E(Y_i) = \beta_0 + \beta_1 x_i$이므로 v_i의 성질 (1)에 의하여

$$E(\hat{\beta}_1) = \sum_{i=1}^{n} v_i E(Y_i) = \sum_{i=1}^{n} v_i (\beta_0 + \beta_1 x_i)$$
$$= \beta_0 \sum_{i=1}^{n} v_i + \beta_1 \sum_{i=1}^{n} v_i x_i = \beta_0$$

이다. 따라서 $\hat{\beta}_0$은 β_0에 대한 비편향추정량이다.

또한 분산의 성질에 의하여

$$Var(\hat{\beta}_0) = \sum_{i=1}^{n} v_i^2 \, Var(Y_i) = \sum_{i=1}^{n} v_i^2 \sigma^2 = \left(\frac{1}{n} + \frac{\overline{x}^2}{S_{(xx)}} \right) \sigma^2$$

따라서 다음을 얻는다.

$$\hat{\beta}_0 \sim N(\beta_0, b_0 \sigma^2), \text{ 단 } b_0 = \frac{1}{n} + \frac{\overline{x}^2}{S_{(xx)}}$$

정규분포의 성질에 의하여

$$\frac{\hat{\beta}_0 - \beta_0}{\sqrt{b_0 \sigma^2}} \sim N(0,1)$$

이다. 오차의 분산 σ^2이 알려져 있지 않은 경우 σ^2의 비편향추정량 MSE이므로 $b_0 MSE$는 $Var(\hat{\beta}_0)$의 비편향추정량이다. 제8장 모평균의 추정과 유사하게 다음이 성립한다는 것이 알려져 있다.

$$\frac{\hat{\beta}_0 - \beta_0}{\sqrt{b_0 MSE}} \sim t(n-2)$$

위 결과를 요약하면 다음과 같다.

β_0의 최소제곱추정량 $\hat{\beta}_0$의 성질

(1) $\hat{\beta}_0 = \sum_{i=1}^{n} v_i Y_i$는 Y_i들의 선형결합이다.

(2) $\hat{\beta}_0 \sim N\left(\beta_0, \left(\frac{1}{n} + \frac{\overline{x}^2}{S_{(xx)}}\right)\sigma^2\right)$

(3) $\widehat{Var}(\hat{\beta}_0) = \left(\frac{1}{n} + \frac{\overline{x}^2}{S_{(xx)}}\right) MSE$는 $Var(\hat{\beta}_0)$의 비편향추정량이다.

(4) $\dfrac{\hat{\beta}_0 - \beta_0}{\sqrt{\left(\frac{1}{n} + \frac{\overline{x}^2}{S_{(xx)}}\right) MSE / S_{(xx)}}} \sim t(n-2)$

이 결과로부터 제8장과 제9장의 모평균에 대한 추정과 검정과정을 반복하면 다음 〈표 12.3〉의 결과를 얻는다.

표 12.3 회귀직선에서 절편 β_0에 대한 추정과 검정

β_0의 100(1−α)% 신뢰구간		
$\hat{\beta}_0 \pm t(n-2,\alpha/2)\sqrt{b_0 MSE}$ 단 $b_0 = \frac{1}{n} + \frac{\bar{x}^2}{S_{(xx)}}$		
가설검정		
귀무가설	$H_0 : \beta_0 = a$	
검정통계량	$T_0 = \frac{\hat{\beta}_0 - a}{\sqrt{b_0 MSE}}$	
유의수준 α인 검정의 기각역		
H_1	기각역	$T_0 = t$일 때, P값
$\beta_0 > a$	$T_0 \ge t(n-2,\alpha)$	$P(T(n-2) \ge t)$
$\beta_0 < a$	$T_0 \le -t(n-2,\alpha)$	$P(T(n-2) \le t)$
$\beta_0 \ne a$	$\lvert T_0 \rvert \ge t(n-2,\alpha/2)$	$P(\lvert T(n-2) \rvert \ge \lvert t \rvert)$

12.4.3 평균반응량에 대한 추론

단순선형회귀모형

$$Y = \beta_0 + \beta_1 x + \varepsilon \sim N(\beta_0 + \beta_1 x,\, \sigma^2)$$

에서 Y의 평균 $\mu(x) = E(Y|x) = \beta_0 + \beta_1 x$에 대한 최소제곱추정량은

$$\begin{aligned}\hat{Y}(x) = \hat{\mu}(x) = \hat{\beta}_0 + \hat{\beta}_1 x &= \sum_{i=1}^{n}(v_i + w_i x)\,Y_i \\ &= \sum_{i=1}^{n}\left(\frac{1}{n} + (x-\bar{x})w_i x\right)Y_i\end{aligned}$$

임은 앞에서 살펴보았다. 여기서는 $\mu(x) = \beta_0 + \beta_1 x$에 대한 추정과 검정문제를 생각해본다. 먼저 설명의 편의를 위하여 다음 기호를 도입하자.

$$u_i = \frac{1}{n} + (x-\bar{x})w_i,\;\; i = 1,2,\cdots,n$$

다음을 쉽게 알 수 있다.

(1) $\sum_{i=1}^{n} u_i = \sum_{i=1}^{n} \frac{1}{n} + (x-\overline{x})\sum_{i=1}^{n} w_i = 1$

(2) $\sum_{i=1}^{n} u_i^2 = \sum_{i=1}^{n} \frac{1}{n^2} + (x-\overline{x})^2 \sum_{i=1}^{n} w_i^2 + \frac{2(x-\overline{x})}{n} \sum_{i=1}^{n} w_i = \frac{1}{n} + \frac{\overline{x^2}}{S_{(xx)}}$

$\hat{\mu}(x)$은 서로 독립인 정규확률변수의 합이므로 정규분포의 성질에 의하여 $\hat{\mu}(x)$은 정규분포를 따른다. 한편 $E(\hat{\beta}_0) = \beta_0$, $E(\hat{\beta}_1) = \beta_1$이므로

$$E(\hat{\mu}(x)) = \beta_0 + \beta_1 x$$

이다. 따라서 $\hat{\mu}(x)$는 $\mu(x) = \beta_0 + \beta_1 x\, \beta_0$에 대한 비편향추정량이다.
또한 정규분포의 성질에 의하여

$$Var(\hat{\mu}(x)) = \sum_{i=1}^{n} u_i^2\, Var(Y_i) = \sum_{i=1}^{n} u_i^2 \sigma^2 = \left(\frac{1}{n} + \frac{(x-\overline{x})^2}{S_{(xx)}}\right)\sigma^2$$

따라서 다음을 얻는다.

$$\hat{\mu}(x) \sim N\left(\beta_0 + \beta_1 x, c_0\sigma^2\right), \text{ 단 } c_0 = \frac{1}{n} + \frac{(x-\overline{x})^2}{S_{(xx)}}$$

정규분포의 성질에 의하여

$$\frac{\hat{\mu}(x) - \mu(x)}{\sqrt{c_0\sigma^2}} \sim N(0,1)$$

이다. 오차의 분산 σ^2이 알려져 있지 않은 경우 MSE가 σ^2의 비편향추정량이므로 $c_0 MSE$는 $Var(\hat{\mu}(x))$의 비편향추정량이다. 제8장 모평균의 추정과 유사하게 다음이 성립한다는 것이 알려져 있다.

$$\frac{\hat{\mu}(x) - \mu(x)}{\sqrt{c_0 MSE}} \sim t(n-2)$$

위 결과를 요약하면 다음과 같다.

$\mu(x) = \beta_0 + \beta_1 x$의 최소제곱추정량 $\hat{\mu}(x) = \hat{\beta}_0 + \hat{\beta}_1 x$의 성질

(1) $\hat{\mu}(x) = \sum_{i=1}^{n}\left(\frac{1}{n} + (x-\bar{x})w_i x\right)Y_i$는 Y_i들의 선형결합이다.

(2) $\hat{\mu}(x)$는 평균이 $\mu(x) = \beta_0 + \beta_1 x$이고 분산이

$$Var(\hat{\mu}(x)) = \left(\frac{1}{n} + \frac{(x-\bar{x})^2}{S_{(xx)}}\right)\sigma^2$$

인 정규분포를 따른다.

(3) $\widehat{Var}(\hat{\mu}(x)) = \left(\frac{1}{n} + \frac{(x-\bar{x})^2}{S_{(xx)}}\right)MSE$는 $Var(\hat{\mu}(x))$의 비편향추정량이다.

(4) $\dfrac{\hat{\mu}(x) - \mu(x)}{\sqrt{\left(\frac{1}{n} + \frac{(x-\bar{x})^2}{S_{(xx)}}\right)MSE}} \sim t(n-2)$

위 결과로부터 다음과 같은 추정 및 검정 방법을 얻는다.

표 12.4 회귀직선 $\mu(x) = \beta_0 + \beta_1 x$에 대한 추정과 검정

$\mu(x) = \beta_0 + \beta_1 x$의 100(1−$\alpha$)% 신뢰구간		
$(\hat{\beta}_0 + \hat{\beta}_1 x) \pm t(n-2, \alpha/2)\sqrt{\left[\frac{1}{n} + \frac{(x-\bar{x})^2}{S_{xx}}\right]MSE}$		
가설검정		
귀무가설	$H_0 : \mu(x) = y_0$	
검정통계량	$T_0 = \dfrac{(\hat{\beta}_0 + \hat{\beta}_1 x) - y_0}{\sqrt{\left[\frac{1}{n} + \frac{(x-\bar{x})^2}{S_{(xx)}}\right]MSE}}$	
유의수준이 α인 검정의 기각역(단, $T \sim t(n-2)$)		
H_1	기각역	$T_0 = t$일 때, P값
$\mu(x) > y_0$	$T_0 \geq t(n-2, \alpha)$	$P(T \geq t)$
$\mu(x) < y_0$	$T_0 \leq -t(n-2, \alpha)$	$P(T \leq t)$
$\mu(x) \neq y_0$	$\lvert T_0 \rvert \geq t(n-2, \alpha/2)$	$P(\lvert T \rvert \geq \lvert t \rvert)$

예제 12.4

12.1절의 **[예 1]**의 자료에 대하여 단순선형회귀모형을 적합시킬 때 다음을 구하라.

(1) β_1에 대한 95%신뢰구간을 구하여라.

(2) β_0에 대한 95%신뢰구간을 구하여라.

(3) 가설 $H_0 : \beta_1 = 0$ 대 $H_1 : \beta_1 \neq 0$에 대하여 다음 물음에 답하여라.

(a) 유의수준 $\alpha = 0.05$에서 가설을 검정하여라.

(b) 유의확률을 구하고 [예제 12.3]의 결과와 비교하여라.

(4) 구하여진 회귀직선을 사용하여 첨가제의 양이 $x = 2.5$일 때 반응량의 기댓값 $\mu(x) = E(Y|x)$에 대한 95%신뢰구간을 구하여라.

풀이 12.1절의 **[예 1]**과 **[예 2]**에서 다음을 이미 구하였다.

$$\bar{x} = 3.73,\ S_{(xx)} = 34.18,\ \hat{\beta}_0 = 1.75,\ \hat{\beta}_1 = 0.52,\ MSE = 0.16$$

(1) β_1에 대한 95%신뢰구간은 다음과 같다.

$$\begin{aligned}\hat{\beta}_1 \pm t(n-2, \alpha/2)\sqrt{\frac{MSE}{S_{xx}}} &= 0.52 \pm t(9, 0.025)\sqrt{\frac{0.16}{34.18}} \\ &= 0.52 \pm (2.26 \times 0.07) \\ &= 0.52 \pm 0.16 = (0.362,\ 0.676)\end{aligned}$$

(2) β_0에 대한 95%신뢰구간은 다음과 같다.

$$\begin{aligned}&\hat{\beta}_0 \pm t(n-2, \alpha/2)\sqrt{\left(\frac{1}{n} + \frac{\bar{x}^2}{S_{(xx)}}\right)MSE} \\ &= 1.75 \pm t(9, 0.025)\sqrt{\left(\frac{1}{11} + \frac{3.73^2}{34.18}\right)0.16} \\ &= 1.75 \pm (2.26 \times 0.28) = 1.75 \pm 0.64 \\ &= (1.11,\ 2.39)\end{aligned}$$

(3) (a) ① 가설 $H_0 : \beta_1 = 0$ 대 $H_1 : \beta_1 \neq 0$

② 유의수준 $\alpha = 0.05$인 검정의 기각역

$$|T_0| = \left|\frac{\hat{\beta}_1}{\sqrt{MSE/S_{(xx)}}}\right| \geq t(n-2, \alpha/2) = t(9, 0.025) = 2.26$$

③ 검정통계량의 값

$$T_0 = \frac{\hat{\beta}_1}{\sqrt{MSE/S_{(xx)}}} = \frac{0.52}{\sqrt{0.16/34.18}} = 7.48$$

④ 검정 : $|T_0| = 7.48 > t(9, 0.025) = 2.26$이므로 유의수준 5%에서 귀무가설을 기각한다.

(b) 유의확률은 $P(|T(9)| \geq 7.48) = 3.79 \times 10^{-5}$으로 [예제 12.3]에서 구한 결과와 같다.

(4) $\mu(2.5) = E(Y|x = 2.5)$에 대한 95%신뢰구간은 다음과 같다.

$$\begin{aligned}&(\hat{\beta}_0 + \hat{\beta}_1 x) \pm t(n-2, \alpha/2)\sqrt{\left[\frac{1}{n} + \frac{(x-\overline{x})^2}{S_{xx}}\right]MSE} \\ &= (1.75 + 0.52 \times 2.5) \pm t(9, 0.025)\sqrt{\left[\frac{1}{11} + \frac{(2.5-3.73)^2}{34.18}\right]0.16} \\ &= 3.04 \pm 2.26 \times 0.15 = 3.04 \pm 0.33 = (2.71,\ 3.37)\end{aligned}$$

[예제 12.4]에서 가설 $H_0 : \beta_1 = 0$ 대 $H_1 : \beta_1 \neq 0$에 대한 t검정의 유의확률은 [예제 12.3]의 분산분석에서 유의확률과 같음을 알 수 있다. 자유도 k인 t분포를 따르는 확률변수 $T(k)$의 제곱은 자유도 $(1, k)$인 F분포의 확률변수 $F(1, k)$와 같으므로 즉, $T(k)^2 = F(1, k)$이므로 이것이 성립함을 알 수 있다. 실제 [예제 12.4]의 검정통계량의 값과 [예제 12.3]의 F_0의 값 사이에는 $T_0^2 = F_0$이 성립함을 확인할 수 있다. 그러나 $b \neq 0$일 때 가설 $H_0 : \beta_1 = b$ 대 $H_1 : \beta_1 \neq b$에 대한 검정은 t검정을 실시한다. [예제 12.4]의 자료에 대하여 여러 가지 x값에 대하여 $\mu(x) = \beta_0 + \beta_1 x$에 대한 신뢰구간을 구하여 그래프로 나타내면 다음 [그림 12.9]와 같다.

[그림 12.9]로부터 $\mu(x) = \beta_0 + \beta_1 x$에 대한 신뢰구간의 길이는 $x = \overline{x}$일 때 가장 짧고 $\overline{x}$에서 멀어질수록 그 길이는 길어짐을 알 수 있다. 신뢰상한과 신뢰하한을 나타내는 곡선 사이의 영역을 **신뢰대**라고 한다.

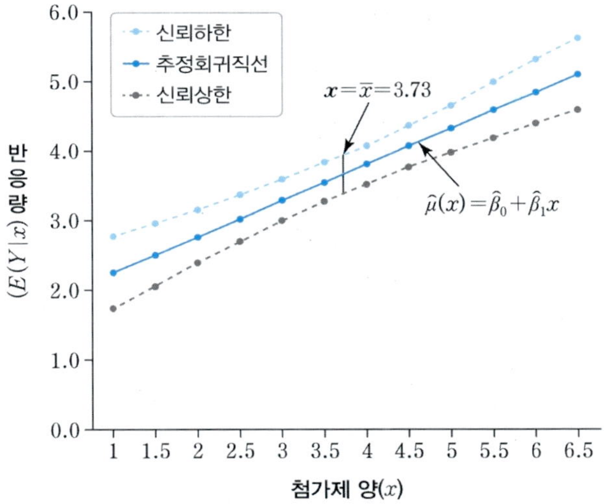

[그림 12.9] $\mu(x) = \beta_0 + \beta_1 x$의 95% 신뢰대

12.5 모형의 검토 및 기타 사항

앞에서 살펴본 회귀모형에 대한 분석은 모형에 대한 몇 가지 가정 하에서 이루어진 것이다. 독립변수(x)와 종속변수(Y) 사이는 직선관계 $Y = \beta_0 + \beta x + \varepsilon$이며 독립변수는 확률변수가 아니고 종속변수는 오차항 (ε)을 포함하는 확률변수를 가정하였다. 또한 오차항은 독립변수의 값에 관계없이 서로 독립이며 평균이 0이고 분산이 σ^2인 정규분포를 따른다는 것을 가정하였다. 만약 주어진 자료가 이 가정들을 만족하지 못한다면 이러한 가정을 전제로 이루어진 분석의 결과는 신뢰성을 확보하기가 어렵게 된다. 따라서 모형의 가정에 대한 검토가 이루어져야 한다. 만약 가정한 모형이 적절하지 않다고 판단되면 새로운 모형을 가정하고 분석을 실시하여야 한다.

추정된 회귀직선이 주어진 자료를 적합시키는데 적절한지 판단하는 측도로는 결정계수의 값이나 분산분석의 결과를 이용할 수 있다. 결정계수의 값이 0에 가깝거나 분산분석에서 유의확률이 매우 큰 경우에는 직선관계를 가정한 모형이 적절하지 않을 것이다. 또한 모형의 가정에 대한 적절성을 검토하는데 잔차를 이용한다.

잔차의 검토

잔차 $e_i = Y_i - \hat{Y}_i$는 추정된 모형과 관측된 자료사이의 오차이므로 정규성이나 독립성, 등분산성 등 오차에 대한 가정의 적절성을 판단하는 데는 잔차를 이용하는 방법이 자주 사용된다. 잔차에 대한 검토 방법으로는 산점도가 흔히 사용된다. 다음 [그림 12.10]은 $\hat{Y}_i$에 대한 잔차의 산점도 형태를 나타낸 예이다. [그림 12.10(a)]는 잔차들이 0을 중심으로 고루 퍼져 있으며 $\hat{y}_i$의 값에 대하여 퍼져 있는 정도가 거의 일정함을 나타낸다. 이는 오차항의 평균이 0이고 같은 분산을 갖는다는 가정에서 크게 벗어나지 않는다는 것을 보여준다. 반면에 [그림 12.10(b)]는 $\hat{y}_i$의 값이 증가함에 따라 잔차의 흩어진 정도가 커지므로 오차의 등분산성에 대한 가정을 의심해볼 수 있는 근거가 된다. [그림 12.10(c)]는 $e_i = Y_i - \hat{Y}_i$가 이차곡선과 유사한 형태가 된다는 것을 나타내므로 x와 y의 관계가 직선보다는 곡선관계가 적절할 것이라고 볼 수 있는 근거가 된다.

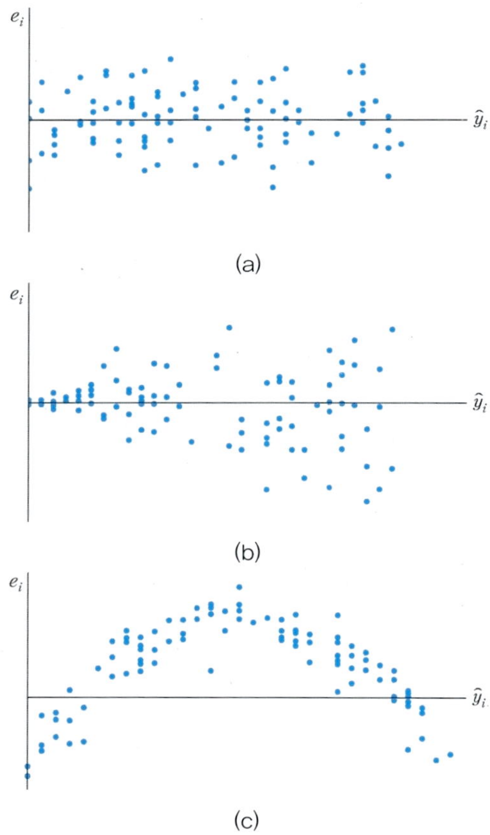

[그림 12.10] $\hat{y}_i$에 대한 잔차의 산점도 형태

오차의 정규성에 대한 검토는 잔차에 대한 히스토그램이나 정규확률지를 이용하는 방법 등을 이용할 수 있으나 여기서는 생략한다.

모형의 변환

산점도나 모형의 진단을 통하여 독립변수(x)와 종속변수(y) 사이의 관계가 직선과 다른 형태의 관계가 있을 것으로 판단되는 경우에는 앞서 사용한 방법을 그대로 적용하기는 어렵다. 그러나 간단한 변수변환에 의하여 선형회귀모형으로 변형할 수 있는 경우에는 선형회귀의 분석방법을 적용할 수 있다. 예를 들어 $Y=\beta_0+\frac{\beta_1}{x}+\varepsilon$와 같은 회귀모형을 고려하는 경우 $x'=\frac{1}{x}$로 변환을 하면 원래의 모형은 $Y=\beta_0+\beta_1 x'+\varepsilon$과 같이 선형모형으로 변형된다.

회귀모형의 선택 절차

적절한 회귀모형을 선택하기 위해서는 다음과 같은 절차를 따라서 진행하는 것이 편리하다.

(1) 두 변수에 대한 자료에 대한 산점도를 그린다.

(2) 산점도로부터 적절하다고 판단되는 회귀모형을 선택한다.

(3) 자료로부터 선택된 회귀모형에 대한 모수를 추정함으로써 회귀식을 구한다. 그 다음 분산분석이나 결정계수, 잔차의 검토 등의 방법을 사용하여 이 모형이 올바른 선택이었는지 판단한다.

(4) 위의 단계 (3)에서 선택된 회귀모형이 옳았다고 판단되면 적절한 회귀모형이 선택되었다고 결론지을 수 있으나, 만약 그렇지 못하면 다시 단계 (2)로 돌아가서 다른 회귀모형을 선택하고 단계 (3)을 수행한다.

기타 유의사항

회귀분석을 할 경우에는 다음 사항을 유의할 필요가 있다.

(1) 회귀직선을 추정하기 위하여 사용된 독립변수 밖의 독립변수와 종속변수의 관계를 이미 추정된 회귀식을 사용하여 추정하는 것은 권장하지 않는다. 예를 들어 자동차의 속도가 시간당 50km에서 120km사이의 자료를 이용하여 수집된 연비 자료를 바탕으로 자동차의 속도와 연비와의 관계를 얻었을 경우 이 결과를 이용하

여 속도가 200km인 자동차에 대하여 예측한 연비는 신뢰하기 어렵다.

(2) 회귀직선의 표본이 추출된 모집단과 다른 모집단에 적용할 경우 그 결과를 신뢰할 수 없게된다. 예를 들어 20대 성인 남성의 키와 몸무게에 대한 관계식을 구하였다고 할 때, 이 결과를 초등학생의 키와 몸무게에 그대로 적용할 경우 맞지 않을 수도 있음에 유의하여야 한다.

(3) 회귀모형을 구하는 과정에서 모든 관측값들은 일정 정도 모형적합에 영향을 주게 된다. 하지만 회귀모형이 특정한 한두 개의 관측값에 과도하게 의존한다면 표본에 따라 모형이 크게 변하게 되는 등 모형의안정성에 문제가 생길 수 있다. 어떤 관측값이 자료에 포함되었을 때와 그렇지 않았을 때 회귀모형적합이 많이 달라지는 경우 이 관측값을 영향점이라 한다. 영향점이 발견된 경우 그 원인을 살펴보고 분석을 수행하여야 한다.

(4) 회귀분석은 변수사이의 관계를 설명하는 것이지 인과관계를 제공하는 것은 아님에 유의하여야 한다. 즉 독립변수와 종속변수 사이의 함수관계를 설명하는 것이지 독립변수가 반드시 종속변수의 원인이 되는 것은 아니다.

12.6 다중선형회귀모형

화학약품 제조공정에서 반응량이 촉진제의 양과 반응 온도의 변화에 어떻게 영향을 받는지 알아보려고 한다고 하자. 이 경우 조절할 수 있는 독립변수는 촉진제의 양(x_1)과 반응온도(x_2) 2개이고 종속변수(y)는 반응량이 된다. 이와 같이 독립변수가 2개 이상인 경우 독립변수와 종속변수 사이의 관계식에 대한 수학적 모형을 다중회귀모형이라 한다. 특히 변수사이의 관계가 선형(일차식)으로 가정하는 모형을 **다중선형회귀모형**(multiple linear regression model)또는 간단히 중회귀모형이라 한다. 중회귀모형은 여러 개의 변수를 포함하고 있어서 통계량의 계산식이 복잡하므로 컴퓨터를 이용하는 것이 보편적이다. 이 절에서는 중회귀모형에 대한 구체적인 계산은 생략하고 모형의 가정과 분석방법을 개략적으로 소개한다.

다중선형선형회귀모형의 가정

중회귀모형은 다음을 가정한다.

$k(k \geq 2)$개의 독립변수를 $x = (x_1, \cdots, x_k)$라 하자. n개의 독립변수의 값

$$x_1 = (x_{11}, \cdots, x_{k1}) \quad x_2 = (x_{12}, \cdots, x_{k2}) \ \cdots \ x_n = (x_{1n}, \cdots, x_{kn})$$

에서 측정한 종속변수의 값을 Y_i, $i = 1, 2, \cdots, n$이라 할 때, $x = (x_1, \cdots, x_k)$와 Y는 다음 관계식이 성립한다고 가정한다.

$$Y_i = \beta_0 + \beta_1 x_{1i} + \beta_2 x_{2i} + \cdots + \beta_k x_{ki} + \varepsilon_i, \ i = 1, 2, \cdots, n$$

여기서 오차항 $\varepsilon_1, \varepsilon_2, \cdots, \varepsilon_n$은 서로 독립이고 각각은 평균이 0이고 분산이 σ^2인 정규분포를 따른다고 가정한다. 즉, $\varepsilon_i \sim N(0, \sigma^2)$, $i = 1, 2, \cdots, n$이다.

최소제곱법에 의한 회귀계수의 추정

회귀계수 $\beta_0, \beta_1, \cdots, \beta_k$와 오차의 분산 σ^2는 미지의 모수이며 이에 대한 추정과 검정은 단순선형회귀모형의 경우와 유사하게 이루어진다. 회귀계수 $\beta_0, \beta_1, \cdots, \beta_k$는 오차제곱합

$$Q = \sum_{i=1}^{n} \varepsilon_i^2 = \sum_{i=1}^{n} (Y_i - \beta_0 - \beta_1 x_{1i} - \beta_2 x_{2i} - \cdots - \beta_k x_{ki})^2$$

이 최소화되도록 정한다. 이를 위하여 Q를 각각의 β_i로 편미분한 다음 0으로 두면 $\beta_0, \beta_1, \cdots, \beta_k$에 대하여 다음과 같은 $k+1$개의 일차연립방정식을 얻는다.

$$\frac{\partial Q}{\partial \beta_i} = 0, \ i = 0, 1, 2, \cdots, k$$

이 방정식을 중회귀모형의 정규방정식이라 한다. 이 정규방정식의 해를 $\hat{\beta}_0$, $\hat{\beta}_1$, $\cdots$, $\hat{\beta}_k$라 하면 중회귀모형의 최소제곱추정량은 다음과 같다.

$$\hat{Y}_i = \hat{\beta}_0 + \hat{\beta}_1 x_{1i} + \hat{\beta}_2 x_{2i} + \cdots + \hat{\beta}_k x_{ki}, \ i = 1, 2, \cdots, n$$

회귀모형에 대한 유의성 검정

최소제곱법에 의하여 추정한 모형의 유의성 검정을 위하여 분산분석 방법을 사용한다.

종속변수 Y의 표본 Y_i와 그 평균 $\overline{Y}$의 편차 $Y_i - \overline{Y}$를

$$Y_i - \overline{Y} = (Y_i - \hat{Y}_i) + (\hat{Y}_i - \overline{Y})$$

로 두고 양변을 제곱하여 더하면 총제곱합은 다음과 같이 회귀제곱합과 잔차제곱합으로 분해된다.

$$SST = SSE + SSR$$

여기서

$$SST = \sum_{i=1}^{n} (Y_i - \overline{Y})^2 \ : \text{총제곱합}$$

$$SSE = \sum_{i=1}^{n} (Y_i - \hat{Y}_i)^2 : \text{잔차제곱합}$$

$$SSR = \sum_{i=1}^{n} (\hat{Y}_i - \overline{Y})^2 \ : \text{회귀제곱합}$$

이다. 중회귀모형의 분산분석표는 다음과 같다.

표 12.5 중회귀모형의 분산분석표

요인	제곱합	자유도	평균제곱	F비
회귀	SSR	k	$MSR = SSR/k$	$F = \dfrac{MSR}{MSE}$
잔차	SSE	$n-k-1$	$MSE = SSE/(n-k-1)$	
전체	SST	$n-1$		

중회귀모형의 유의성 검정은 다음과 같은 방법으로 수행한다.

> **회귀직선의 유의성 검정**
>
> 중회귀모형 $Y_i = \beta_0 + \beta_1 x_{1i} + \beta_2 x_{2i} + \cdots + \beta_k x_{ki} + \varepsilon_i,\ i = 1, 2, \cdots, n$에서
>
> 가설 $H_0 : \beta_1 = \beta_2 = \cdots = \beta_k = 0,\ H_1 : H_0$가 아니다
>
> 검정통계량 : $F_0 = \dfrac{MSR}{MSE}$
>
> 유의수준 α인 기각역 : $F_0 \geq F(k, n-k-1, \alpha)$
>
> $F_0 = x$일 때 유의확률 : $P(F \geq x)$ 단, $F \sim F(k, n-k-1)$

중회귀모형에 관한 추정 및 검정

잔차평균제곱 $MSE = SSE/(n-k-1)$는 오차항의 분산 σ^2에 대한 비편향추정량이다. β_j의 최소제곱추정량 $\hat{\beta}_j$는 다음 성질을 만족한다.

$$\frac{\hat{\beta}_j - \beta_j}{\widehat{SE}(\beta_j)} \sim t(n-k-1)$$

여기서 $\widehat{SE}(\beta_j) = \sqrt{\widehat{Var}(\hat{\beta}_j)}$는 $\hat{\beta}_j$의 표준편차에 대한 추정량이며 행렬을 이용하여 표현되므로 구체적인 식은 생략한다. 이 결과를 이용하여 β_j에 대한 구간추정과 가설검정을 실시한다.

β_j에 대한 $100(1-\alpha)\%$ 신뢰구간은

$$\hat{\beta}_j \pm t(n-k-1, \alpha/2)\widehat{SE}(\hat{\beta}_j)$$

이고 가설 $H_0 : \beta_j = 0$ 대 $H_1 : \beta_j \neq 0$에 대한 유의수준 α인 검정의 기각역은 다음과 같다.

$$|T_0| = \left| \frac{\hat{\beta}_j}{\widehat{SE}(\beta_j)} \right| \geq t\left(n-k-1, \frac{\alpha}{2}\right)$$

회귀분석에서 엑셀 활용

12.1절의 **[예 1]**의 자료에 대하여 엑셀을 이용하여 회귀분석을 실시하는 방법을 알아보자.

1. 산점도 그리기

제3장에서 소개한 방법으로 산점도를 그린다.

2. 회귀분석 실시하기

① 데이터⇒데이터 분석⇒회귀분석을 선택하고 확인을 클릭한다.

② 회귀분석 창에서 입력선택사항에 대한 설명은 다음과 같다.

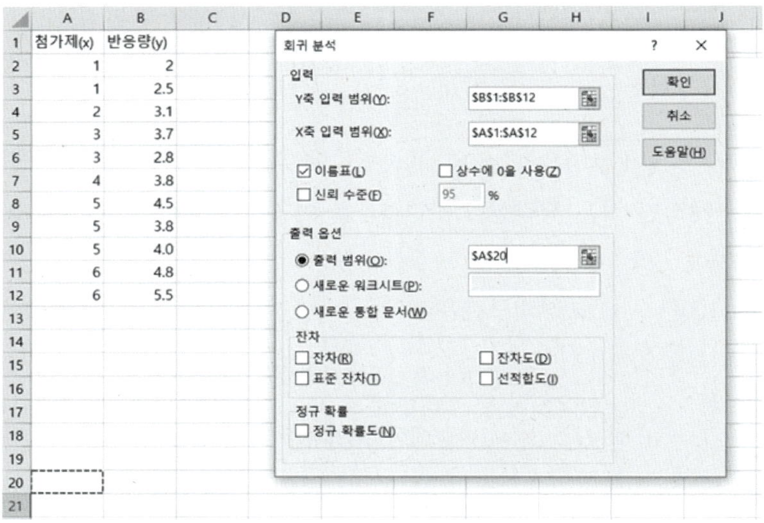

입력선택사항에 대한 설명은 다음과 같다.

- Y축 입력 범위 : 종속변수(반응량)이 입력된 범위를 지정한다
- X축 입력 범위 : 독립변수(촉진제의 양)가 입력된 범위를 지정한다.
- 신뢰 수준 : 선택하지 않을 경우 95%가 자동 입력된다.
- 이름표 : 자료 이외의 행(첫 번째 행)을 선택했을 경우 체크(✓)한다.
- 상수에 0을 사용 : 회귀직선이 원점을 지나도록 지정한다. $\beta_0 = 0$인 경우만 사용한다.

- 출력범위 : 출력결과가 나타날 셀을 정한다.
- 표준잔차 : 잔차출력표에 표준잔차를 나타낸다.
- 잔차도 : 독립변수 대 잔차의 산점도를 나타낸다.
- 선적합도 : 추정값 대 관측값에 대한 산점도를 나타낸다.
- 정규확률도 : 잔차의 정규확률도를 나타낸다.

③ 다음과 같은 결과를 얻는다.

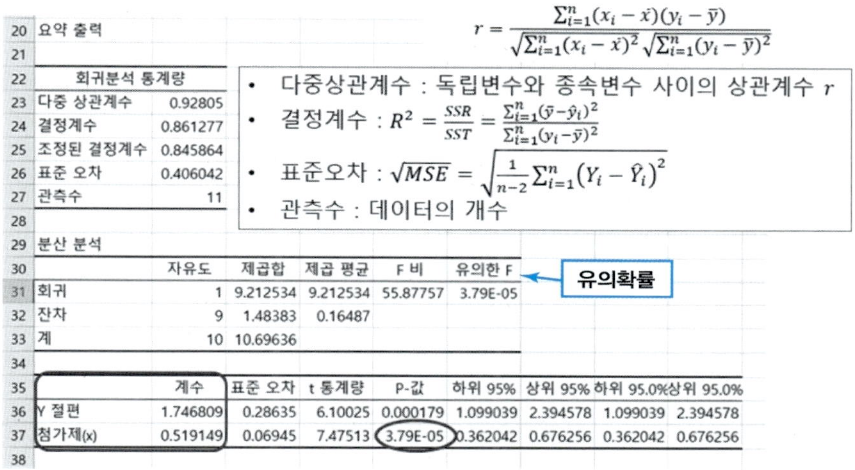

요약 출력

회귀분석 통계량	
다중 상관계수	0.92805
결정계수	0.861277
조정된 결정계수	0.845864
표준 오차	0.406042
관측수	11

분산 분석

	자유도	제곱합	제곱 평균	F 비	유의한 F
회귀	1	9.212534	9.212534	55.87757	3.79E-05
잔차	9	1.48383	0.16487		
계	10	10.69636			

	계수	표준 오차	t 통계량	P-값	하위 95%	상위 95%	하위 95.0%	상위 95.0%
Y 절편	1.746809	0.28635	6.10025	0.000179	1.099039	2.394578	1.099039	2.394578
첨가제(x)	0.519149	0.06945	7.47513	3.79E-05	0.362042	0.676256	0.362042	0.676256

결과에 대한 설명

- Y절편 : $\hat{\beta}_0 = 1.746809$
- 첨가제(x): $\hat{\beta}_1 = 0.519149$
- 추정된 회귀식: $\hat{y} = 1.75 + 0.52x$
- 회귀계수 β_1에 대한 t검정 결과 P값: $3.79\text{E}-05 = 3.79 \times 10^{-5}$으로 분산분석표의 P값(유의한 F)과 같으므로 회귀모형에 대한 F검정과 동일한 검정임을 알 수 있고, 거의 0에 가까운 값이므로 귀무가설 $H_0 : \beta_1 = 0$을 기각.

제 12 장 연습문제

01 두 변수 x와 y에 대하여 다음과 같은 자료가 주어져 있다. 변수 x를 독립변수, y를 반응변수로 택하고 다음 물음에 답하라.

x	1	2	2	3	4	4	6	6	7
y	2	4	5	5	7	5	9	7	8

(1) 두 변수 x와 y의 산점도를 그려라.

(2) 산점도로부터 x와 y의 관계를 직선으로 추정하는 것이 합당한지 판단하여라.

(3) x와 y의 상관계수를 구하고 이로부터 x와 y의 관계를 직선으로 추정하는 것이 합당한지 판단하여라.

(4) x와 y의 관계를 직선으로 적합시킬 때 최소제곱법에 의한 회귀식 $\hat{y} = \hat{\beta}_0 + \hat{\beta}_1 x$을 구하라.

(5) 추정된 직선을 산점도 위에 그려라.

(6) $x = 5$일 때, y의 값을 추측하여라.

(7) 위의 (4)의 결과를 이용하여 각 추정값과 잔차를 구하여 다음 표를 완성하고 x와 잔차의 산점도를 그려라.

x	1	2	2	3	4	4	6	6	7
y	2	4	5	5	7	5	9	7	8
$\hat{y}$									
잔차									

02 광고비(x)와 매출액(y)의 관계를 알아보기 위하여 비슷한 여건에 있는 점포 10개를 임의로 추출하여 조사한 결과 다음과 같은 자료를 얻었다.

광고비(x)	2	3	3	3	4	5	5	6	6	7
매출액(y)	40	55	60	43	60	52	70	65	61	75

광고비와 매출액 사이에 선형모형을 가정하고 위 자료를 이용하여 다음 물음에 답하라.

(1) 산점도를 그리고 직선회귀모형이 적절한지 검토하라.

(2) 최소제곱회귀직선의 방정식을 구하고 이 방정식을 산점도 위에 그려라.

(3) 광고비를 1단위만큼 늘리면 평균 매출액은 얼마정도 늘어날 것으로 예측하는가?

(4) 오차항의 분산 σ^2에 대한 추정값을 구하라.

(5) 직선의 기울기 β_1에 대한 95% 신뢰구간을 구하라.

(6) $x=6$일 때 평균 매출액을 추정하라.

(7) $x=6$일 때 평균 매출액에 대한 95% 신뢰구간을 구하고 그 의미를 설명하여라.

(8) 광고비가 $x=20$일 때, 평균매출액을 예측하는 데에 여기에서 얻은 방정식을 그대로 사용할 수 있는지의 여부에 대하여 논하라.

03 수작업으로 제품을 생산하는 공장에서 신입사원의 교육시간(x)과 하나의 제품을 생산하는데 걸리는 시간(y)가 어떠한 관계를 가지는지를 알아보기 위하여 조사한 결과 다음과 같은 자료를 얻었다.

$$n=9,\ \overline{x}=19.1,\ \overline{y}=19.3,\ S_{(xx)}=230.9,\ S_{(yy)}=76.4,\ S_{(xy)}=-125.7$$

직선관계 $y=\beta_0+\beta_1 x$를 가정하고 다음 물음에 답하여라.

(1) 최소제곱회귀직선의 방정식을 구하라.

(2) 결정계수 R^2을 구하여라.

(3) 가설 $H_0: \beta_1=0$ 대 $H_1: \beta_1 \neq 0$을 유의수준 $\alpha=0.05$에서 검정하라.

04 다음은 두 변수 x와 y자료에 대하여 선형모형 $y = \beta_0 + \beta_1 x$를 가정하고 엑셀을 수행한 결과이다.

회귀분석 통계량	회귀분석 통계량
다중 상관계수	0.906
결정계수	0.820
조정된 결정계수	0.794
표준 오차	0.983
관측수	9

분산 분석

	자유도	제곱합	제곱 평균	F 비	유의한 F
회귀	1	30.8	30.8	31.9	0.001
잔차	7	6.8	1.0		
전체	8	37.6			

	계수	표준오차	t 통계량	P값	하위95%	상위95%
Y 절편	2.124	0.725	2.929	0.022	0.409	3.839
x	0.939	0.166	5.646	0.001	0.546	1.333

다음 물음에 답하라.

(1) β_0와 β_1 추정값은 각각 무엇인가?

(2) β_0와 β_1의 95%신뢰구간은 각각 무엇인가?

(3) 결정계수 R^2은 무엇인가?

(4) 상관계수 r에 대하여 $r^2 = R^2$이 성립하는지 확인하여라.

(5) 오차의 분산 σ^2에 대한 비편향추정량의 추정값은 무엇인가?

(6) 분산분석표의 P값과 회귀계수 β_1에 대한 t검정의 P값이 일치하는지 확인하라.

(7) 유의수준 $\alpha = 0.01$에서 가설 $H_0 : \beta_1 = 0$ 대 $H_1 : \beta_1 \neq 0$을 검정하라.

제 13 장 범주형자료의 분석

자료의 형태는 크게 범주형자료와 양적자료로 구분된다. 제2장에서 살펴본 바와 같이 범주형자료는 어느 지역에서 혈액형(A, B, O, AB)을 가진 주민의 수, 어느 정당을 지지하는 지 조사한 여론 조사자료 등과 같이 관측결과를 숫자가 아닌 몇 개의 범주로 분류하고 각 범주에 속하는 관측 수로 나타난다. 또한 자료의 정리방법도 자료의 형태에 따라 달라질 수 있음을 살펴보았다. 통계적 분석방법도 자료의 형태에 따라 달라질 수 있다. 제7장과 제8장에서 다룬 통계적 추론방법은 양적자료에 관한 것이었다. 이 장에서는 범주형자료의 분석방법에 대하여 살펴본다. 범주형으로 측정된 자료로부터 변수들의 분포나 범주들 사이의 독립성 등에 대한 통계적 추론방법을 범주형자료의 분석이라 한다. 범주형자료의 분석에서는 χ^2분포를 따르는 검정통계량이 자주 사용되므로 χ^2검정이라고 하기도 한다.

13.1 다항분포

생각해보기

다음 확률실험을 한 번 행할 때 나타날 수 있는 가능한 결과는 각각 몇 가지인가?

1. 한 개의 동전을 한 번 던지는 실험
2. 윷가락 4개를 한 번 던지는 실험

정상적인 동전을 한 번 던질 때, 나타날 수 있는 가능한 결과는 '앞면' 혹은 '뒷면' 2가지 중 하나이다. 그러나 윷가락을 한 번 던질 때는 '도', '개', '걸', '윷', '모' 다섯 가지 중 하나의 결과가 나올 것이다. 주사위를 한 번 던질 때는 나오는 눈의 수는 $1, 2, \cdots, 6$ 여섯 가지 중 하나의 결과가 나올 것이다. 동전던지기와 같이 나타날 수 있는 결과가 2가지인 시행을 베르누이 시행이라 한다. 반면에 4개의 윷가락을 던지거나 주사위를 던지는 실험처럼 한 번의 시행에서 나타날 수 있는 결과가 3개 이상 여러 개의 범주로 구분될 수 있는 시행을 **다항시행**(multinomial trial)이라 한다.

이항분포

성공확률이 p인 베르누이 시행을 독립적으로 n회 행할 때, 성공의 횟수를 X, 실패의 횟수를 Y라고 하면, $X+Y=n$이므로 X와 Y의 결합확률질량함수는 다음과 같음을 제6장에서 살펴보았다.

$$P(X=k, Y=n-k) = P(X=k) = \frac{n!}{k!(n-k)!}p^k q^{n-k}$$

단, $q=1-p$. 이 때, X 또는 (X, Y)는 이항분포를 따른다고 하고 다음과 같이 나타낸다.

$$X \sim B(n,p) \text{ 또는 } (X, Y) \sim B(n, p, 1-p)$$

제6장에서 살펴본 이항분포의 정규근사방법(또는 제7장의 중심극한 정리)에 의하여, n이 무한히 커질 때, $Z_n = \dfrac{X-np}{\sqrt{npq}}$의 분포는 표준정규분포에 수렴한다. 한편 카이제곱

분포의 정의에 의하여 $Z \sim N(0,1)$이면 $Z^2 \sim \chi^2(1)$이다. 따라서 n이 무한히 커질 때,

$$Z_n^2 = \left(\frac{X-np}{\sqrt{npq}}\right)^2 = \frac{(X-np)^2}{npq}$$

의 분포는 자유도가 1인 카이제곱분포 $\chi^2(1)$에 수렴함을 알 수 있다. 한편, 위 식에서 $Y=n-X$를 대입한 후 정리하면 다음을 얻는다.

$$U = \frac{(X-E(X))^2}{E(X)} + \frac{(Y-E(Y))^2}{E(Y)} = \frac{(X-np)^2}{np} + \frac{(Y-nq)^2}{nq} = \frac{(X-np)^2}{npq}$$

따라서 n이 무한히 커질 때, U의 분포는 $\chi^2(1)$에 수렴한다. 이와 같은 결과는 다항시행의 결과에 대하여도 성립한다.

다항분포

한 번의 시행에서 k개의 서로 배반인 사건 $A_1, A_2, \cdots, A_k$중 하나가 나타나는 다항시행을 생각하자. 이 때 각 사건이 나타날 확률을 $p_i = P(A_i)$, $i=1,2,\cdots,k$라 하자. 이 시행을 독립적으로 n회 반복할 때 사건 A_i가 나타나는 횟수를 X_i라 하면 명백하게 $X_1+X_2+\cdots+X_k=n$이고 $X_1,\cdots,X_k$의 결합확률질량함수는 다음과 같다.

$$P(X_1=n_1,\cdots,X_k=n_k) = \frac{n!}{n_1!\cdots n_k!}p_1^{n_1}\cdots p_k^{n_k},\ n_1+\cdots+n_k=n.$$

이 때, $(X_1,\cdots,X_k)$는 모수가 $(n,p_1,\cdots,p_k)$인 **다항분포**(multinomial distribution)을 따른다고 하고 기호로

$$(X_1,\cdots,X_k) \sim M(n,p_1,\cdots,p_k)$$

로 나타낸다.

사건 A_1만을 주목하여 다항시행의 결과 A_1이 나타나면 '성공', 그렇지 않으면 '실패'로 보면 확률변수 X_1은 n번의 시행에서 성공의 횟수가 된다. 따라서 $X_1 \sim B(n,p_1)$이다. 같은 이유로 $X_i \sim B(n,p_i)$, $i=1,2,\cdots,k$이다. 따라서

$$E[X_i]=np_i,\ \ Var[X_i]=np_i(1-p_i),\ \ i=1,2,\cdots,k$$

이다. 각 범주의 결과가 나타난 수를 모두 합하면

$$X_1+X_2+\cdots+X_k=n$$

으로 고정되어 있으므로 X_i의 값이 커지면 X_j의 값이 작아져야 한다. 이런 이유로 $i \neq j$일때, X_i와 X_j의 공분산이 0보다 작다는 것을 예상할 수 있다. 실제 X_i와 X_j의 공분산은 다음과 같다는 것이 알려져 있다.

$$Cov(X_i, X_j) = -np_i p_j,\ i \neq j$$

다항시행에서 시행의 횟수가 무한히 커질 때, 다항분포와 χ^2분포사이에는 다음과 같은 관계가 있다는 것이 알려져 있다.

다항분포의 근사분포1

$(X_1, \cdots, X_k) \sim M(n, p_1, \cdots, p_k)$일 때, n이 충분히 크면 근사적으로

$$U = \sum_{i=1}^{k} \frac{(X_i - E[X_i])^2}{E[X_i]} = \sum_{i=1}^{k} \frac{(X_i - np_i)^2}{np_i} \sim \chi^2(k-1)$$

참고

위의 근사분포는 n이 모든 $i = 1, 2, \cdots, k$에 대하여 $np_i \geq 5$을 만족하도록 충분히 클 때, 적용하는 것이 바람직한 것으로 알려져 있다.

확률표본과 다항분포

우리나라 전체 대학생의 키에 대한 분포를 나타내는 확률변수를 Y라 하자. 임의로 한명을 선택하여 그 키를 측정할 때, 키가 170cm 이하인 학생이 선택될 확률을 p라 하면 $p = P(Y \leq 170)$이다. 100명을 임의로 추출하여 키를 측정한다고 할 때, 그 키를 $Y_1, Y_2, \cdots, Y_{100}$이라 하자. 이들 중 170cm 이하인 학생의 수를 X_1, 170cm보다 큰 학생의 수를 X_2라 하자. 이 때, $Y_i \leq 170$이면 '성공', $Y_i > 170$이면 '실패'로 보면, X_1은 성공의 확률이 p인 베르누이 시행에서 성공의 횟수이고 X_2는 실패의 횟수이다. 따라서 (X_1, X_2)는 이항분포 $B(100, p, 1-p)$를 따른다.

이제 구간을

$$B_1 = (0, 160],\ B_2 = (160, 170],\ B_3 = (170, 185],\ B_4 = (185, \infty)$$

와 같이 4개로 나누고 추출된 학생의 키가 각 구간에 포함될 확률을

$$p_i = P(Y \in B_i),\ \ i = 1,2,3,4$$

라 하자. p_1은 임의로 선택된 학생의 키가 160cm이하일 확률이고 p_2는 160cm 보다 크고 170cm 이하일 확률을 나타낸다. 표본으로 추출된 100명의 학생 중 그 키가 구간 B_i에 속하는 학생의 수를 X_i라고 하면 $(X_1, X_2, X_3, X_4) \sim M(100, p_1, p_2, p_3, p_4)$임을 알 수 있다.

실수 전체 집합 R을 서로 겹치지 않는 k개의 구간으로 나눌 때 그 구간을 B_i, $i = 1,2,\cdots,k$라 하자. [그림 13.1]은

$$B_1 = (-\infty, -3],\ \ B_2 = (-3, -2],\ \ B_3 = (-2, 0],$$
$$B_4 = (0, 1],\ \ B_5 = (1, 4],\ \ B_6 = (4, \infty)$$

과 같이 6개로 나눈 예이다. 확률변수 Y가 B_i에 포함될 확률을

$$p_i = P(Y \in B_i),\ \ i = 1,2,\cdots,k$$

라 하자. [그림 13.1]

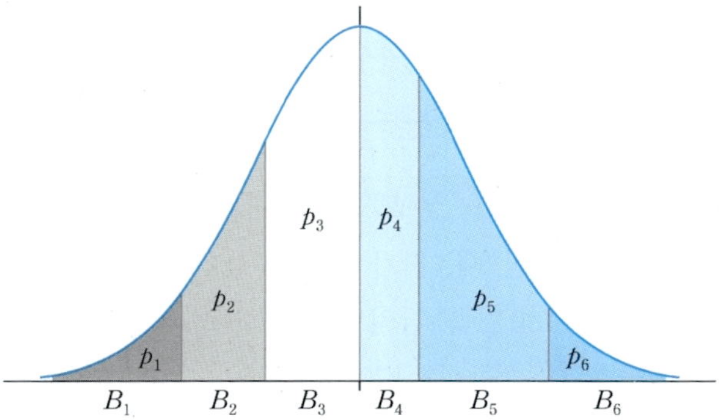

[그림 13.1]

모집단의 분포가 Y와 같은 모집단에서 n개의 표본을 추출할 때, 표본이 각 구간 B_i에 속하는 표본의 수를 X_i라고 하자. 매번 시행의 결과는 k개의 구간 B_i, $i = 1,2,\cdots,k$ 중 하나에 속하며 각 시행은 독립이므로 $(X_1, X_2, \cdots, X_k) \sim M(n, p_1, p_2, \cdots, p_k)$임을 알 수 있다. 따라서 $(X_1, X_2, \cdots, X_k)$의 근사분포는 [**다항분포의 근사분포 1**]의 결과를

이용할 수 있다. 만약 모집단의 모수에 대한 값을 알지 못하면 p_j의 값을 알지 못하게 된다. 이 때, p_j의 추정량 $\hat{p}_j$, $j=1,2,\cdots,k$를 이용한다. 이에 관한 근사분포는 다음과 같음이 알려져 있다.

각 범주의 확률이 알려지지 않은 경우 다항분포의 근사분포2

$(X_1,\cdots,X_k) \sim M(n,p_1,\cdots,p_k)$이고 p_j의 값을 알지 못할 때, p_j의 추정량 $\hat{p}_j$, $j=1,2,\cdots,k$를 구하기 위하여 추정하는 모수의 수가 r개이면, 충분히 큰 n에 대하여

$$V=\sum_{i=1}^{k}\frac{(X_i-n\hat{p}_i)^2}{n\hat{p}_i}$$

의 분포는 근사적으로 자유도가 $k-1-r$인 카이제곱분포 $\chi^2(k-1-r)$을 따른다.

13.2 적합도검정

생각해보기

주사위를 108번 던져서 다음과 같은 결과를 얻었다.

눈의 수	1	2	3	4	5	6	합
관측도수	22	18	16	15	23	14	108

이 주사위가 공정한 주사위인지를 판정하기 위한 가설을 세워라.

위에서 주사위를 던질 때 눈의 수가 i인 면이 나올 확률을 p_i라 하면 공정한 주사위가 되기 위해서는 각 면이 나올 확률이 $\frac{1}{6}$로 같아야 하므로 검정해야 할 가설은 다음과 같다.

$$H_0 : p_1=\frac{1}{6},\ p_2=\frac{1}{6},\ p_3=\frac{1}{6},\ p_4=\frac{1}{6},\ p_5=\frac{1}{6},\ p_6=\frac{1}{6}$$

H_1 : H_0가 아니다.

이와 같이 하나의 속성이 서로 배반인 k개의 범주 $A_1, \cdots, A_k$로 구분되는 모집단에서 범주 A_i의 비율을 p_i라고 할 때, p_i가 특정한 확률 p_{i0}과 같아지는지 여부를 판정하는 것을 **적합도검정**(goodness-of-fit test)이라 한다. 적합도검정의 가설은 다음과 같다.

$$H_0 : p_1 = p_{10}, \cdots, p_k = p_{k0}$$
$$H_1 : H_0\text{가 아니다.}$$

이 모집단에서 n개의 표본을 추출할 때, 범주 A_i에 속하는 개체가 추출되는 횟수를 X_i, $i = 1,2,\cdots,k$라 하면 추출결과는 〈표 13.1〉과 같이 나타난다.

표 13.1 일차원배치표

범주	A_1	A_2	$\cdots$	A_k	합
관측도수	X_1	X_2	$\cdots$	X_k	n
$p_i = P(A_i)$	p_1	p_2	$\cdots$	p_k	1

귀무가설이 참이면,

$$(X_1,\cdots,X_k) \sim M(n,p_{10},\cdots,p_{k0})$$

이고 범주 A_i에 속하는 표본의 기대도수는

$$E_i = E(X_i | H_0) = np_{i0}$$

이다. 따라서 표본의 크기 n이 충분히 클 때, 통계량

$$U = \sum_{i=1}^{k} \frac{(X_i - E_i)^2}{E_i} = \sum_{i=1}^{k} \frac{(X_i - np_{i0})^2}{np_{i0}}$$

의 분포는 근사적으로 자유도가 $k-1$(범주의 개수-1)인 χ^2분포를 따른다. 즉,

$$U \sim \chi^2(k-1)$$

적합도검정의 기본적인 원리는 표본추출에 의하여 관측된 도수 X_i와 귀무가설이 참이라는 가정 하에서 이론적으로 계산된 기대도수 E_i의 차 $X_i - E_i$가 매우 크면 귀무가설의 신빙성을 의심할 만하다는 것이다. 만약 기대도수와 관측도수의 차 $X_i - E_i$의 값이 E_i에 비하여 상대적으로 크면 U의 값이 커질 것이고 이 경우 귀무가설이 참이라는 것을 신뢰하기 어려울 것이다. 따라서 U의 값이 충분히 클 때 귀무가설을 기각한다. 즉, 기각역은 다음과 같은 형태이다.

$$U \geq c$$

유의수준이 α일 때, 임계값 c는 다음을 만족하는 상수이다.

$$\alpha = P(U \geq c \mid H_0)$$

한편 귀무가설이 참일 때, U의 분포는 근사적으로 자유도가 $k-1$인 카이제곱분포를 따르므로 $c = \chi^2(k-1, \alpha)$이다. 이상을 정리하면 다음과 같다.

적합도검정 1 : 귀무가설에 의하여 각 범주의 확률이 정해지는 경우		
가설 H_0 : $p_1 = p_{10}, \cdots, p_k = p_{k0}$ 대 H_1 : H_0가 아니다.		
검정통계량	유의수준 α인 검정의 기각역	$U = u$일 때 유의확률
$U = \sum_{i=1}^{k} \frac{(x_i - np_{i0})^2}{np_{i0}}$	$U \geq \chi^2(k-1, \alpha)$	$P(\chi^2(k-1) \geq u)$

예제 13.1

생각해보기의 자료에 대하여 주사위가 공정한 주사위인지 유의수준 5%로 검정하라.

풀이 검정해야 할 가설은 다음과 같다.

$$H_0 : p_1 = \frac{1}{6},\ p_2 = \frac{1}{6},\ p_3 = \frac{1}{6},\ p_4 = \frac{1}{6},\ p_5 = \frac{1}{6}, p_6 = \frac{1}{6}$$

H_1 : H_0가 아니다.

귀무가설 하에서의 기대도수는

$$E_i = \frac{108}{6} = 18,\ i = 1, 2, \cdots, 6$$

이므로 〈표 13.2〉와 같은 표를 얻는다.

표 13.2 적합도검정의 중간계산

눈의 수(i)	1	2	3	4	5	6	합
관측도수(x_i)	22	18	16	15	23	14	$n = 108$
p_{i0}	1/6	1/6	1/6	1/6	1/6	1/6	1
기대도수(E_i)	18	18	18	18	18	18	108
$(x_i - E_i)^2/E_i$	8/9	0	2/9	1/2	25/18	8/9	$u = 3.89$

이 표에서 $u = 3.89 < \chi^2(6-1, 0.05) = 11.07$이므로 귀무가설을 기각하지 못한다. 즉, 유의수준 5%에서 공정한 주사위라고 할 수 있다.

귀무가설에 의하여 각 범주의 확률 p_i가 정해지지 않은 경우 p_i의 추정량 $\hat{p}_i$를 사용할 수 있다. 이 경우 $\hat{p}_i$를 구하기 위하여 추정한 모수의 개수가 r일 때 적합도검정은 다음과 같은 방법으로 실시한다.

적합도검정2 : 귀무가설에 의하여 각 범주의 확률 p_i가 정해지지 않은 경우		
가설 H_0 : $p_1 = p_{10}, \cdots, p_k = p_{k0}$ 대 H_1 : H_0가 아니다. (p_{i0}의 추정량 $\hat{p}_i$를 구하기 위하여 추정한 모수의 수가 r인 경우)		
검정통계량	유의수준 α인 검정의 기각역	$V=v$일 때 유의확률
$V=\sum_{i=1}^{k}\frac{(x_i - n\hat{p}_i)^2}{n\hat{p}_i}$	$V \geq \chi^2(k-1-r, \alpha)$	$P(\chi^2(k-1-r) \geq v)$

다음은 귀무가설에 의하여 각 범주의 확률이 정해지지 않는 경우이다.

예제 13.2

다음은 관측치와 추정치의 편차에 대한 자료이다.

−2.954	−3.803	2.085	2.718	−1.287	2.727	2.642	−2.459	1.952	0.015
−5.339	2.857	2.460	2.345	−1.172	4.855	−0.255	−0.402	2.956	2.561
3.268	−1.954	0.084	2.518	10.102	0.688	0.200	−4.454	−1.366	0.334
0.302	−1.013	−1.921	−1.911	−5.134	−3.540	−2.850	2.912	−2.248	−4.429
1.009	0.103	−3.653	4.780	−0.088	1.953	3.653	−0.505	−2.918	2.112
−2.028	−3.745	2.162	−0.973	3.026	2.804	2.413	−1.713	0.558	3.369
3.310	−3.510	−3.106	−0.720	1.119	1.187	−3.555	−2.439	−0.596	−1.695
−2.922	−1.229	1.605	2.686	−0.418	−1.215	−3.188	−3.329	−1.734	2.265
3.991	0.685	1.880	1.645	−2.384	−3.486	−3.477	1.591	−1.932	−1.414
0.524	2.286	−0.743	0.706	0.001	−1.034	−0.268	2.916	−3.708	2.968

이 자료로부터 편차의 분포가 정규분포를 따른다고 할 수 있는지 유의수준 5%로 검정하라.

풀이 이와 같은 양적자료의 경우에는 제2장에서와 같이 몇 개의 범주로 분류하여 범주형 자료로 변환한 후에 적합도검정을 실시할 수 있다. 또한 범주형자료인 경우라도 귀무가설에 의하여 각 범주의 확률이 정해지지 않은 경우에는 범주의 확률을 추정한 후 기대도수를 구하고 적합도검정을 시행한다.

(1) 가설 설정 : 이 자료를 나타내는 확률변수를 X라 할 때, 검정하려는 가설은 다음과 같다.

$$H_0 \ : \ Y \sim N(\mu, \sigma^2)$$
$$H_1 \ : \ H_0\text{가 아니다.}$$

(2) 자료의 범주화 : 귀무가설의 분포가 연속형분포 이므로 주어진 자료를 다음과 같이 범주형 자료로 변환한다. 범주i의 구간을 $B_i = (a_i, b_i]$라 하자. 예를 들어 $B_1 = (-\infty, -3.5]$, $B_2 = (-3.5, -2.5]$이다.

범주(i)	구간(B_i)	도수
1	$(-\infty, \quad -3.5]$	11
2	$(-3.5, \quad -2.5]$	9
3	$(-2.5, \quad -1.5]$	12
4	$(-1.5, \quad -0.5]$	13
5	$(-0.5, \ 0.5]$	12
6	$(0.5, \quad 1.5]$	8
7	$(1.5, \quad 2.5]$	14
8	$(2.5, \quad 3.5]$	16
9	$(3.5, \quad \infty)$	5
합		100

(3) 통계량 계산 : 귀무가설 하에서 $Y \sim N(\mu, \sigma^2)$이므로 각 범주의 확률 p_i는 다음과 같이 나타낼 수 있다.

$$\begin{aligned} p_i &= P(a_i < Y \le b_i) \\ &= P\left(\frac{a_i - \mu}{\sigma} < \frac{Y - \mu}{\sigma} \le \frac{b_i - \mu}{\sigma}\right) \\ &= P\left(\frac{a_i - \mu}{\sigma} < Z \le \frac{b_i - \mu}{\sigma}\right) \end{aligned}$$

그러나 평균과 표준편차가 알려져 있지 않으므로 p_i를 구하기 위해서는 이에 대한 추정이 필요하다. μ와 σ에 대한 추정값은 자료로부터 다음과 같이 얻는다.

$$\hat{\mu} = \bar{x} = -0.023, \quad \hat{\sigma} = s = 2.698$$

이제 p_i의 추정값은 $\hat{\mu}$와 $\hat{\sigma}$를 이용하여 다음과 같이 구한다.

$$\hat{p}_i = P\left(\frac{a_i - (-0.023)}{2.698} < Z \le \frac{b_i - (-0.023)}{2.698}\right), \quad i = 1, 2, \cdots, 9$$

이를 이용하여 기대도수에 대한 추정값을 다음과 같이 구한다.

$$\hat{E}_i = 100\hat{p}_i, \; i = 1, 2, \cdots, 9$$

다음 표는 이를 이용하여 통계량 $V = \sum_{i=1}^{k} \frac{(X_i - n\hat{p}_i)^2}{n\hat{p}_i}$의 값을 구하는 과정을 나타낸 것이다.

범주(i)	$B_i = (a_i, b_i]$		도수(x_i)	확률 ($\hat{p}_i$)	기대도수 ($\hat{E}_i = n\hat{p}_i$)	$(x_i - \hat{E}_i)^2/\hat{E}_i$
	a_i	b_i				
1	$-\infty$	-3.5	11	0.099	9.874	0.128
2	-3.5	-2.5	9	0.081	8.055	0.111
3	-2.5	-1.5	12	0.113	11.276	0.046
4	-1.5	-0.5	13	0.138	13.781	0.044
5	-0.5	0.5	12	0.147	14.703	0.497
6	0.5	1.5	8	0.137	13.694	2.368
7	1.5	2.5	14	0.111	11.135	0.737
8	2.5	3.5	16	0.079	7.903	8.294
9	3.5	∞	5	0.096	9.578	2.188
합			100	1.000	100	14.41

이 때 $\hat{p}_i$를 구하기 위하여 2개의 모수 μ와 σ를 추정하였으므로 검정통계량의 자유도는

$$\text{범주의 수}-1-\text{추정된 모수의 수}=9-1-2=6$$

이다. 따라서 기각역은 다음과 같다.

$$V \geq \chi^2(6, 0.05) = 12.59$$

(4) 검정 : 위 표로부터 $v = 14.41 > \chi^2(6,0.05) = 12.59$이므로 유의수준 5%에서 귀무가설은 기각된다. 따라서 이 자료는 유의수준 5%에서 정규분포를 따른다고 할 수 없다. 한편 유의확률은 $P(\chi^2(6) \geq 14.42) = 0.025$이므로 유의수준이 0.025이상인 경우 귀무가설은 기각된다. 예를 들어 유의수준이 5%인 검정에서는 귀무가설이 기각되지만 1%인 검정에서는 귀무가설이 기각되지 않는다.

13.3 분할표

다음 예를 생각해보자.

[예 1] 어떤 대학에서 그 학교 학생 400명을 대상으로 만족도 조사를 실시한다고 하자. 학교생활 만족도가 '만족'이면 3, '보통'이면 2, '불만족'이면 1로 표기하도록 하자. 각각의 표본에 대하여 속성을 (학년, 만족도)와 같이 $4 \times 3 = 12$개로 분류하고 속성이 (i, j)인 표본 수를 X_{ij}라 하자. 또한 $X_a(i)$는 학년이 i인 표본 수, $X_b(j)$는 학교생활의 만족도가 j, $j = 1,2,3$인 표본수라 하자. 예를 들어 X_{12}는 표본으로 추출된 400명 중 1학년 학생이며 학교생활이 보통인 학생 수를 나타내고 $X_a(1)$는 1학년 학생수, $X_b(2)$는 학교생활 만족도가 보통인 학생 수를 나타낸다. 이를 표로 나타내면 다음과 같이 나타낼 수 있다.

학년 \ 만족도	불만족(1)	보통(2)	만족(3)	합
1학년	X_{11}	X_{12}	X_{13}	$X_a(1)$
2학년	X_{21}	X_{22}	X_{23}	$X_a(2)$
3학년	X_{31}	X_{32}	X_{33}	$X_a(3)$
4학년	X_{41}	X_{42}	X_{43}	$X_a(4)$
합	$X_b(1)$	$X_b(2)$	$X_b(3)$	400

위와 같이 두 개의 속성 A, B를 가지고 있으며 각 속성은 서로 배반인 r개의 범주 $A_1, \cdots, A_r$과 c개의 범주 $B_1, \cdots, B_c$로 구분되는 모집단을 생각하자. 이 모집단으로부터 n개의 표본을 추출할 때 범주 A_i와 B_j에 동시에 속하는 표본의 수 X_{ij}를 다음 〈표 13.3〉과 같이 속성과 그 범주에 따라 분류하여 정리한 표를 **분할표**(contingency table)라고 한다.

표 13.3 분할표

속성 A \ 속성B	B_1	B_2	$\cdots$	B_c	합
A_1	X_{11}	X_{12}	$\cdots$	X_{1c}	$X_a(1)$
A_2	X_{21}	X_{22}	$\cdots$	X_{2c}	$X_a(2)$
$\vdots$	$\vdots$	$\vdots$		$\vdots$	$\vdots$
A_r	X_{r1}	X_{r2}	$\cdots$	X_{rc}	$X_a(r)$
합	$X_b(1)$	$X_b(2)$	$\cdots$	$X_b(c)$	n

여기서

$$X_a(i) = \sum_{j=1}^{c} X_{ij} \ : \text{범주 } A_i\text{에 속한 표본 수, } i = 1, 2, \cdots, r$$

$$X_b(j) = \sum_{i=1}^{r} X_{ij} \ : \text{범주 } B_j\text{에 속한 표본 수, } j = 1, 2, \cdots, c$$

$$n = \sum_{i=1}^{r}\sum_{j=1}^{c} X_{ij} \ : \text{추출된 표본 수.}$$

분할표의 형태로 주어진 자료에 대하여 속성간의 독립성에 대한 가설검정과 여러 집단의 동질성에 대한 검정을 알아보자.

13.3.1 독립성검정

[예 1]에서 학교생활 만족도와 학년은 서로 독립이라고 할 수 있는지 알아보려고 한다. 즉, 전체 학생 중 임의로 한 명의 학생을 선택할 때, $i(i=1,2,3,4)$ 학년 학생이 선택될 사건을 A_i, 만족도가 $j(j=1,2,3)$인 학생이 선택될 사건을 B_j라 하자. 이 때 검정하고자 하는 것은 A_i와 B_j가 서로 독립인지 여부이다. 즉,

$$P(A_i \cap B_j) = P(A_i)P(B_j)$$

이 성립하는지 여부를 판단하는 것이다. 이를 위하여 전체 학생 중 400명을 학년에 관계없이 임의로 추출하고 표본으로 선정된 학생에게는 학년과 만족도를 답하도록 한다. 그러면 표본으로 선정된 학생의 답은 총 12가지(학년 4가지, 만족도 3가지) 중 하나에 속하게 된다. 이와 같이 표본을 추출할 때 각 표본을 추출하는 과정은 다항시행을 하는 것과 같다.

이와 같이 모집단이 두 개의 속성 A, B를 가지고 있으며 각 속성은 서로 배반인 r개의 범주 A_1, $\cdots$, A_r과 c개의 범주 B_1, $\cdots$, B_c로 구분될 때, 이들 특성이 서로 독립인지 여부를 판정하는 것을 **독립성검정**(test of independence)이라 한다. 이 모집단에서 범주 A_i의 비율을 $p_a(i)=P(A_i)$, 범주 B_j의 비율을 $p_b(j)=P(B_j)$라고 하고 A_i와 B_j의 속성을 동시에 가지고 있는 개체의 비율을 $p_{ij}=P(A_i \cap B_j)$라고 하자. 이 확률을 표로 나타내면 다음과 같다.

표 13.4 독립성검정의 확률구조

속성 A의 범주	속성 B의 범주				합
	B_1	B_2	$\cdots$	B_c	
A_1	p_{11}	p_{12}	$\cdots$	p_{1c}	$p_a(1)$
A_2	p_{21}	p_{22}	$\cdots$	p_{2c}	$p_a(2)$
$\vdots$	$\vdots$	$\vdots$		$\vdots$	$\vdots$
A_r	p_{r1}	p_{r2}	$\cdots$	p_{rc}	$p_a(r)$
합	$p_b(1)$	$p_b(2)$	$\cdots$	$p_b(c)$	1

독립성검정은 $P(A_i \cap B_j) = P(A_i)P(B_j)$여부를 검정하는 것이다. 따라서 독립성검정의 가설은 다음과 같다.

$$H_0 : p_{ij} = p_a(i)p_b(j),\ i=1,2,\cdots,r,\ j=1,2,\cdots,c$$
$$H_1 : H_0\text{가 아니다.}$$

독립성검정을 위해서는 각 표본이 rc가지 범주 $A_i \cap B_j$, $i=1,2,\cdots,r$, $j=1,2,\cdots,c$ 중 어디에 속하는 지를 조사한다. 이 때 범주 A_i와 B_j에 동시에 속하는 표본수를 X_{ij}라 하면 독립성검정의 자료구조는 〈표 13.3〉과 같다. 또한 이와 같은 방법으로 n개의 표본을 추출하는 것은 모수가 $(n, p_{ij}, 1 \le i \le r, 1 \le j \le c)$인 다항시행을 하는 것과 같으므로

$$(X_{ij}, j=1,2,\cdots,c, i=1,2,\cdots,r) \sim M(n, p_{ij}, j=1,2,\cdots,c, i=1,2,\cdots,r)$$

이다. 따라서 n이 충분히 클 때 근사적으로

$$\sum_{i=1}^{r}\sum_{j=1}^{c}\frac{(X_{ij}-np_{ij})^2}{np_{ij}} \sim \chi^2(rc-1)$$

이 성립한다. 귀무가설하에서 $p_{ij}=p_a(i)p_b(j)$이므로 X_{ij}의 평균은

$$E_{ij} = np_{ij} = np_a(i)p_b(j),\ i=1,2,\cdots,r,\ j=1,2,\cdots,c$$

이다. 한편 확률 $p_a(i)$와 $p_b(j)$의 정확한 값을 알지 못하므로 각각을 다음과 같이 추정한다.

$$\hat{p}_a(i) = \frac{X_a(i)}{n},\ i=1,2,\cdots,r$$
$$\hat{p}_b(j) = \frac{X_b(j)}{n},\ j=1,2,\cdots,c$$

이 때 $\hat{p}_a(1)+\cdots+\hat{p}_a(r)=1$, $\hat{p}_b(1)+\cdots+\hat{p}_b(c)=1$이므로 실제 추정한 $p_a(i)$와 $p_b(j)$의 수는 $(r-1)+(c-1)=r+c-2$개다. 이 추정량을 이용하여 기대도수 E_{ij}의 추정값을 다음과 같이 계산할 수 있다.

$$\hat{E}_{ij} = n\hat{p}_a(i)\hat{p}_b(j) = \frac{X_a(i)X_b(j)}{n},\ i=1,2,\cdots,r,\ j=1,2,\cdots,c$$

독립성검정을 위하여 다음 통계량을 이용한다.

$$\chi_0^2 = \sum_{i=1}^{r}\sum_{j=1}^{c}\frac{(X_{ij}-\hat{E}_{ij})^2}{\hat{E}_{ij}}$$

만약 X_{ij}의 관측값 x_{ij}와 기대도수의 추정량 $\hat{E}_{ij}$의 차 $x_{ij}-\hat{E}_{ij}$ 값이 $\hat{E}_{ij}$에 비하여 상대적으로 크면 χ_0^2의 값이 커질 것이고 이 경우 귀무가설이 참이라는 것을 신뢰하기 어려울 것이다. 따라서 χ_0^2의 값이 충분히 클 때 귀무가설을 기각한다. 한편 표본의 크기 n이 충분히 클 때 귀무가설 하에서 χ_0^2는 근사적으로 χ^2분포를 따른다. 이 때 자유도는

$$rc-1-\text{추정된 모수의 개수} = rc-1-(r+c-2)=(r-1)(c-1)$$

이다. 즉,

$$\chi_0^2=\sum_{i=1}^{r}\sum_{j=1}^{c}\frac{(X_{ij}-\hat{E}_{ij})^2}{\hat{E}_{ij}} \sim \chi^2((r-1)(c-1))$$

따라서 유의수준 α인 기각역은 $\chi_0^2 \geq \chi^2((r-1)(c-1),\alpha)$이다. 이상을 정리하면 다음 검정방법을 얻는다.

독립성검정		
가설 H_0 : $p_{ij}=p_a(i)p_b(j)$, $i=1,2,\cdots,r$, $j=1,2,\cdots,c$ H_1 : H_0가 아니다.		
검정통계량	유의수준 α 기각역	$\chi_0^2=x$일 때 유의확률
$\chi_0^2=\sum_{i=1}^{r}\sum_{j=1}^{c}\frac{(X_{ij}-\hat{E}_{ij})^2}{\hat{E}_{ij}}$	$\chi_0^2 \geq \chi^2(d,\alpha)$ 단, $d=(r-1)(c-1)$	$P(\chi^2(d) \geq x)$ 단, $d=(r-1)(c-1)$

예제 13.3

교양수학과 교양통계학을 수강한 학생 중 100명의 성적을 조사한 결과가 아래 표와 같았다. 이 자료로부터 수학과 통계학과목의 성적은 서로 독립인지 유의수준 5%로 검정하라.

표 13.5 수학과 통계학 성적

통계학 \ 수학	A	B	C	기타	합
A	5	7	6	3	21
B	8	8	7	4	27

C	7	6	4	5	22
기타	5	3	7	15	30
합	25	24	24	27	100

풀이 이 검정에서 가설은 다음과 같다.

H_0 : 수학과목 성적과 통계학과목 성적은 서로 독립이다

H_1 : 수학과목 성적과 통계학과목 성적은 서로 독립이 아니다

귀무가설 H_0하에서 (i,j)항의 기대도수는 다음과 같이 구한다.

$$E_{11} = \frac{X_a(1)X_b(1)}{n} = \frac{21 \times 25}{100} = 5.25,$$

$$E_{21} = \frac{X_a(2)X_b(1)}{n} = \frac{27 \times 25}{100} = 6.75$$

이와 같은 방법으로 기대도수(E_{ij})에 대한 표를 만들면 다음과 같다.

표 13.6 기대도수(E_{ij})

통계학 \ 수학	A	B	C	기타	합
A	5.25	5.04	5.04	5.67	21
B	6.75	6.48	6.48	7.29	27
C	5.50	5.28	5.28	5.94	22
기타	7.50	7.20	7.20	8.10	30
합	25	24	24	27	100

검정통계량 χ_0^2의 값은

$$\begin{aligned}\chi_0^2 &= \sum_{i=1}^{4}\sum_{j=1}^{4}\frac{(x_{ij}-E_{ij})^2}{E_{ij}} \\ &= \frac{(5-5.25)^2}{5.25} + \frac{(7-5.04)^2}{5.04} + \cdots + \frac{(15-8.10)^2}{8.10} \\ &= 14.46\end{aligned}$$

이다. 귀무가설 하에서 χ_0^2은 자유도가 $(r-1)(c-1)=(4-1)\times(4-1)=9$인 χ^2분포를 따른다. 한편 $\chi_0^2=14.46<\chi^2(9,0.05)=16.92$이므로 유의수준 5% 하에서 귀무가설은 기각되지 않는다. 즉, 주어진 자료에 의할 때 수학성적과 통계학 성적은 서로 독립이라고 할 수 있다. 유의확률은 $P(\chi^2(9)\geq 14.46)=0.107$이다.

13.3.2 동질성검정

위의 [예 1]에서 학교생활 만족도는 모든 학년이 같다고 할 수 있는지 알아보려고 한다. 즉 $i(i=1,2,3,4)$ 학년 학생 중 만족도가 $j(j=1,2,3)$인 학생의 비율을 p_{ij}라고 할 때,

$$p_{1j}=p_{2j}=p_{3j}=p_{4j},\ j=1,2,3$$

인지 여부를 알아보려고 한다. 이를 위하여 전체 학생을 학년별로 분류한 다음 각 학년 별로 100명씩 표본을 추출하여 학교생활만족도를 조사할 때, i학년 학생 중 만족도가 j라고 응답한 학생 수를 Y_{ij}라 하자. 표본은 학년별로 독립이므로 1학년 학생의 응답결과 (Y_{11},Y_{12},Y_{13})와 2학년 학생의 응답결과 (Y_{21},Y_{22},Y_{23})는 서로 독립이다. 이와 같이 각 학년의 표본은 다른 학년의 표본과 서로 독립이다. 또한 표본으로 선정된 각각의 1학년 학생은 만족도 1,2,3 중의 하나에 답을 할 것이므로 표본으로 추출되는 과정은 다항시행을 하는 것과 같다. 따라서 (Y_{11},Y_{12},Y_{13})은 모수가$(100,p_{11},p_{12},p_{13})$인 다항분포를 따른다. 다른 학년의 경우도 응답결과는 다항분포를 따른다.

위와 같이 모집단의 특성이 서로 배반인 k개의 범주 B_1, $\cdots$, B_c로 구분될 때, 전체 모집단을 구성하는 부분모집단 A_1, $\cdots$, A_r의 특성이 서로 같은지 여부를 판정하는 것을 **동질성검정**(test of homogeneity)이라 한다. 모집단 전체에서 범주 B_j의 비율을 $p_j=P(B_j)$라 하고 부분모집단 A_i에 속하는 개체가 범주 B_j에 속할 확률을 $p_{ij}=P(B_j|A_i)$라고 하자. 이것을 표로 나타내면 〈표 13.7〉과 같다.

표 13.7 동질성검정의 확률구조

부분모집단	속성 B의 범주				합
	B_1	B_2	$\cdots$	B_c	
A_1	p_{11}	p_{12}	$\cdots$	p_{1c}	1
A_2	p_{21}	p_{22}	$\cdots$	p_{2c}	1
$\vdots$	$\vdots$	$\vdots$		$\vdots$	$\vdots$
A_r	p_{r1}	p_{r2}	$\cdots$	p_{rc}	1
모집단 전체	p_1	p_2	$\cdots$	p_c	1

동질성검정의 가설은 다음과 같다.

H_0 : 각 범주j에 대하여 $p_{1j}=p_{2j}=\cdots=p_{rj}=p_j,\ j=1,2,\cdots,c$

H_1 : H_0가 아니다.

동질성검정에서는 먼저 두 개의 속성 A와 B를 갖는 모집단에서 하나의 속성 A에 대한 범주를 부분모집단으로 보고 모집단을 몇 개의 부분 모집단 $A_1,A_2,\cdots,A_c$로 분류한다. 그 다음 부분모집단 A_i에 n_i개의 표본을 할당한 다음 할당된 수만큼 표본을 추출한다. 전체 표본 수는

$$n_1+n_2+\cdots+n_r=n$$

이다. 이 때 각 모집단으로부터의 표본추출은 다른 부분모집단과 독립적으로 이루어진다. 범주 B_j에 속하는 표본의 수를 Y_{ij}라 하자. 동질성 검정의 자료구조는 〈표 13.8〉과 같다.

표 13.8 동질성검정의 자료구조

부분모집단	속성 B의 범주				표본의 크기
	B_1	B_2	$\cdots$	B_c	
A_1	Y_{11}	Y_{12}	$\cdots$	Y_{1c}	n_1
A_2	Y_{21}	Y_{22}	$\cdots$	Y_{2c}	n_2
$\vdots$	$\vdots$	$\vdots$		$\vdots$	$\vdots$
A_r	Y_{r1}	Y_{r2}	$\cdots$	Y_{rc}	n_r
합	$Y_b(1)$	$Y_b(2)$	$\cdots$	$Y_b(c)$	n

여기서 $Y_b(j)$는 표본 중 범주 B_j에 속하는 표본 수

$$Y_b(j) = \sum_{i=1}^{c} Y_{ij},\ j = 1,2,\cdots,c$$

를 나타내며

$$Y_b(1) + Y_b(2) + \cdots + Y_b(c) = n$$

이다. 명백하게 부분모집단 A_i에 속하는 표본의 합 $Y_a(i)$는

$$Y_a(i) = \sum_{j=1}^{c} Y_{ij} = n_i,\ i = 1,2,\cdots,r$$

이다. 또한

$$(Y_{i1}, Y_{i2}, \cdots, Y_{ic}) \sim M(n_i, p_{i1}, p_{i2}, \cdots, p_{ic}),\ i = 1,2,\cdots,r$$

임을 알 수 있다. 그러므로 n_i가 충분히 클 때, 근사적으로

$$\sum_{j=1}^{c} \frac{(Y_{ij} - n_i p_{ij})^2}{np_{ij}} \sim \chi^2(c-1),\ i = 1,2,\cdots,r$$

이다. 또한 각 부분모집단간의 표본추출은 독립적으로 이루어지므로 $i \neq k$일 때, 부분모집단 A_i로부터 추출된 결과 $(Y_{i1}, Y_{i2}, \cdots, Y_{ic})$와 A_k로부터 추출된 결과 $(Y_{k1}, Y_{k2}, \cdots, Y_{kc})$는 서로 독립이다. 서로 독립인 카이제곱 확률변수의 합은 카이제곱 분포를 따르므로(제7장 카이제곱분포의 가법성 참조) 각각의 $i = 1,2,\cdots,r$에 대하여 n_i가 충분히 클 때, 근사적으로

$$\sum_{i=1}^{r} \sum_{j=1}^{c} \frac{(Y_{ij} - n_i p_{ij})^2}{np_{ij}} \sim \chi^2(r(c-1))$$

이다. 만약 귀무가설이 참이라면 즉, 각각의 $i = 1,2,\cdots,r$에 대하여 $p_{ij} = p_j$, $1 \le j \le c$ 이면, Y_{ij}의 평균은

$$E_{ij} = n_i p_{ij} = n_i p_j,\ i = 1,2,\cdots,r,\ j = 1,2,\cdots,c$$

이다. 한편 모집단에서 범주 B_j의 비율 p_j의 값을 알지 못하므로 p_j를 다음과 같이 전체 표본 중에서 범주 B_j에 속하는 표본수 $X_b(j)$의 비율로 추정한다.

$$\hat{p}_j = \frac{\sum_{i=1}^{r} Y_{ij}}{n} = \frac{Y_b(j)}{n},\ j=1,2,\cdots,c$$

이 때 $\hat{p}_1+\cdots+\hat{p}_c=1$이므로 실제 추정한 $\hat{p}_j$의 수는 $c-1$개다. 이 추정량을 이용하여 기대도수 E_{ij}를 다음과 같이 추정한다.

$$\hat{E}_{ij} = n_i\hat{p}_j = \frac{n_i X_b(j)}{n} = \frac{X_a(i)X_b(j)}{n},\ i=1,2,\cdots,r,\ j=1,2,\cdots,c$$

동질성검정을 위하여 다음 통계량을 생각한다.

$$\chi_0^2 = \sum_{i=1}^{r}\sum_{j=1}^{c}\frac{(Y_{ij}-\hat{E}_{ij})^2}{\hat{E}_{ij}}$$

만약 Y_{ij}의 관측값 y_{ij}와 기대도수의 추정량 $\hat{E}_{ij}$의 차 $y_{ij}-\hat{E}_{ij}$ 값이 $\hat{E}_{ij}$에 비하여 상대적으로 크면 χ_0^2의 값이 커질 것이고 이 경우 귀무가설이 참이라는 것을 신뢰하기 어려울 것이다. 따라서 χ_0^2의 값이 충분히 클 때 귀무가설을 기각한다. 한편 모든 $i=1,2,\cdots,r$에 대하여 표본의 크기 n_i이 충분히 클 때 귀무가설 하에서 χ^2은 근사적으로 자유도가

$$r(c-1) - \text{추정된 모수의 개수} = r(c-1)-(c-1) = (r-1)(c-1)$$

인 χ^2분포를 따른다. 즉,

$$\chi_0^2 = \sum_{i=1}^{r}\sum_{j=1}^{c}\frac{(Y_{ij}-\hat{E}_{ij})^2}{\hat{E}_{ij}} \sim \chi^2((r-1)(c-1))$$

따라서 유의수준 α인 검정의 기각역은 $\chi_0^2 \ge \chi^2((r-1)(c-1),\alpha)$이다. 이상을 정리하면 다음 검정방법을 얻는다.

동질성검정		
가설 H_0 : $p_{1j}=p_{2j}=\cdots=p_{cj}=p_j,\ i=1,2,\cdots,r,\ j=1,2,\cdots,c$ H_1 : H_0가 아니다.		
검정통계량	유의수준 α인 검정의 기각역	$\chi_0^2=x$일 때 유의확률
$\chi_0^2=\sum_{i=1}^{r}\sum_{j=1}^{c}\frac{(Y_{ij}-\hat{E}_{ij})^2}{\hat{E}_{ij}}$	$\chi_0^2 \ge \chi^2(d,\alpha)$ 단, $d=(r-1)(c-1)$	$P(\chi^2(d)\ge x)$ 단, $d=(r-1)(c-1)$

예제 13.4

한국, 일본, 중국인의 ABO식 혈액형 비율이 동일한지 알아보기 위하여 한국인 100명, 일본인 90명, 중국인 210명을 조사한 표가 아래와 같았다. 세 나라 국민의 혈액형 비율이 같다고 할 수 있는지 유의수준 5%에서 검정하라.

국적	혈액형				합
	O형	A형	B형	AB형	
한국인	28	34	27	11	100
일본인	27	33	21	9	90
중국인	87	57	54	12	210
합	142	124	102	32	400

풀이 국민 i의 각 범주에 대한 모비율을 $p_{i1}, p_{i2}, p_{i3}, p_{i4}\,(i=1,2,3)$이라고 하면, 검정하고자 하는 가설은 다음과 같다.

$$H_0: p_{1j}=p_{2j}=p_{3j}(j=1,2,3,4)$$
$$H_1 \ : \ H_0\text{가 아니다.}$$

귀무가설 H_0하에서의 공통인 각 범주의 모비율에 대한 추정값은 다음과 같다.

$$\hat{p}_1=\frac{142}{400},\ \hat{p}_2=\frac{124}{400},\ \hat{p}_3=\frac{102}{400},\ \hat{p}_4=\frac{32}{400}$$

H_0하에서의 추청 기대도수는 다음과 같다.

$$\hat{E}_{1j}=100\hat{p}_j,\ \hat{E}_{2j}=90\hat{p}_j,\ \hat{E}_{3j}=210\hat{p}_j,\ j=1,2,3,4$$

예를 들어

$$\hat{E}_{11} = 100\hat{p}_1 = \frac{100 \times 142}{400} = 35.5, \ \hat{E}_{12} = 100\hat{p}_2 = \frac{100 \times 124}{400} = 31$$

다음은 기대도수에 대한 표이다. 이 표로부터 모든 기대도수가 5이상임을 알 수 있다.

국적	혈액형				합
	O형	A형	B형	AB형	
한국인	35.50	31.00	25.50	8.00	100
일본인	31.95	27.90	22.95	7.20	90
중국인	74.55	65.10	53.55	16.80	210
합	142	124	102	32	400

카이제곱통계량의 값은

$$\chi_0^2 = \frac{(28-35.5)^2}{35.5} + \cdots + \frac{(12-16.8)^2}{16.8} = 9.87$$

이다. 한편, 이 경우에 자유도는 $(3-1)\times(4-1)=6$이고 유의수준 5%의 기각역은

$$\chi_0^2 \geq \chi^2(6, 0.05) = 12.59$$

이다. 한편 $\chi_0^2 = 9.87 < \chi^2(6, 0.05) = 12.59$ 이므로 귀무가설은 기각되지 않는다. 따라서 유의수준 5%에서 세 나라 국민의 혈액형 비율은 서로 같다고 할 수 있다. 유의확률은 $P(\chi^2(6) \geq 9.87) = 0.130$으로 유의수준이 13%이상인 검정에서 귀무가설은 기각된다.

독립성검정과 동질성검정

동질성검정과 독립성검정은 표본추출 방법에서 차이점이 있다. 동질성검정에서는 하나의 속성에 대한 범주 $A_1, \cdots, A_r$을 부분모집단으로 보고 각 범주에 속하는 개체를 추출하여 속성 B의 어떤 범주에 속하는지를 조사하는 것이다. 따라서 속성 A의 서로 다른 범주 A_i로부터의 표본과 A_j로부터의 표본은 서로 독립이다. 독립성검정은

전체 모집단에서 표본을 추출하여 두 속성의 각 범주에 속하는 표본수를 세는 것이다. 따라서 독립성검정에서 속성 A의 서로 다른 범주 A_i로부터의 표본과 A_j로부터의 표본은 서로 독립이 아니다. 그러나 두 검정은 같은 형태의 검정통계량을 사용하며 기각역도 동일함을 알 수 있다.

두 검정의 가설을 살펴보자. 동질성검정에서 부분모집단을 모집단의 속성으로 보고 A_i를 하나의 범주로 보면 동질성검정의 귀무가설은

$$P(B_j|A_1) = P(B_j|A_2) = \cdots = P(B_j|A_r) = P(B_j),\ \ j = 1,2,\cdots,c$$

이다. 한편 $P(B_j|A_i) = P(B_j)$는 $P(A_iB_j) = P(A_i)P(B_j)$와 동치이므로 동질성검정의 귀무가설은 다음과 같이 쓸 수 있다.

$$P(A_iB_j) = P(A_i)P(B_j),\ \ i = 1,2,\cdots,r,\ \ j = 1,2,\cdots,c$$

이것은 독립성검정의 귀무가설이다. 따라서 독립성검정과 동질성검은 실질적으로 같은 검정이다.

범주형자료의 분석에서 엑셀 활용

1. 적합도 검정

[예제 1]의 자료에 대하여 적합도 검정을 실시하는 방법을 알아보자.

다음과 같이 엑셀을 이용하여 통계량의 값을 계산하여 구할 수도 있으나 여기서는 CHISQ.TEST를 이용하는 방법을 소개한다.

	A	B	C	D	E	F	G	H	I
1	눈의 수	1	2	3	4	5	6	계	
2	관측도수	22	18	16	15	23	14	108	
3	귀무가설	1/6	1/6	1/6	1/6	1/6	1/6	1	
4	기대도수	18	18	18	18	18	18	108	
5	chi2	0.889	0.000	0.222	0.500	1.389	0.889	3.89	검정통계량
6								0.565522	p값
7								11.0705	임계값

(1) 함수 CHISQ.TEST를 이용한 검정방법

① 관측도수를 입력하고 기대도수를 계산한 다음 함수마법사창에서 카이제곱검정함수 CHISQ.TEST를 선택한다.

② 함수인수창에서

Actual_range에 관측도수의 범위 B2:G2를 입력하고,

Expected_range에 기대도수의 범위 B4:G4를 입력한다.

수식 결과 얻어진 값 0.56552는 P값이다. P값이 0.05보다 작지 않으므로 유의수준 5%에서 귀무가설은 기각되지 않는다.

주의 함수 CHISQ.TEST를 이용할 경우 유의확률의 계산에서 사용되는 카이제곱분포의 자유도는 '범주의 수−1'이다. 귀무가설의 확률을 추정한 경우는 자유도가 '범주의 수−1−추정된 모수의 수'이므로 이 함수를 사용할 수 없다.

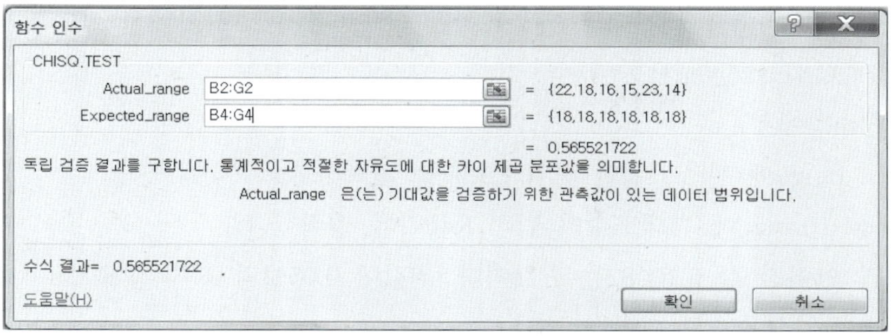

2. 독립성검정과 동일성검정

[예제 3]의 자료에 대하여 독립성검정을 실시하는 방법을 알아보자. 동일성검정은 독립성검정과 동일한 방법으로 시행한다.

적합도검정의 경우와 마찬가지로 통계량을 직접 계산할 수 있다. 여기서는 함수 CHISQ.TEST를 이용한 검정방법을 소개한다.

① 관측도수를 입력한다.

	A	B	C	D	E	F	G
1	자료						
2			수학성적				
3	통계학성적		A	B	C	기타	합계
4		A	5	7	6	3	21
5		B	8	8	7	4	27
6		C	7	6	4	5	22
7		기타	5	3	7	15	30
8		합계	25	24	24	27	100
9							

② 기대도수를 계산한다. 예를 들어 수학성적과 통계학성적이 모두 A인 셀에 해당되는 셀의 값 5.25는 함수 '=G4*C8/100'을 이용하여 계산였다. 이와 같이 다른 셀의 값도 계산한다.

기대도수						
		수학성적				
통계학성적		A	B	C	기타	합계
	A	5.25	5.04	5.04	5.67	21
	B	6.75	6.48	6.48	7.29	27
	C	5.50	5.28	5.28	5.94	22
	기타	7.50	7.20	7.20	8.10	30
	합계	25	24	24	27	100

③ 관측도수를 입력하고 기대도수를 계산한 다음 함수마법사창에서 카이제곱검정함수 CHISQ.TEST를 선택한다.

④ 함수인수창에서

Actual_range에 관측도수의 범위 C4:F7를 입력하고,

Expected_range에 기대도수의 범위 K4:N7를 입력한다.

수식 결과 얻어진 값 0.10682는 P값이다. P값이 0.05보다 작지 않으므로 유의수준 5%에서 귀무가설을 기각되지 않는다.

제 13 장 연습문제

01 멘델의 이론에 의하면 노란색 완두와 녹색 완두를 교배 했을 때, 노란색 완두가 나올 확률은 $\frac{3}{4}$이고 녹색 완두가 나올 확률은 $\frac{1}{4}$라고 한다. 멘델은 노란색 순종과 녹색 순종을 교배하여 얻은 8023개의 완두콩 중 6022개가 노란색이었고 2001개가 녹색이었다고 하였다. 교배실험의 결과는 멘델의 이론과 일치한다고 할 수 있는지 유의확률을 구하고 유의수준 $\alpha = 0.05$에서 검정하여라.

02 어떤 모집단에서 100개의 표본을 추출한 결과가 다음과 같았다.

X	0	1	2	3	4	5	합
관측도수	4	22	31	28	12	3	100

(1) 이 자료부터 모집단의 분포는 이항분포 $B(5, 0.5)$를 따른다고 할 수 있는지 유의수준 $\alpha = 0.05$로 검정하여라.

(2) 위의 검정에 대한 유의확률을 구하라.

03 어떤 모집단에서 100개의 표본을 추출한 결과가 다음과 같았다.

X	0	1	2	3	4	5	합
관측도수	4	22	31	28	12	3	100

(1) 이 자료는 이항분포 $B(5, p)$로부터 얻어진 자료라고 할 수 있는지 유의수준 $\alpha = 0.05$로 검정하여라.

(2) 위의 검정에 대한 유의확률을 구하라.

04 어떤 모집단에서 100개의 표본을 추출한 결과가 다음과 같았다.

X	0	1	2	3	4	5	합
관측도수	18	39	26	11	4	2	100

(1) 이 자료부터 모집단의 분포는 푸아송분포를 따른다고 할 수 있는지 유의수준 $\alpha = 0.05$로 검정하여라.

(2) 위의 검정에 대한 유의확률을 구하라.

05 어느 회사의 콜센터에 상담원과 직접통화를 위하여 주중(월요일부터 금요일) 오전 9시부터 10시 사이 1시간 동안 걸려온 전화 수를 60일간 조사한 결과가 다음과 같았다.

전화 수	5	6	7	8	9	10
관측도수	2	3	7	6	10	10
전화 수	11	12	13	14	15	16
관측도수	8	8	2	2	2	1

(1) 이 자료부터 걸려온 전화수의 분포는 푸아송분포를 따른다고 할 수 있는지 유의수준 $\alpha = 0.05$로 검정하여라. (기대도수가 5미만인 경우는 범주를 통합하여 5 이상이 되도록 하여 검정하여라.)

(2) 위의 검정에 대한 유의확률을 구하라.

06 모집단의 특성과 관련되는 두 조건 A와 B에 대하여 A는 A_1, A_2, A_3 세 가지로 분류하고 B는 B_1, B_2, B_3, B_4 네 가지로 분류하였다. 모집단에서 임의로 300개의 표본을 추출하여 각 분류에 해당하는 도수를 기록한 결과가 다음 표와 같았다.

A \ B	B_1	B_2	B_3	B_4	합
A_1	17	30	13	30	90
A_2	20	24	27	25	96
A_3	35	28	30	21	114
합	72	82	70	76	300

(1) 이 자료부터 두 특성이 서로 독립이라고 할 수 있는지 유의수준 $\alpha = 0.05$로 검정하여라.

(2) 위의 검정에 대한 유의확률을 구하고 이를 이용하여 유의수준 $\alpha = 0.01$에서 두 특성이 서로 독립이라고 할 수 있는지 검정하여라.

07 계층이동의 가능성에 대한 생각이 학력에 따라 차이가 있는지 알아보기 위하여 학력별로 각각 중졸 90명, 고졸 108명, 대졸이상 107명을 임의로 추출하여 조사한 결과가 다음과 같았다.

학력 \ 계층이동 가능성	매우 높다	비교적 높다	비교적 낮다	매우 낮다	합
중 졸	5	20	35	30	90
고 졸	7	21	42	38	108
대졸이상	10	35	44	18	107
합	22	76	120	86	305

(1) 이 자료부터 계층이동 가능성에 대한 생각이 학력별로 차이가 있다고 할 수 있는지 유의수준 $\alpha = 0.05$로 검정하여라.

(2) 위의 검정에 대한 유의확률을 구하라.

08 흡연과 폐암의 관계에 대하여 알아보기 위하여 임의로 선택된 2만 명의 비흡연자 군과 1만 명의 흡연자 군을 10년간 추적 조사한 결과가 다음 표와 같았다.

폐암여부 \ 흡연여부	흡연	비흡연	합
폐암에 걸린 사람 수	62	14	76
폐암 걸리지 않은 사람 수	9938	19986	29924
합	10000	20000	30000

(1) 이 자료부터 흡연과 폐암은 서로 독립이라고 할 수 있는지 유의수준 $\alpha = 0.05$로 검정하여라.

(2) 위의 검정에 대한 유의확률을 구하라.

09 도로교통공단에 따르면 2021년 우리나라 요일별－시간별 교통사고 건수를 조사한 자료가 다음과 같다고 한다.

시간 \ 요일	일	월	화	수	목	금	토	합
0－2	1084	538	759	774	796	816	1201	5968
2－4	521	305	321	363	365	389	537	2801
4－6	416	535	544	553	534	589	591	3762
6－8	592	1880	1789	1789	1877	1770	1028	10725
8－10	1087	3377	3258	3280	3384	3353	1915	19654
10－12	2089	3119	3094	3024	3061	3085	3257	20729
12－14	2888	3267	3196	3292	3294	3520	3965	23422
14－16	3107	3544	3536	3547	3386	3809	3711	24640
16－18	3015	4023	4089	4171	3925	4609	3670	27502
18－20	3063	4272	4287	4582	4391	5177	3711	29483
20－22	2446	2786	2935	2879	2876	3322	2920	20164
22－24	1504	1822	1945	2032	2085	2576	2316	14280
합	21812	29468	29753	30286	29974	33015	28822	203130

(1) 이 자료부터 교통사고가 발생하는 횟수에 대하여 요일과 시간은 서로 독립이라고 할 수 있는지 유의수준 $\alpha = 0.05$로 검정하여라.

(2) 위의 검정에 대한 유의확률을 구하라.

10 다음은 2018년 우리나라 대도시의 사망원인별 연령표준화 사망률[12)] 자료이다.(통계청) 이 자료로부터 사망원인별 사망률이 지역에 따라 다르다고 할 수 있는지 판정하라.

	사망원인별 사망률					
지역	악성 신생물 (암)	내분비 영양 및 대사질환	신경계통 질환	순환계통 질환	호흡계통 질환	소화계통 질환
서울	85.4	9.4	12.8	55.2	25.0	12.1
부산	100.3	13.2	16.2	75.4	35.6	17.9
대구	91.1	13.3	14.2	72.1	36.1	14.6
인천	91.8	12.4	11.2	67.3	38.1	16.3
광주	95.2	10.7	13.5	65.0	44.2	13.2
대전	85.0	12.8	15.8	57.2	28.6	11.9
울산	95.3	15.5	13.5	80.2	39.2	17.0

12) 연령표준화 사망률은 표준인구 10만 명당 연령별 구성비율을 연령별 사망률에 곱하여 더한 것이다.

통 계 학

연습문제 풀이

2장 연습문제

01 (1) 표본조사 (2) 표본조사 (3) 전수조사 (4) 표본조사

02 (1) 범주형 자료 (2) 양적자료 (3) 범주형 자료 (4) 양적자료 (5) 범주형 자료

05 (1)

남학생의 키에 대한 도수분포표

계급	도수
(115, 120]	8
(120, 125]	8
(125, 130]	5
(130, 135]	1
(135, 140]	1
합	23

여학생의 키에 대한 도수분포표

계급	도수
(105, 110]	1
(110, 115]	3
(115, 120]	6
(120, 125]	4
(125, 130]	5
(130, 135]	1
합	20

(2)

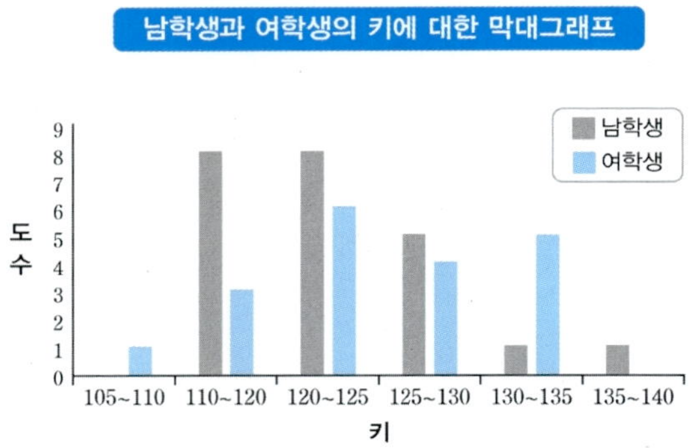

(3)

남학생 키		여학생 키
	10	6
98876	11	2456788
997664443333200	12	00123466669
62	13	2

(4)

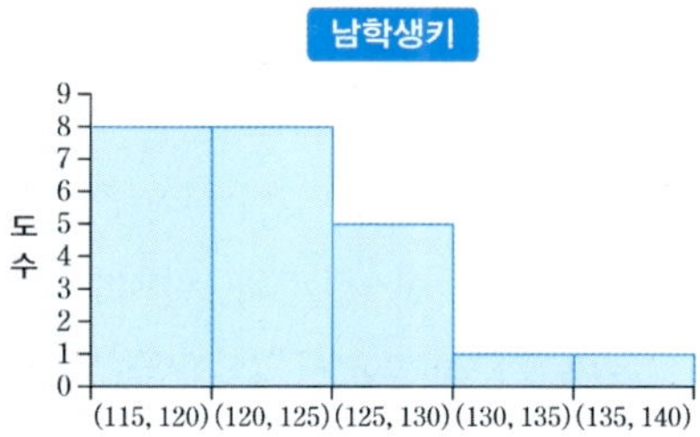

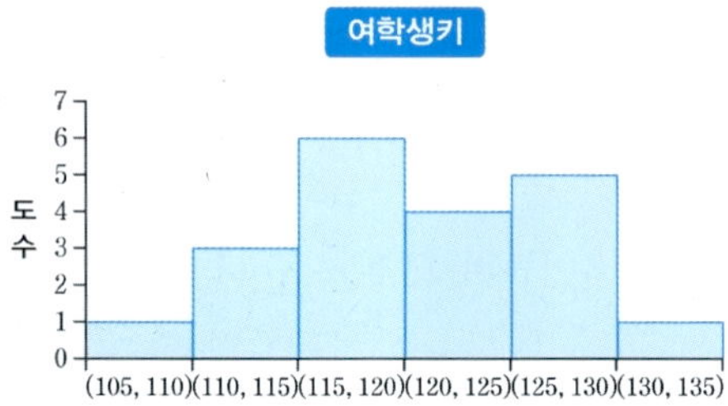

(5) 남학생의 키의 분포는 왼쪽에 치우쳐 있으며 여학생의 키는 가운데를 중심으로 좌우에 넓게 퍼져있다.

3장 연습문제

01 (1) 평균 $\bar{x}=\dfrac{1}{10}(0+2+\cdots+5)=2.5$

분산 $s^2=\dfrac{1}{10-1}((0-2.5)^{2+}(2-2.5)^2+\cdots+(5-2.5)^2)=5.83$

표준편차 $s=\sqrt{s^2}=2.42$

중위수 2

(2) 평균 $\bar{y}=2\bar{x}+1=2\times 2.5+1=6$

분산 $s_y^2=4s^2=4\times 5.83=23.3$

04

(1)	중위수	4.5	498.5번째 계급값
(2)	최빈값	3.5	도수가 171인 계급의 계급값
(3)	평균	4.84	4820.0/996
(4)	분산	8.72	8673.30/(996−1)

06 (1) 남학생과 여학생 키의 평균을 각각 $\bar{x}$와 $\bar{y}$라 하고 분산을 각각 s_x^2과 s_y^2이라 하고 위의 5번 결과를 이용하면 다음을 얻는다.

전체학생의 평균키 : $\bar{z}=\dfrac{1}{23+20}(\bar{x}\times 23+\bar{y}\times 20)=122.07$

전체학생의 키의 분산 :

$$\frac{1}{(23+20)-1}\left(22s_x^2+19s_y^2+23(\overline{x}-\overline{z})^2+20(\overline{y}-\overline{z})^2\right)=32.73$$

(2) 위의 (1)의 결과는 전체자료로부터 직접 구한 결과와 일치한다.

07 (1) $s_x^2=3.28$, $s_y^2=7.65$, $Cov(x,y)=4.25$, $r(x,y)=\dfrac{Cov(x,y)}{s_x s_y}=0.85$

(2) $Cov(2x-1,-3x+1)=2\times(-3)\times Cov(x,y)=-25.48$

$r(2x-1,-3x+1)=(-1)r(x,y)=-0.85$

(3) $s_x^2=6.44$, $s_y^2=10.25$, $Cov(x,y)=0.4$, $r(x,y)=0.049$

(4)

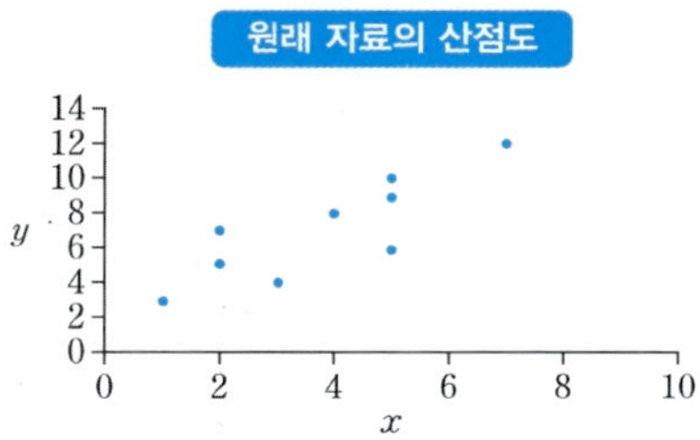

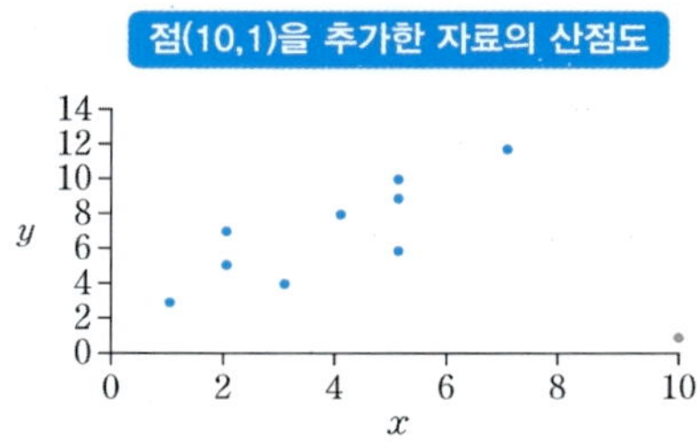

새롭게 추가된 점 (10,1)은 다른 점들과 매우 이질적이므로 x와 y의 선형 관계를 판정하는 상관계수에 크게 영향을 미친다.

4장 연습문제

01 첫 번째 나온 주사위의 눈의 수가 두 번째 나온 주사위의 눈의 수보다 큰 면이 나오는 경우의 수는 15가지 이므로 구하는 확률은 $\dfrac{15}{36}$이다.

03 (1) A와 B가 서로 배반이므로 $A\subset B^c$, $B\subset A^c$이다. 따라서 A는 발생하고 B는 발생하지 않을 사건은 $A\cap B^c=A$이다. 같은 방법으로 B는 발생하고

A는 발생하지 않을 사건은 $A^c \cap B = B$이다. 따라서 A와 B중 하나의 사건만 발생할 확률

$$P(AB^c) + P(A^cB) = P(A) + P(B) = 0.1 + 0.7 = 0.8$$

(2) $P(A \cup B) = P(A) + P(B) = 0.8$

05 (1) $\frac{5}{36}$ (2) $\frac{25}{216}$

07 k번째 시행에서 흰 공이 나올 사건을 W_k, $k = 1,2,3,4,5$라 하자.

(1)
$$\begin{aligned} P(W_1 W_2 W_3 W_4^c W_5^c) &= P(W_1)P(W_2 | W_1)P(W_3 | W_1 W_2)P(W_4^c | W_1 W_2 W_3) \\ &\quad \times P(W_5^c | W_1 W_2 W_3 W_4^c) \\ &= \frac{3}{10} \times \frac{2}{9} \times \frac{1}{8} \times \frac{7}{7} \times \frac{6}{6} = \frac{1}{120} \end{aligned}$$

(2)
$$\begin{aligned} P(W_1 W_2^c W_3 W_4^c W_5) &= P(W_1)P(W_2^c | W_1)P(W_3 | W_1 W_2^c)P(W_4^c | W_1 W_2^c W_3) \\ &\quad \times P(W_5^c | W_1 W_2^c W_3 W_4^c) \\ &= \frac{3}{10} \times \frac{7}{9} \times \frac{2}{8} \times \frac{6}{7} \times \frac{1}{6} = \frac{1}{120} \end{aligned}$$

09 (1) k번째 시행에서 1의 눈이 나올 사건을 A_k라 하면 n번 만에 처음으로 1의 눈이 나올 사건은 $A_1^c \cap A_2^c \cap \cdots A_{n-1}^c \cap A_n$이고 각 사건은 서로 독립이므로 이 사건의 확률은 다음과 같다.

$$\begin{aligned} P(A_1^c \cap A_2^c \cap \cdots A_{n-1}^c \cap A_n) &= P(A_1^c)P(A_2^c) \cdots (A_{n-1}^c)P(A_n) \\ &= \left(\frac{5}{6}\right)^{n-1}\left(\frac{1}{6}\right),\ n = 1,2,\cdots \end{aligned}$$

(2) 한 개의 주사위를 던지는 시행에서 1의 눈이 나올 때까지 n번 이상 시행할 확률은 $\sum_{k=n}^{\infty}\left(\frac{5}{6}\right)^{k-1}\left(\frac{1}{6}\right) = \left(\frac{5}{6}\right)^{n-1}$, $n = 1,2,\cdots$

(3) 처음 나온 눈의 수가 1이 아니라는 가정 하에 1의 눈이 나올 때까지 세 번 이상 던져야 할 확률은 1의 눈이 나올 때까지 앞으로 두 번 이상 시행할 확률과 같으므로 구하는 확률은 $\left(\frac{5}{6}\right)^{2-1} = \frac{5}{6}$이다.

11 항아리 A에서 흰 공이 선택될 사건을 W_A, 항아리 B에서 흰 공이 나올 사건을 W_B라 하면 전확률 공식에 의하여

$$\begin{aligned} P(W_B) &= P(W_B|W_A)P(W_A) + P(W_B|W_A^c)P(W_A^c) \\ &= \frac{4}{6}\frac{2}{5} + \frac{3}{6}\frac{3}{5} = \frac{17}{30} \end{aligned}$$

$$P(W_A|W_B) = \frac{P(W_B|W_A)P(W_A)}{P(W_B)} = \frac{\frac{4}{6}\frac{2}{5}}{\frac{17}{30}} = \frac{8}{17}$$

5장 연습문제

01 (1) 이산 (2) 연속 (3) 연속 (4) 이산, 연속(단위를 크게 할 경우) (5) 연속

03 (1) $E[X] = \frac{285}{100} = 2.85$

(2) $$\begin{aligned} Var[X] = E[X^2] - (E[X])^2 &= \sum_{n=0}^{7} n^2 P(X=n) - (E[X])^2 \\ &= \frac{1147}{100} - \left(\frac{285}{100}\right)^2 = 3.3475 \end{aligned}$$

(3) $$\begin{aligned} P(1 < X \le 3 | X > 2) &= \frac{P(1 < X \le 3, X > 2)}{P(X > 2)} \\ &= \frac{P(X = 3)}{1 - P(X \le 2)} = \frac{\frac{2}{10}}{\frac{6}{10}} = \frac{1}{3} \end{aligned}$$

05 (1) X와 Y의 주변확률질량함수

y \ x	0	2	3	$P(Y=y)$
1	0.1	0.3	0.25	0.65
2	0.15	0.15	0.05	0.35
$P(X=x)$	0.25	0.45	0.3	1

(2) $E[X]=0\times0.25+2\times0.45+3\times0.3=1.8$,

$E[Y]=1\times0.65+2\times0.35=1.35$

$E[X+Y]=E[X]+E[Y]=1.8+1.35=3.15$

(3) $P(X=0)P(Y=1)=0.1625\neq0.1=P(X=0,Y=1)$이므로 X와 Y는 서로 독립이 아니다.

(4)

$xyp(x,y)$		x			합
		0	2	3	
y	1	0	0.6	0.75	1.35
	2	0	0.18	0.075	0.255
합		0	0.78	0.825	1.605

$Cov(X,Y)=E[XY]-E[X]E[Y]=1.605-1.8\times1.35=-0.825$

06 (1) $E[XY]=E[X]E[Y]=6$

(2) $Var[X-Y]=Var[X]+Var[Y]=20$

(3) $Cov(X,Y)=0$

(4) $E[X^2]=Var[X]+(E[X])^2=5+4=9$

$E[X^2Y]=E[X^2]E[Y]=27$

10 (1) 주사위를 한 번 던질 때 나오는 눈의 수를 X라 하면

$P(X=k)=\frac{1}{6}$, $k=1,2,3,4,5,6$

$$E[X] = \sum_{k=1}^{6} kP(X=k) = \frac{1}{6}(1+2+\cdots+6) = \frac{7}{2} = 3.5$$

$$E[X^2] = \sum_{k=1}^{6} k^2 P(X=k) = \frac{1}{6}(1^2+2^2+\cdots+6^2) = \frac{91}{6}$$

$$Var[X] = E[X^2] - (E[X])^2 = \frac{91}{6} - \frac{49}{4} = \frac{35}{12}$$

(2) n번째 시행에서 나오는 눈의 수를 X_n이라 하면 10번의 시행에서 나오는 눈의 수의 합은 $X = \sum_{n=1}^{10} X_n$이다. 한편 X_n, $n = 1,2,\cdots,10$은 서로 독립이고 모두 같은 분포를 따른다. 그러므로

$$E[X] = \sum_{n=1}^{10} E[X_n] = 10 \times \frac{7}{2} = 35$$

$$Var[X] = \sum_{n=1}^{10} Var[X_n] = 10 \times \frac{35}{12} = \frac{175}{6}$$

11 $X + Y = 10$이므로 X와 Y는 선형관계를 만족한다. 한편 $Y = -X + 10$이므로 상관계수는 -1이다.

6장 연습문제

01 (2) 성공확률이 다르므로 이항분포가 아니다.

(4) 비복원추출이므로 초기하분포를 따른다. 그러나 모집단의 크기가 매우 크고 모집단의 크기에 비하여 표본의 수가 매우 적으므로 이항분포 $B(500, p)$ (단 p는 찬성하는 사람의 비율)로 근사할 수 있다.

(5) $B(10, p)$, 단 $p = \frac{1}{3}$ (5이상의 눈이 나올 확률)

03 $E[Y] = \frac{1}{n}E[X] = \frac{np}{n} = p$, $Var[Y] = \frac{1}{n^2} Var[X] = \frac{np(1-p)}{n^2} = \frac{p(1-p)}{n}$

05 (1) $n=1$: $P(X>Y)=P\left(X>\frac{1}{2}\right)=P(X=1)=0.6$

(3) $n=3$: $P(X>Y)=P\left(X>\frac{3}{2}\right)=P(X=2)+P(X=3)=0.648$

06 이항분포 $B(8, 0.7)$의 최빈값은 $(8+1)\times 0.7=6.3$를 넘지 않는 최대의 정수이므로 6번 성공할 가능성이 가장 높다.

08 (1) $X\sim B\left(5, \frac{3}{7}\right)$이므로 $E[X]=\frac{15}{7}$, $Var[X]=\frac{60}{7}$

(2) X는 초기하분포를 따르므로 $E[X]=\frac{15}{7}$, $Var[X]=5\times\frac{3}{7}\times\frac{4}{7}\frac{7-5}{7-1}=\frac{20}{49}$

10 (1) $P(Z>1.65)=1-P(Z\le 1.65)=1-0.9505=0.0495$

(3)
$$\begin{aligned}P(|Z|\le 1.23) &= P(-1.23\le Z\le 1.23)=P(Z\le 1.23)-P(Z<-1.23)\\ &= P(Z\le 1.23)-(1-P(Z\le 1.23))=2P(Z\le 1.23)-1\\ &= 2\times 0.8907-1=0.7814\end{aligned}$$

12 (1)
$$\begin{aligned}P(5<X\le 12) &= P\left(\frac{5-10}{5}<\frac{X-10}{5}\le\frac{12-10}{5}\right)\\ &= P(-1<Z\le 0.4)\\ &= 0.6554+0.8413-1=0.4967\end{aligned}$$

(3) $0.95=P(X\le b)=P\left(\frac{X-10}{5}\le\frac{b-10}{5}\right)=P\left(Z\le\frac{b-10}{5}\right)$

따라서 $\frac{b-10}{5}=1.6449$이고 $b=18.224$

14 (1) 임의로 선택된 부품의 수명이 900시간 이상일 확률

$p=P(X\ge 900)=P\left(\frac{X-1000}{100}\ge\frac{900-1000}{100}\right)=P(Z\ge -1)=0.8413$

매 시행은 베르누이 시행이므로 $X\sim B(10, 0.8413)$

(2) $E[X]=10\times 0.8413=8.413$

(3) $Var[X]=10\times 0.8413\times(1-0.8413)=1.3351$

7장 연습문제

02 (1) $\mu = E[X] = 2$, $\sigma^2 = Var[X] = E[X^2] - \mu^2 = 0.8$이므로

$$E[\overline{X}] = \mu = 2,\ \ Var[\overline{X}] = \frac{\sigma^2}{8} = 0.1$$

03 (1) $P(\overline{X} > 1.2) = P\left(\frac{\overline{X}-1}{2/3} > \frac{1.2-1}{2/3}\right) = P(Z > 0.3) = 0.3821$

(3) $\frac{(n-1)S^2}{\sigma^2} = 2S^2 \sim \chi^2(8)$이므로 $P(S^2 > 3) = P(2S^2 > 6) = 0.6472$

(엑셀함수 CHISQ.DIST.RT(6,8)를 사용)

(5) $\frac{(X_1-1)^2}{4} + \cdots + \frac{(X_9-1)^2}{4} \sim \chi^2(9)$ 이므로

$$P\left(\frac{(X_1-1)^2}{4} + \cdots + \frac{(X_9-1)^2}{4} > 3\right) = 0.9643$$

05 모평균과 모분산이 각각 $\mu = 2$, $\sigma^2 = 0.8$이다. k번째 추출한 공에 적혀있는 숫자를 X_k, $k = 1, 2, \cdots, 100$라 하자. 모집단의 분포가 정규분포가 아니더라도 표본의 크기가 크므로 100개의 공에 적혀있는 숫자의 합 $X = \sum_{i=1}^{100} X_i$는 중심극한 정리에 의하여 근사적으로 평균이 $100\mu = 200$, 분산은 $100\sigma^2 = 80$인 정규분포를 따른다. 따라서

$$P(X \geq 205) = P\left(\frac{X-200}{\sqrt{80}} \geq \frac{205-200}{\sqrt{80}}\right) \approx P(Z \geq 0.559) = 0.2881$$

07 $\frac{\overline{X}-174}{S/3} \sim t(8)$이므로 (1) 0.0403 (2) $a = t(8, 0.05) = 1.86$

09 (1) $b = t(7, 0.01) = 2.998$ (2) 0.1174 (엑셀함수 T.DIST.RT(1.3,7)을 이용)

11 (1) $E[\overline{X} - \overline{Y}] = 174 - 161 = 13$,

$Var[\overline{X}-\overline{Y}] = Var[\overline{X}] + Var[\overline{Y}] = \frac{36}{16} + \frac{25}{25} = \frac{13}{4}$이고

$\overline{X}-\overline{Y} \sim N\left(13, \frac{13}{4}\right)$이다.

따라서

$$P(\overline{X}-\overline{Y} > 10) = P\left(\frac{(\overline{X}-\overline{Y})-13}{\sqrt{13/4}} > \frac{10-13}{\sqrt{13/4}}\right) = P(Z > -1.664) = 0.952$$

(2) $\frac{5^2}{6^2}\frac{S_1^2}{S_2^2} \sim F(20-1, 25-1) = F(19, 24)$이므로

$$P(S_1^2 > S_2^2) = P\left(\frac{25S_1^2}{36S_2^2} > \frac{25}{36}\right) = 0.7896$$

8장 연습문제

01 (1) 점추정 (2) 구간추정

04 $\sigma = 4$, $n = 16$이므로 신뢰수준 $1-\alpha$인 구간추정에서 오차한계는 $z_{\alpha/2}\frac{\sigma}{\sqrt{n}} = z_{\alpha/2}$임을 주목하라. 이 경우 신뢰구간이 $\overline{x} \pm b$일 때, $z_{\alpha/2} = b$이다. 따라서 $\frac{\alpha}{2} = P(Z > b)$이다. 즉 $\alpha = 2P(Z > b)$. 신뢰수준은 $1 - 2P(Z > b)$이다. 예를 들어 $b = 2$이면 $z_{\alpha/2} = 2$이므로 $\frac{\alpha}{2} = P(Z > 2) = 0.02275$. 즉, $\alpha = 0.0455$이고 신뢰수준은 $1 - \alpha = 0.9545$이다.

번호	b	$P(Z > b)$	α	$1-\alpha$
(1)	2.0	0.0228	0.0455	0.9545
(2)	2.5	0.0062	0.0124	0.9876
(3)	3.0	0.0013	0.0027	0.9973

06 (1) $n=50$, $\overline{x}=24.2$, $s=7.4$이므로 95%신뢰구간은

$$\overline{x} \pm t(49, \frac{0.05}{2})\frac{s}{\sqrt{n}} = 24.2 \pm 2.01\frac{7.4}{\sqrt{50}} = 24.2 \pm 2.103 = (22.10,\ 26.30)$$

(2) 표준정규분포를 이용하여 근사신뢰구간을 구하면 다음과 같다.

$$\overline{x} \pm z_{0.025}\frac{s}{\sqrt{n}} = 24.2 \pm 1.96\frac{7.4}{\sqrt{50}} = 24.2 \pm 2.051 = (22.15,\ 26.25)$$

(3) 표본의 크기가 충분히 크므로 t분포 대신 정규분포를 이용하여도 그 차이는 크지 않다.

08 자료로부터 $n=10$, $\overline{x}=172.51$, $s^2=4.46^2=19.93$임을 알 수 있다.

(1) $\hat{\mu}=\overline{x}=172.51$, $\hat{\sigma}=s=4.46$

(2) $\widehat{SE}(\overline{X}) = \frac{s}{\sqrt{n}} = \frac{4.46}{\sqrt{10}} = 1.410$

(3) $$\overline{x} \pm t(9, \frac{0.05}{2})\frac{s}{\sqrt{n}} = 172.51 \pm 2.262\frac{4.46}{\sqrt{10}} = 172.51 \pm 3.19 = (169.32,\ 175.70)$$

(4) $n=10$, $s^2=4.46^2=19.93$이고, $\chi^2(9, 0.025)=19.02$, $\chi^2(9, 0.975)=2.70$이므로, 분산 σ^2에 대한 95% 신뢰구간은

$$\left(\frac{(n-1)S^2}{\chi^2(n-1, \alpha/2)}, \frac{(n-1)S^2}{\chi^2(n-1, 1-\alpha/2)}\right) = \left(\frac{9\times 19.93}{19.02}, \frac{9\times 19.93}{2.70}\right) = (9.43, 66.43)$$

11 (1) $n=100$, $x=12$이므로 표본비율은 $\hat{p}=\frac{12}{100}=0.12$이고 표준오차는

$$\widehat{SE}(\hat{P}) = \sqrt{Var[\hat{P}]} = \sqrt{\frac{\hat{p}(1-\hat{p})}{n}} = \sqrt{\frac{0.12\times 0.88}{100}} = 0.032$$

이고 95%신뢰구간의 오차한계는 $z_{0.025}\widehat{SE}(\hat{P}) = 1.96\times 0.032 = 0.064$이다. 따라서 모비율에 대한 95%신뢰구간은 $\hat{p} \pm z_{0.025}\widehat{SE}(\hat{P}) = 0.12 \pm 0.064 = (0.056,\ 0.184)$이다.

(2) 표본의 크기 n은 $n \geq \frac{1}{4}\left(\frac{z_{0.025}}{0.05}\right)^2 = 384.16$이어야 하므로 385개 이상의 표본이 필요하다. 추가로 필요한 표본의 수는 $385-100=285$개다.

9장 연습문제

01 (1) 새롭게 개발한 진통제는 약효가 나타나는 시간의 평균을 μ라고 하면

$$H_0 : \mu \geq 10 \text{ 대 } H_1 : \mu < 10$$

(2) 제1종 오류: 새로운 진통제의 약효가 나타나는 시간은 10분보다 작지 않은데 10분보다 작은 것으로 판정하는 오류

제2종 오류 : 새로운 진통제의 약효가 나타나는 시간은 10분보다 작은 데 10분보다 작지 않은 것으로 판정하는 오류

03 (2)

04 추출된 공 중 흰 공의 개수를 X라 하자. 그러면 $X \sim B(3,p)$이다.

(1) 기각역 : $\{X = 3\}$

(2) 제1종 오류를 범할 확률 :

$$P(H_0 \text{ 기각} \mid H_0 \text{ 참}) = P\left(X = 3 \mid p = \frac{1}{3}\right) = \left(\frac{1}{3}\right)^3 = \frac{1}{27}$$

(3) 제2종 오류를 범할 확률 :

$$P(H_0 \text{ 채택} \mid H_1 \text{ 참}) = P\left(X \leq 2 \mid p = \frac{2}{3}\right) = 1 - P\left(X = 3 \mid p = \frac{2}{3}\right) = 1 - \left(\frac{2}{3}\right)^3 = \frac{19}{27}$$

(4) 검정력: $P(H_0 \text{ 기각} \mid H_1 \text{ 참}) = P\left(X = 3 \mid p = \frac{2}{3}\right) = \left(\frac{2}{3}\right)^3 = \frac{8}{27}$

07 $n = 10,\ \overline{x} = 176.2,\ s^2 = 5.22^2 = 27.29$

가설 $H_0 : \mu = 172.5$ 대 $H_1 : \mu > 172.5$

기각역: $T = \dfrac{\overline{X} - 172.5}{5.22/\sqrt{10}} \geq t(9, 0.05) = 1.833$

검정통계량의 값 : $t = \dfrac{176.2 - 172.5}{5.22/\sqrt{10}} = 2.24$

판정 : $t=2.24>t(9,0.05)=1.833$이므로 귀무가설을 기각한다. 즉, 유의수준 5%에서 이 대학교 남학생의 평균 키는 20대 남성의 평균 키보다 크다고 할 수 있다.

09 $n=100$, $\bar{x}=37.07$, $s=1.98$

가설 $H_0: \mu=36.5$ 대 $H_1: \mu>36.5$

표본의 크기가 충분히 크므로 정규검정을 실시한다

기각역: $Z=\dfrac{\overline{X}-36.5}{1.98/\sqrt{100}} \geq z_{0.05}=1.645$

검정통계량의 값 :$z=\dfrac{37.07-36.5}{0.198}=2.88$

유의확률: $P(Z \geq 2.88)=0.002$

판정: 유의확률이 $\alpha=0.05$보다 작으므로 유의수준 $\alpha=0.05$에서 귀무가설을 기각된다. 즉, 유의수준 5%에서 낮에 체온이 증가한다고 할 수 있다. 또한 유의확률이 $\alpha=0.01$보다 작으므로 유의수준 1%에서도 낮에 체온이 증가한다고 할 수 있다.

임곗값 $z_{0.05}=1.645$와 $z_{0.01}=2.32$와 검정통계량의 값 $z=2.88$을 비교하여도 같은 결과를 얻는다. 즉 유의수준 5%와 유의수준 1%에서 귀무가설을 기각한다.

11 가설은 $H_0: p=0.6$ 대 $H_1: p>0.6$이다. 귀무가설하에서 $X \sim B(100,0.6)$의 근사분포는 $N(60,24)$이므로 유의확률은 $P(X \geq x)=P\left(Z \geq \dfrac{x-60}{\sqrt{24}}\right)$이다. 따라서

x	66	68	70
유의확률	0.110	0.051	0.021
검정결과	H_0채택	H_0채택	H_0기각
회사의 주장	불인정	불인정	인정

13 가설 $H_0: \sigma = 1.0$ 대 $H_1: \sigma > 1.0$, $n = 10$, $s^2 = 1.8$, $\alpha = 0.05$

유의수준 $\alpha = 0.05$인 검정의 기각역:

$$V_0 = \frac{(n-1)S^2}{\sigma_0^2} = 9S^2 \geq \chi^2(9, 0.05) = 16.92$$

통계량 계산: $v = 9 \times 1.8 = 16.2$

검정: $v = 16.2 < \chi^2(9, 0.05) = 16.92$ 이므로, 유의수준 5%에서 귀무가설은 기각되지 않는다. 따라서 유의수준 5%에서 공정에 이상이 있다고 할 수 없다.

유의확률: $P(\chi^2(9) \geqq 16.2) = 0.063$

10장 연습문제

01 (1) $\mu_1 - \mu_2$에 대한 95% 신뢰구간의 오차한계 :

$$z_{0.025}\sqrt{\frac{\sigma_1^2}{n_1} + \frac{\sigma_2^2}{n_2}} = 1.96\sqrt{\frac{25}{10} + \frac{36}{12}} = 4.6$$

따라서 $\mu_1 - \mu_2$에 대한 95% 신뢰구간은 다음과 같다.

$(\overline{x} - \overline{y}) \pm 4.6 = 4.1 \pm 4.6 = (-0.5,\ 8.7)$

(2) 모분산이 알려져 있는 정규모집단에서 모평균의 차에 대한 검정

검정통계량: $Z_0 = \dfrac{(\overline{X} - \overline{Y}) - \delta_0}{\sqrt{25/10 + 36/12}} = \dfrac{\overline{X} - \overline{Y}}{\sqrt{5.5}}$

유의수준 5%의 기각역: $Z_0 \geq z_{0.05} = 1.645$

검정통계량 Z_0의 값: $z = \dfrac{9.3 - 5.2}{\sqrt{5.5}} = 1.748$

판정: $z = 1.748 > z_{0.05} = 1.645$이 되어 귀무가설을 기각한다. 즉 모집단1의 평균이 모집단2의 평균보다 크다고 할 수 있다.

(3) 유의수준 5%의 기각역:

$$Z_0 = \frac{(\overline{X} - \overline{Y}) - \delta_0}{\sqrt{25/10 + 36/12}} = \frac{(\overline{X} - \overline{Y}) - 1}{\sqrt{5.5}} \geq z_{0.05} = 1.645$$

검정통계량 Z_0의 값: $z = \dfrac{(9.3-5.2)-1}{\sqrt{5.5}} = 1.322$

판정: $z = 1.322 < z_{0.05} = 1.645$이 되어 귀무가설을 기각하지 못한다.

(4) $Z \sim N(0,1)$에 대하여 $P(Z > 1.322) = 0.093$

04 자료요약

	모집단1	모집단 2
평균($\bar{x}_i$)	4.255	5.151
분산(s_i^2)	2.822	16.531
관측수(n_i)	10	9
공동분산(s_p^2)	9.273	

(1) $\mu_1 - \mu_2$에 대한 95% 신뢰구간의 오차한계 :

$$t(10+9-2, 0.025)\sqrt{s_p^2\left(\frac{1}{10}+\frac{1}{9}\right)} = 2.952$$

따라서 $\mu_1 - \mu_2$에 대한 95% 신뢰구간은 다음과 같다.

$(4.255-5.151) \pm 2.952 = (-3.848,\ 2.056)$

(2) 검정통계량의 값: $|t| = \left|\dfrac{4.255-5.151}{\sqrt{9.273(1/10+1/9)}}\right| = |-0.640| = 0.640$

판정: $|t| = 0.640 < t(17, 0.025) = 2.110$이므로 귀무가설을 기각하지 못한다.

(3) 자유도 $\nu = \dfrac{\left(\dfrac{s_1^2}{n_1}+\dfrac{s_2^2}{n_2}\right)^2}{\dfrac{(s_1^2/n_1)^2}{n_1-1}+\dfrac{(s_2^2/n_2)^2}{n_2-1}} = 10.428$이므로 자유도가 10인 t분포를 이용한다.

따라서 $\mu_1 - \mu_2$에 대한 95% 신뢰구간은 다음과 같다.

$$(4.255-5.151) \pm t(10, 0.025)\sqrt{\left(\frac{2.822}{10}+\frac{16.531}{9}\right)}$$
$$= -0.896 \pm 3.243 = (-4.140,\ 2.347)$$

(4) 검정통계량의 값: $|t| = \left| \dfrac{4.255 - 5.151}{\sqrt{\left(\dfrac{2.822}{10} + \dfrac{16.531}{9}\right)}} \right| = |-0.616| = 0.616$

판정: $|t| = 0.640 < t(10, 0.025) = 2.228$이므로 귀무가설을 기각하지 못한다.

(5) 분산비 $f = \dfrac{s_1^2}{s_2^2} = \dfrac{2.822}{16.531} = 0.171$, $c_1 = \dfrac{1}{F(9,8,0.025)} = \dfrac{1}{4.357} = 0.23$,

$c_2 = F(8,9,0.025) = 4.102$이므로 $\dfrac{\sigma_1^2}{\sigma_2^2}$에 대한 95%신뢰구간은

$(c_1 f,\ c_2 f) = (0.039,\ 0.700)$

(6) 기각역: $F_0 = \dfrac{S_1^2}{S_2^2} \le F(9,8,0.975) = 0.244$ 또는 $F_0 \ge F(9,8,0.025) = 4.36$

검정: 통계량의 값 $f = 0.171 < F(9,8,0.975)$이므로 유의수준 5%에서 귀무 가설은 기각된다.

07 자료로부터 $n = 10$, $\bar{d} = -1.29$, $s_d = 6.433$임을 알 수 있다.

(1) $\bar{d} \pm t(9, 0.05)\dfrac{s_d}{\sqrt{10}} = (-5.018,\ 2.440)(-5.018,\ 2.440)$

(2) 가설 $H_0 : \mu_1 = \mu_2$ 대 $H_1 : \mu_1 < \mu_2$에 대한 검정에서 검정통계량의 값은

$\dfrac{\bar{d}}{s_d / \sqrt{10}} = -0.634$이고 P값은 $P(T(9) \le -0.634) = 0.271 > \alpha = 0.05$이므로 귀무가설은 기각되지 않는다. 즉, 유의수준 5%에서 첨가제가 연비를 증가시킨다고 볼 수 없다.

08 분산비 $f = \dfrac{20.2}{27.3} = 0.740$

(1) 신뢰하한: $\dfrac{f}{F(6,9,0.025)} = \dfrac{0.740}{4.320} = 0.171$,

신뢰상한: $\dfrac{f}{F(6,9,0.975)} = \dfrac{0.740}{0.181} = 4.087$

$\therefore$ 95% 신뢰구간: (0.171, 4.087)

(2) 기각역 $F_0 = \dfrac{S_1^2}{S_2^2} < F(6,9,0.95) = 0.244$.

$f = 0.740 > F(6,9,0.95) = 0.244$이므로 귀무가설은 기각되지 않는다.

(3) 기각역 $F_0 = \dfrac{S_1^2}{S_2^2} < F(6,9,0.975) = 0.181$ 또는 $F_0 > F(6,9,0.025) = 4.32$

$0.181 < f = 0.740 < 4.32$이므로 귀무가설은 기각되지 않는다. 즉, 유의수준 5%에서 두 모분산이 다르다고 할 수 없다.

11장 연습문제

01 수준 수를 k, 표본 수를 n이라 하면, 분산분석표에서 $k-1=2$, $n-k=12$ 이다.

(1) 인자 수준 수 $k = 2 + 1 = 3$

(2) 관측된 자료 수 $n = 12 + k = 15$

(3) 반복 횟수 : 15/3=5

(4) P값=0.0858 $> \alpha = 0.05$이므로 귀무가설(수준별 효과의 차이가 없다)는 기각되지 않는다. 따라서 유의수준 5%에서 수준별 효과는 차이가 있다고 볼 수 없다.

(5) P값=0.0858 $< \alpha = 0.1$이므로 귀무가설(수준별 효과의 차이가 없다)는 기각된다. 따라서 유의수준 10%에서 수준별 효과는 차이가 있다고 볼 수 있다.

03 (1)

요인	제곱합	자유도	제곱평균	F 비
처리	6.40	2	3.198	0.703
잔차	50.05	11	4.550	
전체	56.45	13		

(2) ① 임곗값을 이용하는 방법 : F비(0.703) < 임곗값($F(2,11,0.05) = 3.982$) 이므로 귀무가설은 기각되지 않는다. 즉 유의수준 5%에서 수준별 처리

효과는 같다고 할 수 있다.

② 유의확률(P값)을 이용하는 방법 : P값(F(2,11,0.05) = 0.516) > 유의수준 (0.05) 이므로 귀무가설은 기각되지 않는다.

(3) 자료요약 :

모집단	1	2	3
평균	4.86	3.57	5.35
분산	4.45	4.92	4.48

등분산 가정 두 집단의 t검정

	모집단(1,2)	모집단(1,3)	모집단(2,3)
공동분산	4.61	4.47	4.61
자유도(k)	6	9	7
통계량(t)	0.83	−0.38	−1.17
P값($P(T(k) \geq k)$)	0.44	0.71	0.28
임곗값($t(k, 0.05)$)	2.45	2.26	2.36

각 경우에 P값이 유의수준 $\alpha = 0.05$보다 크므로 귀무가설 (두 모집단의 평균은 서로 같다)은 기각되지 않는다. 따라서 두 개씩 짝을 지어서 검정한 결과와 분산분석의 결과는 같다.

05 (1)

분산 분석표

요인	제곱합	자유도	제곱 평균	F 비
인자 A	38.5	2	19.23	0.616
인자 B	109.7	3	36.56	1.172
잔차	187.1	6	31.19	
전체	335.3	11		

(2) F비(0.616) < 임곗값(F(2,6,0.05) = 5.143) 이므로 유의수준 5% 요인A의 수준에 따른 효과가 다르다고 할 수 없다.

(3) F비(1.172) < 임곗값(F(3,6,0.05) = 4.757) 이므로 유의수준 5% 요인B의 수준에 따른 효과가 다르다고 할 수 없다.

12장 연습문제

01 (1) (5)

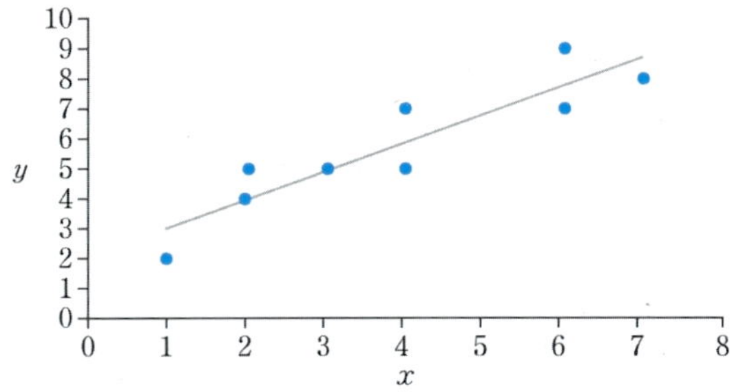

(2) 합당해 보인다.

(3) $\bar{x} = 3.889$, $\bar{y} = 5.778$, $s_{(xx)} = 34.89$, $s_{(yy)} = 37.56$, $s_{(xy)} = 32.78$

상관계수는 $r = \dfrac{s_{(xy)}}{\sqrt{s_{(xx)} s_{(yy)}}} = 0.906$으로 1에 매우 가까우므로 x와 y의 관계를 직선으로 추정하는 것이 합당한 것으로 보여진다.

(4) $\hat{\beta}_1 = \dfrac{s_{(xy)}}{s_{(xx)}} = 0.939$, $\hat{\beta}_0 = \bar{y} - \hat{\beta}_1 \bar{x} = 2.14$이므로

추정된 회귀식은 $\hat{y} = 2.14 + 0.939x$

(6) $E[Y|x=5] = 2.14 + 0.939 \times 5 = 6.822$

(7)

x	1	2	2	3	4	4	6	6	7
y	2	4	5	5	7	5	9	7	8
$\hat{y}$	3.064	4.003	4.003	4.943	5.882	5.882	7.761	7.761	8.701
잔차	−1.064	−0.003	0.997	0.057	1.118	−0.882	1.239	−0.761	−0.701

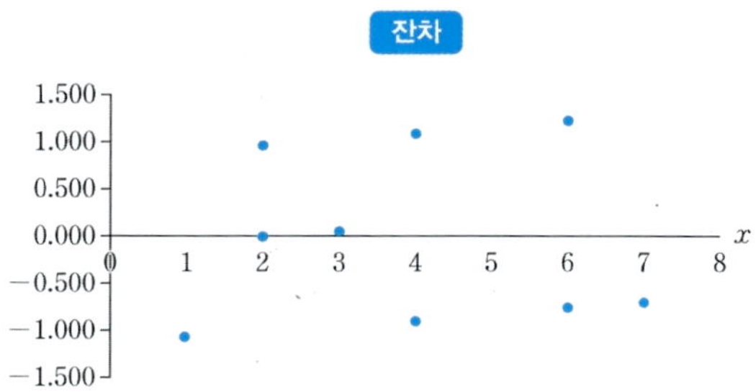

03 (1) $\hat{\beta}_1 = \dfrac{S_{(xy)}}{S_{(xx)}} = -0.54$, $\hat{\beta}_0 = \overline{Y} - \hat{\beta}_1 \overline{x} = 29.70$

∴ 최소제곱회귀직선의 방정식: $\hat{Y} = 29.70 - 0.54x$

(2) $R^2 = \dfrac{S_{(xy)}^2}{S_{(xx)} S_{(yy)}} = 0.896$

(3) 분산분석을 이용하거나 통계량 $\dfrac{\hat{\beta}_1}{\sqrt{MSE/S_{(xx)}}} \sim t(7)$를 이용할 경우 유의확률이 0.00011이므로 유의수준 $\alpha = 0.05$에서 귀무가설은 기각된다.

13장 연습문제

01 노란색과 녹색이 나올 확률을 각각 p_1, p_2라고 하자. 귀무가설 $H_0 : p_1 = \dfrac{3}{4}, p_2 = \dfrac{1}{4}$ 하에서 각 범주의 기대도수는 $E_1 = 8023p_1 = 6107.25$, $E_2 = 8023p_2 = 2005.75$이다. 따라서 χ^2통계량은 $v = \dfrac{(6022 - 6017.25)^2}{6017.25} + \dfrac{(2001 - 2005.75)^2}{2005.75} = 0.015$이다. 한편 카이제곱분포의 자유도는 $2 - 1 = 1$이다. χ^2통계량의 값$= 0.015 < \chi^2(1, 0.05) = 3.841$이므로 귀무가설은 기각되지 않는다. 즉, 유의수준 $\alpha = 0.05$에서 교배실험의 결과는 멘델의 이론과 일치한다고 할 수 있다. 유의확률은 $P(\chi^2(1) > 0.015) = 0.9025$이다.

03 (1) 검정하려는 가설은 '$H_0 : X \sim B(5, p)$' 대 'H_1: H_0가 아님'이다. 이때 미지의 모수 $p = \dfrac{E[X]}{5}$는 관측도수 x_i를 이용하여 다음과 같이 추정한다.

$$\hat{p} = \frac{1}{5}\sum_{i=0}^{5}\left(i \times \frac{x_i}{100}\right) = \frac{2.31}{5} = 0.462$$

귀무가설 하에서 범주의 확률은 $\hat{p}_i = \binom{5}{i}\hat{p}^i(1-\hat{p})^{5-i}$이고 기대도수는 $E_i = 100\hat{p}_i$이다. 이 때, 기대도수 $E_i < 5$인 범주 $i = 0$과 $i = 5$를 인근 범

주와 합하여 기대도수가 5이상이 되도록 한다. 따라서 $x=0,1$인 경우를 합치고 $x=4,5$인 경우를 합하였다. 이를 표로 정리하면 다음과 같다.

범주	1이하	2	3	4이상	합
관측도수(x_i)	26	31	28	15	100
기대도수(E_i)	23.860	33.238	28.542	14.360	100

검정통계량의 자유도는 범주의 수−1−추정된 모수의 수=4−1−1=2이고 임곗값은 $\chi^2(2,0.05)=5.991$이다. 한편 카이제곱통계량의 값은

$$v=\frac{(26-23.86)^2}{23.86}+\frac{(31-33.238)^2}{33.238}+\cdots+\frac{(15-14.36)^2}{14.36}=0.381$$

이다. $v=0.381<\chi^2(2,0.05)=5.991$이므로 이 자료는 유의수준 $\alpha=0.05$에서 이항분포 $B(5,p)$로부터 얻어진 자료라고 할 수 있다.

(2) $P(\chi^2(2)>0.381)=0.826$

04 (1) 검정하려는 가설은 '$H_0 : X \sim Poisson(\mu)$' 대 '$H_1$: H_0가 아님'이다. 이때 미지의 모수 $\mu=E[X]$는 관측도수 x_k를 이용하여 다음과 같이 추정한다.

$$\hat{\mu}=\sum_{k=0}^{5}\left(k\times\frac{x_k}{100}\right)=\frac{0\times 4}{100}+\frac{1\times 22}{100}+\cdots+\frac{5\times 3}{100}=\frac{150}{100}=1.5$$

귀무가설 하에서 범주의 확률은 $\hat{p}_k=e^{-\hat{\mu}}\frac{\hat{\mu}^k}{k!}$이고 기대도수는 $E_k=100\hat{p}_k$이다. 이 때 기대도수가 5미만인 범주는 인근 범주와 합하여 기대도수가 5이상이 되도록 한다.

범주(k)	0	1	2	3	4이상	합
도수(x_k)	18	39	26	11	6	100
기대도수(E_k)	22.31	33.47	25.10	12.55	6.12	100

검정통계량의 자유도는 범주의 수−1−추정된 모수의 수=5−1−1=3 이고 임곗값은 $\chi^2(3,0.05)=7.815$이다. 한편 카이제곱통계량의 값은

$$v=\frac{(18-22.31)^2}{22.31}+\frac{(39-33.47)^2}{33.47}+\cdots+\frac{(6-6.12)^2}{6.12}=1.794$$

이다. $v = 1.794 < \chi^2(3, 0.05) = 7.815$이므로 이 자료는 유의수준 $\alpha = 0.05$에서 푸아송분포로부터 얻어진 자료라고 할 수 있다.

(2) $P(\chi^2(3) > 1.794) = 0.439$

06 (1) 범주 A_i의 도수를 n_i, B_j의 도수를 m_j라 하면 (A_i, B_j)의 기대도수는 $E_{ij} = \frac{n_i m_j}{300}$, $i = 1,2,3$, $j = 1,2,3,4$이다. 예를 들어 $E_{23} = \frac{96 \times 70}{300} = 22.4$이다. 검정통계량의 자유도는 $(3-1)(4-1) = 6$이고 임곗값은 $\chi^2(6, 0.05) = 12.592$이다. 검정통계량의 값은 $v = \sum_{i=1}^{3}\sum_{j=1}^{4}\frac{(x_{ij} - E_{ij})^2}{E_{ij}} = 14.081$이다. $v = 14.081 > \chi^2(6, 0.05) = 12.592$이므로 유의수준 $\alpha = 0.05$에서 귀무가설은 기각된다. 즉, 서로 독립이라고 할 수 없다.

(2) 유의확률은 $P(\chi^2(6) > 14.081) = 0.029 > \alpha = 0.01$이므로 유의수준 $\alpha = 0.01$에서 귀무가설은 기각되지 않는다. 즉, $\alpha = 0.01$에서 두 특성이 서로 독립이라고 할 수 있다.

08 (1) 귀무가설은 'H_0: 흡연과 폐암은 서로 독립이다'이다. 폐암 여부에 대한 범주 i의 도수를 n_i, $i = 1,2$, 흡연여부에 대한 범주 j의 도수를 m_j, $j = 1,2$라 하면 범주 (i, j)의 기대도수는 $E_{ij} = \frac{n_i m_j}{30000}$, $i = 1,2$, $j = 1,2$이다. 예를 들어 폐암에 걸리지 않았으면서$(i = 2)$이면서 흡연$(j = 1)$하는 사람의 기대도수는 $E_{21} = \frac{1000 \times 76}{30000} = 25.3$이다. 검정통계량의 자유도는 $(2-1)(2-1) = 1$이고 임곗값은 $\chi^2(1, 0.05) = 3.8$이다. 검정통계량의 값은 $v = \sum_{i=1}^{3}\sum_{j=1}^{2}\frac{(x_{ij} - E_{ij})^2}{E_{ij}} = 79.8$이다. $v = 79.8 > \chi^2(1, 0.05) = 3.8$이므로 유의수준 $\alpha = 0.05$에서 귀무가설은 기각된다. 즉, 폐암과 흡연은 서로 독립이라고 할 수 없다.

(2) $P(\chi^2(1) \geq 79.8) \approx 0$

10 검정통계량의 자유도 $(6-1)(7-1)=30$, 임곗값 $\chi^2(30, 0.05) = 43.77$, 검정통계량의 값은 $v = 9.298$이다. 따라서 $v = 9.298 < \chi^2(30, 0.05) = 43.77$이므로 귀무가설 (지역에 따라 동일하다)은 기각되지 않는다. 즉, 유의수준 5%에서 사망원인별 연령표준화 사망률은 지역에 따라 다르다고 할 수 없다.

부 록

부록1 분포표

표1. 표준정규분포표

$$P(Z \leq z) = \frac{1}{\sqrt{2}\pi} \int_{-\infty}^{z} e^{-\frac{1}{2}x^2} dx$$

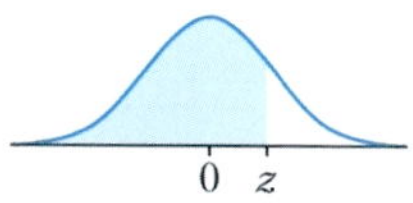

z	0.00	0.01	0.02	0.03	0.04	0.05	0.06	0.07	0.08	0.09
0.0	0.5000	0.5040	0.5080	0.5120	0.5160	0.5199	0.5239	0.5279	0.5319	0.5359
0.1	0.5398	0.5438	0.5478	0.5517	0.5557	0.5596	0.5636	0.5675	0.5714	0.5753
0.2	0.5793	0.5832	0.5871	0.5910	0.5948	0.5987	0.6026	0.6064	0.6103	0.6141
0.3	0.6179	0.6217	0.6255	0.6293	0.6331	0.6368	0.6406	0.6443	0.6480	0.6517
0.4	0.6554	0.6591	0.6628	0.6664	0.6700	0.6736	0.6772	0.6808	0.6844	0.6879
0.5	0.6915	0.6950	0.6985	0.7019	0.7054	0.7088	0.7123	0.7157	0.7190	0.7224
0.6	0.7257	0.7291	0.7324	0.7357	0.7389	0.7422	0.7454	0.7486	0.7517	0.7549
0.7	0.7580	0.7611	0.7642	0.7673	0.7704	0.7734	0.7764	0.7794	0.7823	0.7852
0.8	0.7881	0.7910	0.7939	0.7967	0.7995	0.8023	0.8051	0.8078	0.8106	0.8133
0.9	0.8159	0.8186	0.8212	0.8238	0.8264	0.8289	0.8315	0.8340	0.8365	0.8389
1.0	0.8413	0.8438	0.8461	0.8485	0.8508	0.8531	0.8554	0.8577	0.8599	0.8621
1.1	0.8643	0.8665	0.8686	0.8708	0.8729	0.8749	0.8770	0.8790	0.8810	0.8830
1.2	0.8849	0.8869	0.8888	0.8907	0.8925	0.8944	0.8962	0.8980	0.8997	0.9015
1.3	0.9032	0.9049	0.9066	0.9082	0.9099	0.9115	0.9131	0.9147	0.9162	0.9177
1.4	0.9192	0.9207	0.9222	0.9236	0.9251	0.9265	0.9279	0.9292	0.9306	0.9319
1.5	0.9332	0.9345	0.9357	0.9370	0.9382	0.9394	0.9406	0.9418	0.9429	0.9441
1.6	0.9452	0.9463	0.9474	0.9484	0.9495	0.9505	0.9515	0.9525	0.9535	0.9545
1.7	0.9554	0.9564	0.9573	0.9582	0.9591	0.9599	0.9608	0.9616	0.9625	0.9633
1.8	0.9641	0.9649	0.9656	0.9664	0.9671	0.9678	0.9686	0.9693	0.9699	0.9706
1.9	0.9713	0.9719	0.9726	0.9732	0.9738	0.9744	0.9750	0.9756	0.9761	0.9767
2.0	0.9772	0.9778	0.9783	0.9788	0.9793	0.9798	0.9803	0.9808	0.9812	0.9817
2.1	0.9821	0.9826	0.9830	0.9834	0.9838	0.9842	0.9846	0.9850	0.9854	0.9857
2.2	0.9861	0.9864	0.9868	0.9871	0.9875	0.9878	0.9881	0.9884	0.9887	0.9890
2.3	0.9893	0.9896	0.9898	0.9901	0.9904	0.9906	0.9909	0.9911	0.9913	0.9916
2.4	0.9918	0.9920	0.9922	0.9925	0.9927	0.9929	0.9931	0.9932	0.9934	0.9936
2.5	0.9938	0.9940	0.9941	0.9943	0.9945	0.9946	0.9948	0.9949	0.9951	0.9952
2.6	0.9953	0.9955	0.9956	0.9957	0.9959	0.9960	0.9961	0.9962	0.9963	0.9964
2.7	0.9965	0.9966	0.9967	0.9968	0.9969	0.9970	0.9971	0.9972	0.9973	0.9974
2.8	0.9974	0.9975	0.9976	0.9977	0.9977	0.9978	0.9979	0.9979	0.9980	0.9981
2.9	0.9981	0.9982	0.9982	0.9983	0.9984	0.9984	0.9985	0.9985	0.9986	0.9986
3.0	0.9987	0.9987	0.9987	0.9988	0.9988	0.9989	0.9989	0.9989	0.9990	0.9990
3.1	0.9990	0.9991	0.9991	0.9991	0.9992	0.9992	0.9992	0.9992	0.9993	0.9993
3.2	0.9993	0.9993	0.9994	0.9994	0.9994	0.9994	0.9994	0.9995	0.9995	0.9995
3.3	0.9995	0.9995	0.9995	0.9996	0.9996	0.9996	0.9996	0.9996	0.9996	0.9997
3.4	0.9997	0.9997	0.9997	0.9997	0.9997	0.9997	0.9997	0.9997	0.9997	0.9998

표2. χ^2 분포표

$\chi^2(n,\alpha)$

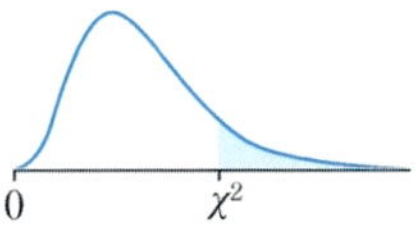

n \ α	0.995	0.990	0.975	0.950	0.900	0.100	0.050	0.025	0.010	0.005
1	0.000	0.000	0.001	0.004	0.016	2.706	3.841	5.024	6.635	7.879
2	0.010	0.020	0.051	0.103	0.211	4.605	5.991	7.378	9.210	10.597
3	0.072	0.115	0.216	0.352	0.584	6.251	7.815	9.348	11.345	12.838
4	0.207	0.297	0.484	0.711	1.064	7.779	9.488	11.143	13.277	14.860
5	0.412	0.554	0.831	1.145	1.610	9.236	11.070	12.833	15.086	16.750
6	0.676	0.872	1.237	1.635	2.204	10.645	12.592	14.449	16.812	18.548
7	0.989	1.239	1.690	2.167	2.833	12.017	14.067	16.013	18.475	20.278
8	1.344	1.646	2.180	2.733	3.490	13.362	15.507	17.535	20.090	21.955
9	1.735	2.088	2.700	3.325	4.168	14.684	16.919	19.023	21.666	23.589
10	2.156	2.558	3.247	3.940	4.865	15.987	18.307	20.483	23.209	25.188
11	2.603	3.053	3.816	4.575	5.578	17.275	19.675	21.920	24.725	26.757
12	3.074	3.571	4.404	5.226	6.304	18.549	21.026	23.337	26.217	28.300
13	3.565	4.107	5.009	5.892	7.042	19.812	22.362	24.736	27.688	29.819
14	4.075	4.660	5.629	6.571	7.790	21.064	23.685	26.119	29.141	31.319
15	4.601	5.229	6.262	7.261	8.547	22.307	24.996	27.488	30.578	32.801
16	5.142	5.812	6.908	7.962	9.312	23.542	26.296	28.845	32.000	34.267
17	5.697	6.408	7.564	8.672	10.085	24.769	27.587	30.191	33.409	35.718
18	6.265	7.015	8.231	9.390	10.865	25.989	28.869	31.526	34.805	37.156
19	6.844	7.633	8.907	10.117	11.651	27.204	30.144	32.852	36.191	38.582
20	7.434	8.260	9.591	10.851	12.443	28.412	31.410	34.170	37.566	39.997
21	8.034	8.897	10.283	11.591	13.240	29.615	32.671	35.479	38.932	41.401
22	8.643	9.542	10.982	12.338	14.041	30.813	33.924	36.781	40.289	42.796
23	9.260	10.196	11.689	13.091	14.848	32.007	35.172	38.076	41.638	44.181
24	9.886	10.856	12.401	13.848	15.659	33.196	36.415	39.364	42.980	45.559
25	10.520	11.524	13.120	14.611	16.473	34.382	37.652	40.646	44.314	46.928
26	11.160	12.198	13.844	15.379	17.292	35.563	38.885	41.923	45.642	48.290
27	11.808	12.879	14.573	16.151	18.114	36.741	40.113	43.195	46.963	49.645
28	12.461	13.565	15.308	16.928	18.939	37.916	41.337	44.461	48.278	50.993
29	13.121	14.256	16.047	17.708	19.768	39.087	42.557	45.722	49.588	52.336
30	13.787	14.953	16.791	18.493	20.599	40.256	43.773	46.979	50.892	53.672
40	20.707	22.164	24.433	26.509	29.051	51.805	55.758	59.342	63.691	66.766
50	27.991	29.707	32.357	34.764	37.689	63.167	67.505	71.420	76.154	79.490
60	35.534	37.485	40.482	43.188	46.459	74.397	79.082	83.298	88.379	91.952
70	43.275	45.442	48.758	51.739	55.329	85.527	90.531	95.023	100.43	104.22
80	51.172	53.540	57.153	60.391	64.278	96.578	101.88	106.63	112.33	116.32
90	59.196	61.754	65.647	69.126	73.291	107.57	113.15	118.14	124.12	128.30
100	67.328	70.065	74.222	77.929	82.358	118.50	124.34	129.56	135.81	140.17

표3. t 분포표($t(n, \alpha)$)

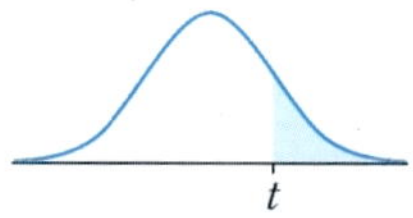

n \ α	0.25	0.1	0.05	0.025	0.01	0.005
1	1.000	3.078	6.314	12.71	31.82	63.66
2	0.816	1.886	2.920	4.303	6.965	9.925
3	0.765	1.638	2.353	3.182	4.541	5.841
4	0.741	1.533	2.132	2.776	3.747	4.604
5	0.727	1.476	2.015	2.571	3.365	4.032
6	0.718	1.440	1.943	2.447	3.143	3.707
7	0.711	1.415	1.895	2.365	2.998	3.499
8	0.706	1.397	1.860	2.306	2.896	3.355
9	0.703	1.383	1.833	2.262	2.821	3.250
10	0.700	1.372	1.812	2.228	2.764	3.169
11	0.697	1.363	1.796	2.201	2.718	3.106
12	0.695	1.356	1.782	2.179	2.681	3.055
13	0.694	1.350	1.771	2.160	2.650	3.012
14	0.692	1.345	1.761	2.145	2.624	2.977
15	0.691	1.341	1.753	2.131	2.602	2.947
16	0.690	1.337	1.746	2.120	2.583	2.921
17	0.689	1.333	1.740	2.110	2.567	2.898
18	0.688	1.330	1.734	2.101	2.552	2.878
19	0.688	1.328	1.729	2.093	2.539	2.861
20	0.687	1.325	1.725	2.086	2.528	2.845
21	0.686	1.323	1.721	2.080	2.518	2.831
22	0.686	1.321	1.717	2.074	2.508	2.819
23	0.685	1.319	1.714	2.069	2.500	2.807
24	0.685	1.318	1.711	2.064	2.492	2.797
25	0.684	1.316	1.708	2.060	2.485	2.787
26	0.684	1.315	1.706	2.056	2.479	2.779
27	0.684	1.314	1.703	2.052	2.473	2.771
28	0.683	1.313	1.701	2.048	2.467	2.763
29	0.683	1.311	1.699	2.045	2.462	2.756
30	0.683	1.310	1.697	2.042	2.457	2.750
40	0.681	1.303	1.684	2.021	2.423	2.704
60	0.679	1.296	1.671	2.000	2.390	2.660
80	0.678	1.292	1.664	1.990	2.374	2.639
100	0.677	1.290	1.660	1.984	2.364	2.626
1000	0.675	1.282	1.646	1.962	2.330	2.581
z	0.674	1.282	1.645	1.960	2.326	2.576

표4. F 분포표($F(m, n, \alpha)$)

$$P(X \geq F(m,n,\alpha)) = \alpha \qquad \alpha = 0.05$$

n \ m	1	2	3	4	5	6	7	8	9	10
1	161.45	199.50	215.71	224.58	230.16	233.99	236.77	238.88	240.54	241.88
2	18.51	19.00	19.16	19.25	19.30	19.33	19.35	19.37	19.38	19.40
3	10.13	9.55	9.28	9.12	9.01	8.94	8.89	8.85	8.81	8.79
4	7.71	6.94	6.59	6.39	6.26	6.16	6.09	6.04	6.00	5.96
5	6.61	5.79	5.41	5.19	5.05	4.95	4.88	4.82	4.77	4.74
6	5.99	5.14	4.76	4.53	4.39	4.28	4.21	4.15	4.10	4.06
7	5.59	4.74	4.35	4.12	3.97	3.87	3.79	3.73	3.68	3.64
8	5.32	4.46	4.07	3.84	3.69	3.58	3.50	3.44	3.39	3.35
9	5.12	4.26	3.86	3.63	3.48	3.37	3.29	3.23	3.18	3.14
10	4.96	4.10	3.71	3.48	3.33	3.22	3.14	3.07	3.02	2.98
11	4.84	3.98	3.59	3.36	3.20	3.09	3.01	2.95	2.90	2.85
12	4.75	3.89	3.49	3.26	3.11	3.00	2.91	2.85	2.80	2.75
13	4.67	3.81	3.41	3.18	3.03	2.92	2.83	2.77	2.71	2.67
14	4.60	3.74	3.34	3.11	2.96	2.85	2.76	2.70	2.65	2.60
15	4.54	3.68	3.29	3.06	2.90	2.79	2.71	2.64	2.59	2.54
16	4.49	3.63	3.24	3.01	2.85	2.74	2.66	2.59	2.54	2.49
17	4.45	3.59	3.20	2.96	2.81	2.70	2.61	2.55	2.49	2.45
18	4.41	3.55	3.16	2.93	2.77	2.66	2.58	2.51	2.46	2.41
19	4.38	3.52	3.13	2.90	2.74	2.63	2.54	2.48	2.42	2.38
20	4.35	3.49	3.10	2.87	2.71	2.60	2.51	2.45	2.39	2.35
21	4.32	3.47	3.07	2.84	2.68	2.57	2.49	2.42	2.37	2.32
22	4.30	3.44	3.05	2.82	2.66	2.55	2.46	2.40	2.34	2.30
23	4.28	3.42	3.03	2.80	2.64	2.53	2.44	2.37	2.32	2.27
24	4.26	3.40	3.01	2.78	2.62	2.51	2.42	2.36	2.30	2.25
25	4.24	3.39	2.99	2.76	2.60	2.49	2.40	2.34	2.28	2.24
26	4.23	3.37	2.98	2.74	2.59	2.47	2.39	2.32	2.27	2.22
27	4.21	3.35	2.96	2.73	2.57	2.46	2.37	2.31	2.25	2.20
28	4.20	3.34	2.95	2.71	2.56	2.45	2.36	2.29	2.24	2.19
29	4.18	3.33	2.93	2.70	2.55	2.43	2.35	2.28	2.22	2.18
30	4.17	3.32	2.92	2.69	2.53	2.42	2.33	2.27	2.21	2.16
40	4.08	3.23	2.84	2.61	2.45	2.34	2.25	2.18	2.12	2.08
60	4.00	3.15	2.76	2.53	2.37	2.25	2.17	2.10	2.04	1.99
120	3.92	3.07	2.68	2.45	2.29	2.18	2.09	2.02	1.96	1.91
∞	3.84	3.00	2.60	2.37	2.21	2.10	2.01	1.94	1.88	1.83

$F(m,n,\alpha)\quad \alpha=0.05$

n \ m	12	15	20	24	30	40	60	120	∞
1	243.91	245.95	248.01	249.05	250.10	251.14	252.20	253.25	254.31
2	19.41	19.43	19.45	19.45	19.46	19.47	19.48	19.49	19.50
3	8.74	8.70	8.66	8.64	8.62	8.59	8.57	8.55	8.53
4	5.91	5.86	5.80	5.77	5.75	5.72	5.69	5.66	5.63
5	4.68	4.62	4.56	4.53	4.50	4.46	4.43	4.40	4.37
6	4.00	3.94	3.87	3.84	3.81	3.77	3.74	3.70	3.67
7	3.57	3.51	3.44	3.41	3.38	3.34	3.30	3.27	3.23
8	3.28	3.22	3.15	3.12	3.08	3.04	3.01	2.97	2.93
9	3.07	3.01	2.94	2.90	2.86	2.83	2.79	2.75	2.71
10	2.91	2.85	2.77	2.74	2.70	2.66	2.62	2.58	2.54
11	2.79	2.72	2.65	2.61	2.57	2.53	2.49	2.45	2.40
12	2.69	2.62	2.54	2.51	2.47	2.43	2.38	2.34	2.30
13	2.60	2.53	2.46	2.42	2.38	2.34	2.30	2.25	2.21
14	2.53	2.46	2.39	2.35	2.31	2.27	2.22	2.18	2.13
15	2.48	2.40	2.33	2.29	2.25	2.20	2.16	2.11	2.07
16	2.42	2.35	2.28	2.24	2.19	2.15	2.11	2.06	2.01
17	2.38	2.31	2.23	2.19	2.15	2.10	2.06	2.01	1.96
18	2.34	2.27	2.19	2.15	2.11	2.06	2.02	1.97	1.92
19	2.31	2.23	2.16	2.11	2.07	2.03	1.98	1.93	1.88
20	2.28	2.20	2.12	2.08	2.04	1.99	1.95	1.90	1.84
21	2.25	2.18	2.10	2.05	2.01	1.96	1.92	1.87	1.81
22	2.23	2.15	2.07	2.03	1.98	1.94	1.89	1.84	1.78
23	2.20	2.13	2.05	2.01	1.96	1.91	1.86	1.81	1.76
24	2.18	2.11	2.03	1.98	1.94	1.89	1.84	1.79	1.73
25	2.16	2.09	2.01	1.96	1.92	1.87	1.82	1.77	1.71
26	2.15	2.07	1.99	1.95	1.90	1.85	1.80	1.75	1.69
27	2.13	2.06	1.97	1.93	1.88	1.84	1.79	1.73	1.67
28	2.12	2.04	1.96	1.91	1.87	1.82	1.77	1.71	1.65
29	2.10	2.03	1.94	1.90	1.85	1.81	1.75	1.70	1.64
30	2.09	2.01	1.93	1.89	1.84	1.79	1.74	1.68	1.62
40	2.00	1.92	1.84	1.79	1.74	1.69	1.64	1.58	1.51
60	1.92	1.84	1.75	1.70	1.65	1.59	1.53	1.47	1.39
120	1.83	1.75	1.66	1.61	1.55	1.50	1.43	1.35	1.25
∞	1.75	1.67	1.57	1.52	1.46	1.39	1.32	1.22	1.00

$F(m,n,\alpha) \quad \alpha = 0.1$

n \ m	1	2	3	4	5	6	7	8	9	10
1	39.86	49.50	53.59	55.83	57.24	58.20	58.91	59.44	59.86	60.19
2	8.53	9.00	9.16	9.24	9.29	9.33	9.35	9.37	9.38	9.39
3	5.54	5.46	5.39	5.34	5.31	5.28	5.27	5.257	5.24	5.23
4	4.54	4.32	4.19	4.12	4.05	4.01	3.98	3.957	3.94	3.92
5	4.06	3.78	3.62	3.52	3.45	3.40	3.37	3.337	3.32	3.30
6	3.78	3.46	3.29	3.18	3.11	3.05	3.01	2.98	2.96	2.94
7	3.59	3.26	3.07	2.96	2.88	2.83	2.78	2.75	2.72	2.70
8	3.46	3.11	2.92	2.81	2.73	2.67	2.62	2.59	2.56	2.54
9	3.36	3.01	2.81	2.69	2.61	2.55	2.51	2.47	2.44	2.42
10	3.29	2.92	2.73	2.61	2.52	2.46	2.41	2.38	2.35	2.32
11	3.23	2.86	2.66	2.54	2.45	2.39	2.34	2.30	2.27	2.25
12	3.18	2.81	2.61	2.48	2.39	2.33	2.28	2.24	2.21	2.19
13	3.14	2.76	2.56	2.43	2.35	2.28	2.23	2.20	2.16	2.14
14	3.10	2.73	2.52	2.39	2.31	2.24	2.19	2.15	2.12	2.10
15	3.07	2.70	2.49	2.36	2.27	2.21	2.16	2.12	2.09	2.06
16	3.05	2.67	2.46	2.33	2.24	2.18	2.13	2.09	2.06	2.03
17	3.03	2.64	2.44	2.31	2.22	2.15	2.10	2.06	2.03	2.00
18	3.01	2.62	2.42	2.29	2.20	2.13	2.08	2.04	2.00	1.98
19	2.99	2.61	2.40	2.27	2.18	2.11	2.06	2.02	1.98	1.96
20	2.97	2.59	2.38	2.25	2.16	2.09	2.04	2.00	1.96	1.94
21	2.96	2.57	2.36	2.23	2.14	2.08	2.02	1.98	1.95	1.92
22	2.95	2.56	2.35	2.22	2.13	2.06	2.01	1.97	1.93	1.90
23	2.94	2.55	2.34	2.21	2.11	2.05	1.99	1.95	1.92	1.89
24	2.93	2.54	2.33	2.19	2.10	2.04	1.98	1.94	1.91	1.88
25	2.92	2.53	2.32	2.18	2.09	2.02	1.97	1.93	1.89	1.87
26	2.91	2.52	2.31	2.17	2.08	2.01	1.96	1.92	1.88	1.86
27	2.90	2.51	2.30	2.17	2.07	2.00	1.95	1.91	1.87	1.85
28	2.89	2.50	2.29	2.16	2.06	2.00	1.94	1.90	1.87	1.84
29	2.89	2.50	2.28	2.15	2.06	1.99	1.93	1.89	1.86	1.83
30	2.88	2.49	2.28	2.14	2.05	1.98	1.93	1.88	1.85	1.82
40	2.84	2.44	2.23	2.09	2.00	1.93	1.87	1.83	1.79	1.76
60	2.79	2.39	2.18	2.04	1.95	1.87	1.82	1.77	1.74	1.71
120	2.75	2.35	2.13	1.99	1.90	1.82	1.77	1.72	1.68	1.65
∞	2.71	2.30	2.08	1.94	1.85	1.77	1.72	1.67	1.63	1.60

$F(m,n,\alpha) \quad \alpha=0.1$

n \ m	12	15	20	24	30	40	60	120	∞
1	60.71	61.22	61.74	62.00	62.26	62.53	62.79	63.06	63.33
2	9.41	9.42	9.44	9.45	9.46	9.47	9.47	9.48	9.50
3	5.22	5.20	5.18	5.18	5.17	5.16	5.15	5.14	5.13
4	3.90	3.87	3.84	3.83	3.82	3.80	3.79	3.76	3.76
5	3.27	3.24	3.21	3.19	3.17	3.16	3.14	3.12	3.12
6	2.90	2.87	2.84	2.82	2.80	2.78	2.76	2.74	2.72
7	2.67	2.63	2.59	2.58	2.56	2.54	2.51	2.49	2.47
8	2.50	2.46	2.42	2.40	2.38	2.36	2.34	2.32	2.29
9	2.38	2.34	2.30	2.28	2.25	2.23	2.21	2.18	2.16
10	2.28	2.24	2.20	2.18	2.16	2.13	2.11	2.08	2.06
11	2.21	2.17	2.12	2.10	2.08	2.05	2.03	2.00	1.97
12	2.15	2.10	2.06	2.04	2.01	1.99	1.96	1.93	1.90
13	2.10	2.05	2.01	1.98	1.96	1.93	1.90	1.88	1.85
14	2.05	2.01	1.96	1.94	1.91	1.89	1.86	1.83	1.80
15	2.02	1.97	1.92	1.90	1.87	1.85	1.82	1.79	1.76
16	1.99	1.94	1.89	1.87	1.84	1.81	1.78	1.75	1.72
17	1.96	1.91	1.86	1.84	1.81	1.78	1.75	1.72	1.69
18	1.93	1.89	1.84	1.81	1.78	1.75	1.72	1.69	1.66
19	1.91	1.86	1.81	1.79	1.76	1.73	1.70	1.67	1.63
20	1.89	1.84	1.79	1.77	1.74	1.71	1.68	1.64	1.61
21	1.87	1.83	1.78	1.75	1.72	1.69	1.66	1.62	1.59
22	1.86	1.81	1.76	1.73	1.70	1.67	1.64	1.60	1.57
23	1.84	1.80	1.74	1.72	1.69	1.66	1.62	1.59	1.55
24	1.83	1.78	1.73	1.70	1.67	1.64	1.61	1.57	1.53
25	1.82	1.77	1.72	1.69	1.66	1.63	1.59	1.56	1.52
26	1.81	1.76	1.71	1.68	1.65	1.61	1.58	1.54	1.50
27	1.80	1.75	1.70	1.67	1.64	1.60	1.57	1.53	1.49
28	1.79	1.74	1.69	1.66	1.63	1.59	1.56	1.52	1.48
29	1.78	1.73	1.68	1.65	1.62	1.58	1.55	1.51	1.47
30	1.77	1.72	1.67	1.64	1.61	1.57	1.54	1.50	1.46
40	1.71	1.66	1.61	1.57	1.54	1.51	1.47	1.42	1.38
60	1.66	1.60	1.54	1.51	1.48	1.44	1.40	1.35	1.29
120	1.60	1.55	1.48	1.45	1.41	1.37	1.32	1.26	1.19
∞	1.55	1.49	1.42	1.38	1.34	1.30	1.24	1.17	1.00

부록2 엑셀 기본 사용법

1. 엑셀 소개

엑셀이란?

표를 기반으로 다양한 형태의 계산과 사무업무를 자동으로 수행하는 스프레드시트(spread sheet)프로그램이다. 일반적인 문서작성을 비롯해 그래픽기능, 데이터베이스의 관리 및 분석을 수행할 수 있다.

엑셀 실행

바탕화면의 'Microsoft Excel 2010' 아이콘을 더블클릭하거나, 시작메뉴에서 'Microsoft Excel 2010'을 선택하면 실행된다. 엑셀 버전에 따라 아이콘 모양이 다를 수 있으나 실행하는 방법은 버전에 관계없이 동일하다.

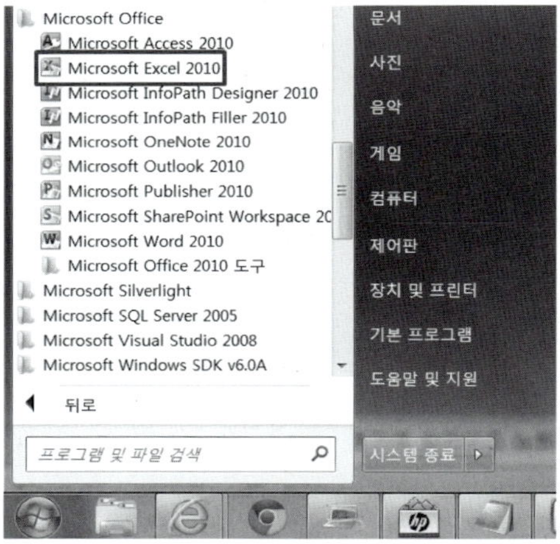

엑셀 화면 구성 살펴보기 1 (화면의 윗부분)

엑셀을 실행하면 아래와 같은 화면이 나타난다. 화면 각 부분의 기능은 다음과 같다.

① 워크시트(셀): 실제 데이터를 입력하고 편집하는 작업 공간이다.

② 열 머리글: 열의 이름 표시

③ 행 머리글: 행의 이름 표시

④ 셀의 위치 표시

⑤ 수식 입력줄: 데이터나 수식을 직접 입력하거나 셀의 원래 값을 볼 수 있다.

⑥ 리본 메뉴: 엑셀의 다양한 기능을 탭으로 분류하여 제공한다.

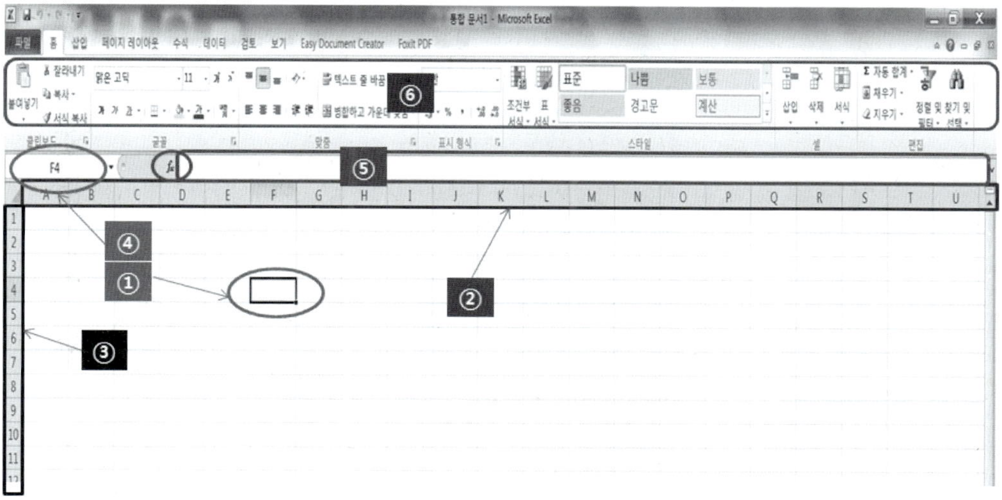

엑셀 화면 구성 살펴보기 2 (화면의 아랫부분)

① 시트 탭: 엑셀 문서에 포함된 시트 이름(변경, 이동 가능)

② 화면설정: 문서의 화면의 형태를 나타냄

③ 화면 확대·축소: 작업중인 화면을 확대 또는 축소할 때 사용

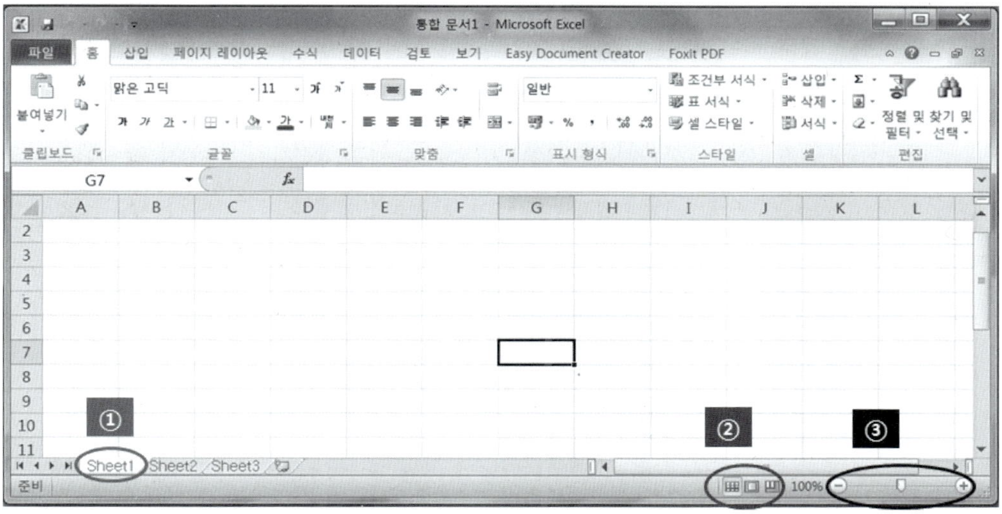

2. 데이터 입력하기

(1) 워크시트의 원하는 셀을 클릭하여 선택한 후에 데이터를 입력한다. 입력 후 Enter 를 눌러 입력을 완료.

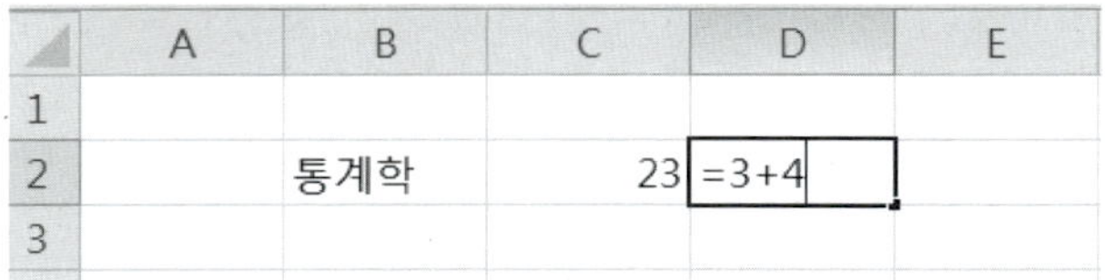

- 문자 데이터는 기본 값으로 왼쪽 정렬
- 숫자: 입력하면 셀의 오른쪽으로 정렬
- 수식: '등호(=)'를 먼저 입력한 후 수식을 입력하여 계산
- 함수: '등호(=)'를 먼저 입력한 후 함수를 입력.
  - 함수명을 아는 경우에는 직접 함수명을 입력
  - 수식 입력줄 왼쪽의 함수 아이콘(f_x)을 클릭하고 함수를 선택하여 입력

(2) 수정 : 셀에 입력된 데이터를 수정하려면 해당 셀을 더블클릭하거나 셀 선택 후 F2를 누르면 된다.

(3) 셀 내용삭제 : 삭제하려는 셀로 셀 포인터를 이동−한 후 delete 나 backspace 키를 사용한다.

delete : 해당하는 셀 포인터 내의 전체 데이터를 삭제한다.

backspace : 셀 포인터 내의 전체 데이터를 삭제하고, 삭제 후에는 셀 포인터 내에 커서가 위치하여 입력을 준비한다.

3. 그래프 삽입하기

엑셀의 리본메뉴에서 '삽입'탭을 클릭하면 다양한 차트들을 그릴 수 있다.

예를 들어 막대그래프를 작성할 경우 다음과 같은 단계를 따라 실행한다.

단계	실행
①	데이터 입력
②	데이터범위 선택
③④	막대그래프 선택 [삽입] ⇒ [세로막대형]

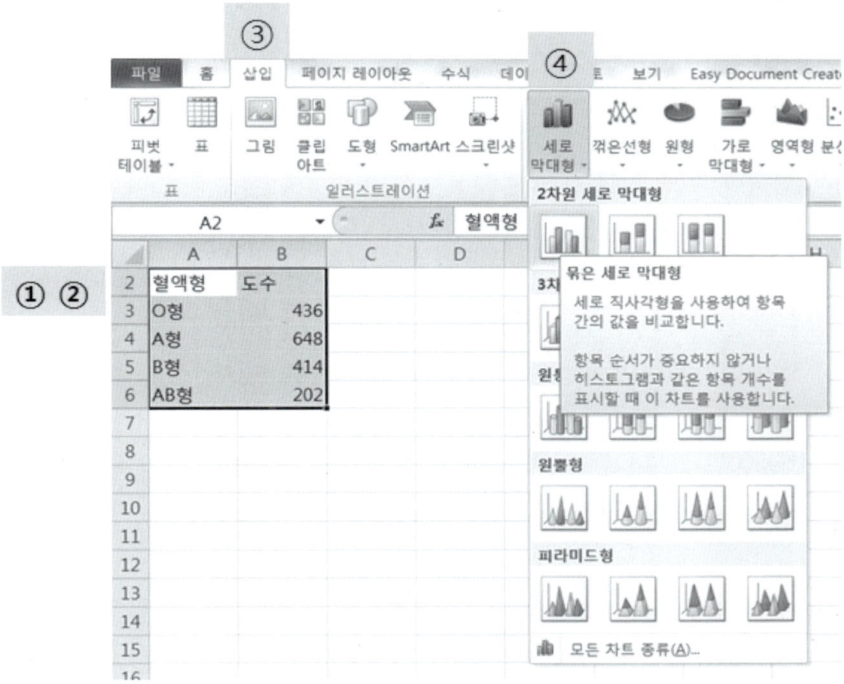

차트가 출력되는 것을 확인 할 수 있다.

차트도구 메뉴에서 디자인, 레이아웃, 서식 등을 선택하여 그래프의 모양이나 축, 범례 등을 설정한다.

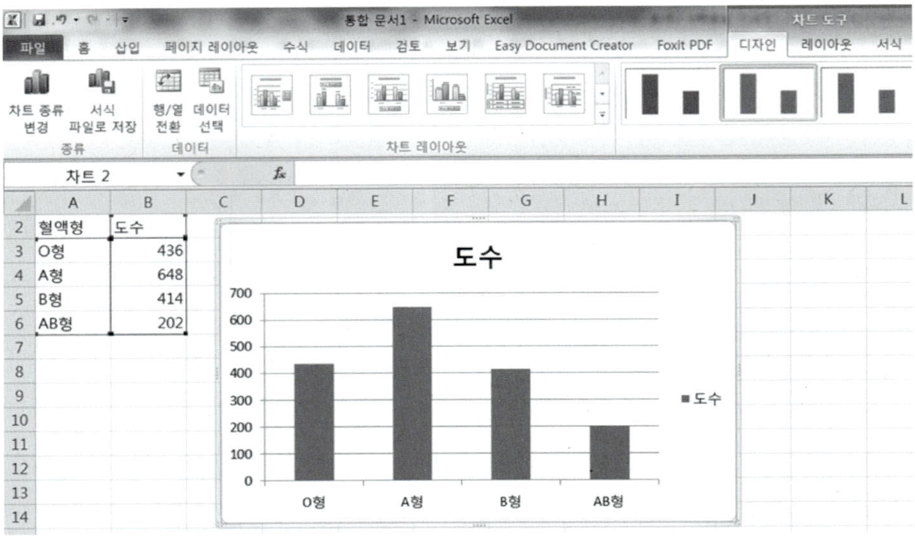

4. 함수사용

Excel에서 통계량은 함수를 이용하여 편리하게 구할 수 있다. 함수는 함수 마법사를 사용해서 입력할 수도 있고 워크시트나 수식 입력줄에 함수명을 직접 입력해서 사용할 수도 있다. 다음 단계를 따라 실행한다.

단계1 함수를 삽입하려는 셀(cell)을 선택 한 후
수식입력줄 왼쪽의 버튼(f_x)을 클릭하면 [**함수마법사**] 창이 뜬다.

단계2 함수마법사에서

① [**함수 검색(S)**]에 원하는 작업을 입력하고 검색을 클릭하면 그 작업을 실행하는 함수나 비슷한 함수를 찾아준다. 함수명을 입력해도 검색결과에 나타난다.

② [**범주 선택(C)**]은 함수들을 범주별로 보여주는 버튼이다. 범주를 선택하면 그 범주에 해당되는 함수만 보여준다.

③ [**함수 선택**]에서 원하는 함수를 선택하고 확인을 클릭하면 함수 입력상자가 나타난다. 함수 입력상자의 내용을 설정하고 확인을 클릭하면 함수가 시트에 삽입된다.

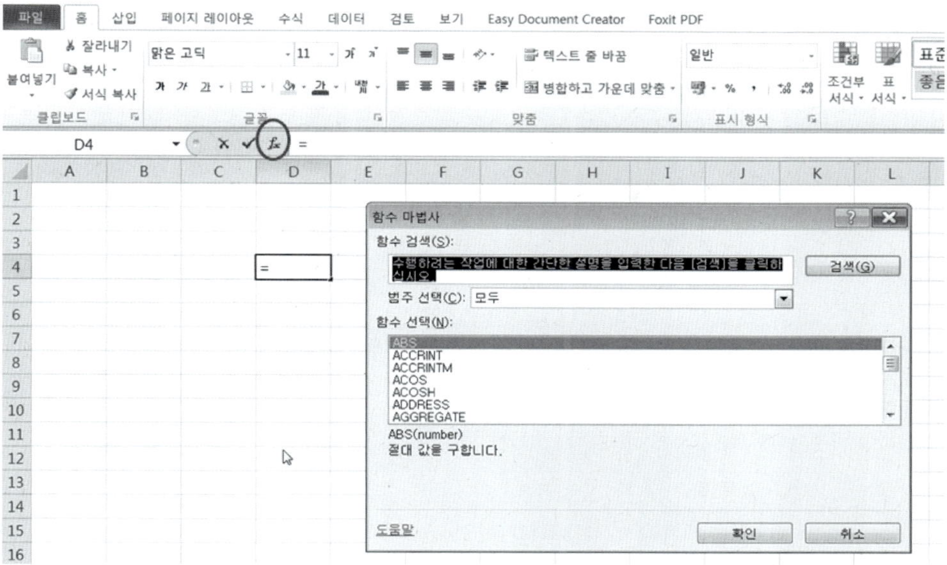

예를 들어 평균을 구할 경우 해당함수 AVERAGE를 선택한후 [확인]을 클릭한다.

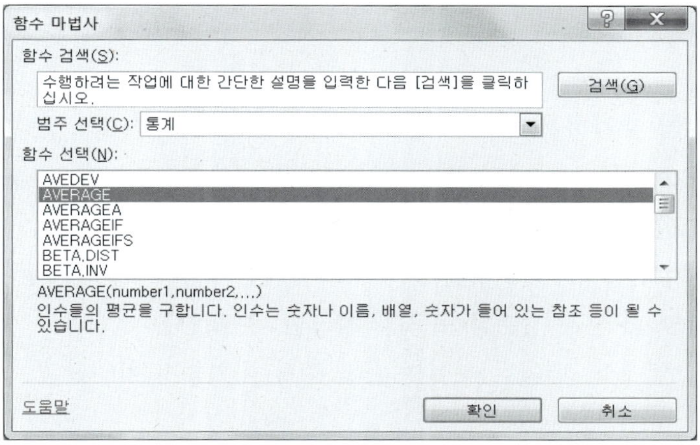

[함수인수]창이 뜨면 창에서 안내하는 대로 자료를 선택하고 함수를 실행한다.

5. 데이터분석도구 사용

리본(메뉴) 탭에서 [데이터] ⇒ [데이터 분석]을 차례로 클릭하면

[통계 데이터 분석] 창이 뜬다. 여기서 원하는 분석도구를 선택하여 실행한다. 아래 그림은 [기술 통계법]을 선택한 예

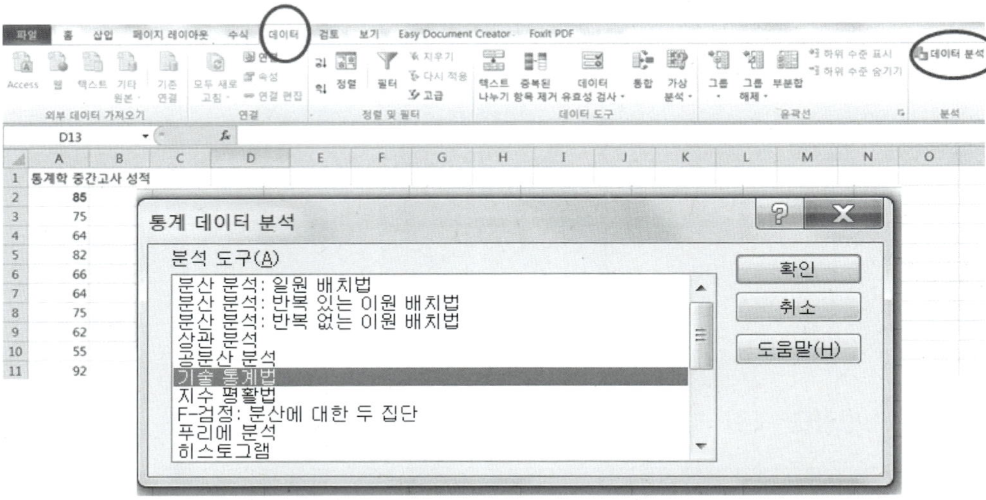

데이터 분석기능 추가하기

[데이터 분석]기능이 없는 경우에는 다음 단계를 따라서 이 기능을 추가 한다.

단계1. ① [파일] ⇒ ② [옵션]을 차례로 클릭한다.

단계2. ① [추가기능] ⇒ ② [이동]을 차례로 클릭한다.

단계3. 추가기능 화면에서 [분석 도구]를 체크한 후 **확인**을 클릭

단계4. 데이터 탭에서 [데이터 분석]버튼이 추가 되었는지 확인한다.

[단계1]

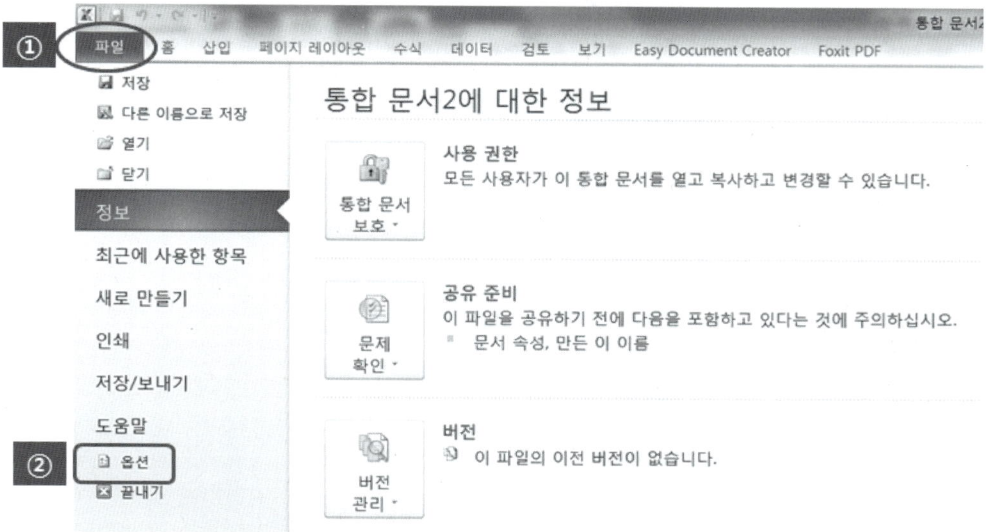
①
파일
홈
삽입
페이지 레이아웃
수식
데이터
검토
보기
Easy Document Creator
Foxit PDF
저장
다른 이름으로 저장
열기
닫기
정보
최근에 사용한 항목
새로 만들기
인쇄
저장/보내기
도움말
②
옵션
끝내기
통합 문서2에 대한 정보
통합 문서 보호
사용 권한
모든 사용자가 이 통합 문서를 열고 복사하고 변경할 수 있습니다.
문제 확인
공유 준비
이 파일을 공유하기 전에 다음을 포함하고 있다는 것에 주의하십시오.
문서 속성, 만든 이 이름
버전 관리
버전
이 파일의 이전 버전이 없습니다.

[단계2]

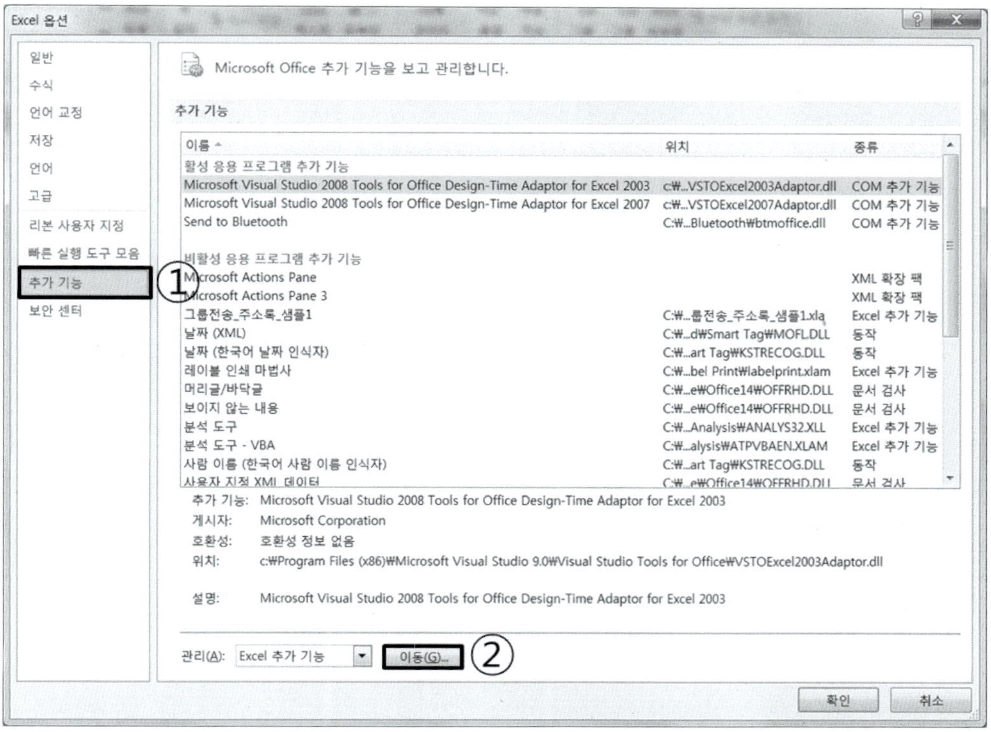
Excel 옵션
일반
수식
언어 교정
저장
언어
고급
리본 사용자 지정
빠른 실행 도구 모음
추가 기능
보안 센터
①
Microsoft Office 추가 기능을 보고 관리합니다.
추가 기능
이름
위치
종류
활성 응용 프로그램 추가 기능
Microsoft Visual Studio 2008 Tools for Office Design-Time Adaptor for Excel 2003
Microsoft Visual Studio 2008 Tools for Office Design-Time Adaptor for Excel 2007
Send to Bluetooth
비활성 응용 프로그램 추가 기능
Microsoft Actions Pane
Microsoft Actions Pane 3
그룹전송_주소록_샘플1
날짜 (XML)
날짜 (한국어 날짜 인식자)
레이블 인쇄 마법사
머리글/바닥글
보이지 않는 내용
분석 도구
분석 도구 - VBA
사람 이름 (한국어 사람 이름 인식자)
추가 기능: Microsoft Visual Studio 2008 Tools for Office Design-Time Adaptor for Excel 2003
게시자: Microsoft Corporation
호환성: 호환성 정보 없음
위치: c:₩Program Files (x86)₩Microsoft Visual Studio 9.0₩Visual Studio Tools for Office₩VSTOExcel2003Adaptor.dll
설명: Microsoft Visual Studio 2008 Tools for Office Design-Time Adaptor for Excel 2003
관리(A): Excel 추가 기능
이동(G)...
②
확인
취소

[단계3]

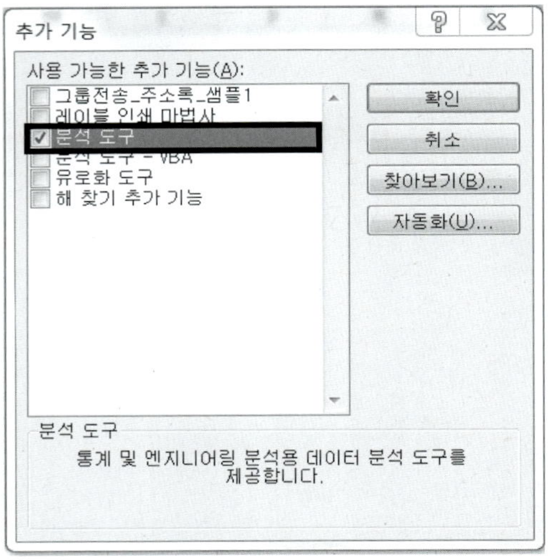

[단계4]

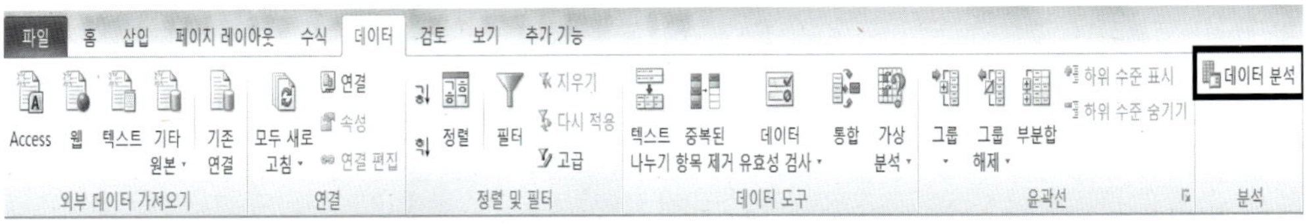

[데이터 분석]을 클릭하면 다양한 통계분석을 실시할 수 있다.

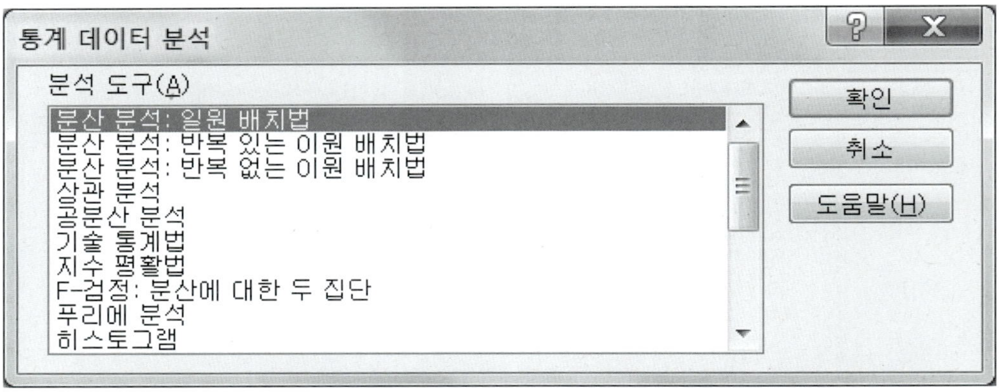

참고문헌

1. 구자흥 등, 통계학, 자유아카데미, 1992.
2. 김상익 등, 통계학의 이해와 응용, 민영사,2005.
3. 김우철 등, 현대통계학 제4개정판, 영지문화사, 1998.
4. 김우철 등, 일반통계학, 영지문화사, 1996.
5. 김충락, 강근석, 회귀분석 제2판, 교우사, 2022.
6. 송성주, 전명식, 기초통계학, 자유아카데미, 2017.
7. 송성주, 전명식, 수리통계학 제5판, 자유아카데미, 2020.
8. 스티븐 스티글러, 통계학의 역사, 조재근 옮김, 한길사, 2005.
9. 신양우, 기초확률론 제3판, 경문사, 2017.
10. 이기훈, EXCEL을 이용한 통계학, 자유아카데미, 1999.
11. 이용구,김삼용, 통계학의 이해 제7판, 율곡출판사, 2014.
12. D.C. Montgomery, G.C. Runger, Applied Statistics and Probability for Engineers 5th edition, John Wiley & Sons, 2011.
13. V.K. Rohatgi, An Introduction to Probability Theory and Mathematical Statistics, John Wiley & Sons, 1976.
14. S.M. Ross, Introductory Statistics 3rd edition, Academic Press, 2010.

찾아보기

ㅈ

ㅊ

※ 이 도서는 2023~2024년도 창원대학교 자율연구과제 연구비 지원을 받아 제작되었습니다.

기초통계학

지은이 신양우
펴낸이 조경희
펴낸곳 경문사
펴낸날 2023년 9월 1일 1판 1쇄
등 록 1979년 11월 9일 제1979-000023호
주 소 04057, 서울특별시 마포구 와우산로 174
전 화 (02)332-2004 팩스 (02)336-5193
이메일 kyungmoon@kyungmoon.com

값 37,000원

ISBN 979-11-6073-649-6